Grundlehren der
mathematischen Wissenschaften 83

A Series of Comprehensive Studies in Mathematics

Ludwig Bieberbach

Einführung in die Theorie der Differentialgleichungen im reellen Gebiet

Reprint

Springer-Verlag
Berlin Heidelberg New York 1979

CIP-Kurztitelaufnahme der Deutschen Bibliothek:

Bieberbach, Ludwig:
Einführung in die Theorie der Differentialgleichungen im reellen Gebiet/Ludwig
Bieberbach. – Reprint [d. Ausg.] Berlin, Göttingen, Heidelberg. Springer, 1956. –
Berlin, Heidelberg, New York: Springer, 1979.
(Grundlehren der mathematischen Wissenschaften; Bd. 83)

ISBN 978-3-642-67227-9   ISBN 978-3-642-67226-2 (eBook)
DOI 10.1007/978-3-642-67226-2

AMS Subject Classifications (1970): 34-01, 34 Axx, 34 B 25, 35-01, 35 Fxx

Einband: Graphischer Betrieb Konrad Triltsch, Würzburg

NY/3014-54321

DIE GRUNDLEHREN DER

MATHEMATISCHEN WISSENSCHAFTEN

IN EINZELDARSTELLUNGEN MIT BESONDERER
BERÜCKSICHTIGUNG DER ANWENDUNGSGEBIETE

HERAUSGEGEBEN VON

R. GRAMMEL · E. HOPF · H. HOPF · F. K. SCHMIDT
B. L. VAN DER WAERDEN

BAND LXXXIII

EINFÜHRUNG IN DIE THEORIE DER DIFFERENTIALGLEICHUNGEN IM REELLEN GEBIET

VON

LUDWIG BIEBERBACH

SPRINGER-VERLAG
BERLIN · GÖTTINGEN · HEIDELBERG
1956

EINFÜHRUNG IN DIE THEORIE DER DIFFERENTIALGLEICHUNGEN IM REELLEN GEBIET

VON

LUDWIG BIEBERBACH

MIT 9 ABBILDUNGEN

SPRINGER-VERLAG

BERLIN · GÖTTINGEN · HEIDELBERG

1956

ISBN 978-3-642-67227-9   ISBN 978-3-642-67226-2 (eBook)
DOI 10.1007/978-3-642-67226-2

Vorwort

Wie der Titel sagt, will dies Buch in die Lehre von den Differentialgleichungen einführen. In der Theorie spielt die Auffindung geschlossener Ausdrücke für die Integrale eine geringe Rolle, denn meist kann
man die Eigenschaften der Lösungen leichter an der Differentialgleichung selbst als an expliziten Ausdrücken ablesen. Die Untersuchung
der Natur der Lösungen ist aber die Aufgabe der Theorie. Dementsprechend gebe ich schon in der Einleitung im einfachsten Fall einer
gewöhnlichen Differentialgleichung

$$\frac{d\,y}{d\,x} = f(x,\,y)$$

Existenz- und Unitätssatz unter der Annahme einer LIPSCHITZ-
Bedingung für $f(x,\,y)$. So geht der Leser schon mit einem gewissen
Kenntnisstand über Differentialgleichungen an die systematische Darstellung heran, die mit § 1 anhebt. Dieser Abschnitt klärt Existenzprobleme und Fragen über die Gesamtheit aller Lösungen für alle
gewöhnlichen Differentialgleichungen, bei denen die Ableitungen stetig
von der unabhängigen Variablen und den unbekannten Funktionen
abhängen. § 1 ist sehr ausführlich gehalten, da er die Grundlage alles
Weiteren ist. Der § 2 wendet die gewonnenen Einsichten auf einige
wichtige Typen von Differentialgleichungen an. Der § 3 ist einer eindringlichen Darstellung der stationären Differentialgleichungen gewidmet, bei denen die Ableitungen nur von den unbekannten Funktionen abhängen. Daran anschließend ergibt sich auch einiges bei
Differentialgleichungen, deren stationärer Charakter durch den Zutritt
relativ kleiner auch von der unabhängigen Veränderlichen abhängiger
Glieder gestört ist. Die Auswahl des Stoffes in diesem Abschnitt ist
zu einem guten Teil durch die großen Anregungen bedingt, die in den
letzten Jahrzehnten die Theorie der Differentialgleichungen von der
Theorie der nichtlinearen Schwingungen erfahren hat. Auch einiges andere aus der aktuellen Literatur ist in diese Abschnitte eingestreut.
Dementsprechend behandele ich auch zu Beginn des den Randwertaufgaben gewidmeten § 4 eingehend das DUFFINGsche Schwingungsproblem,
bei dem sich ein überraschend einfacher Existenzbeweis ergibt. Den meisten Platz beansprucht in diesem Abschnitt die Darstellung der STURM-
LIOUVILLEschen Randwertaufgaben. Der § 5 endlich ist den partiellen

Differentialgleichungen erster Ordnung gewidmet. Er gibt unter Zugabe einer gewissen Abrundung nur so viel, als sich durch unmittelbare Anwendung der allgemeinen Sätze des § 1 erschließen läßt, geht aber an die eigentlich wesentlichen Fragen der Theorie der partiellen Differentialgleichungen nicht mehr heran. Diese in einer dem zeitgenössischen Stand der Wissenschaft entsprechenden Weise darzubieten, würde wesentlich größere Anforderungen an den Leser stellen müssen, als es bei einer solche Ziele verfolgenden Darstellung der gewöhnlichen Differentialgleichungen der Fall ist. Ich habe mich bemüht, nicht mehr vorauszusetzen, als jede Anfängervorlesung über höhere Analysis bietet. Ich weiß wohl, daß solches Vorhaben noch immer der Stoffauswahl einen weiten Spielraum läßt. Man wird in der Theorie der Differentialgleichungen weniger denn in jeder anderen Disziplin sagen können, daß sich die Lehrbücher glichen wie ein Ei dem anderen. Das Gebiet ist in so lebhafter Entwicklung begriffen, daß ein einzelnes Buch nicht alles bringen kann, was der Anfänger goutieren könnte. Ich hoffe, daß es mir gleichwohl gelungen ist, so zu wählen, daß dem Leser, der meine Darstellung durchgearbeitet hat, anderes in dies Gebiet Gehöriges nicht mehr als ein Buch mit sieben Siegeln vorkommt, daß er vielmehr die Verwandtschaft einschlägiger Dinge mit dem hier Gelernten spürt.

Berlin, im Februar 1956

L. BIEBERBACH

Inhaltsverzeichnis

§ 0. Einleitung

0.1. Fragestellung

Eine gewöhnliche Differentialgleichung n-ter Ordnung für eine unbekannte Funktion $y(x)$ einer unabhängigen Veränderlichen x ist

$$F\left(\frac{d^n y}{d x^n}, \frac{d^{n-1} y}{d x^{n-1}}, \ldots, y', y, x\right) = 0. \tag{0.1.0}$$

Hier bedeutet F eine Funktion, und es soll die aufgeschriebene Relation durch passende Wahl der in einem Intervall $a < x < b$ erklärten Funktion $y(x)$ identisch in x richtig werden. Die gesuchten Funktionen heißen **Lösungen** oder **Integrale** der Differentialgleichung. Die höchste bei den Ableitungen der gesuchten Funktion vorkommende Ordnung heißt Ordnung der Differentialgleichung. So ist

$$\frac{d y}{d x} = f(x, y) \tag{0.1.1}$$

eine Differentialgleichung erster Ordnung und ist

$$\frac{d^2 y}{d x^2} = f(x, y, y') \tag{0.1.2}$$

eine Differentialgleichung zweiter Ordnung. Wenn man (0.1.0) nach der Ableitung n-ter Ordnung aufgelöst hat:

$$\frac{d^n y}{d x^n} = f(x, y, y', \ldots, y^{(n-1)}), \tag{0.1.3}$$

so nennt man das häufig die Normalform der Differentialgleichung. Die Aufgabe der Integralrechnung, $y(x)$ aus

$$\frac{d y}{d x} = f(x) \tag{0.1.4}$$

zu ermitteln, ist ein Spezialfall einer gewöhnlichen Differentialgleichung erster Ordnung.

$$F\left(\frac{\partial u}{\partial x}, \frac{\partial u}{\partial y}, u, x, y\right) = 0 \tag{0.1.5}$$

ist eine partielle Differentialgleichung erster Ordnung für Funktionen $u(x, y)$ von zwei unabhängigen Variablen. Von partiellen Differentialgleichungen spricht man immer dann, wenn partielle Ableitungen vorkommen, d. h. wenn Funktionen von mehreren unabhängigen Variablen gesucht werden und wenn Ableitungen dieser unbekannten Funktionen nach mehreren Veränderlichen in der gegebenen Differentialgleichung auftreten.

$$\frac{dy_1}{dx} = f_1(x, y_1, y_2),$$
$$\frac{dy_2}{dx} = f_2(x, y_1, y_2) \tag{0.1.6}$$

ist ein System von zwei gewöhnlichen Differentialgleichungen erster Ordnung für zwei unbekannte Funktionen $y_1(x)$ und $y_2(x)$ einer unabhängigen Veränderlichen x.

Es handelt sich in der Theorie der Differentialgleichungen nicht nur um die Berechnung der Lösungen, sondern in *erster Linie* um die Untersuchung der Eigenschaften der Lösungen im Zusammenhang mit den Eigenschaften der gegebenen Differentialgleichung. Es sei die Funktion $f(x, y)$ von (0.1.1) in einem Gebiet der x, y stetig. Gibt es dann Lösungen von (0.1.1), die als Kurven graphisch dargestellt, in diesem Gebiet verlaufen? Und wie viele solche Lösungen gibt es? Wie kann die einzelne Lösung fixiert werden? Zum Beispiel.: Aus der Integralrechnung, d. i. bei (0.1.4) kennt man die Integrationskonstanten. Gibt es im allgemeinen Analoges?

0.2. Beispiele

Ist die Funktion $f(x)$ von (0.1.4) in einem Intervall $a < x < b$ stetig und ist $x_0 \in (a, b)$ gegeben, so gibt es genau eine Lösung von (0.1.4), die an der Stelle x_0 einen beliebig vorgegebenen Wert y_0 annimmt, nämlich das Integral

$$y(x) = y_0 + \int_{x_0}^{x} f(\xi)\,d\xi. \tag{0.2.1}$$

Wenn

$$\frac{dy}{dx} = y^2 \tag{0.2.2}$$

vorgelegt ist, so springt eine Lösung $y \equiv 0$ von (0.2.2) sofort in die Augen. Man errät auch fast ebenso leicht, daß

$$y = \frac{1}{c - x}, \qquad c \text{ konstant} \tag{0.2.3}$$

Lösungen von (0.2.2) sind. Sind aber mit $y \equiv 0$ und (0.2.3) alle Lösungen von (0.2.2) gefunden? Man kann so überlegen: Angenommen, es sei

$$y = y(x), \qquad a < x < b \tag{0.2.4}$$

ein Bogen einer stetigen Lösung, auf dem $y(x) \neq 0$ bleibt. Längs diesem Bogen gilt identisch in x

$$y'(x) = y^2(x), \qquad a < x < b,$$

und daraus durch Integration

$$\int_{x_0}^{x} \frac{y'(\xi)}{y^2(\xi)}\, d\xi = x - x_0 . \qquad (0.2.5)$$

Hier bedeutet x_0 eine beliebige Stelle aus $a < x < b$. Da

$$y(x) \neq 0, \quad a < x < b \qquad (0.2.6)$$

angenommen wurde, und da somit nach (0.2.2) auch

$$y'(x) \neq 0, \quad a < x < b$$

ist, kann man in (0.2.5) durch $y = y(x)$ eine neue Integrationsvariable y einführen. So wird

$$\int_{y_0}^{y} \frac{d\eta}{\eta^2} = x - x_0 , \qquad (0.2.7)$$

wenn man $y(x_0) = y_0$ setzt. Aus (0.2.7) folgt

$$y = \frac{1}{\dfrac{1}{y_0} + x_0 - x} \qquad (0.2.8)$$

für irgendeinen stetigen Lösungsbogen (0.2.4) von (0.2.2), längs dem $y(x) \neq 0$ ist. Da (0.2.8) aus der Annahme, $y(x)$ sei eine Lösung von (0.2.2) erschlossen ist, kann nur nachträglich verifiziert werden, daß (0.2.8) wirklich eine Lösung ist. Das bestätigt man aber unmittelbar durch Differenzieren. Man kann das Ergebnis so aussprechen: Ist $y(x_0) = y_0$ mit $y_0 \neq 0$ beliebig vorgegeben, so gibt es genau eine Lösung von (0.2.2), die an der Stelle $x = x_0$ den Wert $y_0 \neq 0$ annimmt, und die in einer Umgebung von x_0 stetig und $\neq 0$ ist. Sie ist durch (0.2.8) dargestellt. Man sieht ja, daß die Stetigkeit an der Stelle $x = x_0 + \dfrac{1}{y_0}$ unterbrochen ist. Man nennt die Forderung $y(x_0) = y_0$, d. h. daß die Lösung an der Stelle x_0 den Wert y_0 haben soll, eine **Anfangsbedingung**. Die Lösung ist durch diese Anfangsbedingung in unserem Beispiel (0.2.2) bestimmt. Analog genügt $y \equiv 0$ der Anfangsbedingung $y(x_0) = 0$. Ist das aber in einem Intervall um x_0 die einzige im Intervall stetige Lösung von (0.2.2), die diese Anfangsbedingung erfüllt? Daß diese Frage mit ja zu beantworten ist, sieht man so ein. Es sei $y = y(x)$ eine Lösung von (0.2.2), die in $x_0 - \alpha \leq x \leq x_0 + \beta$, ($\alpha > 0$, $\beta > 0$), stetig ist, und die der Anfangsbedingung $y(x_0) = 0$ genügt. Dann sei M das Maximum von $|y(x)|$ für $x_0 - \alpha \leq x \leq x_0 + \beta$. Aus (0.2.2) folgt nach Einsetzen der Lösung $y(x)$

$$y(x) = \int_{x_0}^{x} y^2(\xi)\, d\xi \qquad (0.2.9)$$

und daraus

$$|y(x)| \leqq M \int_{x_0}^{x} |y(\xi)|\, d\xi, \qquad x_0 \leqq x < x_0 + \beta. \qquad (0.2.10)$$

Aus (0.2.10) folgt

$$\frac{d}{dx}\left\{ e^{-Mx} \int_{x_0}^{x} |y(\xi)|\, d\xi \right\} \leqq 0 \qquad x_0 \leqq x < x_0 + \beta.$$

Daher ist

$$e^{-Mx} \int_{x_0}^{x} |y(\xi)|\, d\xi \leqq 0, \qquad x_0 \leqq x < x_0 + \beta.$$

Da aber

$$e^{-Mx} \int_{x}^{x} |y(\xi)|\, d\xi \geqq 0, \qquad x_0 \leqq x < x_0 + \beta$$

trivial ist, so folgt

$$\int_{x_0}^{x} |y(\xi)|\, d\xi = 0, \qquad x_0 \leqq x < x_0 + \beta,$$

und daraus, weil $|y(x)|$ stetig ist,

$$y(x) \equiv 0 \qquad \text{in } x_0 \leqq x < x_0 + \beta.$$

Analog folgt aus (0.2.9)

$$|y(x)| \leqq M \int_{x}^{x_0} |y(\xi)|\, d\xi, \qquad x_0 - \alpha < x \leqq x_0. \qquad (0.2.11)$$

Daraus folgt

$$\frac{d}{dx}\left\{ e^{Mx} \int_{x}^{x_0} |y(\xi)|\, d\xi \right\} \geqq 0, \qquad x_0 - \alpha < x \leqq x_0.$$

Also

$$e^{Mx} \int_{x}^{x_0} |y(\xi)|\, d\xi \leqq 0, \qquad x_0 - \alpha < x \leqq x_0.$$

Da aber

$$e^{Mx} \int_{x}^{x_0} |y(\xi)|\, d\xi \geqq 0, \qquad x_0 - \alpha < x \leqq x_0$$

trivial ist, so folgt

$$\int_{x}^{x_0} |y(\xi)|\, d\xi = 0, \qquad x_0 - \alpha < x \leqq x_0.$$

Und daraus, wegen der Stetigkeit von $|y(\xi)|$

$$y(x) \equiv 0, \qquad x_0 - \alpha < x \leqq x_0.$$

Alles in allem haben wir also: *Ist $\{x_0, y_0\}$ beliebig vorgegeben, so gibt es genau eine Lösung von (0.2.2), die der Anfangsbedingung $y(x_0) = y_0$ genügt, und die in einer gewissen Umgebung von x_0 stetig ist. Diese Lösung ist entweder $y(x) \equiv 0$, wenn die Anfangsbedingung $y(x_0) = 0$ lautet, oder sie ist durch (0.2.8) dargestellt, wenn in der Anfangsbedingung $y(x_0) = y_0$ der Wert $y_0 \neq 0$ ist.*

Zum Abschluß der Betrachtung des Beispiels (0.2.2) möge noch die geometrische Darstellung der Integrale durch Kurven der x-y-Ebene angegeben werden. Durch (0.2.8) werden gleichseitige Hyperbeln definiert, die sämtlich die x-Achse, d. i. $y = 0$ zur einen Asymptote, haben. Die andere Asymptote $x = x_0 + \dfrac{1}{y_0}$ ist der y-Achse parallel. Sie ist für alle die Integralkurven die gleiche, für die $x_0 + \dfrac{1}{y_0}$ einen festen Wert hat. Andererseits kann die Anfangsbedingung so gewählt werden, daß eine beliebige Parallele zur y-Achse Asymptote wird. Zu den gleichseitigen Hyperbeln tritt noch $y = 0$ als weitere Integralkurve hinzu. So sieht man anschaulich, daß durch jeden Punkt der x-y-Ebene genau eine Integralkurve von (0.2.2) hindurchgeht.

Nehmen wir ein anderes Beispiel

$$\frac{dy}{dx} = y^{2/3} . \tag{0.2.12}$$

Man sieht ohne weiteres, daß durch

$$y \equiv 0 \tag{0.2.13}$$

und durch

$$y = \left(\frac{x - x_0}{3}\right)^3, \quad x_0 \text{ konstant} \tag{0.2.14}$$

Lösungen von (0.2.12) geliefert werden. Da aber die kubischen Parabeln (0.2.14) sämtlich die x-Achse $y = 0$ berühren, kann man aus einer Strecke dieser Geraden $y = 0$ und aus einem oder zwei Parabelbogen weitere Lösungen zusammensetzen. So ist z. B. durch

$$\left.\begin{aligned}
y &= \left(\frac{x - x_1}{3}\right)^3, & x &\leqq x_1, \\
y &= 0, & x_1 &\leqq x \leqq x_2, \\
y &= \left(\frac{x - x_2}{3}\right)^3, & x_2 &\leqq x
\end{aligned}\right\} \tag{0.2.15}$$

eine Lösung dargestellt, wenn x_1 und x_2 konstant sind. Im Beispiel (0.2.12) gehen somit durch jeden Punkt $\{x_0, y_0\}$ der Ebene unendlich viele Lösungen hindurch. Wählt man aber als Anfangspunkt $\{x_0, y_0\}$ einen Punkt mit $y_0 \neq 0$, so fallen die gefundenen Lösungen in einer genügend kleinen Umgebung des Anfangspunktes alle mit dem gleichen Bogen einer kubischen Parabel zusammen. Erst im weiteren Verlauf, nämlich vom Berührungspunkt der betreffenden Parabel mit der x-Achse an, kann man entweder auf der betreffenden kubischen Parabel bleiben, oder an diese ein beliebiges Stück von $y = 0$ anschließen, und dann, wenn man will, wieder zu einem Bogen einer kubischen Parabel übergehen. Durch einen Anfangspunkt $\{x_0, 0\}$ gehen aber unendlich viele Integralkurven, die in jeder noch so kleinen Umgebung des Anfangspunktes voneinander verschieden sind. Den Beweis dafür, daß durch jeden Punkt $\{x_0, y_0\}$, $y_0 \neq 0$ in einer genügend kleinen Umgebung dieses Anfangspunktes nur eine Integralkurve geht, kann man ganz analog wie bei (0.2.2) führen.

Ähnlich steht es auch bei der speziellen CLAIRAUTschen Differentialgleichung

$$y = x\frac{dy}{dx} + \left(\frac{dy}{dx}\right)^2. \tag{0.2.16}$$

Integrale derselben sind doch offenbar die Geraden

$$y = cx + c^2, \quad c \text{ konstant} \tag{0.2.17}$$

und die Parabel

$$y = -\frac{x^2}{4}. \tag{0.2.18}$$

Die Geraden (0.2.17) sind die Tangenten der Parabel (0.2.18), so daß man aus Tangentenstücken und einem Parabelbogen weitere Lösungen aufbauen kann. Lösungen findet man so nur auf der Seite der Parabel, auf der die Tangenten derselben verlaufen. In der Tat kann man auch nur für die Punkte auf dieser Parabelseite aus der Gl. (0.2.16) als Gleichung für dy/dx reelle Werte von dy/dx ermitteln. Denn bei der Auflösung dieser Gleichung nach dy/dx tritt unter die Quadratwurzel

$$x^2 + 4y,$$

so daß also nur zu Werten $\{x, y\}$ mit $x^2 + 4y \geq 0$ reelle Richtungen dy/dx von möglichen Integralkurven gehören (s. auch § 0.3. und § 2.2.8.).

Endlich behandele ich noch das Beispiel der linearen Differentialgleichung

$$\frac{dy}{dx} + y\,f(x) + g(x) = 0. \tag{0.2.19}$$

Sie heißt linear, weil ihre linke Seite eine lineare Funktion von y und y' ist. $f(x)$ und $g(x)$ mögen in einem Intervall $A < x < B$ stetig sein. Man nennt (0.2.19) homogen, wenn $g(x) \equiv 0$ und inhomogen, wenn $g(x) \not\equiv 0$ ist. Eine Lösung der homogenen Differentialgleichung

$$\frac{du}{dx} + u\,f(x) = 0 \tag{0.2.20}$$

ist $u \equiv 0$. Nehmen wir einen Bogen einer stetigen Lösung $u(x)$, längs dem $u(x) \neq 0$ ist. Dann ergibt sich aus (0.2.20) durch Integration

$$\int_{x_0}^{x} \frac{u'(\xi)}{u(\xi)}\,d\xi = -\int_{x_0}^{x} f(\xi)\,d\xi.$$

Hier kann man in einem Intervall, in dem auch $f(x) \neq 0$ bleibt, $u(x)$ als neue Integrationsvariable einführen. Dann kommt

$$\log\left|\frac{u(x)}{u_0}\right| = -\int\limits_{x_0}^{x} f(\xi)\, d\xi,$$

wenn man $u(x_0) = u_0$ setzt. Daraus folgt

$$u(x) = u_0 \exp\left\{-\int\limits_{x_0}^{x} f(\xi)\, d\xi\right\}. \tag{0.2.21}$$

In dieser Darstellung ist für $u_0 = 0$ auch die vorweggenommene Lösung $u \equiv 0$ enthalten. Man verifiziert, daß durch (0.2.21) wirklich Lösungen von (0.2.20) dargestellt sind, und zwar auch in Intervallen, in denen die vorhin betreffs $f(x) \neq 0$ gemachte Annahme nicht erfüllt ist.

Von (0.2.21) aus gelangt man zu Lösungen der inhomogenen Differentialgleichung (0.2.19) durch die **Methode der Variation der Konstanten.** Diese Methode besteht darin, daß man in (0.2.21) die Konstante u_0 durch eine neue unbekannte Funktion $v(x)$ ersetzt, die man so zu bestimmen sucht, daß

$$y(x) = u(x)\, v(x), \qquad u(x) = \exp\left\{-\int\limits_{x_0}^{x} f(\xi)\, d\xi\right\} \tag{0.2.22}$$

eine Lösung von (0.2.19) wird. Setzt man (0.2.22) in (0.2.19) ein, so erhält man

$$u'v + u\, v' + u\, v\, f(x) + g(x) = 0.$$

Und hieraus kommt, weil $u(x)$ Lösung von (0.2.20) ist,

$$u\, v' + g(x) = 0$$

So hat man das Ergebnis, daß eine Lösung $y(x)$ von (0.2.19), die an der Stelle $x = x_0$ den Wert $y = y_0$ hat, notwendig die Gestalt

$$y = \left[y_0 - \int\limits_{x_0}^{x} g(\xi) \exp\left\{\int\limits_{x_0}^{\xi} f(\eta)\, d\eta\right\} d\xi\right] \exp\left\{-\int\limits_{x_0}^{x} f(\xi)\, d\xi\right\} \tag{0.2.23}$$

haben muß. Denn der Ansatz (0.2.22) ist für jedes $y(x)$ möglich. Man verifiziert, daß (0.2.23) tatsächlich eine Lösung von (0.2.19) ist. Man hat so das Ergebnis, daß es bei beliebiger Anfangsbedingung $y(x_0) = y_0$ genau eine in $a < x < b$ stetige Lösung von (0.2.19) gibt, für die $y(x_0) = y_0$ ist. Sie ist durch (0.2.23) dargestellt. Daraus ergibt sich auch, daß für die homogene Differentialgleichung (0.2.20) alle Lösungen durch (0.2.21) dargestellt sind.

Man kann (0.2.23) noch übersichtlicher so schreiben

$$y(x) = y_0 u(x) - \int_{x_0}^{x} u(x - \xi)\, g(\xi)\, d\xi, \qquad (0.2.23')$$

$$u(x) = \exp\left(-\int_{x_0}^{x} f(\eta)\, d\eta\right).$$

Dabei ist $u(x)$ gemäß (0.2.21) diejenige Lösung der zugehörigen homogenen Differentialgleichung (0.2.20), die bei x_0 die Anfangsbedingung $u(x_0) = 1$ erfüllt.

0.3. Existenz und Unität der Lösungen

In den vorausgegangenen Beispielen wurde die Existenz der Lösungen durch Verifikation gesichert: Es fand sich ein Rechenausdruck aus der Annahme, daß es Lösungen gebe, und es wurde dann nachträglich festgestellt, daß eine Lösung gefunden war. Das ist kein befriedigender Stand der Dinge. Man möchte allgemeine Gründe für die Existenz von Lösungen der Differentialgleichungen kennen, um der Lösung auch dann sicher zu sein, wenn man solche Rechenausdrücke nicht finden kann. Erst wenn die Existenz der Lösungen gesichert ist, ist es sinnvoll, nach Verfahren zur Berechnung der Lösungen zu suchen. In einigen unserer Beispiele ergab sich auch, daß es bei gegebener Anfangsbedingung nur eine Lösung gibt. Der Grund dafür lag in der Integralrechnung, die sicherstellt, daß es bei gegebener Ableitung nur ein Integral gibt, das an einer Stelle einen gegebenen Wert hat. Bei anderen Beispielen gab es mehrere Lösungen mit gegebener Anfangsbedingung. Man möchte wissen, was der tiefere Grund ist. Immer dann, wenn die eindeutige Bestimmtheit der Lösungen durch die Anfangsbedingungen aus gewissen Eigenschaften der Differentialgleichung folgt, spricht man von einem **Unitätssatz**. In dieser Einleitung sollen diese Fragen vorab schon für eine gewisse Klasse von Differentialgleichungen

$$\frac{dy}{dx} = f(x, y) \qquad (0.3.1)$$

geklärt werden. Es werde vorausgesetzt, daß $f(x, y)$ in

$$|x - x_0| < a, \qquad |y - y_0| < b$$

stetig ist. Es existiere eine Zahl μ, für die

$$|f(x, y_0)| \leqq \mu, \qquad |x - x_0| < a \qquad (0.3.2)$$

gilt. Ist b endlich, so sei noch die Existenz einer Zahl M angenommen, für die in $|x - x_0| < a$, $|y - y_0| < b$ und passendes b_1

gilt. $$|f(x, y)| \leqq \mathsf{M} \quad \text{und} \quad a\,\mathsf{M} \leqq b_1 < b \qquad (0.3.3)$$

Ferner sei vorausgesetzt: Es gebe eine Zahl L, so daß

$$|f(x, y_1) - f(x, y_2)| \leq L |y_1 - y_2| \qquad (0.3.4)$$

für

$$|x - x_0| < a, \qquad |y_1 - y_0| < b, \qquad |y_2 - y_0| < b$$

gilt. Dann gibt es genau eine in $|x - x_0| < a$ stetige Lösung der Differentialgleichung (0.3.1) mit der Anfangsbedingung $y(x_0) = y_0$.

Betreffs der Stellung dieser verschiedenen Bedingungen zueinander sei folgendes bemerkt: Aus (0.3.4) folgt

$$|f(x, y) - f(x, y_0)| \leq L |y - y_0| \leq L b,$$

also nach (0.3.2)

$$|f(x, y)| \leq \mu + L b \quad \text{für} \quad |x - x_0| < a, |y - y_0| < b.$$

Man kann daher $\mathsf{M} = \mu + L b$ nehmen und hat gemäß (0.3.3) noch

$$a \, \mathsf{M} \leq b_1 < b$$

vorauszusetzen. Diese Darlegungen lehren, daß es nur auf die μ und L betreffenden Voraussetzungen (0.3.2) und (0.3.4) sowie auf ein hinreichend kleines Intervall $|x - x_0| < a$ ankommt.

Die Bedingung (0.3.4) nennt man **Lipschitz-Bedingung,** nach einem ehemals in Bonn wirkenden Mathematiker, der sie 1876 angegeben hat. Die Voraussetzung (0.3.4) bringt zum Ausdruck, daß der absolute Betrag des Differenzenquotienten

$$\frac{f(x, y_1) - f(x, y_2)}{y_1 - y_2}, \qquad y_1 \neq y_2$$

beschränkt sein soll. Diese Bedingung ist z. B. dann erfüllt, wenn

$$\frac{\partial f}{\partial y}, \qquad |x - x_0| < a, \qquad |y - y_0| < b$$

existiert und

$$\left| \frac{\partial f}{\partial y} \right|$$

beschränkt ist. Die Lipschitz-Bedingung ist aber allgemeiner als diese von Cauchy bevorzugte Annahme. Sie kann nämlich auch erfüllt sein, wenn die partielle Ableitung von f nach y nicht existiert. Denn aus der Beschränktheit des Differenzenquotienten folgt noch nicht die Existenz seines Grenzwertes für $y_1 \to y_2$. Den Beweis dafür, daß unter diesen Voraussetzungen genau eine Lösung von (0.3.1) mit gegebener Anfangsbedingung existiert, führe ich nach der **Methode der sukzessiven Approximationen.** Man nennt sie auch die Methode der schrittweisen Näherung. Man setze $y = y_0$ als eine erste Näherung an die gesuchte Lösung in (0.3.1) ein. Ist dann $f(x, y_0) \equiv 0$, $|x - x_0| < a$, so ist die Lösung gefunden. Anderenfalls bestimme man eine nächste Näherung $y_1(x)$ aus

$$\frac{dy_1}{dx} = f(x, y_0), \quad y_1(x_0) = y_0.$$

Das wird

$$y_1(x) = y_0 + \int_{x_0}^{x} f(\xi, y_0)\, d\xi. \qquad (0.3.5)$$

Ist $y_1(x)$ zufällig Lösung, so ist

$$\frac{dy_1}{dx} \equiv f(x, y_1(x)) \quad \text{in } |x - x_0| < a.$$

Anderenfalls setze man $y_1(x)$ in $f(x, y)$ ein und ermittle eine nächste Näherung $y_2(x)$ aus

$$\frac{dy_2}{dx} = f(x, y_1(x)), \quad y_2(x_0) = y_0. \qquad (0.3.6)$$

Das Einsetzen von $y_1(x)$ in $f(x, y)$ ist sicher möglich, wenn b unendlich ist. Ist aber b endlich, so folgt nach (0.3.3) aus (0.3.5), daß

$$|y_1(x) - y_0| \leq M\, a \leq b_1 < b, \quad |x - x_0| < a$$

ist. Also ist auch jetzt das Einsetzen von y_1 in $f(x, y)$ möglich. Aus (0.3.6) folgt

$$y_2(x) = y_0 + \int_{x_0}^{x} f(\xi, y_1(\xi))\, d\xi. \qquad (0.3.7)$$

So fortfahrend, erhält man eine unendliche Folge von Funktionen $y_n(x)$; nämlich aus

$$\frac{dy_n}{dx} = f(x, y_{n-1}(x)), \, y_n(x_0) = y_0 \qquad (0.3.8)$$

folgt

$$y_n(x) = y_0 + \int_{x_0}^{x} f(\xi, y_{n-1}(\xi))\, d\xi. \qquad (0.3.9)$$

Dann ist entweder $y_{n-1}(x)$ Lösung und dann nach (0.3.9)

$$y_n(x) = y_{n-1}(x), \quad |x - x_0| < a,$$

oder es ergibt sich aus (0.3.8) ein neues $y_n(x)$, das man wieder in $f(x, y)$ einsetzt. Das Einsetzen von $y_n(x)$ in $f(x, y)$ ist immer dann möglich, wenn die Einsetzung von $y_{n-1}(x)$ möglich ist. Nur im Falle eines endlichen b bedarf das einer Überlegung. Dann ist aber nach

(0.3.9) und (0.3.3)

$$|y_n(x) - y_0| \leq \mathsf{M}\,a \leq b_1 < b.$$

Dadurch ist die Möglichkeit des Einsetzens von $y_n(x)$ in $f(x, y)$ gesichert. Man erhält so eine unendliche Folge von Funktionen $y_n(x)$, die durch die Rekursion (0.3.9) auseinander hervorgehen. In dieser Folge stimmen entweder, wie gesagt, die Funktionen von einer gewissen Nummer an alle überein, dann ist die Konvergenz der Folge klar, oder aber der Konvergenzbeweis ist noch zu erbringen, wenn der eben erwähnte Zufall nicht eintritt. Aus (0.3.5) folgt nach (0.3.2)

$$|y_1(x) - y_0| \leq \mu\,|x - x_0|. \tag{0.3.10}$$

Aus (0.3.7) und (0.3.5) ergibt sich nach (0.3.4)

$$|y_2(x) - y_1(x)| \leq L \left| \int_{x_0}^{x} |y_1(\xi) - y_0|\,d\xi \right| \leq L\,\mu \frac{|x - x_0|^2}{2}. \tag{0.3.11}$$

Aus (0.3.9) und

$$y_{n+1}(x) = y_0 + \int_{x_0}^{x} f(\xi, y_n(\xi))\,d\xi \tag{0.3.12}$$

folgt nach (0.3.4)

$$|y_{n+1}(x) - y_n(x)| \leq L \left| \int_{x_0}^{x} |y_n(\xi) - y_{n-1}(\xi)|\,d\xi \right|. \tag{0.3.13}$$

Wendet man das rekurrent an und berücksichtigt (0.3.10) und (0.3.11), so erhält man für $n = 0, 1, 2, \ldots$

$$|y_{n+1}(x) - y_n(x)| \leq L^n\,\mu \frac{|x - x_0|^{n+1}}{(n + 1)!}. \tag{0.3.14}$$

Man bestätigt das auch durch vollständige Induktion. Nimmt man nämlich

$$|y_n(x) - y_{n-1}(x)| \leq L^{n-1}\,\mu \frac{|x - x_0|^n}{n!}$$

als richtig an, und trägt das rechts in (0.3.13) ein, so findet man (0.3.14). Für $n = 0$ und $n = 1$ ist aber (0.3.14) nach (0.3.10) und (0.3.11) richtig.

Es ist hiernach klar, daß die Reihe

$$\sum_{0}^{\infty} (y_{n+1}(x) - y_n(x)) \quad \text{in } |x - x_0| < a$$

absolut und gleichmäßig konvergiert. Ihre Summe ist der Grenzwert

$$y(x) = \lim_{n \to \infty} y_n(x).$$

Die Grenzfunktion ist in $|x - x_0| < a$ stetig und kann in $f(x, y)$ eingesetzt werden. Denn im Falle eines endlichen b ergab sich für alle n, daß

$$|y_n(x) - y_0| \leqq b_1 < b$$

ist. Daher ist auch

$$|y(x) - y_0| \leqq b_1 < b.$$

Die Grenzfunktion $y(x)$ ist eine Lösung der Differentialgleichung (0.3.1). Denn in (0.3.12) kann man den Grenzübergang zu $n \to \infty$ nach bekannten Sätzen der Integralrechnung ohne weiteres ausführen, und man erhält

$$y(x) = y_0 + \int_{x_0}^{x} f\big(\xi, y(\xi)\big)\, d\xi.$$

Differenziert man nach x, so findet man, daß (0.3.1) befriedigt ist. Natürlich ist auch $y(x_0) = x_0$. So hat man zunächst einmal mindestens eine Lösung von (0.3.1) mit der gegebenen Anfangsbedingung gefunden. Es gibt aber auch nicht mehr als eine Lösung von (0.3.1) mit der gleichen Anfangsbedingung. Denn ist $z(x)$ eine weitere solche in $|x - x_0| < a$ stetige Lösung, bestehen also die Beziehungen

$$\frac{dz}{dx} = f\big(x, z(x)\big), \quad \frac{dy}{dx} = f\big(x, y(x)\big), \quad y(x_0) = z(x_0) = y_0, \quad |x - x_0| < a,$$

so ist

$$\frac{d(z - y)}{dx} = f\big(x, z(x)\big) - f\big(x, y(x)\big),$$

$$z(x) - y(x) = \int_{x_0}^{x} \{f\big(\xi, z(\xi)\big) - f\big(\xi, y(\xi)\big)\}\, d\xi,$$

und daraus folgt nach (0.3.4)

$$|z(x) - y(x)| \leqq L \left| \int_{x_0}^{x} |z(\xi) - y(\xi)|\, d\xi \right|. \tag{0.3.15}$$

Für $x \geqq x_0$ bedeutet dies, daß

$$\frac{d}{dx} \left\{ e^{-Lx} \int_{x_0}^{x} |z(\xi) - y(\xi)|\, d\xi \right\} \leqq 0$$

ist. Daraus folgt wegen $z(x_0) - y(x_0) = 0$, daß

$$e^{-Lx} \int_{x_0}^{x} |z(\xi) - y(\xi)|\, d\xi \leqq 0, \qquad x \geqq x_0$$

ist. Da aber

$$e^{-Lx}\int_{x_0}^{x}|z(\xi) - y(\xi)|\,d\xi \geqq 0, \qquad x \geqq x_0$$

trivial ist, so folgt

$$\int_{x_0}^{x}|z(\xi) - y(\xi)|\,d\xi = 0, \qquad x \geqq x_0.$$

Da $z(x) - y(x)$ in $|x - x_0| < a$ stetig ist, so folgt

$$z(x) - y(x) \equiv 0 \quad \text{in } x \geqq x_0.$$

Für $x \leqq x_0$ folgt aus (0.3.15), daß

$$|z(x) - y(x)| \leqq L \int_{x}^{x_0}|z(\xi) - y(\xi)|\,d\xi.$$

Dies besagt, daß

$$\frac{d}{dx}\left\{e^{Lx}\int_{x}^{x_0}|z(\xi) - y(\xi)|\,d\xi\right\} \geqq 0, \qquad x \leqq x_0$$

ist. Daraus folgt wegen $z(x_0) - y(x_0) = 0$ durch Integration

$$e^{Lx}\int_{x}^{x_0}|z(\xi) - y(\xi)|\,d\xi \leqq 0, \qquad x \leqq x_0.$$

Da aber

$$e^{Lx}\int_{x}^{x_0}|z(\xi) - y(\xi)|\,d\xi \geqq 0, \qquad x \leqq x_0$$

trivial ist, so ergibt sich

$$\int_{x}^{x_0}|z(\xi) - y(\xi)|\,d\xi = 0, \qquad x \leqq x_0.$$

Da $|z(x) - y(x)|$ stetig ist, so folgt $z(x) - y(x) \equiv 0$ auch in $x \leqq x_0$. Daher haben wir im ganzen nun folgenden

Satz (0.3.I). *$f(x, y)$ sei in $|x - x_0| < a$, $|y - y_0| < b$ stetig. Es existiere eine Zahl μ, für die (0.3.2), d. i. $|f(x, y_0)| < \mu$, in $|x - x_0| < a$ gilt. Ferner existiere eine Zahl L, so daß*

$$|f(x, y_1) - f(x, y_2)| \leqq L|y_1 - y_2| \tag{0.3.4}$$

für $|x - x_0| < a$, $|y_1 - y_0| < b$, $|y_2 - y_0| < b$ ist. Ist b endlich, so sei noch (0.3.3) oder

$$(\mu + Lb)\,a < b \tag{0.3.3'}$$

angenommen. Dann besitzt die Differentialgleichung

$$\frac{dy}{dx} = f(x, y) \tag{0.3.1}$$

genau eine in $|x - x_0| < a$ *stetige Lösung* $y(x)$ *mit der Anfangsbedingung* $y(x_0) = y_0$.

Wenden wir nun diesen Satz auf die in § 0.2 behandelten Beispiele an. Betrachten wir (0.2.2) in $|x - x_0| < a$, $|y - y_0| < b$. Dann ist $M = \{|y_0| + b\}^2$, $\mu = y_0^2$.

Die LIPSCHITZ-Bedingung ist erfüllt. Denn es ist

$$|y_1^2 - y_2^2| \leqq (|y_1| + |y_2|)\,|y_1 - y_2| \leqq 2\,(|y_0| + b)\,|y_1 - y_2|.$$

Der Satz (0.3.I) lehrt, daß es genau eine in

$$|x - x_0| < \frac{b}{(|y_0| + b)^2}$$

stetige Lösung von (0.2.2) mit der Anfangsbedingung $y(x_0) = y_0$ gibt. (0.2.8) lehrte sogar, daß sie bei $y_0 \neq 0$ in $|x - x_0| < \dfrac{1}{|y_0|}$ stetig ist. Die Abschätzung des Existenzsatzes sichert die Stetigkeit der Lösung äußerstens in $|x - x_0| < \dfrac{1}{2}\,\dfrac{1}{|y_0|}$, wie man sieht, wenn man in ihr $b = |y_0|$ nimmt.

Bei (0.2.12) ist die LIPSCHITZ-Bedingung in jedem Rechteck $|x - x_0| < a$, $|y - y_0| < b$ erfüllt, das keinen Punkt von $y = 0$ im Inneren oder an seinem Rande hat. Denn an solchen Stellen existiert die Ableitung von $y^{2/3}$. Nimmt man aber in der LIPSCHITZ-Bedingung (0.3.4) $y_1 \neq 0$ und $y_2 = 0$, so wird

$$\frac{y_1^{2/3} - 0}{y_1 - 0} = y_1^{-1/3}$$

und das ist in keinem eine Stelle $\{x_0, 0\}$ enthaltenden Rechteck beschränkt. Für Anfangsbedingungen $y(x_0) = 0$ versagt daher der Satz (0.3.I). Und in der Tat sahen wir, daß zu Anfangsbedingungen $y(x_0) = 0$ unendlich viele Lösungen von (0.2.12) gehören. Für Anfangsbedingungen $y(x_0) = y_0 \neq 0$ ist aber der Satz (0.3.I) anwendbar, da hier die LIPSCHITZ-Bedingung erfüllt ist. Um jeden solchen Anfangspunkt gibt es daher ein Rechteck, in dem genau eine Lösung durch diesen Punkt verläuft. Über die Menge der Lösungen durch einen auf der x-Achse gelegenen Anfangspunkt gibt der Satz (0.3.I) und auch das Integrationsverfahren keine Auskunft. Diese Frage wird erst in § 1.5. beantwortet werden können.

Um den Satz (0.3.I) auf (0.2.16) anwenden zu können, muß man erst nach dy/dx auflösen. Man erhält dann in $x^2 + 4y \geqq 0$ zwei

Differentialgleichungen

$$\frac{dy}{dx} = \frac{-x + \sqrt{x^2 + 4y}}{2}$$

und

$$\frac{dy}{dx} = \frac{-x - \sqrt{x^2 + 4y}}{2}\,,$$

die auf der Parabel $x^2 + 4y = 0$ übereinstimmen.

Um jeden Punkt $\{x_0, y_0\}$ aus $x_0^2 + 4y_0 > 0$ kann man ein Rechteck legen, in dem für jede dieser beiden Differentialgleichungen die Voraussetzungen von Satz (0.3.I) erfüllt sind. Die beiden Parabeltangenten durch einen solchen Punkt sind die einzigen Lösungen von (0.2.16), die die ihm entsprechende Anfangsbedingung erfüllen. Für Punkte $\{x_0, y_0\}$ auf der Parabel gibt es kein Rechteck, in dem die Voraussetzungen von Satz (0.3.I) erfüllt sind. In der Tat wurde ja oben bemerkt, daß durch derartige Anfangspunkte mehrere Lösungen gehen. Über die Gesamtheit aller Lösungen wird erst der § 2.2. Auskunft geben.

Für die lineare Differentialgleichung (0.2.19) wird das $f(x, y)$ von (0.3.1) durch

$$f(x, y) = -y\,f(x) - g(x)$$

gegeben. $f(x)$ und $g(x)$ seien in $|x - x_0| < a$ stetig. Es wird

$$f(x, y_1) - f(x, y_2) = (y_2 - y_1)\,f(x)\,.$$

Die Bedingung (0.3.3) entfällt hier, da $f(x, y)$ in $|x - x_0| < a$ für beliebige y stetig ist. In jedem abgeschlossenen Teilintervall

$$|x - x_0| \leqq \alpha < a \quad \text{von} \quad |x - x_0| < a$$

besitzt das stetige $|y_0\,f(x) + g(x)|$ ein Maximum μ. Die LIPSCHITZ-Bedingung (0.3.4) ist erfüllt, wenn $L = \text{Max}\,|f(x)|$ für $|x - x_0| \leqq \alpha$ genommen wird. Daher ist der Satz (0.3.I) auf das Intervall $|x - x_0| < a$ anwendbar und sichert Existenz und Unität der Lösung im Einklang mit den Überlegungen, die zu (0.2.23) als Darstellung dieser Lösungen führten.

§ 1. Existenzsätze für gewöhnliche Differentialgleichungen

1.1. Näherungspolygone

Die Ausführungen der Einleitung haben im Laufe der Betrachtung viele Fragen aufgeworfen, aber erst zu einem kleinen Teil beantwortet. Letzten Endes liegt das daran, daß Existenz der Lösungen und Unität,

d. h. die Bestimmtheit der Lösungen durch Anfangsbedingungen, erst in dem in Satz (0.3.I) beschriebenen Umfang geklärt sind. Ich nehme daher die Differentialgleichung

$$\frac{dy}{dx} = f(x, y) \tag{1.1.1}$$

erneut vor. Die Analogie der Integralrechnung — Beispiel (0.1.4) — legt es nahe, nur noch die Stetigkeit[1] der Funktion $f(x, y)$ als Funktion der beiden reellen Veränderlichen x und y in einem Gebiet vorauszusetzen. Als solches Gebiet empfiehlt sich ein Rechteck

$$a \leqq x \leqq b, \quad \alpha \leqq y \leqq \beta. \tag{1.1.2}$$

Es ist aber keine Beschränkung der Allgemeinheit, von vornherein als Stetigkeitsgebiet von $f(x, y)$ den Streifen

$$S: \quad a \leqq x \leqq b, \quad -\infty < y < +\infty \tag{1.1.3}$$

zu wählen. Denn eine nur in einem Rechteck (1.1.2) stetige Funktion $f(x, y)$ kann zu einer im Streifen (1.1.3) stetigen Funktion erweitert werden, indem man definiert:

$$\begin{aligned} f(x, y) &= f(x, \alpha) \quad \text{für} \quad y \leqq \alpha, \\ f(x, y) &= f(x, \beta) \quad \text{für} \quad y \geqq \beta. \end{aligned} \tag{1.1.4}$$

Dieser kleine Kunstgriff bringt gewisse Vorteile mit sich, von denen noch die Rede sein wird. Für einige Überlegungen genügt die Annahme der Stetigkeit noch nicht. Wir werden dann noch zusätzlich annehmen, daß $|f(x, y)|$ in dem Streifen (1.1.3) nach oben beschränkt ist, oder noch allgemeiner und für die betreffenden Überlegungen ausreichend, daß $f(x, y)$ in dem Streifen (1.1.3) nicht stärker wächst als eine lineare Funktion von y; mit anderen Worten: Es sollen zwei Zahlen $M \geqq 0$ und $N > 0$ existieren, so daß

$$|f(x, y)| \leqq M|y| + N \quad \text{in} \quad a \leqq x \leqq b \tag{1.1.5}$$

gilt. Bei den durch die beschriebene Erweiterung aus einem ursprünglichen Rechteck (1.1.2) gewonnenen Funktionen ist die Annahme der Beschränktheit von $|f(x, y)|$, d. i. $M = 0$ in (1.1.5), als Folge der Stetigkeit im abgeschlossenen Rechteck (1.1.2) von selbst erfüllt. Aber bereits für die Behandlung linearer Differentialgleichungen

$$\frac{dy}{dx} + y f(x) + g(x) = 0 \tag{1.1.6}$$

---

[1] Noch allgemeinere Funktionen $f(x, y)$ in Betracht zu ziehen, liegt nicht in der Absicht dieses Buches.

ist die Annahme (1.1.5) am Platz. Es kann auch vorkommen, daß $f(x, y)$ schon im Streifen (1.1.3) erklärt ist, daß aber wie z. B. bei

$$\frac{dy}{dx} = y^2$$

die Forderung (1.1.5) verletzt ist. Dann bleibt der Ansatz, daß man irgendein Hilfsrechteck (1.1.2) heranzieht, in dem man die gegebene Definition von $f(x, y)$ verwendet und aus dem heraus man durch Erweiterung zu einem anderen $f(x, y)$ übergeht, das die Voraussetzung (1.1.5) befriedigt. Lösungen der abgeänderten Differentialgleichung sind dann natürlich zugleich Lösungen der ursprünglichen Differentialgleichung, soweit sie als Kurven gedeutet in dem angenommenen Rechteck verbleiben. Vgl. auch § 1.4.

Aus Satz (1.2.VI) und seiner Beweisführung wird sich ergeben, daß durch diesen Prozeß der Abänderung bzw. Erweiterung der Definition von $f(x, y)$ keine Lösung der Differentialgleichung verlorengeht.

Ich frage nun nach reellwertigen stetigen Funktionen $y(x)$ der reellen Veränderlichen x, die in $\langle a, b \rangle$ der Differentialgleichung (1.1.1) genügen, d. h. für die

$$y'(x) = f\big(x, y(x)\big) \quad \text{in} \quad a \le x \le b$$

identisch in x erfüllt ist, und die einer vorgeschriebenen **Anfangsbedingung** $y(x_0) = y_0$ genügen. Dabei soll $\{x_0, y_0\}$ eine Stelle aus dem Streifen $a \le x \le b$ sein, d. h. es soll $x_0 \in \langle a, b \rangle$ gelten. Es wird demnach nach stetigen Funktionen gefragt, deren Ableitung $y'(x)$ in (a, b) überall erklärt ist. Außerdem wird an den Intervallenden

$$y'(a) = \lim_{h \downarrow 0} \frac{y(a+h) - y(a)}{h} \quad \text{und} \quad y'(b) = \lim_{h \uparrow 0} \frac{y(b+h) - y(b)}{h}$$

gesetzt[1]. $y'(x)$ ist dann in $\langle a, b \rangle$ stetig, weil $f(x, y)$ in $a \le x \le b$ als stetig angenommen ist.

Häufig bedient man sich einer geometrischen Ausdrucksweise: Ein Zahlentripel (x, y, y') heißt **Linienelement.** Es wird durch eine Gerade dargestellt, die durch den Punkt $\{x, y\}$, den Trägerpunkt des Linienelementes, geht, und die den Richtungstagens y' besitzt. Ein

---

[1] Das hier benutzte von OSTROWSKI geschaffene Zeichen $h \downarrow 0$ bedeutet, daß h fallend, d. h. durch positive Werte nach 0 geht. Entsprechend bedeutet $h \uparrow 0$, daß h steigend, d. h. durch negative Werte nach 0 geht. Ich bezeichne mit $\langle a, b \rangle$ das Intervall $a \le x \le b$, mit (a, b) das Intervall $a < x < b$, mit $(a, b]$ das Intervall $a < x \le b$, mit $\langle a, b)$ das Intervall $a \le x < b$. Die Stelle mit der Koordinaten x, y bezeichne ich durch $\{x, y\}$.

Linienelement, das der Differentialgleichung (1.1.1) für $dy/dx = y'$ genügt, heißt **Integralelement** der Differentialgleichung (1.1.1). Eine mit stetiger Ableitung $y'(x)$ versehene Kurve $y = y(x)$ besteht aus Linienelementen $(x, y(x), y'(x))$. Sie stellt eine Lösung, ein Integral von (1.1.1) dar und heißt dann **Integralkurve,** wenn sie aus lauter Integralelementen besteht. Eine Differentialgleichung (1.1.1) mit eindeutigem stetigem $f(x, y)$ definiert ein **Feld von Linienelementen** in der Definitionsmenge von $f(x, y)$. Aufgabe der Integration von (1.1.1) ist es, die Integralkurven zu untersuchen, d. h. Kurven zu betrachten, die in jedem ihrer Punkte das von der Differentialgleichung vorgeschriebene Linienelement haben.

Die Analogie der Integralrechnung legt es nahe, wie folgt eine Annäherung an das gesuchte Integral der Differentialgleichung (1.1.1) zu konstruieren. Man nehme $x_0 = a$ und teile das Intervall $\langle a, b \rangle$ durch Teilpunkte

$$a = x_0 < x_1 < \cdots < x_{n-1} < x_n = b \tag{1.1.7}$$

irgendwie in n Teile ein[1]. Über dem ersten Teilintervall $\langle x_0, x_1 \rangle$ setze man als Näherung an

$$\tilde{y}(x) = y_0 + (x - x_0) f(x_0, y_0), \qquad x_0 \leqq x \leqq x_1. \tag{1.1.8}$$

Das ist geometrisch gesprochen eine geradlinige Strecke, die durch den gewählten Anfangspunkt $\{x_0, y_0\}$ geht und dort die durch die Differentialgleichung (1.1.1) vorgeschriebene Richtung $f(x_0, y_0)$ hat. Sie hält diese Anfangsrichtung im ganzen Teilintervall fest, während die Differentialgleichung in den Punkten dieser Strecke im allgemeinen andere Richtungen vorschreiben wird. Im Punkte x_1 hat (1.1.8) die Ordinate $y_1 = y_0 + (x_1 - x_0) f(x_0, y_0)$. Über dem zweiten Teilintervall $\langle x_1, x_2 \rangle$ wähle man als Näherung wieder eine gerade Strecke, die durch den Punkt $\{x_1, y_1\}$ in der dort vorgeschriebenen Richtung $f(x_1, y_1)$ geht; das ist die Strecke

$$\tilde{y}(x) = y_1 + (x - x_1) f(x_1, y_1), \qquad x_1 \leqq x \leqq x_2.$$

Sie hat an der Stelle x_2 die Ordinate $y_2 = y_1 + (x_2 - x_1) f(x_1, y_1)$. Durch den Punkt $\{x_2, y_2\}$ lege man über dem dritten Teilintervall

---

[1] Daß man gerade $x_0 = a$ annimmt, ist keine Beschränkung der Allgemeinheit. Man kann ja als Intervall $\langle a, b \rangle$ ein bei x_0 beginnendes Intervall nehmen, das dem ursprünglich angenommenen Intervall $\langle a, b \rangle$ angehört. Daß man $b > a$ annimmt, ist auch keine Einschränkung. Denn ganz analog, wie man im folgenden die Dinge für $x > x_0$ betrachtet, kann man sie auch für $x < x_0$ untersuchen. Oder man kann durch die Substitution

$$x - x_0 = x_0 - X$$

den Fall $x < x_0$ auf den Fall $X > x_0$ zurückführen.

$\langle x_2, x_3 \rangle$ wieder eine Strecke mit der Richtung $f(x_2, y_2)$. So weiterfahrend, erhält man insgesamt als Näherung

$$\left. \begin{aligned} \tilde{y}(x) &= y_k + (x - x_k) f(x_k, y_k), \qquad x_k \leq x \leq x_{k+1}, \\ y_{k+1} &= \tilde{y}(x_{k+1}), \qquad k = 0, 1, \ldots, n-1. \end{aligned} \right\} \qquad (1.1.9)$$

Das ist in geometrischer Darstellung ein Polygonzug, der in ganz $\langle a, b \rangle$ stetig erklärt ist. (Abb. 1.) Ohne den Kunstgriff, der zu einem in ganz (1.1.3) definierten $f(x, y)$ führte, wäre man nicht sicher, daß $\tilde{y}(x)$ in ganz $\langle a, b \rangle$ erklärt werden kann, da der Polygonzug dann an dem oberen oder unteren Rand des Rechtecks (1.1.2) schon vorzeitig sein Ende finden könnte. Von der Annahme (1.1.5) wird bei dieser Konstruktion eines Näherungspolygons noch kein Gebrauch gemacht. Es wird nur benutzt, daß $f(x, y)$ im Streifen (1.1.3) überall eindeutig erklärt ist. Der Polygonzug (1.1.9) hat im allgemeinen Ecken an den Stellen $\{x_i, y_i\}$, $i = 1, 2, \ldots, n-1$. In jedem Teilintervall (x_k, x_{k+1}), $k = 0, 1, \ldots, n-1$ ist die Ableitung konstant. Es ist nämlich[1]

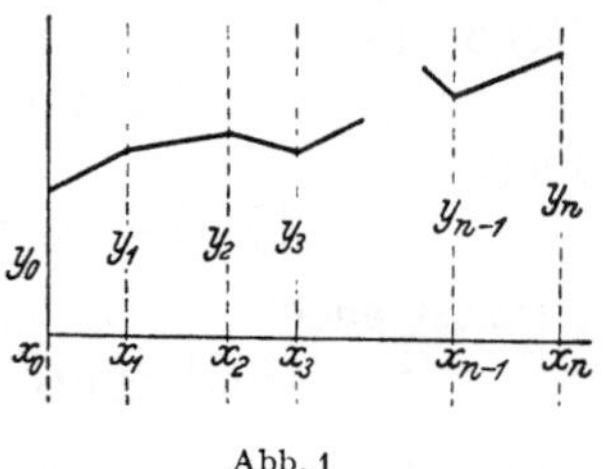

Abb. 1

$$\left. \begin{aligned} D_+ \tilde{y}(x) &= D_- \tilde{y}(x) = \tilde{y}'(x) = f(x_k, y_k), \\ x_k &< x < x_{k+1}, \qquad k = 0, 1, \ldots, n-1. \end{aligned} \right\} \qquad (1.1.10)$$

An den über $x_1, x_2, \ldots, x_{n-1}$ gelegenen Ecken existiert der vordere und der hintere Differentialquotient, bei x_0 nur der vordere und bei x_n nur der hintere. Es ist nämlich[1]

$$\left. \begin{aligned} D_+ \tilde{y}(x_k) &= \lim_{h \downarrow 0} \frac{\tilde{y}(x_k + h) - \tilde{y}(x_k)}{h} = f(x_k, y_k), \\ &\qquad\qquad\qquad k = 0, 1, \ldots, n-1, \\ D_- \tilde{y}(x_j) &= \lim_{h \uparrow 0} \frac{\tilde{y}(x_j + h) - \tilde{y}(x_j)}{h} = f(x_{j-1}, y_{j-1}), \\ &\qquad\qquad\qquad j = 1, 2, \ldots, n. \end{aligned} \right\} \qquad (1.1.11)$$

Das Näherungspolygon (1.1.9) entspricht genau dem Polygon, das man in der Integralrechnung erhält, wenn man $f(x)$ in den Teilintervallen $\langle x_k, x_{k+1} \rangle$ durch die Konstante $f(x_k)$ approximiert und die so erhaltene stückweise konstante Treppenfunktion integriert.

---

[1] Der vordere und der hintere Differentialquotient $D_+ \tilde{y}(x)$ und $D_- \tilde{y}(x)$ sind in (1.1.11) erklärt. $D_+ \tilde{y}(x) = D_- \tilde{y}(x)$ bedeutet, daß die Ableitung

$$\tilde{y}'(x) = \lim_{h \to 0} \frac{\tilde{y}(x + h) - \tilde{y}(x)}{h}$$

existiert.

Ich betrachte nun die Gesamtheit $\mathfrak{Y}$ aller Näherungspolygone $\tilde{y}(x)$ für (1.1.1) über $\langle a, b\rangle$, die der gleichen Anfangsbedingung $\tilde{y}(x_0) = y_0$ genügen[1]. Dann gilt

Satz (1.1.I). *Die Näherungspolygone $\tilde{y}(x) \in \mathfrak{Y}$ sind unter der Voraussetzung (1.1.5) gleichmäßig beschränkt, d. h. es gibt eine Zahl* M, *so daß für alle* $a \leqq x \leqq b$ *und alle* $\tilde{y} \in \mathfrak{Y}$ *zugleich*

$$|\tilde{y}(x)| \leqq \mathsf{M}$$

gilt.

Dies ist ohne weiteres klar, wenn $f(x, y)$ in $\langle a, b\rangle$ beschränkt ist. Denn aus

$$|f(x, y)| \leqq N, \qquad a \leqq x \leqq b$$

folgt

$$|\tilde{y}(x) - y_0| \leqq N(b - a), \quad a \leqq x \leqq b.$$

Also ist auch

$$|\tilde{y}(x)| \leqq |y_0| + N(b - a), \quad a \leqq x \leqq b.$$

Unter der allgemeineren Voraussetzung (1.1.5) mit $M > 0$ ergibt sich Satz (1.1.I) wie folgt. Für das i-te geradlinige Teilstück von $\tilde{y}(x)$ gilt nach (1.1.5)

$$|\tilde{y}_{i+1}| \leqq |\tilde{y}_i| + (x_{i+1} - x_i)(M|\tilde{y}_i| + N) = |\tilde{y}_i|[1 + M(x_{i+1} - x_i)] +$$
$$+ N(x_{i+1} - x_i) < |\tilde{y}_i| \exp\{M(x_{i+1} - x_i)\} +$$
$$+ \frac{N}{M}[\exp\{M(x_{i+1} - x_i)\} - 1], \quad i = 1, 2, \ldots$$

Ebenso ist

$$|\tilde{y}_i| < |\tilde{y}_{i-1}| \exp\{M(x_i - x_{i-1})\} + \frac{N}{M}[\exp\{M(x_i - x_{i-1})\} - 1],$$
$$i = 1, 2, \ldots$$

Setzt man dies in die vorausgehende Abschätzung ein, so kommt

$$|\tilde{y}_{i+1}| < |\tilde{y}_{i-1}| \exp\{M(x_{i+1} - x_{i-1})\} + \frac{N}{M}[\exp\{M(x_{i+1} - x_{i-1})\} - 1],$$
$$i = 1, 2, \ldots$$

Wendet man diese Überlegung genügend oft an, so findet man

$$|\tilde{y}_k| < |y_0| \exp\{M(x_k - x_0)\} + \frac{N}{M} \cdot [\exp\{M(x_k - x_0)\} - 1],$$
$$k = 1, 2, \ldots, n.$$

Insbesondere ist daher

$$|\tilde{y}_k| < |y_0| \exp\{M(b - a)\} + \frac{N}{M}[\exp\{M(b - a)\} - 1],$$
$$k = 1, 2, \ldots, n.$$

Für $x_{k-1} \leqq x \leqq x_k$ ist wegen des geradlinigen Verlaufs von $\tilde{y}(x)$ in

---

[1] Sie unterscheiden sich durch die Wahl der Teilpunkte (1.1.7). $\tilde{y} \in \mathfrak{Y}$ bedeutet, daß $\tilde{y}$ ein Element der Menge $\mathfrak{Y}$ ist.

diesem Intervall

$$\tilde{y}(x) \in \langle \tilde{y}_{k-1}, \tilde{y}_k \rangle \quad \text{oder} \quad \tilde{y}(x) \in \langle \tilde{y}_k, \tilde{y}_{k-1} \rangle .$$

Daher gilt

$$\left. |\tilde{y}(x)| < |y_0| \exp \{M(b-a)\} + \frac{N}{M} [\exp \{M(b-a)\} - 1], \atop a \leqq x \leqq b. \right\} \quad (1.1.12)$$

Die rechte Seite von (1.1.12) ist die in Satz (1.1.I) genannte Zahl M, falls $M \neq 0$ ist. Im Falle $M = 0$ ist $\mathsf{M} = |y_0| + N(b-a)$,

Satz (1.1.II). *Es sei $\mathfrak{Y}$ eine Folge von Näherungspolygonen $\tilde{y}(x)$ einer Differentialgleichung (1.1.1). Die $\tilde{y}(x) \in \mathfrak{Y}$ seien gleichmäßig beschränkt und $f(x, y)$ sei stetig. Das heißt, die $\tilde{y}(x) \in \mathfrak{Y}$ mögen alle einem abgeschlossenen Rechteck*

$$R: \quad a \leqq x \leqq b, \quad |y| \leqq \mathsf{M} \qquad (1.1.13)$$

angehören, in dem $f(x, y)$ stetig ist. Dann sind die Funktionen $\tilde{y}(x) \in \mathfrak{Y}$ gleichgradig stetig. Das heißt, zu jedem $\varepsilon > 0$ gehört ein $\delta(\varepsilon) > 0$ so, daß für alle $\tilde{y}(x) \in \mathfrak{Y}$ gleichzeitig

$$|\tilde{y}(x') - \tilde{y}(x'')| < \varepsilon \quad \text{für} \quad |x' - x''| < \delta(\varepsilon) \qquad (1.1.14)$$

gilt, einerlei, wie sonst die x' und x'' in $\langle a, b \rangle$ gelegen sind.

Wegen der Stetigkeit von $f(x, y)$ in (1.1.13) gibt es ein N, so daß

$$|f(x, y)| \leqq N, \quad \{x, y\} \in R \qquad (1.1.15)$$

ist. Daher ist längs eines jeden Polygons $\tilde{y}(x) \in \mathfrak{Y}$ nach (1.1.10) und (1.1.11)

$$|D_+ \tilde{y}(x)| \leqq N \quad \text{und} \quad |D_- \tilde{y}(x)| \leqq N$$

und daher erhält man durch Integration hieraus

$$|\tilde{y}(x') - \tilde{y}(x'')| \leqq N |x' - x''| \qquad (1.1.16)$$

für alle $\tilde{y}(x) \in \mathfrak{Y}$ und alle Paare x', x'' aus $\langle a, b \rangle$ zugleich. Daher ist Satz (1.1.II) mit $\delta(\varepsilon) = \varepsilon/N$ richtig. Der angegebene Integrationsprozeß kann wie folgt durchgeführt werden. Es sei z. B. $x' < x''$. Man ziehe die zur Konstruktion von $\tilde{y}(x)$ benutzten Teilpunkte zwischen x' und x'' heran. Es sei $x' \leqq x_k < x_{k+1} < \cdots < x_{k+r} \leqq x''$. Zwischen je zwei aufeinanderfolgenden dieser Punkte verläuft $\tilde{y}(x)$ geradlinig. Daher ist

$$|\tilde{y}(x_k) - \tilde{y}(x')| \quad \leqq N(x_k - x')$$
$$|\tilde{y}(x_{k+1}) - \tilde{y}(x_k)| \leqq N(x_{k+1} - x_k)$$
$$\vdots$$
$$|\tilde{y}(x'') - \tilde{y}(x_{k+r})| \leqq N(x'' - x_{k+r}) .$$

Hieraus folgt durch Addition (1.1.16).

Es mag noch interessieren, festzustellen, inwieweit die beiden Derivierten $D_+\tilde{y}(x)$, $D_-\tilde{y}(x)$ eines Näherungpolygons $\tilde{y}(x)$ der Differentialgleichung (1.1.1) von der in den Punkten der Näherung durch (1.1.1) vorgeschriebenen Richtung verschieden sind. Dies hängt wie in der Integralrechnung mit der Schwankung von $f(x, y)$ zusammen. Schwankung von $f(x, y)$ in einer abgeschlossenen Menge $\mathfrak{M}$, z. B. in dem Rechteck (1.1.13), heißt bekanntlich das

$$\mathrm{Max}\,|f(x^{(1)}, y^{(1)}) - f(x^{(2)}, y^{(2)})|\ \text{für}\ \{x^{(1)}, y^{(1)}\} \in \mathfrak{M}\ \text{und}\ \{x^{(2)}, y^{(2)}\} \in \mathfrak{M}.$$

Gehört nun ein Näherungspolygon dem Rechteck (1.1.13) an und ist darin $f(x, y)$ stetig, so ergibt sich aus der gleichmäßigen Stetigkeit von $f(x, y)$ — die ja eine Folge der Stetigkeit im abgeschlossenen Rechteck (1.1.13) ist — die Aussage: Zu jedem $\varepsilon > 0$ gehört ein $d(\varepsilon) > 0$ so, daß die Schwankung von $f(x, y)$ in jedem Rechteck vom Durchmesser $d(\varepsilon)$, das ganz (1.1.13) angehört, kleiner als ε ausfällt. Nun ist die k-te Teilstrecke von $\tilde{y}(x)$ kürzer als

$$(x_{k+1} - x_k)\,(1 + N),$$

wobei wieder N durch (1.1.15) erklärt ist. Wählt man alle

$$x_{k+1} - x_k < \frac{d(\varepsilon)}{1 + N},$$

so ist längs jeder Teilstrecke von $\tilde{y}(x)$ die Schwankung von $f(x, y)$ kleiner als ε. Da aber nach (1.1.10) und (1.1.11) die beiden Derivierten in den Punkten der k-ten Teilstrecke mit $f(x_k, y_k)$ und $f(x_{k+1}, y_{k+1})$ zusammenfallen, so gilt

Satz (1.1.III). *Die Folge $\mathfrak{Y}$ von Näherungspolygonen und $f(x, y)$ mögen wieder die zu Satz (1.1.II) vorausgesetzten Eigenschaften haben. Dann gilt für jedes $\tilde{y}(x) \in \mathfrak{Y}$ und für jedes $x \in \langle a, b\rangle$*

$$|D_+\tilde{y}(x) - f(x, \tilde{y}(x))| < \varepsilon\ \ und\ \ |D_-\tilde{y}(x) - f(x, \tilde{y}(x))| < \varepsilon,\quad (1.1.17)$$

wenn nur

$$\mathrm{Max}_{k = 0, 1, \ldots, n-1}\ (x_{k+1} - x_k) < \frac{d(\varepsilon)}{1 + N}\qquad (1.1.18)$$

gewählt wird. Dabei ist N durch (1.1.15) erklärt und $d(\varepsilon)$ so definiert, daß in jedem Teilrechteck vom Durchmesser $d(\varepsilon)$ von (1.1.13) die Schwankung von $f(x, y)$ kleiner als ε ist.

1.2. Konvergenz von Folgen von Näherungspolygonen

Man wird nun die Frage stellen, ob sich die Analogie zur Integralrechnung noch weiter verfolgen läßt. Man betrachte daher nun eine Folge $\{\tilde{y}_\nu(x)\} = \mathfrak{Y}$ von Näherungspolygonen $\tilde{y}_\nu(x)$ einer Differentialgleichung (1.1.1), die alle der gleichen Anfangsbedingung $\tilde{y}_\nu(x_0) = y_0$

genügen. Die $\tilde{y}_\nu(x)$ mögen gleichmäßig beschränkt sein, d. h. alle einem Rechteck (1.1.13) angehören, in dem $f(x, y)$ stetig sei. Es seien $x_k^{(\nu)}$ die bei der Konstruktion von $\tilde{y}_\nu(x)$ benützten Teilpunkte. Es sei

$$\text{Max}\,(x_{k+1}^{(\nu)} - x_k^{(\nu)}) \doteq d^{(\nu)}, \qquad \lim_{\nu \to \infty} d^{(\nu)} = 0. \qquad (1.2.1)$$

Dann besitzt $\mathfrak{Y}$ alle in den beiden Sätzen (1.1.II) und (1.1.III) festgestellten Eigenschaften. Solche gleichmäßig beschränkten Teilfolgen existieren nach Satz (1.1.I) insbesondere dann, wenn die Differentialgleichung (1.1.1) die Eigenschaft (1.1.5) hat. Man kann nun fragen, ob eine diesen Bedingungen insbesondere auch (1.2.1) genügende Folge $\mathfrak{Y}$ von Näherungspolygonen in $\langle a, b \rangle$ gleichmäßig gegen ein Integral von (1.1.1) konvergiert. Man kann sich an Hand von Beispielen überzeugen, daß dies ohne Zusatzannahmen über $f(x, y)$ nicht immer der Fall ist (s. § 1.7.1.). Gleichwohl kann man auf Grund eines auf italienische Mathematiker (ARZELÀ, ASCOLI, VITALI) zurückgehenden methodischen Gedankens ohne zusätzliche Annahmen über $f(x, y)$ zum Beweis der Existenz von Lösungen von (1.1.1) gelangen, ausgehend von den konstruierten Näherungspolygonen. Dies beruht auf

Satz (1.2.I). *Es sei $\{f_\nu(x)\} = \mathfrak{F}$ eine Folge von Funktionen, die in einem Intervall $\langle a, b \rangle$ gleichmäßig beschränkt und gleichgradig stetig sein mögen. Dann existieren Teilfolgen von $\mathfrak{F}$, die in $\langle a, b \rangle$ gleichmäßig konvergieren.*

Zum Beweis wähle man irgendeine abzählbare in $\langle a, b \rangle$ überall dichte Menge $\{x^{(\lambda)}\} = X$, z. B. die Menge der in $\langle a, b \rangle$ gelegenen Punkte mit rationaler Koordinate. Wenn

$$|f_\nu(x)| \leqq \mathsf{M}, \qquad f_\nu(x) \in \mathfrak{F},$$

gilt, so ist auch

$$|f_\nu(x^{(1)}| \leqq \mathsf{M}, \qquad f_\nu(x) \in \mathfrak{F}.$$

Daher hat diese Zahlenfolge $\{f_\nu(x^{(1)})\}$ mindestens einen Häufungspunkt. Man wähle einen solchen Häufungspunkt und greife aus $\mathfrak{F}$ eine unendliche Teilfolge heraus, die diesen Häufungspunkt an der Stelle $x^{(1)}$ als Grenzwert hat. Die ausgewählte Funktionenfolge

$$f_{11}, f_{12}, f_{13}, \cdots$$

konvergiert demnach an der Stelle $x^{(1)}$. Aus dem gleichen Grund kann man aus der bei der ersten Wahl gewonnenen Folge erneut eine unendliche Teilfolge auswählen, die auch an der Stelle $x^{(2)}$ konvergiert.

Diese Folge

$$f_{21}, f_{22}, f_{23}, \ldots$$

konvergiert nach Konstruktion an den beiden Stellen $x^{(1)}$ und $x^{(2)}$. Man kann aus ihr wieder eine unendliche Teilfolge auswählen, die auch an der Stelle $x^{(3)}$ konvergiert. So fortfahrend erhält man eine unendliche Folge von unendlichen Teilfolgen der ursprünglichen Folge $\mathfrak{F}$, deren jede eine Teilfolge der vorhergehenden ist, und deren k-te an den Stellen $x^{(1)}, \ldots, x^{(k)}$ konvergiert. Diese Folgen sind

$$f_{11}, f_{12}, f_{13}, \ldots$$
$$f_{21}, f_{22}, f_{23}, \ldots$$
$$f_{31}, f_{32}, f_{33}, \ldots$$
$$\cdot \quad \cdot \quad \cdot \quad \cdot \quad \cdot \quad \cdot$$

Die Diagonalfolge

$$\mathfrak{D} = \{f_{\nu\nu}(x)\} = \{\varphi_\nu(x)\}$$

ist eine Teilfolge einer jeden der vorausgehend angeschriebenen Folgen und konvergiert daher an allen Stellen der Folge X. Ich behaupte, daß diese Diagonalfolge überdies an allen Stellen $x \in \langle a, b\rangle$ konvergiert. Wegen der vorausgesetzten gleichgradigen Stetigkeit existiert zu jedem gegebenen $\varepsilon > 0$ ein $\delta(\varepsilon) > 0$, so daß in jedem Teilintervall der Länge $\delta(\varepsilon)$ von $\langle a, b\rangle$ die Schwankung einer jeden Funktion der Diagonalfolge $\mathfrak{D}$ kleiner als ε ist. Das heißt, es ist

$$|\varphi_\mu(\hat{x}) - \varphi_\mu(\tilde{x})| < \varepsilon \quad \text{für} \quad |\hat{x} - \tilde{x}| < \delta(\varepsilon) \quad \text{und} \quad \varphi_\mu \in \mathfrak{D}. \quad (1.2.2)$$

Es kommt also nicht darauf an, wo $\hat{x}$ und $\tilde{x}$ in $\langle a, b\rangle$ liegen und kommt auch nicht darauf an, welche Funktion $\varphi_\mu \in \mathfrak{D}$ genommen wird.

Ich betrachte nun ein solches die Stelle $\hat{x}$ enthaltendes Intervall der Länge $\delta(\varepsilon)$ und wähle in ihm eine der Stellen von X, an der die Konvergenz der Diagonalfolge bereits gesichert ist. Diese heiße $\tilde{x}$. Da die Stellen X ja überall dicht liegen sollen, ist dies für jedes $\delta(\varepsilon) > 0$ möglich. Dann gehört zu jedem $\varepsilon > 0$ ein $N(\varepsilon)$, so daß für alle $p > 0$ und für $\nu > N(\varepsilon)$

$$|\varphi_{\nu+p}(\tilde{x}) - \varphi_\nu(\tilde{x})| < \varepsilon \quad\quad (1.2.3)$$

gilt. Daher ist nun

$$|\varphi_{\nu+p}(\hat{x}) - \varphi_\nu(\hat{x})| \leqq |\varphi_{\nu+p}(\hat{x}) - \varphi_{\nu+p}(\tilde{x})|$$
$$+ |\varphi_{\nu+p}(\tilde{x}) - \varphi_\nu(\tilde{x})|$$
$$+ |\varphi_\nu(\tilde{x}) - \varphi_\nu(\hat{x})|$$
$$\leqq 3\varepsilon.$$

Der erste und der letzte Posten rechts sind nämlich wegen (1.2.2) kleiner als ε. Der mittlere Posten hat diese Eigenschaft nach (1.2.3). Das heißt, zu gegebenem $\varepsilon > 0$ und zu jedem $\hat{x} \in \langle a, b \rangle$ gehört ein $N(\varepsilon)$, so daß für alle $p > 0$ und $\nu > N(\varepsilon)$

$$\left| \varphi_{\nu+p}(\hat{x}) - \varphi_{\nu}(\hat{x}) \right| < 3\,\varepsilon$$

ist. Demnach konvergiert die Diagonalfolge an jeder Stelle $\hat{x} \in \langle a, b \rangle$. Um auch die behauptete gleichmäßige Konvergenz der Diagonalfolge in $\langle a, b \rangle$ einzusehen, bemerke man, daß die Bestimmung von $N(\varepsilon)$ nur von der Wahl von $\tilde{x}$ abhängt. Man kommt daher für alle $\hat{x}$ aus $|x - \tilde{x}| \leqq \delta(\varepsilon)$ mit dem gleichen $N(\varepsilon)$ aus. Mit endlichen vielen solchen, um geeignete Stellen der Folge X gelegten Intervallen $|x - \tilde{x}| \leqq \delta(\varepsilon)$ kann man ganz $\langle a, b \rangle$ bedecken. Man kommt also für alle $\hat{x} \in \langle a, b \rangle$ mit endlich vielen Bestimmungen von $N(\varepsilon)$ aus. Das größte dieser ist für alle $\hat{x} \in \langle a, b \rangle$ brauchbar. Das heißt, zu jedem $\varepsilon > 0$ gehört ein neues $N(\varepsilon)$, so daß

$$\left| \varphi_{\nu+p}(x) - \varphi_{\nu}(x) \right| < \varepsilon$$

gilt für $\nu > N(\varepsilon)$, für jedes $p > 0$ und für alle $x \in \langle a, b \rangle$ zugleich. Das ist aber die behauptete gleichmäßige Konvergenz. Satz (1.2.I) ist damit bewiesen.

Den Satz (1.2.I) kann man auf jede Folge

$$\mathfrak{Y} = \{\tilde{y}_n(x)\}$$

von gleichmäßig beschränkten Näherungspolygonen einer Differentialgleichung (1.1.1) aus einem Rechteck (1.1.13), in dem $f(x, y)$ stetig ist, anwenden. Denn dann sind nach Satz (1.1.II) die Voraussetzungen von Satz (1.2.I) erfüllt. Es sei außerdem für alle $\tilde{y}_n(x) \in \mathfrak{Y}$ die Anfangsbedingung $\tilde{y}_n(x_0) = y_0$ die gleiche. Es sei $\mathfrak{Y}$ bereits die durch Auswahl entstandene gleichmäßig konvergente Folge. Ich setze $y(x) = \lim\limits_{n \to \infty} \tilde{y}_n(x)$. Dann ist $y(x_0) = y_0$.

Wenn $\mathfrak{Y}$ außerdem die Eigenschaft (1.2.1) hat, dann kann man nach Satz (1.1.III) schließen, daß $y(x)$ ein Integral von (1.1.1) ist. Die Voraussetzungen dieses Satzes (1.1.III) sind nämlich gleichfalls erfüllt. Nach Satz (1.1.III) ist dann

$$\lim_{n \to \infty} \left\{ D_{\pm} \tilde{y}_n(x) - f\!\left(x, \tilde{y}_n(x)\right) \right\} = 0 \tag{1.2.4}$$

und daher auch

$$\lim_{n \to \infty} \left\{ \int_{x_0}^{x} D_{\pm} \tilde{y}_n(x)\,dx - \int_{x_0}^{x} f\!\left(x, \tilde{y}_n(x)\right) dx \right\} = 0. \tag{1.2.5}$$

Ist nämlich $\{\varepsilon_\nu\}$ eine Nullfolge, so gibt es ein $n(\nu)$, so daß für alle $n > n(\nu)$ gemäß (1.2.1)

$$d^{(n)} < \frac{d(\varepsilon_\nu)}{1 + N}$$

ist. $d(\varepsilon)$ ist in Satz (1.1.III) erklärt und N ist aus (1.1.14) bekannt. Das heißt, es ist nach (1.1.17) und (1.1.18) für $n > n(\nu)$

$$\left| D_\pm \tilde{y}_n(x) - f\big(x, \tilde{y}_n(x)\big) \right| < \varepsilon_\nu.$$

Daraus folgt (1.2.4) und daraus durch Integration (1.2.5). (1.2.5) ist aber gleichbedeutend mit

$$\lim_{n \to \infty} \left[\tilde{y}_n(x) - y_0 - \int_{x_0}^{x} f\big(x, \tilde{y}_n(x)\big)\, dx \right] = 0.$$

Das heißt

$$y(x) = y_0 + \int_{x_0}^{x} f\big(x, y(x)\big)\, dx. \tag{1.2.6}$$

Den Grenzübergang $n \to \infty$ darf man unter dem Integralzeichen ausführen, weil $f(x, y)$ für $\{x, y\} \in R$ (s. (1.1.13)) stetig ist. Daß

$$\int_{x_0}^{x} D_+ \tilde{y}_n(x)\, dx = \tilde{y}_n(x) - y_0 \quad \text{und} \quad \int_{x_0}^{x} D_- \tilde{y}_n(x)\, dx = \tilde{y}_n(x) - y_0$$

ist, weiß man aus der Integralrechnung[1]. Differentiation von (1.2.6) liefert

$$\frac{dy}{dx} = f\big(x, y(x)\big), \quad x \in \langle a, b \rangle. \tag{1.2.7}$$

Das kennzeichnet $y(x)$ als Integral der Differentialgleichung (1.1.1). Somit haben wir den folgenden

Satz (1.2.II). *Existenzsatz. In der Differentialgleichung (1.1.1) sei $f(x, y)$ in dem Streifen (1.1.3) stetig und erfülle (1.1.5). Es sei $\{x_0, y_0\}$ eine Stelle aus diesem Streifen. Dann besitzt die Differentialgleichung (1.1.1) mindestens ein in $\langle a, b \rangle$ stetiges Integral mit der Anfangsbedingung $y(x_0) = y_0$.*

Der Satz (1.1.I) liefert unter den angegebenen Annahmen die Existenz einer gleichmäßig beschränkten Folge von Näherungspolygonen, auf die der Satz (1.2.I) angewendet wird. Die Voraussetzung

---

[1] Wie man zu schließen hat, wurde überdies oben bei der Herleitung von (1.1.16) eingehend beschrieben.

(1.1.5) wird nur zum Beweis von Satz (1.1.I) verwendet. Bei den übrigen zum Beweis von Satz (1.2.II) herangezogenen Überlegungen wird die Annahme (1.1.5) nicht mehr benötigt, sondern nur noch die Existenz einer gleichmäßig beschränkten Folge von Näherungspolygonen mit der Eigenschaft (1.2.1) und die Stetigkeit von $f(x, y)$ im Streifen (1.1.3) benutzt.

Wegen der nach Satz (1.2.I) vorzunehmenden Auswahl aus der Näherungspolygonfolge kann man nur behaupten, daß mindestens ein Integral mit der gegebenen Anfangsbedingung existiert. Der in diesem „mindestens ein" gegenüber der Integralrechnung vorliegende Unterschied wird noch näher untersucht werden. Bei der Beweisführung war x_0 mit a identifiziert und wurde die Existenz des Integrals für $x \geq x_0$ bewiesen. Es war weiter oben schon bemerkt worden, daß man analog für $x \leq x_0$ verfahren kann. So gelangt man zu der Aussage des Satzes über ein in ganz $\langle a, b \rangle$ stetiges Integral. An den Intervallenden ist bei der Formulierung des Satzes (1.2.II), wie schon erwähnt wurde, unter $y'(x)$ entweder $D_+ y(x)$ oder $D_- y(x)$ zu verstehen.

Eine Ergänzung zu Satz (1.2.II), die sich nach den gemachten Ausführungen beim Beweis von Satz (1.2.II) mitgeben hat, sei noch ausdrücklich formuliert:

Satz (1.2.III). *In der Differentialgleichung* (1.1.1) *sei* $f(x, y)$ *in dem Streifen* (1.1.3) *stetig. Es sei* $\{x_0, y_0\}$ *eine Stelle aus diesem Streifen. Es möge mindestens eine Folge* $\mathfrak{Y}$ *von gleichmäßig beschränkten Näherungspolygonen* $\tilde{y}_n(x)$ *mit der allen* $\tilde{y}_n(x)$ *gemeinsamen Anfangsbedingung* $\tilde{y}_n(x_0) = y_0$ *existieren. Die* $\tilde{y}_n \in \mathfrak{Y}$ *mögen außerdem die Eigenschaft* (1.2.1) *haben. Dann besitzt die Differentialgleichung* (1.1.1) *mindestens ein in* $\langle a, b \rangle$ *stetiges Integral* $y(x)$ *mit der Anfangsbedingung* $y(x_0) = y_0$.

Satz (1.2.II) kann auf die lineare Differentialgleichung

$$\frac{dy}{dx} + y\,f(x) + g(x) = 0 \qquad (1.2.8)$$

angewandt werden. In der Einleitung wurden bereits explizite Integrale derselben angegeben. Aus Satz (1.2.II) bestätigt sich erneut:

Satz (1.2.IV). *Sind die Koeffizienten* $f(x)$ *und* $g(x)$ *von* (1.2.8) *in* $\langle a, b \rangle$ *stetig und ist* $x_0 \in \langle a, b \rangle$, *so gibt es mindestens ein Integral von* (1.2.8), *das der Anfangsbedingung* $y(x_0) = y_0$ *bei beliebig vorgegebenem* y_0 *genügt, und das samt seiner Ableitung in* $\langle a, b \rangle$ *stetig ist.*

In der Einleitung wurden durch (0.2.23) bereits die Lösungen von (1.2.8) dargestellt und es wurde auch an dieser Stelle und auch in § 0.3. als Anwendung von Satz (0.3.I) gezeigt, daß damit alle Lösungen gefunden sind. In der jetzigen allgemeiner gehaltenen Darstellung wird auf die Fragen der Unität[1] erst in § 1.5. wieder eingegangen.

Eine Folgerung aus Satz (1.2.II) ergibt sich für den Fall, daß das $f(x, y)$ der Differentialgleichung (1.1.1) zunächst nur in einem Rechteck (1.1.2) erklärt ist und dort stetig ist. Wir gingen in 1.1. durch Erweiterung zu einer Differentialgleichung (1.1.1) über, deren $f(x, y)$ im Streifen (1.1.3) stetig und beschränkt ist. Die nach Satz (1.2.II) für die modifizierte Differentialgleichung existierende Lösung ist, wie schon einmal erwähnt wurde, dann nur insoweit Lösung der ursprünglich gegebenen Differentialgleichung, als sie in dem Rechteck (1.1.2) verläuft. Das heißt, solange als

$$\text{außer} \quad a \leqq x \leqq b \quad \text{auch} \quad \alpha \leqq y(x) \leqq \beta$$

gilt.

Nimmt man als Rechteck insbesondere

$$|x - x_0| \leqq A, \quad |y - y_0| \leqq B \tag{1.2.9}$$

und ist

$$|f(x, y)| \leqq N \tag{1.2.10}$$

in diesem Rechteck, so ist

$$|y(x) - y_0| \leqq N |x - x_0|, \quad |x - x_0| \leqq A.$$

Die Existenz der Lösung für die nichtmodifizierte Differentialgleichung ist dann gesichert, wenn

$$|x - x_0| \leqq \mathrm{Min}\left(A, \frac{B}{N}\right)$$

ist. So hat man

Satz (1.2.V). *Ist in (1.1.1) $f(x, y)$ in dem Rechteck (1.2.9) stetig und gilt dort (1.2.10), so existiert mindestens eine Lösung von (1.1.1) mit der Anfangsbedingung $y(x_0) = y_0$, die in*

$$|x - x_0| \leqq \mathrm{Min}\left(A, \frac{B}{N}\right)$$

stetig ist. Sie läßt sich überdies nach beiden Seiten von x_0 soweit als stetige Lösung verfolgen, bis sie an den Rand des Rechtecks (1.2.9) stößt.

Satz (1.2.VI). *In (1.1.1) sei $f(x, y)$ in einem beliebigen Gebiet G stetig. Es sei $\{x_0, y_0\} \in G$. Dann ist jeder in G gelegene Bogen einer Integralkurve $y = y(x)$, $x \in (a, b)$ von (1.1.1) durch $\{x_0, y_0\}$ ein Teilbogen mindestens eines in G gelegenen Bogens $x \in (A, B)$, $A \leqq a$, $B \geqq b$ einer Integralkurve $y = y(x)$ von (1.1.1), die folgende Eigenschaften hat: Entweder ist $B = \infty$, oder es gibt Folgen $x_1 < x_2 < \cdots \uparrow B$, für die*

---

[1] Das ist „eindeutige Bestimmtheit" der Lösung durch die Anfangsbedingung.

die $\{x_n, y(x_n)\}$ Häufungspunkte am Rand von G haben. Entweder ist $A = -\infty$, oder es gibt Folgen $x_1 > x_2 > \cdots \downarrow A$, für die die $\{x_n, y(x_n)\}$ Häufungspunkte am Rande von G haben. Man kann die Behauptung des Satzes kurz so formulieren: Der Integralbogen (A, B), von dem der Integralbogen (a, b) ein Teilbogen ist, kommt sowohl für $x \uparrow B$ wie für $x \downarrow A$ dem Rand von G beliebig nahe.

Es genügt offenbar, den Satz für den Fall zu beweisen, daß G das Innere der Vereinigungsmenge von endlich vielen abgeschlossenen achsenparallelen Rechtecken ist, und daß $f(x, y)$ im abgeschlossenen G stetig ist. Denn jede abgeschlossene Teilmenge eines beliebigen Gebietes G ist Teilmenge einer solchen Rechteckpackung. Ist aber $f(x, y)$ in einer abgeschlossenen Rechteckpackung stetig, so kann man in der ganzen Ebene stetige und beschränkte Funktionen $f(x, y)$ angeben, die für die Punkte der abgeschlossenen Rechteckpackung mit dem gegebenen $f(x, y)$ übereinstimmen. Ist nämlich G ein Rechteck, so wurde schon in 1.1. gezeigt, wie man die Definition von G auf einen Streifen erweitern kann, und ganz ebenso kann man das im Streifen erklärte $f(x, y)$ auf die ganze Ebene ausdehnen. Die gegebene beliebige Rechteckpackung denke man sich nun als Teilmenge eines achsenparallelen Rechtecks. Dieses zerlege man in achsenparallele Rechtecke, bei welcher Zerlegung die Rechtecke der Packung G verwendet werden. Dann erweitere man die Definition des in der abgeschlossenen Packung erklärten $f(x, y)$ zuerst auf die achsenparallelen Einteilungslinien, die nicht am Rande von G liegen, derart, daß eine auf ihnen stetig erklärte Funktion entsteht. Es bleibt dann nur zu zeigen, daß man eine am Rande eines Rechtecks R stetige Funktion zu einer im abgeschlossenen Rechteck R (Inneres und Rand) stetigen Funktion erweitern kann. Ist $\{x_m, y_m\}$ der Mittelpunkt von R, und bedeutet $\{x_r, y_r\}$ einen Randpunkt von R, so definiere man

$$f\big(x_m + \lambda(x_r - x_m), y_m + \lambda(y_r - y_m)\big) = \lambda f(x_r, y_r), \qquad 0 \leqq \lambda \leqq 1.$$

So entsteht offenbar aus dem im abgeschlossenen G stetigen $f(x, y)$ eine in der ganzen Ebene stetige und beschränkte Funktion, die in G mit dem gegebenen $f(x, y)$ übereinstimmt.

Nun hat eine Differentialgleichung (1.1.1), deren $f(x, y)$ in der ganzen Ebene stetig und beschränkt ist, nach Satz (1.2.II) durch jeden Punkte $\{x_0, y_0\} \in G$ mindestens eine für $-\infty < x < +\infty$ samt ihrer Ableitung stetige Lösung. Diese Lösung ist, wie schon bemerkt wurde, Lösung der ursprünglich in G gegebenen Differentialgleichung (1.1.1) so lange, als sie in G verläuft. Entweder bleibt sie nun für alle $x \geqq x_0$ in G, oder sie muß für wachsende x aus G austreten. Das heißt, in diesem zweiten Fall haben diejenigen Werte β, für die die Lösung für $x \in \langle x_0, \beta)$ in G bleibt, eine endliche obere Grenze B, und es ist klar, daß es dann Folgen $x_1 < x_2 < \cdots \uparrow B$ gibt, für die die $\{x_n, y(x_n)\}$ einen Randpunkt von G zum Häufungspunkt haben. Ebenso schließt man für $x < x_0$. So kann man durch jeden Punkt $\{x_0, y_0\} \in G$ mindestens eine Lösung legen, die in der am Schluß von Satz (1.2.VI) benutzten Ausdrucksweise sowohl für abnehmende x wie für zunehmende x dem Rand von G beliebig nahe kommt.

Es bleibt zu zeigen, daß man jeden gegebenen Lösungsbogen $y = y(x)$, $x \in (a, b)$ der in G definierten Differentialgleichung (1.1.1) in einen Bogen der eben konstruierten Art einbetten kann. Entweder ist $b = \infty$. Dann ist für wachsende x nichts zu beweisen. Oder es ist b endlich. Dann existiert der

$$\lim_{x \uparrow b} y(x). \tag{1.2.11}$$

Es ist nämlich für $x_1 \in (a, b)$, $x_2 \in (a, b)$

$$y(x_2) - y(x_1) = \int_{x_1}^{x_2} f(x, y(x))\,dx,$$

$$\left| y(x_2) - y(x_1) \right| \leqq M \left| x_2 - x_1 \right|,$$

da nach Annahme $f(x, y)$ im abgeschlossenen G (Rechteckpackung) stetig und beschränkt ist:

$$\left| f(x, y) \right| \leqq M, \quad \{x, y\} \in G.$$

Daraus folgt nach dem allgemeinen Konvergenzprinzip die Existenz des Grenzwertes (1.2.11). Ich setze

$$\lim_{x \uparrow b} y(x) = y(b).$$

Ist $\{b, y(b)\}$ ein Randpunkt von G, so ist für wachsende x der Beweis von Satz (1.2.VI) erbracht. Ist aber $\{b, y(b)\} \in G$, so gilt

$$\lim_{h \uparrow 0} \frac{y(b) - y(b + h)}{h} = \lim_{h \uparrow 0} \frac{1}{h} \int_{b+h}^{b} f(x, y(x))\,dx = f(b, y(b)).$$

Dann lege man durch $\{b, y(b)\}$ die vorhin konstruierte Lösung von (1.1.1), die man als Fortsetzung der gegebenen Lösung von (1.1.1) für $x > b$ benutze. Sie ergänzt für $x > b$ die gegebene Lösung zu einer Lösung mit der im Satz behaupteten Eigenschaft. Ganz analog nehme man die Ergänzung für $x < a$ vor, falls nicht $a = -\infty$ ist.

1.3. Verallgemeinerung auf Systeme

Ein System von m gewöhnlichen Differentialgleichungen mit m unbekannten Funktionen $y_1, \ldots, y_m$

$$\left.\begin{aligned}
\frac{d y_1}{d x} &= f_1(x, y_1, \ldots, y_m), \\
&\ \vdots \\
\frac{d y_m}{d x} &= f_m(x, y_1, \ldots, y_m)
\end{aligned}\right\} \qquad (1.3.1)$$

kann mit Hilfe des Vektors

$$\mathfrak{y} = (y_1, \ldots, y_m) \qquad (1.3.2)$$

in der Form

$$\frac{d\mathfrak{y}}{d x} = \mathfrak{f}(x, \mathfrak{y}) \qquad (1.3.3)$$

geschrieben werden. Der Vektor

$$\mathfrak{f} = (f_1, \ldots, f_m) \qquad (1.3.4)$$

soll dabei in einem Quader

$$Q: \quad a \leqq x \leqq b, \quad \alpha_k \leqq |y_k| \leqq \beta_k, \quad k = 1, 2, \ldots, m \qquad (1.3.5)$$

stetig sein, d. h. seine m Koordinaten f_k sollen in dem Quader stetig sein. Ein in dem Quader (1.3.5) stetiger Vektor $\mathfrak{f}$ kann ähnlich wie in 1.1. zu einem in dem Streifen

$$S: \quad a \leqq x \leqq b \qquad (1.3.6)$$

stetigen Vektor erweitert werden. Er ist dann sogar beschränkt in diesem Streifen, d. h. es existiert eine Zahl $N > 0$, so daß

$$\operatorname*{Max}_{k=1,\ldots,m} |f_k(x, y_1, \ldots, y_m)| \leqq N, \quad a \leqq x \leqq b$$

gilt. Die nachfolgenden Überlegungen benutzen zum Teil nur die Stetigkeit von $\mathfrak{f}$ in dem Streifen S. Das gilt z. B. für die Konstruktion der Näherungspolygone. Für andere Überlegungen wird noch eine weitere (1.1.5) entsprechende Annahme benötigt. Hierfür und für die Übertragung der Beweise aus 1.1. ist es zweckmäßig, im Vektorraum eine **Metrik** einzuführen. Für einen beliebigen Vektor

$$\mathfrak{v} = (v_1, \ldots, v_m)$$

geschieht dies durch die Definition einer **Norm**

$$\|\mathfrak{v}\| = \operatorname*{Max}_{k=1,\ldots,m} |v_k|. \qquad (1.3.7)$$

Der Voraussetzung (1.1.5) entspricht dann bei Systemen die Annahme der Existenz zweier Zahlen $M \geqq 0$ und $N > 0$, für die

$$\|\mathfrak{f}\| \leqq M \|\mathfrak{y}\| + N \qquad (1.3.8)$$

gilt. Für die durch (1.3.7) eingeführte Metrik gilt offenbar die Abschätzung

$$\|\mathfrak{v}_1 + \mathfrak{v}_2\| \leqq \|\mathfrak{v}_1\| + \|\mathfrak{v}_2\|. \qquad (1.3.9)$$

Man kann auch

$$\|\mathfrak{y}\|^2 = \sum_1^m y_k^2$$

oder

$$\|\mathfrak{y}\| = \sum_1^m |y_k|$$

als Definition einer (anderen) Metrik nehmen. Die wesentliche Eigenschaft (1.3.9) einer jeden Metrik ist auch dann gesichert. In der Literatur wird bald diese, bald jene Metrik verwendet, wie das gerade zweckmäßig erscheint.

Gesucht werden Lösungen des Systems (1.3.1) bzw. (1.3.3) mit der vorgegebenen Anfangsbedingung

$$\mathfrak{y}(x_0) = \mathfrak{y}_0. \qquad (1.3.10)$$

Dabei soll $a \leqq x_0 \leqq b$ sein. Es soll identisch in x für $x \in \langle a, b \rangle$

$$\frac{d\mathfrak{y}}{dx} = \mathfrak{f}(x, \mathfrak{y})$$

sein. Linienelement heißt jetzt ein $2m + 1$-Tupel

$$(x, y_1, \ldots, y_m, y_1', \ldots, y_m')$$

oder vektoriell geschrieben

$$(x, \mathfrak{y}, \mathfrak{y}').$$

Es ist geometrisch dargestellt durch eine Gerade, die durch den Punkt $\{x, \mathfrak{y}\}$ geht und dem Vektor $\mathfrak{y}'$ parallel ist. Integralelement und Integralkurve werden analog wie in 1.1. erklärt.

Zur Konstruktion von Näherungspolygonen durch den Anfangspunkt $\{x_0, \mathfrak{y}_0\}$ nehmen wir wieder $x_0 = a$ an und teilen das Intervall $\langle a, b \rangle$ durch Teilpunkte (1.1.7) in n Teilintervalle ein. Das Näherungspolygon definieren wir durch

$$\left.\begin{aligned}
\tilde{\mathfrak{y}}(x) &= \mathfrak{y}_0 + (x - x_0)\,\mathfrak{f}(x_0, \mathfrak{y}_0), & x_0 \leqq x \leqq x_1, \\
\mathfrak{y}_1 &= \mathfrak{y}_0 + (x_1 - x_0)\,\mathfrak{f}(x_0, \mathfrak{y}_0), & \\
\tilde{\mathfrak{y}}(x) &= \mathfrak{y}_1 + (x - x_1)\,\mathfrak{f}(x_1, \mathfrak{y}_1), & x_1 \leqq x \leqq x_2, \\
\mathfrak{y}_2 &= \mathfrak{y}_1 + (x_2 - x_1)\,\mathfrak{f}(x_1, \mathfrak{y}_1), & \\
&\ \,\vdots & \\
\tilde{\mathfrak{y}}(x) &= \mathfrak{y}_{n-1} + (x - x_{n-1})\,\mathfrak{f}(x_{n-1}, \mathfrak{y}_{n-1}), & x_{n-1} \leqq x \leqq x_n.
\end{aligned}\right\} \qquad (1.3.11)$$

Die Formeln (1.1.10) und (1.1.11) übertragen sich ohne weiteres auf Systeme (1.3.3), wenn man in ihnen überall $\tilde{\mathfrak{y}}$ statt $\tilde{y}$ und $\mathfrak{y}$ statt y und $\mathfrak{f}$ statt f setzt.

Als Analogon zu Satz (1.1.I) gilt jetzt bei Systemen Satz (1.3.I). Man verstehe unter $\mathfrak{Y}$ die Gesamtheit aller Näherungspolynome $\tilde{\mathfrak{y}}(x)$ von (1.3.3), die der gleichen Anfangsbedingung $\tilde{\mathfrak{y}}(x_0) = \mathfrak{y}_0$ genügen. Dann lautet

Satz (1.3.I). *Die Näherungspolygone $\tilde{\mathfrak{y}}(x) \in \mathfrak{Y}$ sind unter der Voraussetzung (1.3.8) gleichmäßig beschränkt, d. h. es gibt eine Zahl* $M > 0$, *so daß für alle $\tilde{\mathfrak{y}}(x) \in \mathfrak{Y}$ und für alle $x \in \langle a, b \rangle$ zugleich*

$$\|\tilde{\mathfrak{y}}(x)\| \leqq M$$

gilt.

Den Beweis von Satz (1.1.I) kann man wörtlich übertragen. Man hat darin nur durchweg $\mathfrak{y}$ statt y zu schreiben und $\|\mathfrak{v}\|$ statt $|v|$ zu setzen. Statt (1.1.5) heißt es immer (1.3.8). Die Abschätzung (1.3.9) findet Verwendung. Die Schreibweise

$$\tilde{\mathfrak{y}}(x) \in \langle \tilde{\mathfrak{y}}_{k-1}, \tilde{\mathfrak{y}}_k \rangle$$

bedeutet, daß analoge Aussagen für die m Komponenten des Vektors $\mathfrak{y}$ gelten. So gipfelt die Beweisführung im Analogon zur Ungleichung (1.1.12).

An Stelle von Satz (1.1.II) tritt jetzt

Satz (1.3.II). *Es sei $\mathfrak{Y}$ eine Folge von Näherungspolygonen $\tilde{\mathfrak{y}}(x)$ eines Systems (1.3.3). Die $\tilde{\mathfrak{y}}(x)$ seien gleichmäßig beschränkt und $\mathfrak{f}(x, \mathfrak{y})$ sei stetig. Das heißt, die $\tilde{\mathfrak{y}}(x)$ mögen alle einem abgeschlossenen Quader*

$$Q: \quad a \leqq x \leqq b, \quad \|\mathfrak{y}\| \leqq M \tag{1.3.12}$$

angehören, in dem der Vektor $\mathfrak{f}(x, \mathfrak{y})$ stetig ist. Dann sind die Vektoren $\tilde{\mathfrak{y}}(x) \in \mathfrak{Y}$ gleichgradig stetig. Das heißt, zu jedem $\varepsilon > 0$ gehört ein $\delta(\varepsilon) > 0$ so, daß für alle $\tilde{\mathfrak{y}}(x) \in \mathfrak{Y}$ gleichzeitig

$$\|\tilde{\mathfrak{y}}(x') - \tilde{\mathfrak{y}}(x'')\| < \varepsilon \quad \text{für} \quad |x' - x''| < \delta(\varepsilon) \tag{1.3.13}$$

gilt, einerlei, wie sonst die x' und x'' in $\langle a, b \rangle$ gelegen sind.

Der für Satz (1.1.II) gegebene Beweis überträgt sich wörtlich. N wird jetzt durch

$$\|\mathfrak{f}(x, \mathfrak{y})\| \leqq N, \quad \{x, \mathfrak{y}\} \in Q \tag{1.3.14}$$

erklärt. Im Beweis wird auch sonst überall $|v|$ durch $\|\mathfrak{v}\|$ ersetzt und auch überall $\tilde{\mathfrak{y}}$ statt $\tilde{y}$ geschrieben.

Zur Übertragung von Satz (1.1.III) auf Systeme (1.3.3) führt die folgende Überlegung. Schwankung von $\mathfrak{f}(x, \mathfrak{y})$ in einem Quader q heißt jetzt

$$\text{Max} \|\mathfrak{f}(x^{(1)}, \mathfrak{y}^{(1)}) - \mathfrak{f}(x^{(2)}, \mathfrak{y}^{(2)})\| \quad \text{für} \quad \{x^{(i)}, \mathfrak{y}^{(i)}\} \in q, \quad i = 1, 2.$$

Gehört ein Näherungspolygon $\tilde{\mathfrak{y}}(x)$ einem Quader (1.3.12) an und ist darin $\mathfrak{f}(x, \mathfrak{y})$ stetig, so ergibt sich aus der gleichmäßigen Stetigkeit von $\mathfrak{f}(x, \mathfrak{y})$ die Aussage: Zu jedem $\varepsilon > 0$ gehört ein $d(\varepsilon) > 0$, daß die Schwankung von $\mathfrak{f}(x, \mathfrak{y})$ in jedem Quader q vom Durchmesser $d(\varepsilon)$, der ganz (1.3.12) angehört, kleiner als ε ausfällt. Nun ist die k-te Teilstrecke von $\widetilde{\mathfrak{y}}(x)$ kürzer als

$$(x_{k+1} - x_k)(1 + m\,N),$$

wobei N wieder durch (1.3.14) erklärt ist. Wählt man alle

$$x_{k+1} - x_k < \frac{d(\varepsilon)}{1 + m\,N},$$

so ist längs jeder Teilstrecke von $\widetilde{\mathfrak{y}}(x)$ die Schwankung von $\mathfrak{f}(x, \mathfrak{y})$ kleiner als ε. Da aber nach dem Analogon zu (1.1.10) und (1.1.11) die beiden Derivierten in den Punkten der k-ten Teilstrecke mit $\mathfrak{f}(x_k, \mathfrak{y}_k)$ und $\mathfrak{f}(x_{k+1}, \mathfrak{y}_{k+1})$ zusammenfallen, so gilt

Satz (1.3.III). *Die Folge $\mathfrak{Y}$ von Näherungspolygonen $\widetilde{\mathfrak{y}}(x)$ des Systems (1.3.3) und $\mathfrak{f}(x, \mathfrak{y})$ mögen wieder die zu Satz (1.3.II) vorausgesetzten Eigenschaften haben. Dann gilt für jedes $\widetilde{\mathfrak{y}}(x) \in \mathfrak{Y}$*

$$\|D_+ \widetilde{\mathfrak{y}}(x) - \mathfrak{f}(x, \widetilde{\mathfrak{y}}(x))\| < \varepsilon \quad und \quad \|D_- \widetilde{\mathfrak{y}}(x) - \mathfrak{f}(x, \widetilde{\mathfrak{y}}(x))\| < \varepsilon, \quad (1.3.15)$$

wenn nur

$$\underset{k=0,1,\ldots,n-1}{\mathrm{Max}} (x_{k+1} - x_k) < \frac{d(\varepsilon)}{1 + m\,N} \qquad (1.3.16)$$

gewählt wird. Dabei ist N durch (1.3.14) erklärt und $d(\varepsilon)$ so definiert, daß in jedem Teilquader vom Durchmesser $d(\varepsilon)$ von (1.3.12) die Schwankung des Vektorfeldes $\mathfrak{f}(x, \mathfrak{y})$ kleiner als ε ist.

Den Auswahlkonvergenzsatz (1.2.I) wende man nun mit Hilfe der durch (1.3.7) definierten Metrik auf die Vektoren $\widetilde{\mathfrak{y}}(x)$ an. Dann erschließt man genauso wie in 1.2. den

Satz (1.3.IV). *Existenzsatz. In (1.3.3) möge $\mathfrak{f}(x, \mathfrak{y})$ in dem Streifen (1.3.6) stetig sein und einer Abschätzung (1.3.8) genügen. Es sei $\{x_0, \mathfrak{y}_0\}$ eine Stelle dieses Streifens. Dann gibt es mindestens ein in $\langle a, b \rangle$ stetiges Integral $\mathfrak{y}(x)$ des Systems (1.3.3) mit der Anfangsbedingung $\mathfrak{y}(x_0) = \mathfrak{y}_0$.*

Satz (1.3.V). *Sind in (1.3.1), (1.3.2) die $f_k(x, \mathfrak{y})$ alle in*

$$|x - x_0| \leqq A, \quad |y_k - y_{k0}| \leqq B, \quad k = 1, \ldots, m, \quad \mathfrak{y}_0 = (y_{10}, \ldots, y_{m0})$$

stetig und gibt es eine Zahl N, so daß in diesem Quader

$$|f_k(x, \mathfrak{y})| \leqq N, \quad k = 1, \ldots, m$$

ist, so existiert mindestens eine Lösung von (1.3.1), die der Anfangsbedingung $\mathfrak{y}(x_0) = \mathfrak{y}_0$ genügt, und die in

$$|x - x_0| \leqq \min\left(A, \frac{B}{N}\right)$$

stetig ist.

In beiden Sätzen sind auch die Ableitungen $\mathfrak{y}'(x)$ in den in den Sätzen angegebenen Intervallen stetig. Im Satz (1.3.V) kann stets die Lösung als stetiger Vektor $\mathfrak{y}(x)$ mit stetigem $\mathfrak{y}'(x)$ bis an den Rand des Quaders verfolgt werden.

Ein Spezialfall der Systeme (1.3.1) sind die Differentialgleichungen m-ter Ordnung

$$\frac{d^m y}{d x^m} = f(x, y, y', \ldots, y^{(m-1)}). \qquad (1.3.17)$$

Man setze

$$y = y_1, \ y' = y_2, \ldots, y^{(m-1)} = y_m.$$

Dann hat man

$$\frac{d y_1}{d x} = y_2, \ \frac{d y_2}{d x} = y_3, \ldots, \ \frac{d y_{m-1}}{d x} = y_m,$$

$$\frac{d y_m}{d x} = f(x, y_1, y_2, \ldots, y_m).$$

Wendet man Satz (1.3.IV) auf dieses System an, so hat man

Satz (1.3.VI). *In* (1.3.17) *sei* $f(x, y, y', \ldots, y^{(m-1)})$ *in* $a \leq x \leq b$ *stetig und genüge einer Abschätzung*

$$|f| \leq M \|\mathfrak{y}\| + N, \qquad \mathfrak{y} = (y, y', \ldots, y^{(m-1)}).$$

Es sei $x_0 \in \langle a, b \rangle$ *und* $\mathfrak{y}_0 = (y_0, y_0', \ldots, y_0^{(m-1)})$ *beliebig vorgegebene. Dann gibt es genau eine in* $a \leq x \leq b$ *stetige Lösung* $y(x)$ *von* (1.3.17), *die an der Stelle* x_0 *samt ihren* $m - 1$ *ersten Ableitungen gegebene Werte* $\mathfrak{y}_0$ *annimmt.*

Ganz analog erhält man aus Satz (1.3.V) einen Satz für Differentialgleichungen m-ter Ordnung.

Der Satz (1.2.VI) gilt in Formulierung und Beweis ohne weiteres auch für Systeme (1.3.1). Daraus ergibt sich auch wieder, daß durch die Erweiterung der Definition der gegebenen Differentialgleichung von einem Quader auf einen Streifen keine Lösung der ursprünglich nur im Quader gegebenen Differentialgleichung verlorengeht. Natürlich ist auch jede Lösung der erweiterten Differentialgleichung Lösung der ursprünglichen, insoweit sie im ursprünglichen Definitionsgebiet der Differentialgleichung verläuft.

1.4. Beispiele zum Existenzsatz

Ich nehme die in der Einleitung behandelten Beispiele erneut vor, um zu sehen, inwieweit wir in der Einordnung der beobachteten Einzelheiten in allgemeine Zusammenhänge weitergekommen sind. Bei

$$\frac{d y}{d x} = y^2 \qquad (1.4.1)$$

mit der Anfangsbedingung $y(x_0) = y_0$ muß zwecks Anwendung des Existenzsatzes (1.2.II) zuerst in der in § 1.1. beschriebenen Weise die Differentialgleichung abgeändert werden. Man greife ein Rechteck

$$|x - x_0| \leq A, \qquad |y - y_0| \leq B \tag{1.4.2}$$

heraus und definiere

$$\frac{dy}{dx} = f(x, y),$$
$$f(x, y) = \begin{cases} y^2, & |y - y_0| \leq B, \\ (y_0 + B)^2, & y \geq y_0 + B, \\ (y_0 - B)^2, & y \leq y_0 - B. \end{cases} \tag{1.4.3}$$

Für diese neue Differentialgleichung sind dann die Voraussetzungen des Satzes (1.2.II) erfüllt. Die Methode der Näherungspolygone liefert mindestens eine in $|x - x_0| \leq A$ stetige Lösung von (1.4.3), die die Anfangsbedingung befriedigt. Diese Lösung genügt aber nur insoweit der gegebenen Differentialgleichung (1.4.1), als sie in dem Rechteck (1.4.2) verläuft, in dem die Differentialgleichungen (1.4.1) und (1.4.3) übereinstimmen. Um zu sehen, in welchem x-Intervall dies zutrifft, ziehen wir Satz (1.1.I) heran. Dort wurde angegeben, daß für alle Näherungspolygone und daher auch für die gefundene Lösung von (1.4.3) die Abschätzung

$$|y(x) - y_0| \leq (|y_0| + B)^2 |x - x_0|$$

gilt. Daher liefert die Methode der Näherungspolygone die Existenz mindestens einer Lösung von (1.4.1) mit der Anfangsbedingung $y(x_0) = y_0$ in

$$|x - x_0| \leq \min\big(A, B/(|y_0| + B)^2\big).$$

Da aber A beliebig gewählt werden kann, ist die Existenz der Lösung durch diese Methode für

$$|x - x_0| \leq B/(|y_0| + B)^2$$

gesichert. Das ist genau das gleiche Intervall, auf das wir bei Anwendung der Methode der sukzessiven Approximationen in § 0.3. geführt wurden.

Ähnlich ist bei dem Beispiel

$$\frac{dy}{dx} = y^{2/3}$$

der Einleitung zu schließen. An Hand dieses Beispiels soll indessen auf einen anderen Umstand hingewiesen werden. Der Satz (0.3.I) sicherte bei diesem Beispiel Existenz (und Unität) der Lösungen nur bei Anfangsbedingungen $y(x_0) = y_0$, $y_0 \neq 0$. Die Methode der Näherungspolygone kann aber auch auf Anfangsbedingungen $y(x_0) = 0$ angewandt werden. Das zur Konstruktion der Näherungspolygone in § 1.1. angegebene Verfahren liefert als Näherungspolygone durch einen Punkt $\{x_0, 0\}$ stets die in Teilstrecken zerlegte Gerade $y = 0$. Der neue Existenzsatz (1.2.II) deckt also zwar die uns bekannte Existenz von mindestens einem Integral durch einen Anfangspunkt $\{x_0, 0\}$. Der Satz und das zugrunde gelegte Verfahren geben aber keine Möglichkeit, an die übrigen uns bereits bekannten Integrale durch einen solchen Anfangspunkt heranzukommen. Zur vollen Aufklärung der Zusammenhänge bedarf es eines weiteren Eindringens.

1.5. Die Gesamtheit der Lösungen durch einen Punkt

1.5.1. Unitätssätze.

Der Satz (1.2.II) sichert für stetige $f(x, y)$ die Existenz mindestens eines Integrals der Differentialgleichung (1.1.1) mit gegebener Anfangsbedingung. Wir kennen aber bereits aus der Einleitung Beispiele, bei denen trotz gewahrter Stetigkeit von $f(x, y)$ durch einzelne Anfangspunkte mehrere Lösungen gehen. So ist es bei der eben wieder erwähnten Differentialgleichung

$$\frac{dy}{dx} = y^{2/3}$$

und der Anfangsbedingung $y(x_0) = 0$. Es ist also klar, daß man über $f(x, y)$ weitere Annahmen machen muß, wenn man zu Sätzen gelangen will, die die Existenz von genau einem Integral mit gegebener Anfangsbedingung sichern. Bereits aus dem Satz (0.3.I) der Einleitung ist eine solche Bedingung bekannt. Es wurde dort eine LIPSCHITZ-Bedingung

$$|f(x, y_1) - f(x, y_2)| \leqq L |y_1 - y_2|, \quad L \text{ konstant}, \quad a \leqq x \leqq b \quad (1.5.1)$$

gefordert, um die **Unität** der Lösung, d. h. die eindeutige Bestimmtheit durch die Anfangsbedingung, zu sichern. Das damalige Ergebnis sei nun nochmals als besonderer Satz hervorgehoben.

Satz (1.5.I). Unitätssatz. *Wenn $f(x, y)$ in $a \leqq x \leqq b$ stetig ist und eine LIPSCHITZ-Bedingung (1.5.1) erfüllt ist, dann gibt es genau ein Integral von (1.1.1), das in $a \leqq x \leqq b$ stetig ist und das der Anfangsbedingung $y(x_0) = y_0$, $a \leqq x_0 \leqq b$ genügt.*

Es bedarf keiner besonderen Hervorhebung, daß die Aussage des Unitätssatzes (1.5.I) auch richtig bleibt, wenn $f(x, y)$ nur in einem Rechteck $a \leqq x \leqq b$, $\alpha \leqq y \leqq \beta$ die angezogenen Eigenschaften hat. Das x-Intervall, in dem sich (Existenz und) Unität ergeben, ist dann nach 1.2. im allgemeinen ein echtes Teilintervall von $\langle a, b \rangle$.

Der Beweis von Satz (1.5.I) ist in § 0.3. bereits gegeben und braucht nicht wiederholt zu werden.

Für Systeme (1.3.1) bzw. (1.3.3) gilt der Unitätssatz ganz gleichlautend und wird ganz analog bewiesen, wenn man die LIPSCHITZ-Bedingung für das System (1.3.3) in der Gestalt

$$\|\mathfrak{f}(x, \mathfrak{y}_1) - \mathfrak{f}(x, \mathfrak{y}_2)\| \leqq L \|\mathfrak{y}_1 - \mathfrak{y}_2\|, \quad L \text{ konstant}, \quad a \leqq x \leqq b \quad (1.5.2)$$

fordert. Dabei ist wieder die Norm $\|\mathfrak{v}\|$ eines Vektors $\mathfrak{v}$ wie in (1.3.7) erklärt. Es gilt dann also

Satz (1.5.II). Unitätssatz. *In dem System* (1.3.3) *sei* $\mathfrak{f}(x, \mathfrak{y})$ *in* $a \leqq x \leqq b$ *stetig und es gelte eine* LIPSCHITZ-*Bedingung* (1.5.2). *Dann gibt es genau ein Integral von* (1.3.3) *mit der Anfangsbedingung* $\mathfrak{y}(x_0) = \mathfrak{y}_0$, $a \leqq x_0 \leqq b$, *das in* $\langle a, b \rangle$ *stetig ist.*

Ich habe in den Sätzen (1.5.I) und (1.5.II) von genau einem Integral gesprochen. Eigentlich enthalten die Unitätssätze als Neues gegenüber den Existenzsätzen (1.2.II) und (1.3.IV) die Aussage, daß es höchstens ein Integral mit gegebener Anfangsbedingung geben kann.

Als Beispiel für die Anwendung der Existenzsätze und der Unitätssätze betrachte ich die lineare Differentialgleichung

$$\frac{dy}{dx} + y f(x) + g(x) = 0 \tag{1.5.3}$$

und das lineare System

$$\frac{d\mathfrak{y}}{dx} + \mathfrak{y}\,\mathfrak{f}(x) + \mathfrak{g}(x) = \mathfrak{O}. \tag{1.5.4}$$

Hier sind $\mathfrak{y} = (y_1, \ldots, y_m)$, $\mathfrak{g} = (g_1, \ldots, g_m)$ Vektoren und bedeutet

$$\mathfrak{f} = \big(f_{ik}(x)\big), \quad i, k = 1, 2, \ldots, m$$

eine quadratische Matrix. $\mathfrak{y}\,\mathfrak{f}$ ist im Sinne der Matrizenrechnung zu verstehen, so daß (1.5.4) in Komponenten geschrieben so lautet

$$\frac{dy_i}{dx} + \sum_1^m f_{ik}(x)\, y_k + g_i(x) = 0, \quad i = 1, 2, \ldots, m. \tag{1.5.5}$$

Dann führen die Existenzsätze in 1.2. bzw. 1.3. und die Unitätssätze in 1.5. zu

Satz (1.5.III). (Lineare Systeme.) *Sind die Koeffizienten* $f(x)$, $g(x)$ *in* (1.5.3) *bzw. die* $f_{ik}(x)$ *und* $g_i(x)$ *in* (1.5.4) *in* $\langle a, b \rangle$ *stetig, so gibt es genau ein Integral von* (1.5.3) *bzw.* (1.5.4) *mit einer Anfangsbedingung* $y(x_0) = y_0$ *bzw.* $\mathfrak{y}(x_0) = \mathfrak{y}_0$ *und* $x_0 \in \langle a, b \rangle$, *und dieses ist in* $\langle a, b \rangle$ *stetig.*

Für (1.5.3) wurde es in der Einleitung in Formel (0.2.23) bzw. (0.2.23′) bereits angegeben. Das entsprechende Ergebnis für Systeme (1.5.4) wird erst später in (1.6.43) angegeben werden.

Eine Ergänzung zu den Unitätssätzen (1.5.I) und (1.5.II) ergibt sich durch Heranziehung des Satzes (1.2.VI). Es ist

Satz (1.5.IV). $f(x, y)$ *bzw.* $\mathfrak{f}(x, \mathfrak{y})$ *seien in* $a \leqq x \leqq b$ *stetig und erfüllen eine* LIPSCHITZ-*Bedingung* (1.5.1) *bzw.* (1.5.2). *Es sei* $x_0 \in \langle a, b \rangle$. *Es sei eine Lösung* $y(x)$ *von* (1.1.1) *bzw.* $\mathfrak{y}(x)$ *von* (1.3.3) *in* $x_0 < x \leqq x_1 \leqq b$ *stetig, und es gelte* $\lim\limits_{x \downarrow x_0} y(x) = y_0$ *bzw.* $\lim\limits_{x \downarrow x_0} \mathfrak{y}(x) = \mathfrak{y}_0$. *Dann fällt* $y(x)$ *bzw.* $\mathfrak{y}(x)$ *in* $x_0 < x \leqq x_1$ *mit der durch die Anfangsbedingung* $y(x_0) = y_0$ *bzw.* $\mathfrak{y}(x_0) = \mathfrak{y}_0$ *bestimmten in* $x_0 \leqq x \leqq b$ *stetigen Lösung von* (1.1.1) *bzw.* (1.3.3) *zusammen.* y_0 *und* $\mathfrak{y}_0$ *sind als endlich anzunehmen.*

Mit anderen Worten, es gibt außer der durch die Anfangsbedingung $Y(x_0) = y_0$ festgelegten Lösung $Y(x)$ keine andere Lösung, die für $x \downarrow x_0$ gegen y_0 konvergiert und analog für Systeme.

Das folgt aus Satz (1.2.VI), der ja wie in § 1.3. bemerkt wurde, ganz analog für Systeme gilt. Danach ist z. B. $y(x)$ Teilbogen einer in $a \leqq x \leqq b$ stetigen Lösung $Y(x)$ von (1.1.1). Für diese nach Satz (1.5.I) eindeutig bestimmte Lösung ist aber dann nach dem Begriff der Stetigkeit $Y(x_0) = y_0$. Das ist aber die Behauptung des Satzes (1.5.IV). Analog für Systeme.

Ein Beispiel, das in § 3.1. wichtig wird, mag den Sinn des Satzes noch weiter klären.

$$y_1(x) = y_2(x) = 0 \quad \text{für alle } x$$

ist eine Lösung von

$$\frac{d y_1}{d x} = y_1, \quad \frac{d y_2}{d x} = y_2.$$

Sie entspricht der Anfangsbedingung $y_1(x_0) = y_2(x_0) = 0$ bei beliebig angenommenen *endlichem* x_0. Es gibt also nach Satz (1.5.IV) keine andere Lösung, für die

$$\lim_{x \downarrow x_0} y_1(x) = \lim_{x \downarrow x_0} y_2(x) = 0$$

ist. Es ist aber auch

$$y_1 = e^x, \quad y_2 = e^x$$

eine Lösung des vorgelegten Systems. Für diese Lösung gilt

$$\lim_{x \downarrow \infty} y_1(x) = \lim_{x \downarrow \infty} y_2(x) = 0.$$

Was also der Satz (1.5.IV) aussagt, bezieht sich im Beispiel auf endliche Anfangspunkte $\{x_0, 0\}$, x_0 endlich, und sagt also nichts aus über endliche Grenzwerte, die die Lösungen für $x \downarrow \infty$ oder $x \uparrow \infty$ haben können.

Die LIPSCHITZsche Bedingung (1.5.1) ist eine hinreichende, keine notwendige Bedingung für die Unität der Lösungen von (1.1.1). Dies lehrt das Beispiel

$$\frac{d y}{d x} = \begin{cases} y \log y, & y > 0, \\ 0, & y \leqq 0. \end{cases} \tag{1.5.6}$$

Das in der Einleitung am Beispiel (0.2.2) erläuterte Integrationsverfahren liefert als Integrale von (1.5.6)

$$y = \begin{cases} \exp\{e^{x-x_0} \log y_0\}, & y_0 > 0, \\ y_0, & y_0 \leqq 0. \end{cases} \tag{1.5.7}$$

Sowohl in $y > 0$ wie in $y < 0$ ist für (1.5.6) die LIPSCHITZ-Bedingung erfüllt. Für Paare $(y_1, 0)$ gilt sie nicht. Denn

$$|y_1 \log y_1 - 0| \leqq L |y_1 - 0|$$

ist falsch. Durch jeden Punkt $\{x_0, y_0\}$, $y_0 \neq 0$ geht also genau eine Lösung von (1.5.6). Diese Lösungen sind in (1.5.7) angegeben. Keine zwei derselben haben einen Punkt gemein, wenn sie nicht in ihrem ganzen Verlauf zusammenfallen. Man kann also nicht wie bei dem Beispiel (0.2.12) der Einleitung aus einer Strecke von $y = 0$ und aus Bogen der anderen in (1.5.7) angegebenen Lösungen weitere Lösungen zusammensetzen. Man darf daher wohl erwarten, daß auch durch Anfangspunkte $\{x_0, 0\}$ nur eine Lösung von (1.5.6) geht, nämlich $y = 0$, obwohl für solche Anfangspunkte die LIPSCHITZ-Bedingung nicht erfüllt ist. Wir stehen also vermutlich vor der Tatsache einer Unität, die durch den Satz (1.5.I) nicht gedeckt ist.

In der Tat gilt auch die folgende Verallgemeinerung von Satz (1.5.I).

Satz (1.5.V). Verallgemeinerter Unitätssatz (OSGOOD). *In* (1.1.1) *gelte*

$$|f(x, y_1) - f(x, y_2)| \leqq \varphi\{|y_1 - y_2|\} \tag{1.5.8}$$

mit einer für $u > 0$ *stetigen Funktion* $\varphi(u) > 0$, *für die*

$$\lim_{\varepsilon \downarrow 0} \int_\varepsilon^{u_0} \frac{du}{\varphi(u)} = \infty, \quad u_0 > 0, \quad u_0 \text{ fest} \tag{1.5.9}$$

gilt. $f(x, y)$ *sei im Streifen* $a \leqq x \leqq b$ *stetig. Dann gibt es höchstens[1] ein in* $a \leqq x \leqq b$ *stetiges Integral mit einer Anfangsbedingung*

$$y(x_0) = y_0, \quad a \leqq x_0 \leqq b.$$

Als Funktion $\varphi(u)$ kann man z. B. $u \log \dfrac{1}{u}$, $u > 0$ wählen. Damit wäre die Unität für das Beispiel (1.5.6) nachgewiesen. Satz (1.5.V) verallgemeinert den Satz (1.5.I). Denn für $\varphi(u) \equiv u$ kommt wieder die LIPSCHITZ-Bedingung zum Vorschein, die also als Spezialfall in der Bedingung (1.5.8) enthalten ist.

Um den zuerst von W. F. OSGOOD 1898 bewiesenen Satz (1.5.V) als richtig zu erkennen, kann man nach O. PERRON wie folgt verfahren. Man definiere für $\varepsilon > 0$ eine Funktion $\psi(x, \varepsilon)$ durch

$$2(x - x_0) = \int_\varepsilon^{\psi(x, \varepsilon)} \frac{du}{\varphi(u)}, \quad x > x_0.$$

---

[1] Die Aussage „höchstens ein" kann natürlich durch „genau ein" ersetzt werden, wenn man noch annimmt, daß $f(x, y)$ die Eigenschaft (1.1.5) hat.

Für sie ist hiernach wegen (1.5.9)

$$2\varphi\left\{\psi(x,\varepsilon)\right\} = \frac{d\psi(x,\varepsilon)}{dx}, \quad \psi > 0 \quad \text{und} \quad \lim_{\varepsilon\downarrow 0}\psi(x,\varepsilon) = 0. \quad (1.5.10)$$

Es soll gezeigt werden, daß für jedes $\varepsilon > 0$

$$|y_1(x) - y_2(x)| \leqq \psi(x,\varepsilon), \quad x_0 \leqq x \leqq b \quad (1.5.11)$$

gilt, falls $y_1(x)$ und $y_2(x)$ zwei Integrale von (1.1.1) mit der gleichen Anfangsbedingung $y(x_0) = y_0$ sind, und falls (1.5.8) mit (1.5.9) gilt. Aus (1.5.9) folgt dann wegen (1.5.10), daß $y_1(x) - y_2(x) \equiv 0$ ist in $x \geqq x_0$. Denn (1.5.11) gilt doch für jedes $\varepsilon > 0$, und für $\varepsilon \downarrow 0$ strebt nach (1.5.10) $\psi(x,\varepsilon) \to 0$.

Nach (1.5.8) und (1.5.9) ist

$$|f(\xi, y_1(\xi)) - f(\xi, y_2(\xi))| \leqq \varphi\left\{|y_1(\xi) - y_2(\xi)|\right\}. \quad (1.5.12)$$

Wäre nun (1.5.11) nicht für alle $x \geqq x_0$ aus $\langle a, b\rangle$ richtig, so sei ξ die untere Grenze derjenigen dieser x-Werte, für die (1.5.11) falsch ist. Dann ist auch

$$|y_1(\xi) - y_2(\xi)| = \psi(\xi,\varepsilon),$$

weil $y_1(x)$ und $y_2(x)$ stetig sind. Daher ist

$$y_1(\xi) - y_2(\xi) = \pm\psi(\xi,\varepsilon).$$

Es genügt, den Fall

$$y_1(\xi) - y_2(\xi) = \psi(\xi,\varepsilon) \quad (1.5.13)$$

zu betrachten, anderenfalls vertausche man y_1 und y_2. Da ξ die untere Grenze derjenigen Werte $x > x_0$ war, für die (1.5.11) falsch ist, so ist weiter

$$y_1'(\xi) - y_2'(\xi) \geqq \frac{d\psi(\xi,\varepsilon)}{d\xi}. \quad (1.5.14)$$

Daher ist nach (1.5.10), (1.5.12) und (1.5.13)

$$\frac{d\psi(\xi,\varepsilon)}{d\xi} \leqq y_1'(\xi) - y_2'(\xi) = f(\xi, y_1(\xi)) - f(\xi, y_2(\xi))$$

$$\leqq \varphi\left\{|y_1(\xi) - y_2(\xi)|\right\} = \varphi\left\{\psi(\xi,\varepsilon)\right\} = \frac{1}{2}\frac{d\psi(\xi,\varepsilon)}{d\xi}.$$

Das ist aber nicht möglich, weil nach (1.5.10) und wegen $\varphi(u) > 0$ doch

$$\frac{d\psi(\xi,\varepsilon)}{d\xi} > 0$$

ist. Damit ist der Unitätssatz für $x \geqq x_0$ bewiesen. Analog erkennt man seine Richtigkeit für $x \leqq x_0$.

Der Satz (1.5.V) ist auch für Systeme (1.3.3) richtig, wenn man in seiner Formulierung statt der absoluten Beträge die in § 1.3. eingeführte Metrik nimmt. Beim Beweis bedarf es nur geringfügiger Abänderungen. Zum Beispiel muß man in (1.5.13) diejenige Komponente von $\mathfrak{y}_1(\xi) - \mathfrak{y}_2(\xi)$ nehmen, deren absoluter Betrag am größten ist.

Satz (1.5.VI). Unitätssatz von Nagumo. *Es sei $f(x, y)$ von (1.1.1) in $a \leq x \leq b$ stetig und es sei für ein festes $x_0 \in \langle a, b \rangle$ und alle $x \in \langle a, b \rangle$, $x \neq x_0$*

$$|f(x, y_1) - f(x, y_2)| \leq \left| \frac{y_1 - y_2}{x - x_0} \right|. \tag{1.5.15}$$

Dann hat (1.1.1) höchstens ein in $\langle a, b \rangle$ stetiges Integral mit der Anfangsbedingung $y(x_0) = y_0$, wie auch y_0 gewählt sein mag.

Angenommen $y_1(x)$ und $y_2(x)$ seien zwei dieser Anfangsbedingung genügende, in $\langle a, b \rangle$ stetige Integrale von (1.1.1). Dann ist

$$|y_1(x) - y_2(x)| = \left| \int_{x_0}^{x} \{f(\tilde{x}, y_1(\tilde{x})) - f(\tilde{x}, y_2(\tilde{x}))\} \, d\tilde{x} \right|$$

$$\leq \left| \int_{x_0}^{x} \left| \frac{y_1(\tilde{x}) - y_2(\tilde{x})}{\tilde{x} - x_0} \right| d\tilde{x} \right|. \tag{1.5.16}$$

Nun ist

$$\lim_{x \to x_0} \frac{y_1(x) - y_2(x)}{x - x_0} = \lim_{x \to x_0} \frac{y_1'(x) - y_2'(x)}{1}$$

$$= f(x_0, y_0) - f(x_0, y_0) = 0. \tag{1.5.17}$$

Man setze

$$\varphi(x) = \begin{cases} \left| \dfrac{y_1(x) - y_2(x)}{x - x_0} \right|, & x \neq x_0, \\ 0, & x = x_0. \end{cases}$$

Angenommen, es gäbe eine Stelle $x_1 \in \langle a, b \rangle$, an der $y_1(x_1) - y_2(x_1) \neq 0$ ist. Dann hätte die nach (1.5.17) in $\langle a, b \rangle$ stetige Funktion $\varphi(x)$ irgendwo, in dem von x_0 und x_1 begrenzten Intervall ein positives Maximum G, ohne konstant zu sein. Es werde an der Stelle ξ angenommen. Dann ist nach (1.5.16)

$$G = \left| \frac{y_1(\xi) - y_2(\xi)}{\xi - x_0} \right| \leq \frac{1}{|\xi - x_0|} \left| \int_{x_0}^{\xi} \varphi(\tilde{x}) \, d\tilde{x} \right| < \frac{1}{|\xi - x_0|} \left| \int_{x_0}^{\xi} G \, d\tilde{x} \right| = G.$$

Also $G < G$, was Unsinn ist.

Der Satz (1.5.VI) gilt samt Beweis unverändert für Systeme (1.3.1). Man muß nur überall statt der absoluten Beträge die in § 1.3. erklärte Metrik nehmen.

Wie O. PERRON, dessen Beweis meine Darstellung folgte, bemerkt hat, wird der Satz falsch, wenn man statt (1.5.15) nur

$$|f(x, y_1) - f(x, y_2)| \leqq (1 + \varepsilon)\left|\frac{y_1 - y_2}{x - x_0}\right|, \quad \varepsilon > 0 \qquad (1.5.18)$$

verlangt. Dies lehrt das Beispiel

$$f(x, y) = \begin{cases} (1 + \varepsilon)\dfrac{y}{x}, & 0 < y < x^{1+\varepsilon}, \\ (1 + \varepsilon)\, x^{\varepsilon}, & y \geqq x^{1+\varepsilon}, \\ 0, & y \leqq 0. \end{cases}$$

Für jedes konstante C aus $\langle 0, 1\rangle$ ist

$$y(x) = C\, x^{1+\varepsilon}$$

ein Integral durch $\{0, 0\}$ der mit diesem $f(x, y)$ gebildeten Differentialgleichung (1.1.1). Ihr $f(x, y)$ ist stetig für $x \geqq 0$ und beliebige y und erfüllt für $x_0 = 0$ die Bedingung (1.5.18) (s. auch § 1.7.5.).

Ein nützlicher Zusatz zu Satz (1.5.VI) sei noch erwähnt. Es ist

Satz (1.5.VII). *Es sei* $f(x, y)$ *in* $x_0 < x \leqq b$ *stetig,* **und** *es sei*

$$|f(x, y_1) - f(x, y_2)| \leqq \frac{|y_1 - y_2|}{x - x_0}.$$

Dann hat (1.1.1) *niemals zwei verschiedene in* $(x_0, b\rangle$ *stetige Lösungen* $y_1(x)$ *und* $y_2(x)$, *für die*

$$\lim_{x \downarrow x_0} y_1(x) = \lim_{x \downarrow x_0} y_2(x) = y_0, \ y_0 \ endlich$$

und

$$\lim_{x \downarrow x_0} y_1'(x) = \lim_{x \downarrow x_0} y_2'(x) \qquad (1.5.19)$$

gleichzeitig gelten.

Der Beweis ist ganz ähnlich wie der von Satz (1.5.VI). Jetzt hat man zunächst für $x_0 < x_0^* < x \leqq b$

$$y_1(x) - y_2(x) = \lim_{x_0^* \downarrow x_0} \int_{x_0^*}^{x} \{f(\eta, y_1(\eta)) - f(\eta, y_2(\eta))\}\, d\eta.$$

Daher

$$y_1(x) - y_2(x)| \leqq \lim_{x_0^* \downarrow x_0} \int_{x_0^*}^{x} \frac{|y_1(\eta) - y_2(\eta)|}{\eta - x_0}\, d\eta. \qquad (1.5.20)$$

Nun ist nach (1.5.19)

$$\lim_{x \downarrow x_0} \frac{y_1(x) - y_2(x)}{x - x_0} = \lim_{x \downarrow x_0} \frac{y_1'(x) - y_2'(x)}{1} = 0.$$

Man setze wieder

$$\varphi(x) = \begin{cases} \left| \dfrac{y_1(x) - y_2(x)}{x - x_0} \right|, & x \neq x_0, \\[2mm] \quad\; 0, & x = x_0. \end{cases}$$

$\varphi(x)$ ist in $x_0 \leq x \leq b$ stetig. Daher kann man statt (1.5.20) wieder schreiben

$$|y_1(x) - y_2(x)| \leq \int\limits_{x_0}^{x} \varphi(\eta)\, d\eta$$

und dann wie beim Beweis von Satz (1.5.VI) weiter schließen.

Ist $f(x, y)$ nicht im ganzen Streifen $x_0 < x \leq b$, sondern nur im Durchschnitt desselben mit einem Winkelraum stetig, dessen Scheitel in einem Punkt $\{x_0, y_0\}$ liegt, so kann man nach § 1.1. das $f(x, y)$ durch ein anderes ersetzen, das im ganzen Streifen stetig ist und im Winkelraum mit dem gegebenen übereinstimmt. Dann lehrt die Beweisführung, daß es keine zwei im Winkelraum verlaufende Lösungen von (1.1.1) geben kann, für die (1.5.19) gilt.

Schließlich formuliere ich noch

Satz (1.5.VIII). *In der Differentialgleichung*

$$\frac{dy}{dx} = f(x)\, g(y) \tag{1.5.21}$$

sei $f(x)$ für $x \in \langle a, b \rangle$ stetig und sei $g(y)$ für alle y stetig, von Null verschieden und erfülle die Bedingung (1.1.5). Es sei $x_0 \in \langle a, b \rangle$. Dann gibt es genau ein in $\langle a, b \rangle$ stetiges Integral von (1.5.21) mit gegebener Anfangsbedingung $y(x_0) = y_0$.

Den Beweis trage ich in § 2.2. nach.

1.5.2. Lösungstrichter. Ich behandele weiter die Frage nach der Gesamtheit der Lösungen durch einen Punkt, bei bloßer Annahme der Stetigkeit von $f(x, y)$ in (1.1.1). Zunächst beweise ich

Satz (1.5.IX). *Für die Differentialgleichung (1.1.1) mögen die im Existenzsatz (1.2.II) genannten Voraussetzungen erfüllt sein. Dann haben die durch den Punkt $\{x_0, y_0\}$ gehenden Lösungen $y(x)$ an jeder Stelle $\xi \in \langle a, b \rangle$ Ordinaten $y(\xi)$, die eine abgeschlossene Strecke der Geraden $x = \xi$ lückenlos erfüllen.*

Jede durch $\{x_0, y_0\}$ gehende in einer Umgebung von x_0 stetige Lösung von (1.1.1) kann zu einer in ganz $\langle a, b \rangle$ stetigen Lösung von (1.1.1) ergänzt werden. Ist nämlich $y_1(x)$, $y_1(x_0) = y_0$ eine in

$$\langle x_0 - h,\ x_0 + h \rangle, \quad h > 0$$

stetige Lösung, so lege man durch $\{x_0 - h,\ y_1(x_0 - h)\}$ eine nach Satz (1.2.II) vorhandene in $\langle a, b \rangle$ stetige Lösung $y_2(x)$. Ebenso lege man durch $\{x_0 + h,\, y_1\,(x_0 + h)\}$ eine in ganz $\langle a, b\rangle$ stetige Lösung $y_3(x)$. Aus y_1, y_2, y_3 setze man eine neue Lösung y_4 zusammen[1]:

$$y_4(x) = \begin{cases} y_2(x), & a \leqq x \leqq x_0 - h, \\ y_1(x), & x_0 - h \leqq x \leqq x_0 + h, \\ y_3(x), & x_0 + h \leqq x \leqq b. \end{cases}$$

Diese neue Lösung $y_4(x)$ besitzt überall eine stetige Ableitung, weil $f(x, y)$ eine eindeutige Funktion ist.

Nun betrachte man die Ordinaten $y(\xi)$, $a \leqq \xi \leqq b$ aller Lösungen $y(x)$ mit der gleichen Anfangsbedingung $y(x_0) = y_0$. Sind alle $y(\xi)$ einander gleich, so ist Satz (1.5.IX) klar. Sind aber $y_1(x)$ und $y_2(x)$ zwei der Lösungen mit $y_1(\xi) > y_2(\xi)$, so sei η aus $(y_2(\xi),\, y_1(\xi))$ beliebig angenommen. Durch $\{\xi, \eta\}$ lege man eine nach Satz (1.2.II) vorhandene, in $\langle a, b\rangle$ stetige Lösung $Y(x)$. Entweder ist $Y(x_0) = y_0$, dann haben wir eine $\{x_0, y_0\}$ und $\{\xi, \eta\}$ verbindende Lösung. Ist aber z. B. $Y(x_0) > y_0$, und ist z. B. $x_0 < \xi$, so gibt es eine Stelle x_1 aus (x_0, ξ), an der

$$Y(x_1) - y_1(x_1) = 0$$

ist. Denn es ist

$$Y(\xi) - y_1(\xi) < 0$$

und

$$Y(x_0) - y_1(x_0) > 0.$$

Die Differenz $Y(x) - y_1(x)$ ist aber in $\langle x_0, \xi\rangle$ stetig und muß daher in (x_0, ξ) eine Nullstelle x_1 haben. So hat man in

$$y^*(x) = \begin{cases} y_1(x), & a \leqq x \leqq x_1, \\ Y(x), & x_1 \leqq x \leqq b \end{cases}$$

eine in $\langle a, b\rangle$ stetige Lösung durch $\{x_0, y_0\}$ und $\{\xi, \eta\}$. Ebenso verfährt man für $x_0 > \xi$ und für $Y(x_0) < y_0$.

Es bleibt noch zu zeigen, daß die von den Ordinaten $y(\xi)$, $a \leqq \xi \leqq b$ erfüllte Strecke abgeschlossen ist. Um das einzusehen, zeige ich zuerst, daß die $y(x)$, $a \leqq x \leqq b$ für alle Lösungen $y(x)$ mit der gleichen Anfangsbedingung $y(x_0) = y_0$, $a \leqq x_0 \leqq b$ gleichmäßig beschränkt sind. Das ist unmittelbar klar, wenn $|f(x, y)| \leqq N$ im Streifen $a \leqq x \leqq b$ zutrifft. Denn daraus folgt unmittelbar

$$|y(x) - y_0| \leqq N(b - a) \quad \text{in} \quad x \in \langle a, b\rangle.$$

Ist aber lediglich (1.1.5), d. h.

$$|f(x, y)| < M|y| + N \tag{1.1.5}$$

---

[1] Ist zufällig $x_0 = a$, so ist in dieser Betrachtung $x_0 - h$ durch a zu ersetzen.

für $f(x, y)$ angenommen, so schließt man wie folgt. (1.1.5) bedeutet

$$-My - N < \frac{dy}{dx} < My + N, \quad \text{wenn} \quad y \geqq 0, \left.\begin{array}{c}\\\\\end{array}\right\} \quad (1.5.22)$$
$$My - N < \frac{dy}{dx} < -My + N, \quad \text{wenn} \quad y \leqq 0.$$

Um nun z. B. eine Abschätzung einer der Anfangsbedingung $y(x_0) = y_0$ genügenden Lösung $y(x)$ von (1.1.1) zu gewinnen, gehe man von der rechten Seite von (1.5.22) aus und vergleiche $y(x)$ mit der durch die gleiche Anfangsbedingung festgelegten Lösung $Y(x)$ der Differentialgleichung

$$\frac{dY}{dx} = F(Y) = \begin{cases} MY + N, & Y \geqq 0, \\ -MY + N, & Y \leqq 0. \end{cases}$$

Die rechte Seite dieser Differentialgleichung genügt einer LIPSCHITZ-Bedingung. Es ist nämlich

$$|F(Y_1) - F(Y_2)| \leqq M\,|Y_1 - Y_2|.$$

Dies ist klar, wenn Y_1 und Y_2 nicht verschiedenes Vorzeichen haben. Ist aber z. B. $Y_1 > 0$ und $Y_2 < 0$, so hat man

$$|F(Y_1) - F(Y_2)| = M|Y_1 + Y_2| \leqq M(Y_1 - Y_2).$$

$Y(x)$ ist also eindeutig bestimmt. In einem Schnittpunkt $x = \xi$ der Kurven $y = y(x)$ und $y = Y(x)$ ist $\frac{dy}{dx} < \frac{dY}{dx}$. Daher gilt

$$y(x) < Y(x), \quad \xi < x < \xi + \varepsilon, \quad \varepsilon \text{ klein.}$$

Daher können beide Kurven außer bei $x = x_0$ keinen weiteren Schnittpunkt haben. Es gilt also

$$y(x) < Y(x) \quad \text{in} \quad x_0 < x \leqq b, \quad y(x) > Y(x) \quad \text{in} \quad a \leqq x < x_0.$$

$Y(x)$ ist nach oben und unten beschränkt. Dies entnimmt man entweder dem Existenzsatz (1.2.II) oder der aus (0.2.23) der Einleitung bekannten Berechnung von $Y(x)$. Man findet

$$Y(x) = \left(y_0 + \frac{N}{M}\right) \exp\{M(x - x_0)\} - \frac{N}{M}$$
$$\text{für} \quad x \geqq x_0 + \frac{1}{M}\log\frac{N}{N + y_0 M} = x_1$$

und

$$Y(x) = -\frac{N}{M}\exp\{-M(x - x_1)\} + \frac{N}{M} \quad \text{für} \quad x \leqq x_1.$$

Ganz analog findet man die noch fehlenden Abschätzungen von $y(x)$ aus der rechten Seite von (1.5.22), d. h. durch Integration der Differentialgleichungen

$$\frac{dZ}{dx} = \begin{cases} -MZ - N, & Z \geqq 0, \\ MZ - N, & Z \leqq 0. \end{cases}$$

Es wird dann

$$y(x) > Z(x) \quad \text{in} \quad x_0 < x \leqq b, \quad y(x) < Z(x) \quad \text{in} \quad a \leqq x < x_0.$$

Man findet

$$Z(x) = \left(y_0 + \frac{N}{M}\right) \exp\{-M(x - x_0)\} - \frac{N}{M}$$

$$\text{für} \quad x \geqq x_0 - \frac{1}{M} \log \frac{N}{N + y_0 M} = x_2,$$

$$Z(x) = -\frac{N}{M} \exp\{M(x - x_2)\} + \frac{N}{M} \quad \text{für} \quad x \leqq x_2.$$

Durch diese Abschätzungen ist die gleichmäßige Beschränktheit aller der gleichen Anfangsbedingung genügenden Lösungen von (1.1.1) in $\langle a, b \rangle$ gesichert.

Ist dann $\mathfrak{Y}$ die Menge der Lösungen von (1.1.1) durch $\{x_0, y_0\}$ und η ein Häufungspunkt von Ordinaten $y(\xi)$, $y \in \mathfrak{Y}$, so wähle man eine Teilfolge $\{y_n(x)\} \in \mathfrak{Y}$, für die η Grenzwert der Ordinaten $y_n(\xi)$ ist. Wie in 1.1. sieht man, daß die $|y_n(x)|$ gleichmäßig beschränkt und gleichgradig stetig sind. Man kann daher eine Teilfolge der $\{y_n(x)\}$ bestimmen, die in $\langle a, b \rangle$ gleichmäßig konvergiert. Die Grenzfunktion ist eine Lösung, wie man aus

$$y_n(x) = y_0 + \int_{x_0}^{x} f(x, y_n(x)) \, dx$$

durch Grenzübergang sieht. Sie geht nach Konstruktion durch $\{\xi, \eta\}$.

Die Punktmenge

$$\{x, y(x)\}, \quad x \in \langle a, b \rangle, \quad y \in \mathfrak{Y}$$

heißt nach E. KAMKE **Lösungstrichter** des Punktes $\{x_0, y_0\}$ im Streifen $a \leqq x \leqq b$. Der Trichter wird von den beiden Kurven

$$y = g(x) = \operatorname*{Min}_{y \in \mathfrak{Y}} y(x), \tag{1.5.23}$$

$$y = G(x) = \operatorname*{Max}_{y \in \mathfrak{Y}} y(x) \tag{1.5.24}$$

begrenzt, so daß also für jedes $y(x) \in \mathfrak{Y}$ an jeder Stelle $x \in \langle a, b \rangle$

$$g(x) \leqq y(x) \leqq G(x)$$

gilt.

Satz (1.5.X). *Die beiden Kurven* (1.5.23) *und* (1.5.24) *sind Lösungen von* (1.1.1). *$g(x)$ heißt Minimallösung, $G(x)$ heißt Maximallösung.*

Es sei $\{x_\nu\} = \mathfrak{X}$ eine abzählbare, in $\langle a, b\rangle$ überall dichte Menge. Es sei $\{y_\mu(x)\} = \mathfrak{y}$ eine abzählbare Menge von Lösungen mit der gemeinsamen Anfangsbedingung $y_\mu(x_0) = y_0$ derart, daß zu jedem $x_\nu \in \mathfrak{X}$ eine Teilfolge $\{y_\lambda^{(\nu)}(x)\} \subset \mathfrak{y}$ existiert, für die

$$\lim_{\lambda \uparrow \infty} y_\lambda^{(\nu)}(x_\nu) = G(x_\nu)$$

ist. Man setze

$$\varphi_\lambda(x) = \operatorname*{Max}_{\nu = 1, \ldots, \lambda} y_\lambda^{(\nu)}(x), \qquad \lambda = 1.\, 2, \ldots$$

Dann ist auch für jedes $x_\nu \in \mathfrak{X}$

$$\lim_{\lambda \uparrow \infty} \varphi_\lambda(x_\nu) = G(x_\nu). \tag{1.5.25}$$

Denn es ist

$$y_\lambda^{(\nu)}(x_\nu) \leqq \varphi_\lambda(x_\nu) \leqq G(x_\nu).$$

Weiter ist jedes $\varphi_\lambda(x)$ selbst eine Lösung von (1.1.1) mit $\varphi_\lambda(x_0) = y_0$. Denn wenn an einer Stelle $\xi \in \langle a, b\rangle$ nur eines der $y_\lambda^{(\nu)}(\xi)$, $\nu = 1, \ldots, \lambda$ den Größtwert hat, dann hat es diese Eigenschaft für ein ξ enthaltendes Intervall. In diesem ist $\varphi_\lambda(x)$ Lösung. Wenn aber mehrere der $y_\lambda^{(\nu)}(\xi)$, $\nu = 1, 2, \ldots, \lambda$ den gleichen Maximalwert haben, so haben sie an der Stelle ξ als Lösungen von (1.1.1) auch alle die gleiche Ableitung. Daher ist dort auch $\varphi_\lambda(x)$ differenzierbar und hat auch den gleichen Wert der Ableitung. Seien nämlich $\tilde{y}_\lambda^{(j)}$ diejenigen der $y_\lambda^{(\nu)}$, welche bei ξ *nicht* den Maximalwert haben. Hätte nun keines der $y_\lambda^{(\nu)}$, die bei ξ den Maximalwert haben, diese Eigenschaft auch in einem ξ enthaltenden Intervall, so gäbe es mindestens eine Punktfolge $\xi_\varrho \to \xi$, $\varrho = 1, 2, \ldots$, so daß an jeder Stelle ξ_ϱ eines der $\tilde{y}_\lambda^{(j)}$ den Maximalwert hätte. Da es höchstens $\lambda - 2$ Funktionen $\tilde{y}_\lambda^{(j)}$ gibt, so hätte mindestens eine derselben an unendlich vielen Stellen ξ_ϱ den Maximalwert. Diese hatte aber aus Stetigkeitsgründen auch an der Stelle ξ den Maximalwert entgegen der Definition der $\tilde{y}_\lambda^{(j)}$.

Da die Lösungen $\varphi_\lambda(x)$ für $x \in \langle a, b\rangle$ gleichmäßig beschränkt sind, so sind sie nach einer in § 1.1. verwendeten Überlegung für $x \in \langle a, b\rangle$ auch gleichgradig stetig. Daher kann man nach Satz (1.2.I) aus der Folge $\{\varphi_\lambda(x)\}$, $\lambda = 1, 2, \ldots$ eine Teilfolge auswählen, die in $\langle a, b\rangle$ gleichmäßig konvergiert. Die Grenzfunktion $G^*(x)$ ist eine Lösung mit der Anfangsbedingung $G^*(x_0) = y_0$, und es gilt nach (1.5.25) an allen Stellen der Folge $\{x_\nu\}$

$$G^*(x_\nu) = G(x_\nu).$$

Gäbe es eine Stelle $\eta \in \langle a, b\rangle$, an der

$$G^*(\eta) < G(\eta)$$

wäre, so gäbe es Integrale $y(x)$ von (1.1.1) mit $y(x_0) = y_0$, für die $y(\eta) > G^*(\eta)$ wäre. Dann gäbe es aber auch Stellen $x_\nu \in \mathfrak{X}$, an denen $y(x_\nu) > G^*(x_\nu) = G(x_\nu)$ wäre, was nach der Definition von $G(x)$ ausgeschlossen ist. Es ist also

$$G^*(x) = G(x) \quad \text{für} \quad x \in \langle a, b \rangle.$$

Ganz analog beweist man, daß $g(x)$ Lösung ist.

Im **Beispiel**

$$\frac{dy}{dx} = y^{2/3} \tag{0.2.12}$$

der Einleitung ist für einen Anfangspunkt $\{x_0, 0\}$ die Minimallösung $y = 0$ und ist

$$y = \left(\frac{x - x_0}{3} \right)^3$$

die Maximallösung. Denn für Anfangspunkte $\{x_0, y_0\}$, $y_0 \neq 0$ ist die Unität durch die LIPSCHITZ-Bedingung gesichert. Jede Lösung durch einen Punkt

$$P: \quad \{x_1, y_0\}, \quad x_1 > x_0, \quad y_0 > \left(\frac{x_1 - x_0}{3} \right)^3$$

verläuft in $\langle x_0, x_1 \rangle$ oberhalb von $y = \left(\frac{x - x_0}{3} \right)^3$. Daher ist dies die Maximallösung. Denn durch keinen Punkt P geht eine Lösung, die diesen mit $\{x_0, 0\}$ verbindet. Ähnlich zeigt man, daß $y = 0$ die Minimallösung ist. Die Lösungen durch den Anfangspunkt $\{x_0, 0\}$ erfüllen nach Satz (1.5.IX) den Lösungstrichter dieses Anfangspunktes. Durch jeden Punkt aus seinem Inneren geht aber wegen der LIPSCHITZ-Bedingung genau eine Lösung von (0.2.12), die an einer Stelle $x_1 > x_0$ die x-Achse berührt. Ergänzt man sie durch die Strecke $x_0 \leqq x \leqq x_1$ der x-Achse, so erhält man eine Lösung durch $\{x_0, 0\}$. Die in der Einleitung angegebenen Lösungen von (0.2.12) erschöpfen daher die Gesamtheit aller Lösungen dieser Differentialgleichung.

1.5.3. Ein verallgemeinerter Existenzsatz. Eine Vertiefung der Überlegungen, die zu einer Abschätzung der Lösungen $y(x) \in \mathfrak{Y}$ geführt haben, liefert eine Verallgemeinerung des Existenzsatzes (1.2.II.) Es wird darin nicht mehr die Stetigkeit der rechten Seite $f(x, y)$ von (1.1.1) in einem ganzen Streifen vorausgesetzt. Es gilt nämlich

Satz (1.5.XI). *$\omega_1(x)$ und $\omega_2(x)$ seien in $x_0 \leqq x \leqq x_1$ stetige Funktionen. Es sei $\omega_1(x_0) = \omega_2(x_0) = y_0$ und $\omega_1(x) < \omega_2(x)$ für $x_0 < x \leqq x_1$. An jeder Stelle $x \in \langle x_0, x_1 \rangle$ mögen die da erklärten zwei oder vier*

Derivierten

$$D\,\omega(x) = \begin{cases} \displaystyle\limsup_{h\downarrow 0} \\[1mm] \displaystyle\liminf_{h\downarrow 0} \\[1mm] \displaystyle\limsup_{h\uparrow 0} \\[1mm] \displaystyle\liminf_{h\uparrow 0} \end{cases} \frac{\omega(x+h)-\omega(x)}{h} \qquad (1.5.26)$$

den Ungleichungen

$$D\,\omega_1(x) \leqq f\big(x,\,\omega_1(x)\big),$$
$$D\,\omega_2(x) \geqq f\big(x,\,\omega_2(x)\big)$$

genügen. Dabei sei $f(x,\,y)$ *in*

$$x_0 \leqq x \leqq x_1; \qquad \omega_1(x) \leqq y(x) \leqq \omega_2(x) \qquad (1.5.27)$$

stetig. Dann besitzt die Differentialgleichung (1.1.1) *Lösungen mit der Anfangsbedingung* $y(x_0) = y_0$, *die in* $x_0 \leqq x \leqq x_1$ *stetig sind, und für die* (1.5.27) *gilt.*

Dem Beweis schicke ich einige Bemerkungen voraus. Man kann den Satz (1.5.XI) auch auf Differentialgleichungen (1.1.1) anwenden, deren $f(x,\,y)$ im ganzen Streifen $x_0 \leqq x \leqq x_1$ stetig ist. Kennt man dann Funktionen ω_1, ω_2, wie sie im Satz (1.5.XI) angenommen sind, so lehrt dieser Satz, daß (1.1.1) mindestens eine im Bereich (1.5.27) verlaufende, in $x_0 \leqq x \leqq x_1$ stetige Lösung besitzt, auch dann, wenn z. B. $f(x\,y)$ keine Bedingung (1.1.5) erfüllt. An Stelle dieser Bedingung, auf die sich Satz (1.2.II) stützt, tritt in Satz (1.5.XI) die Existenz solcher Funktionen ω_1 und ω_2. So hat z. B. O. PERRON, von dem Satz (1.5.XI) herrührt, das Beispiel

$$\frac{dy}{dx} = x - y^2$$

ausführlich behandelt, und durch passende Wahl von ω_1 und ω_2 aus Satz (1.5.XI) erschlossen, daß diese Differentialgleichung für jedes $x_0 > 0$, $y_0 > 0$ genau eine für alle $x \geqq x_0$ stetige Lösung mit der Anfangsbedingung $y(x_0) = y_0$ besitzt. Sie schmiegt sich asymptotisch der Parabel $y = +\sqrt{x}$ an (Math. Ann. Bd. 76). Man vgl. damit die bereits in der Einleitung angegebenen Integrale von

$$\frac{dy}{dx} = y^2.$$

Zum Beweis von Satz (1.5.XI) ersetze man $f(x,\,y)$ durch eine Funktion $F(x,\,y)$

$$F(x,\,y) = \begin{cases} f(x,\,y), & \omega_1(x) \leqq y(x) \leqq \omega_2(x), \\ f\big(x,\,\omega_1(x)\big), & y(x) < \omega_1(x), \\ f\big(x,\,\omega_2(x)\big), & y(x) > \omega_2(x), \end{cases} \qquad x_0 \leqq x \leqq x_1.$$

Dann ist $F(x, y)$ im Streifen $x_0 \leq x \leq x_1$ stetig und genügt darin einer Abschätzung (1.1.5) mit passenden M und N. Für die Differentialgleichung

$$\frac{dy}{dx} = F(x, y) \tag{1.5.28}$$

sind nach dem Existenzsatz (1.2.II) zusammen mit Satz (1.5.IX) alle Lösungen durch $\{x_0, y_0\}$ in $x_0 \leq x \leq x_1$ stetig. Jede Lösung von (1.5.28), die im Bereich (1.5.27) verbleibt, ist natürlich auch Lösung von (1.1.1), d. i. von

$$\frac{dy}{dx} = f(x, y).$$

Es genügt daher, den Satz (1.5.XI) für die Differentialgleichung (1.5.28) zu beweisen. Denn in dem Bereich (1.5.27) stimmen beide Differentialgleichungen überein. Man betrachte nun zum Beweis des Satzes (1.5.XI) für die Differentialgleichung (1.5.28) statt des Bereiches (1.5.27) den Bereich

$$\varphi_1(x) \leqq y(x) \leqq \varphi_2(x); \quad x_0 \leqq x \leqq x_1. \tag{1.5.29}$$

Hier ist

$$\varphi_1(x) = \omega_1(x) \ - \ \varepsilon(x - x_0),$$
$$\varphi_2(x) = \omega_2(x) \ + \ \varepsilon(x - x_0),$$
$$\varphi_1(x_0) = \varphi_2(x_0) = y_0,$$
$$\varphi_1(x) < \varphi_2(x) \quad \text{in} \quad x_0 < x \leqq x_1,$$

und $\varepsilon > 0$ eine vorgegebene Zahl. Dann ist für sämtliche Derivierten in $x_0 \leqq x \leqq x_1$

$$D \varphi_1(x) = D \omega_1(x) - \varepsilon \leqq F\big(x, \omega_1(x)\big) - \varepsilon$$
$$= F\big(x, \varphi_1(x)\big) - \varepsilon < F\big(x, \varphi_1(x)\big),$$
$$D \varphi_2(x) = D \omega_2(x) + \varepsilon \geqq F\big(x, \omega_2(x)\big) + \varepsilon$$
$$= F\big(x, \varphi_2(x)\big) + \varepsilon > F\big(x, \varphi_2(x)\big).$$

In jedem Schnittpunkt über $x = \xi$ eines Integrals $y = y(x)$ von (1.5.28) mit der Kurve $y = \varphi_1(x)$ gilt daher für sämtliche in dem Schnittpunkt erklärten Derivierten

$$D\big(y(\xi) - \varphi_1(\xi)\big) > 0.$$

Daher ist[1]

$$y(x) > \varphi_1(x) \quad \text{in} \quad \xi < x < \xi + \eta$$

und

$$y(x) < \varphi_1(x) \quad \text{in} \quad \xi - \eta < x < \xi$$

---

[1] Bei $\xi = x_0$ oder $\xi = x_1$ gilt natürlich nur eine der beiden im Text folgenden Beziehungen.

bei hinreichend kleinem $\eta > 0$. Daher kann $y(x)$ mit $\varphi_1(x)$ nicht mehr als einen Schnittpunkt in $x_0 \leq x \leq x_1$ gemein haben. Da einer bei x_0 liegt, tritt kein zweiter auf. Daher gilt

$$y(x) > \varphi_1(x) \quad \text{in} \quad x_0 < x \leq x_1.$$

Da der Schluß für jedes $\varepsilon > 0$ gilt, folgt

$$y(x) \geq \omega_1(x) \quad \text{in} \quad x_0 < x \leq x_1.$$

Ganz analog beweist man

$$y(x) \leq \omega_2(x) \quad \text{in} \quad x_0 < x \leq x_1.$$

Damit ist Satz (1.5.XI) bewiesen.

Der Beweis hat gezeigt, daß sämtliche Integrale der Differentialgleichung (1.5.28) durch $\{x_0, y_0\}$ im Bereich (1.5.27) liegen. Die Differentialgleichung (1.1.1) kann natürlich darüber hinaus auch noch Integrale haben, die nicht in (1.5.27) verlaufen, und die daher nicht Integrale von (1.5.28) sind z. B. wenn $f(x, y)$ in $\langle x_0, x_1 \rangle$ stetig ist.

Es ist mit Schwierigkeiten verbunden, Analoga der Sätze (1.5.IX), (1.5.X) und (1.5.XI) bei Systemen von Differentialgleichungen aufzustellen. Einiges darüber soll in § 1.7.4. angegeben werden.

1.6. Die Integrale als Funktionen der Anfangsbedingungen und von Parametern

Man kann für beliebige Differentialgleichungen (1.1.1) und für beliebige Systeme (1.3.1) die Frage stellen, ob kleinen Veränderungen der Differentialgleichung kleine Änderungen der Lösungen entsprechen. Diese Frage soll in diesem Abschnitt unter der Voraussetzung behandelt werden, daß die rechten Seiten der genannten Differentialgleichungen in einem Streifen $a \leq x \leq b$ nicht nur stetig sind, sondern zusätzlich auch noch eine LIPSCHITZ-Bedingung (1.5.1) bzw. (1.5.2) erfüllen. Über den allgemeinen Fall nur stetiger rechter Seiten der Differentialgleichungen soll in § 1.7.4. berichtet werden.

Ich untersuche zunächst Differentialgleichungen (1.1.1). Kommen in $f(x, y)$ Parameter vor, z. B. $f(x, y; \lambda)$, so bedeutet eine Änderung des Parameters λ den Übergang zu einer anderen Differentialgleichung, da ja während des Integrationsprozesses der Parameter festzuhalten ist. Eine Änderung der Anfangsbedingung kann durch eine Änderung der Differentialgleichung und Integration derselben unter unveränderten Anfangsbedingungen ersetzt werden. Sollen z. B. zwei Lösungen $y_1(x)$ und $y_2(x)$ von (1.1.1) miteinander verglichen werden, die den Anfangsbedingungen $y_1(x_0) = y_0$ und $y_2(x_0 + \lambda) = y_0 + \mu$ genügen, so mache man in (1.1.1) die Substitution

$$x = \xi + \lambda, \quad y = z + \mu.$$

Das führt zu

$$\frac{dz}{d\xi} = f(\xi + \lambda, z + \mu) = f(\xi, z) + A(\xi, z; \lambda, \mu),$$

und aus $y_2(x)$ wird eine Lösung $z(\xi)$ dieser neuen Differentialgleichung, für die ebenfalls $z(x_0) = y_0$ ist. Ist $f(x, y)$ stetig, so gilt

$$\lim_{\{\lambda, \mu\} \to \{0, 0\}} A(\xi, z; \lambda, \mu) = 0.$$

Wir stehen somit vor der Aufgabe, zwei Lösungen von

$$\frac{dy}{dx} = f(x, y) \tag{1.6.1}$$

und

$$\frac{dz}{dx} = f(x, z) + A(x, z) \tag{1.6.2}$$

mit der gleichen Anfangsbedingung $y(x_0) = z(x_0)$ zu vergleichen. Da gilt der folgende

Satz (1.6.I). *In den Differentialgleichungen* (1.6.1) *und* (1.6.2) *sei $f(x, y)$ in $a \leq x \leq b$ stetig und erfülle die* LIPSCHITZ-*Bedingung* (1.5.1). *Ferner sei $A(x, y)$ in $a \leq x \leq b$ stetig und*

$$|A(x, y)| \leq A \tag{1.6.3}$$

in $a \leq x \leq b$. Dabei sei A konstant. Sind dann $y(x)$ mit $y(x_0) = y_0$ und $z(x)$ mit $z(x_0) = y_0$ stetige Lösungen von (1.6.1) *und* (1.6.2), *so daß also*

$$y'(x) = f\big(x, y(x)\big) \tag{1.6.4}$$

und

$$z'(x) = f\big(x, z(x)\big) + A\big(x, z(x)\big) \tag{1.6.5}$$

identisch in x für $a \leq x \leq b$ gelten, dann ist für $a \leq x \leq b$

$$|z(x) - y(x)| \leq A |x - x_0| \exp\{L |x - x_0|\}. \tag{1.6.6}$$

Für (1.6.2) wird kein Unitätssatz angenommen. Der Satz (1.6.I) besagt, daß jede der angegebenen Anfangsbedingung genügende Lösung von (1.6.2) von der zur gleichen Anfangsbedingung gehörigen einzigen Lösung von (1.6.1) nur in der durch (1.6.6) angegebenen Weise unterschieden sein kann.

Beweis. Subtraktion von (1.6.4) und (1.6.5) liefert

$$\frac{d(z - y)}{dx} = f(x, z) - f(x, y) + A(x, z)$$

oder

$$\frac{d(z - y)}{dx} = L(x)\big(z(x) - y(x)\big) + A(x). \tag{1.6.7}$$

Hier sind $A(x)$ und $L(x)$ bekannte Funktionen, da $y(x)$ und $z(x)$ bekannte Funktionen sind. Insbesondere ist

$$A(x) = A\big(x, z(x)\big)$$

wegen der Stetigkeit von $z(x)$ in $a \leqq x \leqq b$ und wegen der Stetigkeit von $A(x, y)$ in $a \leqq x \leqq b$ eine in $a \leqq x \leqq b$ stetige Funktion. Weiter ist

$$L(x) = \frac{f(x, z(x)) - f(x, y(x))}{z(x) - y(x)}$$

jedenfalls in jedem Intervall stetig, in dem $z(x) - y(x) \neq 0$ ist. An Nullstellen von $z(x) - y(x)$ kann $L(x)$ unstetig sein. Es gilt aber jedenfalls überall, wo $z(x) - y(x) \neq 0$ ist, die Abschätzung $|L(x)| \leqq L$. [LIPSCHITZ-Bedingung für $f(x, y)$.] Es genügt, den Beweis von (1.6.6) für Intervalle zu führen, an deren Anfang eine Nullstelle von $z(x) - y(x)$ liegt. An den Nullstellen von $z(x) - y(x)$ ist ja (1.6.6) trivialerweise richtig. Und ist $\xi > x_0$ eine solche Nullstelle und ist (1.6.6) für ξ statt x_0 bewiesen, so ist (1.6.6) auch für x_0 richtig, weil $x - \xi < x - x_0$ ist. In einem solchen Intervall, an dessen Anfang eine Nullstelle z. B. x_0 von $z(x) - y(x)$ liegt und in dem im übrigen $z(x) - y(x)$ nullstellenfrei ist, ist jedenfalls $L(x)$ integrierbar. Es gelten für $L(x)$ und $A(x)$ die Abschätzungen

$$|A(x)| \leqq A, \quad |L(x)| \leqq L. \tag{1.6.8}$$

(1.6.7) ist eine lineare inhomogene Differentialgleichung

$$\frac{d\,\delta(x)}{dx} = \delta(x)\,L(x) + A(x) \tag{1.6.9}$$

für die Differenz $\delta(x) = z(x) - y(x)$. Für sie gilt die Anfangsbedingung $\delta(x_0) = 0$.

Es sei $X \neq x_0$, $X \in \langle a, b \rangle$ beliebig gewählt. Dann folgt aus (1.6.9)

$$|\delta(x)| \leqq A\,|X - x_0| + \left| \int\limits_{x_0}^{x} |\delta(t)|\,|L(t)|\,dt \right|, \quad x_0 < x \leqq X. \tag{1.6.10}$$

Nun gilt das

Lemma (1.6.A) (GRONWALL, BELLMAN). *Ist $u(x) \geqq 0$ in $x \in \langle a, b \rangle$ stetig, und ist $v(x) \geqq 0$ in $x \in \langle a, b \rangle$ integrierbar, ist $c > 0$ konstant und gilt*

$$u(x) \leqq c + \left| \int\limits_{x_0}^{x} u(t)\,v(t)\,dt \right|, \tag{1.6.11}$$

so ist

$$u(x) \leqq c \exp\left\{ \left| \int\limits_{x_0}^{x} v(t)\,dt \right| \right\}, \quad x \in \langle a, b \rangle. \tag{1.6.12}$$

Aus (1.6.11) folgt nämlich z. B. für $x > x_0$

$$\frac{u(x)\,v(x)}{c + \int\limits_{x_0}^{x} u(t)\,v(t)\,dt} \leqq v(x)$$

und daraus durch Integration

$$\log\left(c + \int\limits_{x_0}^{x} u(t)\,v(t)\,dt\right) - \log c \leqq \int\limits_{x_0}^{x} v(t)\,dt\,.$$

Setzt man die hieraus resultierende Abschätzung in (1.6.11) rechts ein, so erhält man (1.6.12), womit das Lemma für $x > x_0$ bewiesen ist. Analog schließt man für $x < x_0$. Für $x = x_0$ ist (1.6.12) trivial.

Wendet man (1.6.12) mit

$$u(x) = \left|\delta(x)\right|, \quad v(x) = \left|L(x)\right|, \quad c = A\left|X - x_0\right|$$

auf (1.6.10) an, so ergibt sich für $\left|x - x_0\right| \leqq \left|X - x_0\right|$

$$\left|\delta(x)\right| \leqq A\left|X - x_0\right| \exp\left\{\left|\int\limits_{x_0}^{x} \left|L(t)\right|\,dt\right|\right\} \leqq A\left|X - x_0\right| \exp\left\{L\left|x - x_0\right|\right\}\,.$$

Insbesondere ist also

$$\delta(X) \leqq A\left|X - x_0\right| \exp\left\{L\left|X - x_0\right|\right\}\,.$$

Nun war $X \neq x_0$, $X \in \langle a, b\rangle$ beliebig gewählt, daher gilt

$$\left|\delta(x)\right| \leqq A\left|x - x_0\right| \exp\left\{L(x - x_0)\right\}, \quad x \in \langle a, b\rangle$$

wie Satz (1.6.I) behauptet. Das ist zwar nur für $x > x_0$ bewiesen, ist aber doch für $x = x_0$ trivial richtig und folgt für $x < x_0$ analog.

Der Satz (1.6.I) läßt sich samt seinem Beweis ohne weiteres auf Systeme (1.3.3) übertragen. Es gilt also

Satz (1.6.II). *$\mathfrak{y}(x)$ und $\mathfrak{z}(x)$ seien für $x \in \langle a, b\rangle$ stetige Vektoren. Sie mögen den Differentialgleichungen*

$$\frac{d\mathfrak{y}}{dx} = \mathfrak{f}(x, \mathfrak{y}) \tag{1.6.13}$$

und

$$\frac{d\mathfrak{z}}{dx} = \mathfrak{f}(x, \mathfrak{z}) + \mathfrak{A}(x, \mathfrak{z}) \tag{1.6.14}$$

genügen. Hier sei $\mathfrak{f}(x, \mathfrak{y})$ in $x \in \langle a, b\rangle$ stetig und erfülle eine Lipschitz-*Bedingung*

$$\left\|\mathfrak{f}(x, \mathfrak{y}) - \mathfrak{f}(x, \mathfrak{z})\right\| \leqq L\left\|\mathfrak{z} - \mathfrak{y}\right\|, \quad L \text{ konstant und endlich.} \tag{1.6.15}$$

Ferner sei $\mathfrak{A}(x, \mathfrak{z})$ *für* $x \in \langle a, b \rangle$ *stetig und genüge einer Abschätzung*

$$\|\mathfrak{A}(x, \mathfrak{z})\| \leqq A, \qquad A \text{ endlich und konstant.} \qquad (1.6.16)$$

Ferner mögen $\mathfrak{y}(x)$ *und* $\mathfrak{z}(x)$ *der gemeinsamen Anfangsbedingung*

$$\mathfrak{z}(x_0) = \mathfrak{y}(x_0) = \mathfrak{y}_0 \qquad (1.6.17)$$

gehorchen. Dann gilt

$$\|\mathfrak{z}(x) - \mathfrak{y}(x)\| \leqq A\,|x - x_0|\exp\{L\,|x - x_0|\}, \quad x \in \langle a, b \rangle. \quad (1.6.18)$$

Der Beweis mag dem Leser überlassen bleiben.

Aus Satz (1.6.I) ergibt sich als Spezialfall eine Aussage über die stetige Abhängigkeit der Lösungen von

$$\frac{dy}{dx} = f(x, y, \lambda) \qquad (1.6.19)$$

vom Parameter λ. Es kann aber bei geeigneten Zusatzvoraussetzungen diese Einsicht zu einem Satz über die Ableitungen der Lösungen nach dem Parameter und über die höheren Ableitungen der Lösungen nach x vertieft werden. Es ist dies

Satz (1.6.III). *In* (1.6.19) *sei* $f(x, y, \lambda)$ *samt seinen partiellen Ableitungen nach* x, y, λ *je bis zur k-ten Ordnung einschließlich in*

$$\{a \leqq x \leqq b, \ \alpha \leqq \lambda \leqq \beta\}$$

stetig, und es mögen alle diese Funktionen einer Abschätzung (1.1.5) *genügen mit Zahlen M und N, die von λ unabhängig sind. Es seien $x_0 \in \langle a, b \rangle$ und y_0 ebenfalls von λ unabhängig. Dann ist die durch die Anfangsbedingung $y(x_0, \lambda) = y_0$ festgelegte Lösung $y(x, \lambda)$ von* (1.6.19) *nicht nur nach Satz* (1.6.I) *in* $\{x \in \langle a, b \rangle, \ \lambda \in \langle \alpha, \beta \rangle\}$ *eine stetige Funktion von x und λ, sondern es existieren auch in $x \in \langle a, b \rangle$, $\lambda \in \langle \alpha, \beta \rangle$ alle partiellen Ableitungen von $y(x, \lambda)$ nach x und λ bis zu der k-ten nach λ und der $k + 1$-ten nach x einschließlich und sind ihrerseits für $\{x \in \langle a, b \rangle, \ \lambda \in \langle \alpha, \beta \rangle\}$ stetig von x und λ abhängig. In den Intervallenden sind hier immer die entsprechenden vorderen bzw. hinteren Ableitungen gemeint.*

Die Behauptung dieses Satzes über die Ableitungen nach x allein gewinnt man, indem man die Identität

$$\frac{dy(x, \lambda)}{dx} = f(x, y(x, \lambda), \lambda) \qquad (1.6.20)$$

genügend oft nach x differenziert. Zur Untersuchung der partiellen Ableitung nach λ schreibe man (1.6.20) für λ und für $\lambda + \varDelta\lambda$ auf und subtrahiere. Dann kommt

$$\frac{d}{dx}\left(\frac{y(x, \lambda + \Delta\lambda) - y(x, \lambda)}{\Delta\lambda}\right)$$

$$= \frac{f(x, y(x, \lambda + \Delta\lambda), \lambda + \Delta\lambda) - f(x, y(x, \lambda), \lambda)}{\Delta\lambda}$$

$$= \frac{f(x, y(x, \lambda) + \Delta y, \lambda + \Delta\lambda) - f(x, y(x, \lambda), \lambda + \Delta\lambda)}{\Delta\lambda} +$$

$$+ \frac{f(x, y(x, \lambda), \lambda + \Delta\lambda) - f(x, y(x, \lambda), \lambda)}{\Delta\lambda}$$

$$= \frac{\Delta y}{\Delta\lambda}\int_0^1 \frac{\partial f}{\partial y}(x, y(x, \lambda) + t\Delta y, \lambda + \Delta\lambda)\,dt +$$

$$+ \int_0^1 \frac{\partial f}{\partial\lambda}(x, y(x, \lambda), \lambda + t\Delta\lambda)\,dt = \frac{d}{dx}\left(\frac{\Delta y}{\Delta\lambda}\right). \qquad (1.6.21)$$

Da nach Satz (1.6.I) $y(x, \lambda)$ für $\{x \in \langle a, b\rangle, \lambda \in \langle \alpha, \beta\rangle\}$ stetig von x und λ abhängt, gilt in diesem Rechteck gleichmäßig $\Delta y \to 0$ für $\Delta\lambda \to 0$. Daher gilt auch gleichmäßig in x und λ

$$\int_0^1 \frac{\partial f}{\partial y}(x, y(x, \lambda) + t\Delta y, \lambda + \Delta\lambda)\,dt \to \frac{\partial f}{\partial y}(x, y(x, \lambda), \lambda),$$

$$\int_0^1 \frac{\partial f}{\partial\lambda}(x, y(x, \lambda), \lambda + t\Delta\lambda)\,dt \to \frac{\partial f}{\partial\lambda}(x, y(x, \lambda), \lambda).$$

Die zur Anfangsbedingung $u(x_0, \lambda) = 0$ gehörige Lösung $u(x, \lambda)$ der linearen Differentialgleichung

$$\frac{du}{dx} = u\frac{\partial f}{\partial y}(x, y(x, \lambda), \lambda) + \frac{\partial f}{\partial\lambda}(x, y(x, \lambda), \lambda), \qquad (1.6.22)$$

deren Koeffizienten $\frac{\partial f}{\partial y}(x, y(x, \lambda), \lambda)$ und $\frac{\partial f}{\partial\lambda}(x, y(x, \lambda), \lambda)$ ja bekannte stetige Funktionen für $\{x \in \langle a, b\rangle, \lambda \in \langle \alpha, \beta\rangle\}$ sind, die einer Bedingung (1.1.5) genügen, geht nach Satz (1.6.I) durch den Grenzübergang $\Delta\lambda \to 0$ im Sinne gleichmäßiger Konvergenz aus der der gleichen Anfangsbedingung gehörigen Lösung $\Delta y/\Delta\lambda$ von (1.6.21) hervor. Daher existiert der

$$\lim_{\Delta\lambda \to 0} \frac{\Delta y}{\Delta\lambda} \qquad (1.6.23)$$

und ist gleich der angezogenen Lösung $u(x, \lambda)$ von (1.6.22). Durch Wiederholung dieser Schlußweise bzw. durch Differentiation von (1.6.22) nach x beweist man die übrigen Behauptungen von Satz (1.6.III) ganz analog.

Der Satz (1.6.III) gilt unverändert auch für Systeme

$$\frac{d\mathfrak{y}}{dx} = \mathfrak{f}(x, \mathfrak{y}, \lambda).$$

(1.6.24)

Wie er im Falle des Vorkommens mehrerer Parameter lauten muß, bedarf ebenfalls nicht der ausdrücklichen Formulierung.

Die Frage nach der Abhängigkeit der Lösungen der Differentialgleichung (1.1.1) von den Anfangsbedingungen wurde zu Beginn des Abschnittes 1.6. durch eine Substitution auf die Frage nach der Abhängigkeit der Lösungen von Parametern reduziert. Dementsprechend ergibt sich aus Satz (1.6.III) der folgende

Satz (1.6.IV). *In* (1.1.1) *sei* $f(x, y)$ *samt seinen partiellen Ableitungen nach* x, y *bis zur* k-*ten Ordnung einschließlich in* $a \leq x \leq b$ *stetig. Es mögen alle diese Funktionen einer Abschätzung* (1.1.5) *genügen. Es sei* $x_0 \in \langle a, b \rangle$ *und* y_0 *beliebig. Dann hängt die durch die Anfangsbedingung* $y(x_0) = y_0$ *festgelegte Lösung*

$$y(x, x_0, y_0)$$

stetig von x, x_0, y_0 *ab, und es existieren alle diejenigen partiellen Ableitungen dieser Funktion und sind stetig, welche in* x *bis zur* $k + 1$-*sten Ordnung und in* x_0 *und* y_0 *bis je zur* k-*ten Ordnung einschließlich ansteigen.*

Ein analoger Satz gilt auch für Systeme (1.3.3).

Ich erwähne noch unter Verweis auf mein in dieser Sammlung erschienenes Buch über die Funktionentheorie der Differentialgleichungen auch die Tatsache, daß die Abhängigkeit von Anfangsbedingungen und Parametern analytisch wird, wenn $f(x, y, \lambda)$ eine analytische Funktion von x, y und λ ist.

Im Falle linearer homogener Differentialgleichungssysteme ist die Abhängigkeit der Lösungen von den Anfangsbedingungen besonders übersichtlich. Es sei (1.5.4) mit $\mathfrak{g}(x) \equiv \mathfrak{O}$, d. i.

$$\frac{d\mathfrak{y}}{dx} + \mathfrak{y}\mathfrak{f} = \mathfrak{O}, \qquad \mathfrak{y} = (y_1, y_2, \ldots, y_m)$$

(1.6.25)

vorgelegt. Es sei $\mathfrak{f} = \big(f_{ik}(x)\big)$ in $\langle a, b \rangle$ stetig. Es sei $x_0 \in \langle a, b \rangle$. Dann gibt es nach dem Satz (1.5.III) m eindeutig bestimmte Lösungen $\mathfrak{y}_k(x)$ mit den Anfangsbedingungen $\mathfrak{y}_k(x_0) = \mathfrak{E}_k$. Dabei ist $\mathfrak{E}_k$ der k-te Einheitsvektor, bei dem also alle Koordinaten außer der k-ten Null sind, während die k-te selbst den Wert 1 hat. Dann ist

$$\mathfrak{y}(x) = \sum_1^m y_{k0}\, \mathfrak{y}_k(x)$$

wegen des linearen homogenen Charakters von (1.6.25) eine Lösung von (1.6.25). Es ist nämlich

$$\mathfrak{y}'(x) = \sum_1^m y_{k0}\,\mathfrak{y}'_k(x) = -\sum_1^m y_{0\,k}\,\mathfrak{y}_k\,\mathfrak{f} = -\mathfrak{y}\,\mathfrak{f}\,.$$

Ferner ist

$$\mathfrak{y}(x_0) = \sum_1^m y_{k0}\,\mathfrak{E}_k = \mathfrak{y}_0\,,$$

wenn $\mathfrak{y}_0 = (y_{10}, \ldots, y_{m0})$ ist. Daher gilt

Satz (1.6.V). *Im Falle linearer homogener Differentialgleichungssysteme* (1.6.25) *mit stetigem* $\mathfrak{f}$ *sind die Lösungen lineare homogene Funktionen der Anfangsbedingung* $\mathfrak{y}_0$.

Die m Lösungen $\mathfrak{y}_k(x)$ sind linear unabhängig. Denn aus

$$\mathfrak{O} \equiv \sum_1^m c_k\,\mathfrak{y}_k(x)\,, \qquad x \in \langle a,\, b \rangle\,, \qquad c_k \text{ konstant}, \qquad k = 1, \ldots, m$$

folgt $c_k = 0$, $k = 1, \ldots, m$. Denn es ist

$$\mathfrak{O} = \sum_1^m c_k\,\mathfrak{y}_k(x_0) = \sum_1^m c_k\,\mathfrak{E}_k\,,$$

und die m Vektoren $\mathfrak{E}_k$ sind linear unabhängig.

Jedes System von m linear unabhängigen Lösungen $\mathfrak{y}_k(x)$ von (1.5.25) nennt man ein **Fundamentalsystem** von Lösungen.

Satz (1.6.VI). *Man kann jede Lösung* $\mathfrak{y}(x)$ *von* (1.6.25) *aus den Lösungen* $\mathfrak{y}_k(x)$ *eines beliebigen Fundamentalsystems in der Form*

$$\mathfrak{y}(x) = \sum_1^m c_k\,\mathfrak{y}_k(x)$$

mit konstanten c_k *darstellen.*

Es sind nämlich die m linearen Gleichungen

$$\mathfrak{y}_0 = \sum_1^m c_k\,\mathfrak{y}_k(x_0)$$

für jedes $\mathfrak{y}_0$ nach den c_k eindeutig lösbar, weil die Determinante dieses Systems, d. h. die Determinante aus den m Koordinaten der m Vektoren $\mathfrak{y}_k(x_0)$ von Null verschieden ist. Hätte nämlich diese Determinante den Wert 0, so wäre die Determinante der m Koordinaten der m Vektoren $\mathfrak{y}_k(x)$ an jeder Stelle $x \in \langle a,\, b \rangle$ ebenfalls 0. Es gäbe dann nämlich m Zahlen a_k vom Range 1, die den Gleichungen

$$\mathfrak{O} = \sum_1^m c_k\,\mathfrak{y}_k(x_0)$$

genügen. Da aber nach dem Existenzsatz (1.5.III) $\mathfrak{y}(x) \equiv 0$ die einzige Lösung von (1.5.3) ist, die der Anfangsbedingung $\mathfrak{y}(x_0) = \mathfrak{O}$ genügt, so wäre

$$\mathfrak{D} \equiv \sum_1^m c_k\, \mathfrak{y}_k(x), \qquad x \in \langle a, b\rangle,$$

obwohl die m Zahlen c_k den Rang 1 haben. Das heißt, die $\mathfrak{y}_k(x)$ wären doch linear abhängig.

Zu Beginn von Satz (1.6.VII) hebe ich ein Teilergebnis dieser Überlegungen noch besonders hervor.

Satz (1.6.VII). *Wenn* m *Lösungen von* (1.6.25) *an einer Stelle* $x_0 \in \langle a, b\rangle$ *linear unabhängig sind, so sind sie an jeder Stelle* $x \in \langle a, b\rangle$ *linear unabhängig. Wenn* $(\mathfrak{y}_1, \ldots, \mathfrak{y}_m)$ *die aus den Komponenten der* $\mathfrak{y}_k$ *gebildete Determinante bedeutet, so ist*

$$\frac{d(\mathfrak{y}_1, \ldots, \mathfrak{y}_m)}{dx} + (\mathfrak{y}_1, \ldots, \mathfrak{y}_m)(f_{11} + \cdots + f_{mm}) = 0 \,. \quad (1.6.26)$$

Aus der Aussage über die Determinante folgt wegen des Unitätssatzes (1.5.III) in Anwendung auf (1.6.26) der erste grammatische Satz von Satz (1.6.VII) erneut. Denn

$$(\mathfrak{y}_1, \mathfrak{y}_2, \ldots, \mathfrak{y}_m) \neq 0$$

ist notwendig und hinreichend für lineare Unabhängigkeit der $\mathfrak{y}_k$.

Die Aussage über $(\mathfrak{y}_1, \ldots, \mathfrak{y}_m)$ wird so bewiesen. Es gilt

$$\frac{d\mathfrak{y}_k}{dx} + \mathfrak{y}_k\, \mathfrak{f} = 0, \qquad k = 1, \ldots, m$$

oder in Komponenten geschrieben

$$\frac{d y_{kj}}{dx} + \sum_1^m y_{k\lambda} f_{\lambda j} = 0, \qquad j, k = 1, \ldots, m\,. \qquad (1.6.27)$$

Bezeichnet man mit $\tilde{\mathfrak{y}}_j$ den von den j-ten Komponenten der $\mathfrak{y}_k$ gebildeten Vektor, so kann man (1.6.27) auch schreiben

$$\frac{d\tilde{\mathfrak{y}}_j}{dx} + \sum_1^m \tilde{\mathfrak{y}}_\lambda f_{\lambda j} = \mathfrak{D}, \qquad j = 1, \ldots, m\,. \qquad (1.6.28)$$

Nun ist

$$(\mathfrak{y}_1, \ldots, \mathfrak{y}_m) = (\tilde{\mathfrak{y}}_1, \ldots, \tilde{\mathfrak{y}}_m)\,.$$

Daher ist unter Verwendung von (1.6.28)

$$\frac{d(\mathfrak{y}_1, \ldots, \mathfrak{y}_m)}{dx} = \left(\frac{d\tilde{\mathfrak{y}}_1}{dx}, \tilde{\mathfrak{y}}_2, \ldots, \tilde{\mathfrak{y}}_m\right) + \cdots + \left(\tilde{\mathfrak{y}}_1, \ldots, \tilde{\mathfrak{y}}_{m-1}, \frac{d\tilde{\mathfrak{y}}_m}{dx}\right)$$

$$= -\left(\sum_1^m \tilde{\mathfrak{y}}_\lambda f_{\lambda 1}, \tilde{\mathfrak{y}}_2, \ldots, \tilde{\mathfrak{y}}_m\right) - \cdots - \left(\tilde{\mathfrak{y}}_1, \ldots, \tilde{\mathfrak{y}}_{m-1}, \sum_1^m \tilde{\mathfrak{y}}_\lambda f_{\lambda m}\right)$$

$$= -(\tilde{\mathfrak{y}}_1, \tilde{\mathfrak{y}}_2, \ldots, \tilde{\mathfrak{y}}_m)(f_{11} + f_{22} + \cdots + f_{mm})\,.$$

Aus (1.6.26) folgt

$$(\mathfrak{y}_1, \mathfrak{y}_2, \ldots, \mathfrak{y}_m)$$

$$= (\mathfrak{y}_{10}, \mathfrak{y}_{20}, \ldots, \mathfrak{y}_{m0}) \exp\left\{-\int\limits_{x_0}^{x} (f_{11} + \cdots + f_{mm})\,dx\right\}. \qquad (1.6.29)$$

Hieraus liest man erneut ab, daß die Lösungen $(\mathfrak{y}_1, \mathfrak{y}_2, \ldots, \mathfrak{y}_m)$ für alle x linear unabhängig sind, wenn dies für ein $x = x_0$ so ist.

Bei (1.3.17) wurden die linearen homogenen Differentialgleichungen m-ter Ordnung als Spezialfall von Systemen aus m homogenen linearen Differentialgleichungen erster Ordnung vorgestellt. Daher lautet Satz (1.6.VII) für lineare homogene Differentialgleichungen m-ter Ordnung mit Koeffizienten $f_1(x), \ldots, f_m(x)$, die in $x \in \langle a, b\rangle$ stetig sind,

$$y^{(m)} + f_1(x)\,y^{(m-1)} + \cdots + f_m(x)\,y = 0, \qquad (1.6.30)$$

so:

Satz (1.6.VIII). *Eine notwendige und hinreichende Bedingung dafür, daß m Lösungen $y_{(1)}, \ldots, y_{(m)}$ von (1.6.30) ein Fundamentalsystem dieser Differentialgleichung bilden, besteht darin, daß die* WRONSKI*sche Determinante*

$$W = \begin{vmatrix} y_{(1)} & \cdots & y_{(m)} \\ y'_{(1)} & \cdots & y'_{(m)} \\ \vdots & & \\ y_{(1)}^{(m-1)} & \cdots & y_{(m)}^{(m-1)} \end{vmatrix} \neq 0, \qquad x \in \langle a, b\rangle \qquad (1.6.31)$$

ist. Ist W an einer Stelle $x_0 \in \langle a, b\rangle$ von Null verschieden, so ist W für alle $x \in \langle a, b\rangle$ von Null verschieden. Es ist

$$\frac{dW}{dx} + f_1(x)\,W = 0. \qquad (1.6.32)$$

Das (1.6.29) entsprechende System ist nämlich

$$\frac{dy_1}{dx} \qquad\quad -y_2 \qquad\qquad = 0,$$

$$\frac{dy_2}{dx} \qquad\qquad\quad -y_3 \qquad = 0,$$

$$\vdots$$

$$\frac{dy_m}{dx} + f_m\,y_1 + \cdots \qquad + f_1\,y_m = 0.$$

Daher ist (1.6.32) ein Spezialfall von (1.6.26). Nach (1.6.32) gilt

$$W(x) = W(x_0) \exp\left\{-\int\limits_{x_0}^{x} f_1(\xi)\,d\xi\right\}. \qquad (1.6.33)$$

Ist das inhomogene System (1.5.4) vorgelegt, so bemerkt man, daß die Differenz zweier beliebiger Lösungen des Systems (1.5.4) dem zugehörigen homogenen System (1.6.25) genügt. Daher gilt

Satz (1.6.IX). *Sämtliche Lösungen des inhomogenen Systems* (1.5.4) *sind von der Form*

$$\mathfrak{y}(x) = \mathfrak{y}_0(x) + \sum_1^m c_k\, \mathfrak{y}_k(x)\,. \tag{1.6.34}$$

Dabei ist $\mathfrak{y}_0(x)$ *irgendeine Lösung von* (1.5.4) *und bilden die* $\mathfrak{y}_k(x)$, $k = 1, \ldots, m$ *ein Fundamentalsystem des homogenen Systems* (1.6.25) *und sind die* c_k *Konstanten.*

Im Spezialfall $m = 1$ erhält man die Einzeldifferentialgleichung (1.5.3), die bereits in der Einleitung behandelt wurde. Existenzsatz und Unitätssatz lehren, daß die Formel (0.2.23) der Einleitung alle Lösungen darstellt, im Einklang mit dem eben ausgesprochenen Satz (1.6.IX).

Ein dem Satz (1.6.IX) gleichlautender Satz gilt natürlich auch für inhomogene lineare Differentialgleichungen m-ter Ordnung

$$y^{(m)} + f_1(x)\, y^{(m-1)} + \cdots + f_m(x)\, y + g(x) = 0\,, \tag{1.6.35}$$

deren Koeffizienten $f_1(x), \ldots, f_m(x)$, $g(x)$ in $\langle a, b \rangle$ stetig sein mögen.

Man kann (1.6.34) in eine für manche Zwecke übersichtlichere Form bringen, wenn man neben den homogenen Differentialgleichungen

$$\begin{aligned} \frac{d\mathfrak{y}}{dx} + \mathfrak{y}\,\mathfrak{f}(x) &= \mathfrak{O}\,, \\ \mathfrak{y}(x_0) &= \mathfrak{y}_0 \end{aligned} \left.\rule{0pt}{24pt}\right\} \tag{1.6.36}$$

und den inhomogenen

$$\begin{aligned} \frac{d\mathfrak{z}}{dx} + \mathfrak{z}\,\mathfrak{f}(x) + \mathfrak{g}(x) &= \mathfrak{O}\,, \\ \mathfrak{z}(x_0) &= \mathfrak{z}_0 = \mathfrak{y}_0 \end{aligned} \left.\rule{0pt}{24pt}\right\} \tag{1.6.37}$$

für die m-dimensionalen Vektoren $\mathfrak{y}$ und $\mathfrak{z}$ noch die Differentialgleichung

$$\begin{aligned} \frac{d\mathfrak{Y}}{dx} + \mathfrak{Y}\,\mathfrak{f}(x) &= \mathfrak{O}\,, \\ \mathfrak{Y}(x_0) &= \mathfrak{Y}_0 \end{aligned} \left.\rule{0pt}{24pt}\right\} \tag{1.6.38}$$

für die m-reihige quadratische Matrix $\mathfrak{Y}$ heranzieht. $\mathfrak{f}(x)$ soll eine quadratische Matrix von m Reihen sein, $\mathfrak{y}(x)$ und $\mathfrak{z}(x)$ sind m-dimensionale Vektoren, $\mathfrak{g}(x)$ ist ebenfalls ein m-dimensionaler Vektor. Existenzsatz und Unitätssatz werden für (1.6.38) ganz analog wie für die Vektordifferentialgleichungen (1.6.36) und (1.6.37) bewiesen. Durchweg wird die Stetigkeit von $\mathfrak{f}(x)$ und von $\mathfrak{g}(x)$ in $a \leq x \leq b$ angenommen. Man bemerkt noch, daß die Zeilen von $\mathfrak{Y}$ Lösungen von (1.6.36) sind. Hat also $\mathfrak{Y}_0$ eine von Null verschiedene Determinante, so bilden die Zeilen der Lösung $\mathfrak{Y}$ von (1.6.38) gerade ein Fundamentalsystem von (1.6.36), und wir wissen aus (1.6.29), daß dies für alle x der Fall ist, wenn es an der Stelle x_0 so ist. Bezeichnen wir weiterhin mit $\mathfrak{Y}$ diejenige Lösung von (1.6.38), für die $\mathfrak{Y}_0 = \mathfrak{E}$ ist — $\mathfrak{E}$ die Einheitsmatrix von m Reihen —, so ist die Lösung von (1.6.36) mit der Anfangsbedingung $\mathfrak{y}(x_0) = \mathfrak{y}_0$ durch

$$\mathfrak{y} = \mathfrak{y}_0\,\mathfrak{Y} \tag{1.6.39}$$

gegeben. Denn dann ist

$$\mathfrak{y}(x_0) = \mathfrak{y}_0\,\mathfrak{Y}(x_0) = \mathfrak{y}_0\,\mathfrak{E} = \mathfrak{y}_0$$

und

$$\frac{d\mathfrak{y}}{dx} = \mathfrak{y}_0\,\frac{d\mathfrak{Y}}{dx} = -\mathfrak{y}_0\,\mathfrak{Y}\,\mathfrak{f}(x) = -\mathfrak{y}\,\mathfrak{f}(x)\,,$$

wobei der bekannte Unitätssatz die Übereinstimmung der Lösungen gewährleistet.

Zur Lösung von (1.6.37) dient die Methode der Variation der Konstanten. Man ersetzt in (1.6.39) den konstanten Vektor $\mathfrak{y}_0$ durch einen variablen Vektor $\mathfrak{v}(x)$ und macht in (1.6.37) den Ansatz

$$\mathfrak{z}(x) = \mathfrak{v}(x)\,\mathfrak{Y}(x)\,, \qquad \mathfrak{Y}(x_0) = \mathfrak{E}\,. \tag{1.6.40}$$

Dann erhält man

$$
\begin{aligned}
\frac{d\mathfrak{z}}{dx} &= \frac{d\mathfrak{v}}{dx}\,\mathfrak{Y} + \mathfrak{v}\,\frac{d\mathfrak{Y}}{dx} \\[4pt]
&= \frac{d\mathfrak{v}}{dx}\,\mathfrak{Y} - \mathfrak{v}\,\mathfrak{Y}\,\mathfrak{f}(x) \\[4pt]
&= \frac{d\mathfrak{v}}{dx}\,\mathfrak{Y} - \mathfrak{z}\,\mathfrak{f}(x) = -\mathfrak{z}\,\mathfrak{f}(x) - \mathfrak{g}(x)\,.
\end{aligned}
\qquad\left.\right\}\ \text{nach (1.6.38)}
$$

Also hat man für $\mathfrak{v}$ die Differentialgleichung

$$\frac{d\mathfrak{v}}{dx}\,\mathfrak{Y} + \mathfrak{g}(x) = \mathfrak{O}\,. \tag{1.6.41}$$

Da aber, wie wir aus Satz (1.6.VII), insbesondere aus (1.6.29), wissen, die Determinante von $\mathfrak{Y}$ nicht verschwindet, so hat $\mathfrak{Y}$ eine Inverse $\mathfrak{Y}^{-1}$, und daher hat man aus (1.6.41)

$$\frac{d\mathfrak{v}}{dx} + \mathfrak{g}(x)\,\mathfrak{Y}^{-1}(x) = \mathfrak{O}\,. \tag{1.6.42}$$

Dabei hat man aus (1.6.40) und (1.6.37)

$$\mathfrak{z}(x_0) = \mathfrak{y}_0 = \mathfrak{v}(x_0)\,\mathfrak{Y}(x_0) = \mathfrak{v}(x_0)\,\mathfrak{E} = \mathfrak{v}(x_0)\,.$$

Daher ist

$$\mathfrak{v}(x) = \mathfrak{y}_0 - \int_{x_0}^{x} \mathfrak{g}(t)\,\mathfrak{Y}^{-1}(t)\,dt\,,$$

und wir bekommen als Lösung von (1.6.37)

$$\begin{aligned}
\mathfrak{z}(x) &= \mathfrak{y}_0\,\mathfrak{Y}(x) - \int_{x_0}^{x} \mathfrak{g}(t)\,\mathfrak{Y}^{-1}(t)\,\mathfrak{Y}(x)\,dt \\[2mm]
&= \mathfrak{y}(x) - \int_{x_0}^{x} \mathfrak{g}(t)\,\mathfrak{Y}^{-1}(t)\,\mathfrak{Y}(x)\,dt .
\end{aligned} \qquad (1.6.43)$$

Dabei sei daran erinnert, daß $\mathfrak{Y}(x_0) = \mathfrak{E}$ angenommen war, und daß (1.6.39) zu berücksichtigen ist.

Ist insbesondere $\mathfrak{f}$ in (1.6.36), (1.6.37) und (1.6.38) konstant, so ist die Lösung von (1.6.38) mit $\mathfrak{Y}_0 = \mathfrak{E}$ durch

$$\mathfrak{Y}(x) = \exp\left(-\mathfrak{f}(x - x_0)\right) = \sum_{0}^{\infty} (-1)^n \frac{\mathfrak{f}^n (x - x_0)^n}{n!}, \quad \mathfrak{f}^0 = \mathfrak{E} \qquad (1.6.44)$$

gegeben. $\mathfrak{f}^n$ ist im Sinne der Matrizenrechnung zu verstehen. Zur Konvergenz der vorkommenden Reihe sei folgendes bemerkt. Sind $\mathfrak{a} = (a_{ik})$ und $\mathfrak{b} = (b_{ik})$ zwei m-reihige quadratische Matrizen und $\mathfrak{c} = \mathfrak{a}\,\mathfrak{b} = (c_{ik})$ ihr Produkt, und gilt $|a_{ik}| \leq a$ und $|b_{ik}| \leq b$ für alle ik in $a \leq x \leq b$, so ist ganz grob abgeschätzt $|c_{ik}| \leq m\,a\,b$. Wendet man das auf $\mathfrak{f}^n$ an und setzt $\mathfrak{f} = (f_{ik})$, $|f_{ik}| \leq f$, so ergibt sich für die Elemente $f_{ik}^{(n)}$ von $\mathfrak{f}^n$ die Abschätzung $|f_{ik}^{(n)}| \leq m^n f^n$, und das gewährleistet, daß jene Reihe absolut und gleichmäßig konvergiert. Da offenbar auch

$$\exp\left((\mathfrak{a} + \mathfrak{b})\,x\right) = \exp(\mathfrak{a}\,x) \cdot \exp(\mathfrak{b}\,x)$$

gilt, so kann man im Falle konstanter $\mathfrak{f}$ die Lösung von (1.6.37) nach (1.6.43) so schreiben:

$$\mathfrak{z}(x) = \mathfrak{y}(x) - \int_{x_0}^{x} \mathfrak{g}(t)\,\mathfrak{Y}(x - t)\,dt . \qquad (1.6.45)$$

Zur Einübung verdeutliche sich der Leser, daß in (1.6.45) für $m = 1$ die Formel (0.2.23') der Einleitung enthalten ist.

1.7. Anmerkungen und Zusätze

1.7.1. Konvergenz der Näherungspolygone.
In 1.2. wurde die Frage berührt, ob die Folge der dort konstruierten Näherungspolygone mit der Eigenschaft (1.2.1) stets auch ohne Auswahl konvergiert, oder ob es Fälle gibt, in denen die Folge aller Näherungspolygone mit der Eigenschaft (1.2.1) divergiert. Ich werde hier ein Beispiel einer Differentialgleichung (1.1.1) mit divergenter Folge von Näherungspolygonen angeben. Dazu stütze ich mich auf die in 1.1. besprochene Deutung dieser Differentialgleichung als eines vorgegebenen Feldes von Linien-

elementen. Ich gebe eine Menge von Kurven an, deren Linienelemente das Feld ausmachen sollen. Ich nehme die Kurven

$$y = \quad x^4 + h \quad \text{für} \quad h \geqq 0$$

$$y = -x^4 - h \quad \text{für} \quad h \geqq 0$$

und die Kurve

$$y = \begin{cases} x^4 \sin \dfrac{1}{x}, & x \neq 0, \\[2mm] 0, & x = 0. \end{cases}$$

Letztere verläuft zwischen $y = x^4$ und $y = -x^4$. Es bleiben nun noch Teilgebiete der Ebene von Kurven frei, die von einem Bogen der Sinuskurve und einem Bogen von $y = x^4$ oder $y = -x^4$ begrenzt sind. Diese fülle man aus durch

$$y = \quad x^4 + \lambda\, x^4 \left(\sin \frac{1}{x} - 1 \right), \quad 0 \leqq \lambda \leqq 1$$

bzw. durch

$$y = -x^4 + \lambda\, x^4 \left(\sin \frac{1}{x} + 1 \right), \quad 0 \leqq \lambda \leqq 1.$$

Es ist leicht zu sehen, daß die Linienelemente dieser Kurven in jedem Streifen $\langle a, b \rangle$ mit endlichen a, b ein Feld von Linienelementen mit stetigem beschränktem $f(x, y)$ definieren. In $y \geqq x^4$ und in $y \leqq -x^4$ ist überdies eine Lipschitz-Bedingung erfüllt. Denn in diesen Gebieten ist $f(x, y) = 4\, x^3$ bzw. $f(x, y) = -4 x^3$. Es liegt also in diesen Gebieten sogar die Aufgabe der Integralrechnung vor. Durch jeden Punkt dieser Gebiete geht genau eine Integralkurve, nämlich eine der Parabeln vierter Ordnung. Durch $\{0, 0\}$ dagegen gehen viele Integralkurven, die alle in $-x^4 \leqq y \leqq x^4$ verlaufen.

Es ist $f(0, 0) = 0$ vorgeschrieben. Ich betrachte Näherungspolygone durch $\{0, 0\}$ für $x \geqq 0$. Als erste Teilstrecke wähle ich das Intervall $\left\langle 0, \dfrac{1}{k\,\pi} \right\rangle$, $k = 2, 3, \ldots$ der x-Achse. Für jedes feste k setze ich die Konstruktion des Näherungspolygons wie folgt fort: Im Punkte $\left\{ \dfrac{1}{k\,\pi}, 0 \right\}$ ist $f\left(\dfrac{1}{k\,\pi}, 0 \right) = \dfrac{(-1)^{k+1}}{(k\,\pi)^2} > 0$ oder < 0 je nach Wahl von k. Als zweite Strecke des Näherungspolygons folge man von $\left\{ \dfrac{1}{k\,\pi}, 0 \right\}$ aus der in diesem Punkte vorgeschriebenen Feldrichtung bis zur Abszisse $x_2 = 2/k\pi$. So gelangt man zu einer Ordinate des Näherungspolygons, nämlich zu

$$y_2 = \frac{1}{k\,\pi} \left(4\, x^3 \sin \frac{1}{x} - x^2 \cos \frac{1}{x} \right)_{x\,=\,1/k\,\pi}$$

$$= \frac{(-1)^{k+1}}{(k\,\pi)^3}.$$

Dieser Eckpunkt $\{x_2, y_2\}$ des Näherungspolygons liegt je nach Wahl von k oberhalb $y = x^4$ oder unterhalb $y = -x^4$, sobald $k\pi > 2^4$ ist. Nun wähle man die weiteren Teilpunkte des Intervalls $\langle 0, 1 \rangle$, mit deren Hilfe man ein Näherungspolygon definieren will, so eng beieinander, daß das Polygon in seinem Verlauf für $x \geqq x_2$ ständig oberhalb $y = x^4$ bzw. ständig unterhalb $y = -x^4$ bleibt. Das ist möglich, weil es nach dem Beweis des Existenzsatzes (1.2.II) jedenfalls eine Auswahl von Näherungspolygonen durch $\{x_2, y_2\}$ gibt, die gegen ein durch $\{x_2, y_2\}$ gehendes Integral konvergieren. Dies ist aber, wie schon hervorgehoben, stets eine der Parabeln vierten Grades. Da für ungerades $k > 2^4/\pi$ die Näherungspolygone stets oberhalb $y = x^4$ und für gerades $k > 2^4/\pi$ unterhalb $x = -x^4$ bleiben, kann die Folge aller Näherungspolygone nicht konvergieren.

Es ist klar, daß eine Folge von Näherungspolygonen $\tilde{y}(x)$ der Differentialgleichung (1.1.1) bei Vorliegen der Eigenschaften (1.1.5) und (1.2.1) stets dann ohne Auswahl gegen eine Lösung von (1.1.1) konvergiert, wenn für diese Differentialgleichung ein Unitätssatz gilt. Wenn zudem $f(x, y)$ einer LIPSCHITZ-Bedingung genügt, so kann man auf Grund von Satz (1.6.1) den Unterschied zwischen der Lösung $y(x)$ und ihren Näherungspolygonen abschätzen. Aus (1.2.1) folgt nämlich eine Beziehung (1.2.4) für die $D_{\pm}\, \tilde{y}_n(x)$. Das heißt, es ist

$$D_{\pm}\, \tilde{y}_n(x) = f\big(x, \tilde{y}_n(x)\big) + A_n(x),$$

worin $A_n(x) \to 0$ für $n \to \infty$ gleichmäßig gilt. Das heißt, sowohl für D_+ wie für D_- besteht eine solche Beziehung. In Satz (1.6.I) war zwar auch für die modifizierte Differentialgleichung eine überall differenzierbare Lösung angenommen. Der Satz bleibt gleichwohl anwendbar, wie ein erneutes Durchdenken des Beweises dem Leser zeigen mag.

1.7.2. Näherungspolygone aus Parabelbogen. Die Näherungspolygone aus Geraden sind nicht zur Approximation beliebiger Integralkurven geeignet. So fallen z. B. die durch $\{0, 0\}$ gehenden Näherungspolygone der Differentialgleichung (0.2.12) stets in ihrem gesamten Verlauf auf die x-Achse. Die übrigen in (0.2.15) angegebenen Lösungen durch $\{0, 0\}$ dieser Differentialgleichung können daher mit Näherungspolygonen der stets angenommenen Art nicht approximiert werden. Man kann aber, wie H. KNESER bemerkt hat, jede Integralkurve durch Polygone approximieren, deren Seiten Bogen von Parabeln $y = a_0 + a_1 x + a_2 x^2$ sind. Das Linienelement der Parabelbogenseite im Anfangspunkt derselben ist ein Integralelement, und der Parabelbogen endet in einem weiteren Punkt der Integralkurve, in dem dann die nächste Parabelbogenseite wieder die Integralkurve berührt. Die einzelnen Parabelbogen haben Gleichungen von der Form

$$y_k + (x - x_k) f(x_k, y_k) + \alpha_k(x - x_k)^2, \qquad x_k \leqq x \leqq x_{k+1}.$$

Hier sind x_k die in (1.1.7) erklärten Teilpunkte. Ist $h = \underset{k=1\ldots n-1}{\text{Max}}\ (x_{k+1} - x_k)$, so kann man noch annehmen, daß $\text{Max}\,|\alpha_k| = o\,(h)$ ist. Man betrachte die Gesamtheit aller solcher Parabelpolygone $\mathfrak{y}(x)$; sie sind wieder gleichmäßig beschränkt und gleichgradig stetig. Man kann wieder nach Satz (1.2.I) Teilfolgen auswählen, die gleichmäßig gegen Lösungen konvergieren. Ganz entsprechend kann man auch bei Systemen (1.3.3) verfahren. Da nun aber die Parabelpolygone stetig von den Koeffizienten der quadratischen Glieder abhängen, so kann man daraus nach H. KNESER (Sitzgsber. preuß. Akad. Wiss. 1923) erneut schließen, daß die $\mathfrak{y}(x)$, wie schon in § 1.5.2. gezeigt wurde, ein Kontinuum bilden.

1.7.3. Lösungstrichter. Unitätssatz. Es wurden verschiedentlich Beispiele von Differentialgleichungen (1.1.1) mit stetigem $f(x, y)$ gegeben, bei denen durch einzelne Punkte mehrere Integralkurven gingen. Aber es waren eben stets nur einzelne Punkte, oder Kurven, deren Punkte diese Eigenschaft hatten, während im allgemeinen doch die Anfangspunkte Umgebungen hatten, für die ein Unitätssatz galt. M. LAVRENTIEFF hat 1925 (Math. Z. Bd. 23) ein Beispiel einer Differentialgleichung (1.1.1) angegeben, deren $f(x, y)$ in der ganzen Ebene stetig und beschränkt ist und die durch jeden Punkt der Ebene mehrere Integralkurven schickt.

Den Unitätssatz (1.5.V) hat PERRON weiter verallgemeinert, und anschließend ist es E. KAMKE gelungen, eine Fassung zu finden, die auch den Satz (1.5.VI) von NAGUMO einschließt. So fand KAMKE u. a.:

Es sei

$$\varphi(\xi, u) \quad \text{stetig und} \quad \geq 0 \quad \text{in} \quad 0 < \xi < a,\ u \geq 0.$$

Für jedes α aus $(0, a)$ sei $u(\xi) \equiv 0$ die einzige in $0 < \xi < \alpha$ differenzierbare Funktion, die in dem offenen Intervall $(0, \alpha)$ der Differentialgleichung

$$\frac{du}{d\xi} = \varphi(\xi, u)$$

genügt, und für die $\lim_{\xi \downarrow 0} u(\xi) = 0$, $\lim_{\xi \downarrow 0} u'(\xi) = 0$ ist. Ist dann $f(x, \mathfrak{y})$ in $x_0 \leq x < x_0 + a$ stetig und gilt

$$\|\mathfrak{f}(x, \mathfrak{y}_1) - \mathfrak{f}(x, \mathfrak{y}_2)\| \leq \varphi\,(x - x_0,\ \|\mathfrak{y}_1 - \mathfrak{y}_2\|)$$

in $x_0 < x < x_0 + a$, so hat (1.3.1) für $x_0 \leq x < x_0 + a$ höchstens ein Integral mit der Anfangsbedingung $\mathfrak{y}(x_0) = \mathfrak{y}_0$. Weiteres dazu siehe § 1.7.4.

1.7.4. Abhängigkeit der Lösungen von Parametern. In diesem Abschnitt soll, wie schon in § 1.6. angekündigt wurde, von der Annahme einer LIPSCHITZ-Bedingung für die rechten Seiten von (1.1.1) bzw. (1.3.1) abgesehen werden und soll nur die Stetigkeit der rechten Seiten dieser Differentialgleichungen in einem Streifen $a \leqq x \leqq b$ vorausgesetzt sein. Ich spreche die Ergebnisse für Systeme (1.3.1) aus. Darin ist eine Einzeldifferentialgleichung (1.1.1) als Spezialfall $m = 1$ enthalten.

An die Spitze stelle ich mit E. KAMKE (Acta math. Bd. 58) eine von P. MONTEL herrührende Aussage.

Die Funktionen $\mathfrak{f}_\nu(x, \mathfrak{y})$, $\nu = 1, 2, \ldots$ seien für $x \in \langle a, b \rangle$ stetig, und in jedem Quader $\{x \in \langle a, b \rangle, \|\mathfrak{y}\| \leqq \beta\}$ gelte gleichmäßig $\mathfrak{f}_\nu(x, \mathfrak{y}) \to \mathfrak{f}(x, \mathfrak{y})$. Es sei $\{x_\nu, \mathfrak{y}_\nu\}$ eine Punktfolge mit $x_\nu \in \langle a, b \rangle$, die gegen eine Stelle $\{x_0, \mathfrak{y}_0\}$ mit $x_0 \in \langle a, b \rangle$ konvergiere. Jeder Differentialgleichung

$$\frac{d\mathfrak{y}}{dx} = \mathfrak{f}_\nu(x, \mathfrak{y})$$

ordne man eine ihrer für $x \in \langle a, b \rangle$ stetigen Lösungen $\mathfrak{y}_\nu(x)$ mit der Anfangsbedingung $\mathfrak{y}_\nu(x_\nu) = \mathfrak{y}_\nu$ zu. Dann gibt es eine Teilfolge der $\mathfrak{y}_\nu(x)$, die für $x \in \langle a, b \rangle$ gleichmäßig gegen eine Lösung $\mathfrak{y}(x)$ von

$$\frac{d\mathfrak{y}}{dx} = f(x, \mathfrak{y})$$

konvergiert, und es gilt $\mathfrak{y}(x_0) = \mathfrak{y}_0$.

Ist die rechte Seite von (1.3.1) für $x \in \langle a, b \rangle$ stetig und ist $\{x_0, \mathfrak{y}_0\}$ ein Punkt aus diesem Streifen, so betrachte man den Lösungstrichter von (1.3.1) im Punkt $\{x_0, \mathfrak{y}_0\}$, d. i. die Vereinigungsmenge der Punkte $\{x, \mathfrak{y}(x)\}$, $a \leqq x \leqq b$ aller in $\langle a, b \rangle$ stetigen Lösungen $\mathfrak{y}(x)$ von (1.3.1) mit $\mathfrak{y}(x_0) = \mathfrak{y}_0$.

In § 1.5. wurde bereits für $m = 1$ bewiesen bzw. für $m > 1$ hervorgehoben, daß der Schnitt dieses Trichters mit einer jeden Ebene $x = \xi \in \langle a, b \rangle$ ein Kontinuum ist. Im Falle $m = 1$ wird der Trichter überdies nach § 1.5. von einem Maximalintegral und einem Minimalintegral von (1.1.1) begrenzt. Es sei nun außerdem $\mathfrak{f}(x, \mathfrak{y}; \mu)$ stetig von einem Parameter μ abhängig, d. h. $\mathfrak{f}(x, \mathfrak{y}; \mu)$ stetig als Funktion sämtlicher Veränderlicher für $\{x \in \langle a, b \rangle, \mu \in \langle \alpha, \beta \rangle\}$. Es sei T_μ der Integraltrichter des Punktes $\{x_\mu, \mathfrak{y}_\mu\}$ für die Differentialgleichung

$$\frac{d\mathfrak{y}}{dx} = \mathfrak{f}(x, \mathfrak{y}; \mu).$$

Dabei gelte

$$x_\mu \in \langle a, b \rangle \quad \text{und} \quad \{x_\mu, \mathfrak{y}_\mu\} \to \{x_{\mu_0}, \mathfrak{y}_{\mu_0}\}.$$

Ferner sei $\xi \in \langle a, b \rangle$. Dann liegt der Schnitt des Trichters T_μ mit der Ebene $x = \xi$ für hinreichend kleine $|\mu - \mu_0|$ in der ε-Umgebung des

Schnittes des Trichters T_{μ_0} mit der Ebene $x = \xi$, wie auch $\varepsilon > 0$ vorgegeben sein mag. Die ε-Umgebung einer Menge ist die Vereinigungsmenge der Kugeln vom Radius ε um die Punkte der Menge.

Dies Ergebnis tritt an die Stelle des Satzes (1.6.II) bzw. (1.6.I) betr. die stetige Abhängigkeit der Lösungen von Parametern im Falle, daß die Differentialgleichung einer LIPSCHITZ-Bedingung genügt. Das Ergebnis bringt die stetige Abhängigkeit des Integraltrichters von Parametern zum Ausdruck.

Offen scheint noch die Frage zu sein, ob zu jedem Integral von

$$\frac{d\mathfrak{y}}{dx} = \mathfrak{f}(x, \mathfrak{y}; \mu)$$

mit der Anfangsbedingung $\mathfrak{y}(x_0) = \mathfrak{y}_0$ ein Integral von

$$\frac{d\mathfrak{y}}{dx} = \mathfrak{f}(x, \mathfrak{y}; \mu_0)$$

mit der gleichen Anfangsbedingung gehört, deren jedes in einer ε-Umgebung des anderen verläuft, falls $|\mu - \mu_0|$ hinreichend klein ist.

An Stelle der § 1.5. bewiesenen Begrenzung des Trichters einer Einzeldifferentialgleichung durch ein Maximal- und ein Minimalintegral tritt für $m > 1$ nach FUKUHARA und KAMKE die folgende Feststellung: Durch jeden Randpunkt $\{x_r, \mathfrak{y}_r\}$ des Trichters von $\{x_0, \mathfrak{y}_0\}$ geht ein Integral $\mathfrak{y}(x)$ von (1.3.1) mit $\mathfrak{y}(x_0) = \mathfrak{y}_0$, das zwischen $\{x_0, \mathfrak{y}_0\}$ und $\{x_r, \mathfrak{y}_r\}$ im Rand des Trichters verläuft. In seinem weiteren Verlauf kann es den Rand verlassen.

Eine Folgerung aus der stetigen Abhängigkeit des Lösungstrichters von Anfangsbedingungen und Parametern sei noch ausdrücklich hervorgehoben: *Immer dann, wenn eine Differentialgleichung (1.1.1) bzw. ein System (1.3.1) die Unitätseigenschaft hat, einerlei, auf welcher Unitätsbedingung sie beruhen mag, sind die Lösungen stetig von den Anfangsbedingungen abhängig.* Denn der Lösungstrichter eines jeden Punktes besteht dann aus einer einzigen Integralkurve.

1.7.5. Bemerkungen zum Verfahren der sukzessiven Approximationen. Dies Verfahren wurde in der Einleitung für die Differentialgleichung (1.1.1) mit LIPSCHITZ-Bedingung (1.5.1) behandelt. Es verdient kaum Erwähnung, daß es unverändert auch für Systeme (1.3.1) mit LIPSCHITZ-Bedingung (1.5.2) dargestellt werden kann. Die Frage der Konvergenz des Verfahrens unter allgemeineren die Unität der Lösungen garantierenden Bedingungen ist mehrfach erörtert worden.

M. MÜLLER hat an Beispielen gezeigt, daß aus der bloßen Annahme der Stetigkeit von $f(x, y)$ die Konvergenz des Verfahrens *nicht* erschlossen werden kann. Es gelang aber bereits M. MÜLLER, die LIPSCHITZ-Bedingung durch eine mildere, ebenfalls noch die Unität bewirkende Bedingung zu ersetzen [Math. Z. Bd. 26 (1927)]. Die Frage, inwieweit allgemeinere Unitätsbedingungen die Konvergenz des Verfahrens sichern können, ist seitdem nicht zur Ruhe gekommen. Das weitestgehende Ergebnis hat LaSalle [Ann. Math. Bd. 50 (1949)] gewonnen. Er verallgemeinert sachlich und methodisch ein das Osgood-Perronsche Kriterium voraussetzendes Ergebnis von A. Wintner.

In (1.1.1) *sei*

$$f(x, y) \quad \text{stetig für} \quad \{x, y\} \in R: \quad |x| \leqq a, |y| \leqq b.$$

Außerdem sei

$$|f(x, y_1) - f(x, y_2)| \leqq \Phi(x) F(|y_1 - y_2|),$$

$$\{x, y_1\} \in R, \quad \{x, y_2\} \in R, \quad x \neq 0.$$

$F(u)$ sei für $u \geqq 0$ stetig, und es sei $F(u) > 0$ für $u > 0$, $\Phi(x)$ sei stetig für $x \neq 0$ und entweder

$$\int\limits_{\downarrow 0}^{x>0} \left[\Phi(\sigma) - \frac{1}{F(\sigma)}\right] d\sigma = -\infty \quad und \quad \int\limits_{\uparrow 0}^{x<0} \left[\Phi(\sigma) - \frac{1}{F(-\sigma)}\right] d\sigma = +\infty$$

oder $F(u) \leqq |u|$ und für jedes $x \neq 0$

$$\left| \int\limits_{\varepsilon}^{x} \left[\Phi(\sigma) - \frac{1}{F(|\sigma|)}\right] d\sigma \right|$$

beschränkt für alle ε, für die $\varepsilon x > 0$ ist.

Dann geht durch $\{0, 0\}$ genau eine Lösung von (1.1.1), *und diese ist, wenn man noch*

$$„|f(x, y)| \leqq A \quad \text{für} \quad \{x, y\} \in R, \quad \text{und} \quad F(u) \quad \text{sei nicht abnehmend für}$$
$$\text{wachsende } u``$$

voraussetzt, in $|x| \leqq \delta < \text{Min}\left(a, \dfrac{b}{A}\right)$ durch das Verfahren der sukzessiven Approximationen im Sinne gleichmäßiger Konvergenz darstellbar, wenn man als Anfangsfunktion des Verfahrens eine Funktion $\tilde{y}(x)$ nimmt, für die

$$\tilde{y}(0) = 0 \quad und \quad |\tilde{y}(x)| \leqq b \quad in \quad |x| \leqq \delta$$

gilt.

Unter diesen allgemeinen Satz fallen insbesondere die folgenden speziellen Annahmen:

$$\int\limits_{0} \Phi(x)\,dx \quad \text{konvergent}, \qquad \int\limits_{0} \frac{dx}{F(x)} \quad \text{divergent}.$$

Das gab zuerst P. Montel in Verallgemeinerung von Osgood-Perron an.

OSGOOD entspricht $\Phi(x) \equiv 1$.

$$\Phi(x) = \frac{1}{F(|x|)}, \qquad F(x) = x.$$

Das ist die Bedingung von NAGUMO.

Der ausgesprochene Satz gilt unverändert für Systeme (1.3.3), wenn man y durch $\mathfrak{y}$ und $|f|$ durch $\|\mathfrak{f}\|$ gemäß (1.3.7) ersetzt.

§ 2. Berechnung der Lösungen

2.1. Numerische Verfahren

Bereits die Näherungspolygone aus 1.1 und 1.3. bieten eine Methode zur Berechnung von Lösungen. In 1.6. wurde gelehrt, wie die erreichte Annäherung abgeschätzt werden kann. Natürlich kann man die Näherungspolygone auch durch Zeichnung bestimmen, wenn das durch die Differentialgleichung definierte Feld von Linienelementen irgendwie genau oder näherungsweise graphisch gegeben ist. Immer handelt es sich in 1.6. bei der Beurteilung der erreichten Annäherung an eine Lösung, mit vorgeschriebener Anfangsbedingung und erfüllten Voraussetzungen eines Unitätssatzes, um den Schluß aus der Güte der Annäherung an das Richtungsfeld auf die Güte der Annäherung an die Lösung. Die Methode der schrittweisen Näherungen erlaubt eine weitere Verbesserung der Annäherung, da man ein Näherungspolygon als erste Näherung für die Methode der sukzessiven Approximationen nehmen darf. Man kann diese auch nach dem Verfahren der graphischen Integration durchführen. Die Güte der Näherung kann wieder nach 1.6. beurteilt werden.

Es gibt darüber hinaus noch mancherlei andere Methoden zur näherungsweisen Integration. Es soll nur kurz dabei verweilt werden, weil in dieser Sammlung aus der Feder von L. COLLATZ ein besonderes, den Verfahren der numerischen Integration gewidmetes Buch erschienen ist. Da ist z. B. das Verfahren von RUNGE-KUTTA. Es bedeutet eine Übertragung der SIMPSONschen Regel der Integralrechnung auf gewöhnliche Differentialgleichungen. Um die bei diesem Verfahren gemeinte Näherung an eine Lösung $\mathfrak{y}(x)$ von (1.3.3) mit der Anfangsbedingung $\mathfrak{y}(x_0) = \mathfrak{y}_0$ beschreiben zu können, setze man voraus, daß $\mathfrak{f}(x, \mathfrak{y})$ samt seinen partiellen Ableitungen der ersten vier Ordnungen in $x_0 \leqq x \leqq x_0 + a$, $\|\mathfrak{y} - \mathfrak{y}_0\| \leqq b$ stetig ist. Es sei weiter

$$\|\mathfrak{f}\| \leqq N, \qquad \left\| \frac{\partial^l \mathfrak{f}}{\partial x^i \partial y_1^{k_1} \dots \partial y_m^{k_m}} \right\| \leqq \frac{M}{N^{k_1 + \dots + k_m - 1}}, \qquad 0 < l \leqq 4,$$

$$a N \leqq b, \qquad a M \leqq 1.$$

Dann setze man

$$\mathfrak{k}_1 = \mathfrak{f}(x_0, \mathfrak{y}_0),$$

$$\mathfrak{k}_2 = \mathfrak{f}\left(x_0 + \frac{x - x_0}{2}, \quad \mathfrak{y}_0 + \mathfrak{k}_1 \frac{x - x_0}{2}\right),$$

$$\mathfrak{k}_3 = \mathfrak{f}\left(x_0 + \frac{x - x_0}{2}, \quad \mathfrak{y}_0 + \mathfrak{k}_2 \frac{x - x_0}{2}\right),$$

$$\mathfrak{k}_4 = \mathfrak{f}\left(x_0 + (x - x_0), \mathfrak{y}_0 + \mathfrak{k}_3(x - x_0)\right),$$

$$\tilde{\mathfrak{y}}(x) = \mathfrak{y}_0 + \frac{x - x_0}{6}\,(\mathfrak{k}_1 + 2\mathfrak{k}_2 + 2\mathfrak{k}_3 + \mathfrak{k}_4).$$

$\mathfrak{y}(x)$ ist die von diesem nach RUNGE und KUTTA benannten Verfahren gelieferte Näherung, und es ist

$$\|\mathfrak{y}(x) - \tilde{\mathfrak{y}}(x)\| \leq (x - x_0)^5\,\varphi(N, M, m) \quad \text{in} \quad \langle x_0, x_0 + a\rangle.$$

Hier ist $\varphi(N, M, m)$ eine universelle, nur von N, M und m, der Dimension des Vektors $\mathfrak{f}$, abhängige Funktion. Für $m = 1$ kann man nehmen

$$\varphi(N, M, 1) = M\,N\,\frac{M^4 - 1}{M - 1}\,5{,}37.$$

Für größere m findet man $\varphi(N, M, m)$ bei L. BIEBERBACH in Z. angew. Math. Phys. Bd. II (1951). Der Sinn der Methode ist der, daß man für kleine $x - x_0$ eine Annäherung von der Größenordnung $O((x - x_0)^5)$ erreicht.

Über ein solches kleines Intervall hinaus liefert erneute Anwendung der Formel von RUNGE und KUTTA mit einem neuen x_0 die Fortsetzung der Annäherung in ein größeres Intervall hinein. Statt dessen kann man sich mit Vorteil des Extrapolationsverfahrens von ADAMS bedienen. Dieses beruht auf dem folgenden Grundgedanken: Man entnehme der RUNGE-KUTTA-Formel Werte der Annäherung an einigen äquidistanten aufeinanderfolgenden Stellen. Wenn z. B. die Näherung in $x_0 \leq x \leq x_0 + h$ als gut genug befunden ist, berechne man $\tilde{\mathfrak{y}}(x)$ aus dieser Formel z. B. für $x_k = x_0 + \frac{k\,h}{n}$, $k = 0, 1, \ldots, n$.

Das heißt, man bestimme die Näherungswerte $\tilde{\mathfrak{y}}_k = \tilde{\mathfrak{y}}\left(x_0 + \frac{k\,h}{n}\right)$. Nunmehr bilde man nach einer der geläufigen Interpolationsformeln ein Polynom $P(x)$ vom n-ten Grad in x, das an den Stellen x_k die gefundenen Werte $\mathfrak{f}(x_k, \tilde{\mathfrak{y}}_k)$, $k = 0, 1, \ldots, n$ hat. Dann bilde man

$$\tilde{\mathfrak{y}}(x) = \tilde{\mathfrak{y}}(x_0 + h) + \int_{x_0 + h}^{x} P(\xi)\,d\xi, \quad x_0 + h \leq x \leq x_0 + h\left(1 + \frac{1}{n}\right)$$

und nehme dies als neue Näherung in dem Intervall

$$\left\langle x_0 + h,\ x_0 + h\left(1 + \frac{1}{n}\right)\right\rangle.$$

Nachdem man so das Intervall, in dem eine Näherung gefunden ist, über das von RUNGE-KUTTA beim ersten Schritt Gelieferte hinaus fortgesetzt hat, iteriere man den geschilderten Ansatz von ADAMS, indem man die $n + 1$ Werte $\mathfrak{f}(x_j, \tilde{\mathfrak{y}}_j)$, $j = 1, 2, \ldots, n + 1$ zur Bestimmung eines neuen Richtungspolynoms $P_1(x)$ verwendet.

$$\tilde{\mathfrak{y}}(x) = \tilde{\mathfrak{y}}(x_{n+1}) + \int\limits_{x_{n+1}}^{x} P_1(\xi)\,d\xi,\ x_{n+1} \leqq x \leqq x_{n+2}$$

liefert dann die Näherung $\tilde{\mathfrak{y}}_{n+2}$ an der Stelle x_{n+2} usw.

In der vorliegenden vorwiegend theoretischen Darstellung mag dieser knappe Hinweis genügen. Näheres in dem erwähnten Buch von L. COLLATZ.

Endlich sei noch auf die Entwicklung der Lösungen in Potenzreihen verwiesen, die bei analytischen Differentialgleichungen verwendbar ist. Näheres in meinem in dieser Sammlung erschienenen Buch, das die Theorie der gewöhnlichen Differentialgleichungen auf funktionentheoretischer Grundlage darstellt.

2.2. Elementare Integrationsmethoden

2.2.1. Trennung der Variablen.
Neben den in § 2.1. geschilderten, stets anwendbaren Näherungsmethoden zur Berechnung der Lösungen gibt es noch die sogenannten elementaren Integrationsmethoden, die oft dazu führen, „geschlossene Ausdrücke" für die Lösungen anzugeben. Damit ist genauer folgendes gemeint. Man sucht Lösungen darzustellen durch endlich oftmalige Verwendung rationaler Operationen, algebraischer Funktionen, der Exponentialfunktion, des Logarithmus, der trigonometrischen Funktionen und ihrer Umkehrfunktionen. Dazu kommen noch die Umkehrfunktionen bereits gebildeter Funktionen und noch der Prozeß der Quadratur, d. h. der Berechnung bestimmter Integrale. Man weiß heute, daß man nicht in jedem Fall durch Anwendung dieser Prozesse in endlicher Anzahl auf die gegebene Differentialgleichung zur Ermittlung von Lösungen gelangen kann. Aber es gibt doch viele Fälle, in denen diese relativ elementaren Prozesse ein brauchbares Ergebnis liefern. Dazu gehört der in der Überschrift genannte Fall der Trennung der Variablen. Er bezieht sich auf Differentialgleichungen von der Gestalt

$$\frac{dy}{dx} = \frac{f(x)}{g(y)}. \tag{2.2.1}$$

Das sind Differentialgleichungen (1.1.1), deren $f(x, y)$ als Produkt einer Funktion von x allein und von y allein dargestellt ist. Hier sei $f(x)$ für $x \in \langle a, b \rangle$ stetig. Es sei $1/g(y)$ für alle y stetig und der Bedingung (1.1.5) unterworfen. Der Existenzsatz (1.2.II) lehrt, daß mindestens eine in $\langle a, b \rangle$ stetige Lösung $y(x)$ mit gegebener Anfangsbedingung $y(x_0) = y_0$, $x_0 \in \langle a, b \rangle$ existiert. Dann gilt identisch in $x \in \langle a, b \rangle$

$$g\big(y(x)\big) \frac{d y(x)}{d x} = f(x) \, .$$

Integriert man beide Seiten, so erhält man

$$\int_{x_0}^{x} g\big(y(\xi)\big) \frac{d y(\xi)}{d \xi} \, d\xi = \int_{x_0}^{x} f(\xi) \, d\xi \, .$$

Hierfür kann man schreiben

$$\int_{y_0}^{y} g(\eta) \, d\eta = \int_{x_0}^{x} f(\xi) \, d\xi \, . \tag{2.2.2}$$

Hieraus kann man in vielen Fällen $y(x)$ explizite bestimmen. Jede der angeschriebenen Gleichung genügende, in $\langle a, b \rangle$ stetige Funktion $y = y(x)$ ist von selbst stetig differenzierbar und erfüllt auch die Anfangsbedingung und ist auch Lösung der Differentialgleichung (2.2.1). Denn Differentiation von (2.2.2) nach x führt zu

$$g\big(y(x)\big) \frac{d y(x)}{d x} = f(x) \, .$$

Diese Überlegung läßt auch erkennen, daß unter den angegebenen Annahmen, daß $f(x)$ in $a \leqq x \leqq b$ stetig ist und daß $1/g(y)$ für alle y stetig und der Bedingung (1.1.5) unterworfen ist, die Differentialgleichung (2.2.1) nur eine Lösung mit gegebener Anfangsbedingung besitzt[1]. Da nämlich $g(y)$ nicht Null wird, besitzt es für alle y das gleiche Vorzeichen. Man darf ohne Beschränkung der Allgemeinheit $g(y) > 0$ annehmen. Daher wächst die linke Seite von (2.2.2) mit y zugleich. Es kann daher bei gegebenem x, d. h. gegebener rechter Seite von (2.2.2), nicht mehr als einen Wert von y geben, der der Bedingung (2.2.2) genügt. Das besagt aber die Unität der Lösung. Das wurde bereits in Satz (1.5.VIII) behauptet.

Betrachten wir einige konkrete Fälle.

1.
$$\frac{d y}{d x} = \frac{x}{y} \, . \tag{2.2.3}$$

Man erhält
$$y^2 - y_0^2 = x^2 - x_0^2 \, .$$

---

[1] Die in § 1 bewiesenen allgemeinen Existenz- und Unitätssätze lassen das nicht erkennen.

Die Lösungskurven sind gleichseitige Hyperbeln und deren gemeinsame Asymptoten. Die Voraussetzungen, die bei der Beschreibung der Methode gemacht wurden, sind in jeder der beiden von der x-Achse bestimmten Halbebenen $y > 0$ und $y < 0$ erfüllt. Man ist versucht zu sagen, durch den Koordinatenanfangspunkt gingen zwei Lösungen, nämlich die beiden Asymptoten, und man ist versucht zu sagen, durch die übrigen Punkte der x-Achse ginge je eine Lösung mit vertikaler Tangente. Solche Sprechweisen sind durch das Kurvenbild der Lösungen nahegelegt. Es sind aber Sprechweisen, die über das hinausgehen, was durch die bisherigen Betrachtungen begrifflich fundiert ist. Wir werden bei der Betrachtung der singulären Punkte Stellen wie im Beispiel den Koordinatenanfangspunkt, an dem die Stetigkeit von $f(x, y)$ unterbrochen ist, näher untersuchen, und wir werden auch Mittel kennenlernen, durch die die Begriffe der Differentialgleichungstheorie den Vorstellungen des Kurvenbildes nähergebracht werden. Das geschieht durch Einführung eines Parameters t. Damit kann man zu einem System

$$\frac{dx}{dt} = y, \qquad \frac{dy}{dt} = x$$

übergehen. (Näheres s. § 3.)

2.
$$\frac{dy}{dx} = \frac{y}{x}. \qquad (2.2.4)$$

Man findet

$$\log\left|\frac{y}{y_0}\right| = \log\left|\frac{x}{x_0}\right|.$$

Und daraus folgt

$$\frac{y}{y_0} = \pm\frac{x}{x_0}.$$

Man sieht aber, daß nur

$$y = \frac{y_0}{x_0}\, x$$

richtig die Lösung von (2.2.4) durch den Punkt $\{x_0, y_0\}$ darstellt. Das ist das Geradenbüschel durch den Ursprung. Dieser spielt wieder eine besondere Rolle. Alle Geraden außer der y-Achse sind im Sinne der bisher entwickelten Theorie Lösungen.

3. Es gibt Fälle, in denen die Trennung der Variablen durch eine Substitution erreicht werden kann. Dahin gehören die sogenannten homogenen Differentialgleichungen

$$\frac{dy}{dx} = f\left(\frac{y}{x}\right). \qquad (2.2.5)$$

Zur Trennung der Variablen gelangt man, indem man durch die Substitution

$$y = x\, z$$

eine neue unbekannte Funktion z einführt. Für sie wird

$$\frac{dz}{dx} = \frac{f(z) - z}{x}.$$

Das fällt unter (2.2.1). Die Variablen sind getrennt. Ich verzichte darauf, die Voraussetzungen zu diskutieren, die man an f stellen muß. Das wird man ohnedies von Fall zu Fall durchüberlegen müssen. Es kommt jetzt nur darauf an, die kleinen Kunstgriffe vorzuführen, durch die man in diesem und ähnlichen gleich zu besprechenden Fällen die Trennung der Variablen erreichen kann.

4. $$\frac{dy}{dx} = f(a x + b y) \quad a, b \text{ konstant}, \quad b \neq 0. \tag{2.2.6}$$

Führt man durch

$$z = a x + b y$$

eine neue unbekannte Funktion z ein, so erhält man

$$\frac{dz}{dx} = a + b f(z).$$

Die Variablen sind getrennt.

5. In $$\frac{dy}{dx} = f\left(\frac{a_1 x + b_1 y + c_1}{a_2 x + b_2 y + c_2}\right) \tag{2.2.7}$$

sind die a, b, c Konstanten. Wir unterscheiden mehrere Fälle.

a) $$a_1 b_2 - a_2 b_1 = 0.$$

Wenn $a_1 = b_1 = 0$ oder $a_2 = b_2 = 0$ ist, dann liegt wieder (2.2.6) oder der Fall der Integralrechnung $\frac{dy}{dx} = F(x)$ vor. Anderenfalls gibt es zwei Konstanten A und B, so daß

$$a_1 x + b_1 y + c_1 = A(a_2 x + b_2 y + c_2) + B$$

ist, und man sieht, daß man wieder auf (2.2.6) oder den Fall der Integralrechnung zurückkommt.

b) $$a_1 b_2 - a_2 b_1 \neq 0.$$

Jetzt haben die beiden Geraden

$$a_1 x + b_1 y + c_1 = 0, \quad a_2 x + b_2 y + c_2 = 0$$

einen Schnittpunkt $\{\alpha, \beta\}$. Die Substitution

$$x = \xi + \alpha, \quad y = \eta + \beta$$

führt zu

$$\frac{d\eta}{d\xi} = f\left(\frac{a_1 \xi + b_1 \eta}{a_2 \xi + b_2 \eta_2}\right).$$

Das fällt unter die homogenen Differentialgleichungen, die in 3. behandelt wurden.

2.2.2. Lineare und BERNOULLISCHE Differentialgleichung. Zu den elementar integrierbaren Differentialgleichungen gehören auch die bereits in der Einleitung behandelten linearen Differentialgleichungen

$$\frac{dy}{dx} + yf(x) + g(x) = 0 \, .$$

Auf sie läßt sich die BERNOULLIsche *Differentialgleichung*

$$\frac{dy}{dx} + y F(x) + y^n G(x) = 0 \, , \quad n \neq 1 \tag{2.2.8}$$

durch die Substitution

$$v = y^{1-n} \tag{2.2.9}$$

zurückführen. Man erhält so für v die lineare Differentialgleichung

$$\frac{1}{1-n} \frac{dv}{dx} + v F(x) + G(x) =: 0 \, . \tag{2.2.10}$$

Zur Erklärung des Definitionsbereiches von (2.2.8) werde angenommen, daß $F(x)$ und $G(x)$ in $a \leqq x \leqq b$ stetig sind. Je nach dem Wert von n wird dann der Definitionsbereich nur $y > 0$ oder $y \neq 0$ oder alle y umfassen. Der erste Fall tritt z. B. für $n = \frac{1}{2}$, der zweite für $n = -1$, der letzte für $n = \frac{1}{3}$ ein. Die lineare Differentialgleichung (2.2.10) hat bei beliebiger Anfangsbedingung $\{x_0, v_0\}$ stets genau eine in $\langle a, b \rangle$ stetige Lösung. Aus dieser wird aber eine Lösung

$$y = v^{\frac{1}{1-n}} \quad \text{durch} \quad \left\{ x_0, v_0^{\frac{1}{1-n}} \right\}$$

nur insoweit, als das so definierte $y(x)$ im Definitionsbereich von (2.2.8) verläuft. Diese Bemerkung steht durchaus im Einklang mit dem, was die Anwendung von Existenzsatz und Unitätssatz auf (2.2.8) lehren. Denn der Existenzsatz bezieht sich auf Differentialgleichungen, die aus (2.2.8) durch den in § 1.1. erwähnten Kunstgriff entstehen. Durch ihn wurde erreicht, daß die modifizierte Differentialgleichung im ganzen Streifen $a \leqq x \leqq b$ definiert war. Die Lösungen der modifizierten Differentialgleichung sind dann aber, wie damals ausgeführt wurde, Lösungen von (2.2.8) nur insofern, als sie im Definitionsbereich von (2.2.8) verlaufen.

2.2.3. Exakte Differentialgleichungen. Integrierender Faktor. Sogenannte exakte Differentialgleichungen haben die Gestalt

$$\frac{\partial \varphi}{\partial x} + \frac{\partial \varphi}{\partial y} \frac{dy}{dx} = 0 \, . \tag{2.2.11}$$

Dabei bedeutet $\varphi(x, y)$ eine (bekannte) Funktion der beiden Veränderlichen x und y, die in einem Gebiet G samt ihren Ableitungen erster Ordnung stetig ist. Setzt man irgendeine in G verlaufende Lösung $y(x)$ in (2.2.11) ein und integriert nach x, so erkennt man, daß

$$\varphi(x, y) = c$$

mit passendem konstantem c längs jeder in G verlaufenden Lösung von (2.2.11) gilt. So werden z. B. die Lösungen von

$$2xy + (x^2 - y^2)\frac{dy}{dx} = 0$$

durch

$$x^2 y - \tfrac{1}{3}y^3 = c$$

dargestellt. Umgekehrt ist auch jede in G verlaufende stetig differenzierbare Kurve $y = y(x)$, für die

$$\varphi\big(x, y(x)\big) = c$$

gilt, eine Lösung von (2.2.11).

Ist eine beliebige Differentialgleichung

$$f(x, y) + g(x, y)\frac{dy}{dx} = 0 \tag{2.2.12}$$

vorgelegt und sind $f(x, y)$ und $g(x, y)$ in einem Gebiet G samt ihren partiellen Ableitungen erster Ordnung stetig, so hat (2.2.12) dann und nur dann die Gestalt (2.2.11), wenn die Integrabilitätsbedingung

$$\frac{\partial f}{\partial y} = \frac{\partial g}{\partial x} \tag{2.2.13}$$

erfüllt ist. $\varphi(x, y)$ wird dann durch das Kurvenintegral

$$\varphi = \int \{f(x, y)\,dx + g(x, y)\,dy\} \tag{2.2.14}$$

geliefert.

Ist für eine Differentialgleichung (2.2.12) die Bedingung (2.2.13) nicht erfüllt, so kann man bemerken, daß sich an den Lösungen von (2.2.12) nichts ändert, wenn man die linke Seite von (2.2.12) mit einem beliebigen Faktor $M(x, y)$ multipliziert. Diesen kann man nun aber so wählen, daß die Differentialgleichung

$$M f + M g \frac{dy}{dx} = 0 \tag{2.2.15}$$

exakt wird. Dazu ist nach (2.2.13) notwendig und hinreichend, daß

$$\frac{\partial(Mf)}{\partial y} = \frac{\partial(Mg)}{\partial x}$$

gilt. Das ist eine partielle Differentialgleichung

$$\frac{\partial M}{\partial x}\, g - \frac{\partial M}{\partial y}\, f + M\left(\frac{\partial g}{\partial x} - \frac{\partial f}{\partial y}\right) = 0 \tag{2.2.16}$$

für M. Die Theorie der partiellen Differentialgleichungen wird erst später behandelt werden (s. § 5). Hier soll nur bemerkt werden, daß man oft in der Lage ist, eine Lösung zu erraten. Hat man eine solche, die man dann Multiplikator oder integrierenden Faktor nennt, so wird (2.2.15) exakt und kann integriert werden.

Dies Verfahren kann man z. B. auf die lineare Differentialgleichung

$$f(x)\,y + g(x) + \frac{dy}{dx} = 0$$

anwenden. Die Differentialgleichung (2.2.16) wird dann

$$\frac{\partial M}{\partial x} - \frac{\partial M}{\partial y}\left(f(x)\,y + g(x)\right) - M f(x) = 0$$

und man sieht, daß

$$M = \exp\left\{\int\limits_{x_0}^{x} f(\xi)\,d\xi\right\}$$

ein Multiplikator der linearen Differentialgleichung wird. Es mag eine Übung für den Leser sein, von hier aus das in der Einleitung unter (0.2.23) angegebene Integral der linearen Differentialgleichung erneut abzuleiten.

Für
$$y(1 + x) + h(y) + \left(x + h'(y)\right)\frac{dy}{dx} = 0 \qquad (2.2.17)$$

ist $M = e^x$ ein integrierender Faktor. Demnach genügen die Integrale der Differentialgleichung (2.2.17) der Gleichung

$$e^x\left(x\,y + h(y)\right) = c.$$

Die Methode des integrierenden Faktors rührt von EULER her. Aus den zahlreichen Beispielen, die er gegeben hat, sei noch eines herausgegriffen. Es ist

$$y + x\,y^2 + (x - x^2 y)\frac{dy}{dx} = 0. \qquad (2.2.18)$$

Die Differentialgleichung (2.2.16) wird hier

$$\frac{\partial M}{\partial y}(y + x\,y^2) - \frac{\partial M}{\partial x}(x - x^2 y) + 4Mx\,y = 0.$$

Es liegt nach ihrer Gestalt nahe zu versuchen, durch den Ansatz $M = v(x\,y)$ ein Integral derselben zu ermitteln. In der Tat findet man für v dann die gewöhnliche Differentialgleichung

$$v'x^2\,y^2 + v\,2x\,y = 0.$$

Eine Lösung derselben ist

$$v = \frac{1}{x^2 y^2}.$$

Daher ist

$$M = \frac{1}{x^2 y^2}$$

ein integrierender Faktor für (2.2.18). Multipliziert man (2.2.18) mit diesem Faktor, so wird sie zu

$$\frac{1}{x^2 y} + \frac{1}{x} + \left(\frac{1}{x y^2} - \frac{1}{y}\right)\frac{dy}{dx} = 0. \tag{2.2.19}$$

Daher genügen alle Lösungen von (2.2.18) einer Gleichung

$$\log\left|\frac{x}{y}\right| - \frac{1}{x y} = c. \tag{2.2.20}$$

Denn die partiellen ersten Ableitungen der hier links stehenden Funktion sind gerade die Koeffizienten von (2.2.19).

2.2.4. Die Riccatische Differentialgleichung. So nennt man

$$\frac{dy}{dx} + a_0(x) + y\, a_1(x) + y^2 a_2(x) = 0. \tag{2.2.21}$$

Hier seien die $a_k(x)$ in $a \leq x \leq b$ stetig. Macht man die Zusatzvoraussetzung, daß auch $a_2'(x)$ in $\langle a, b\rangle$ stetig und daß $a_2(x) \neq 0$ in $\langle a, b\rangle$ ist, so geht (2.2.21) durch die Substitution

$$y = \frac{1}{a_2}\frac{z'}{z} \tag{2.2.22}$$

in die lineare homogene Differentialgleichung zweiter Ordnung

$$a_2 z'' + (a_1 a_2 - a_2')\, z' + a_0\, a_2^2\, z = 0 \tag{2.2.23}$$

über. Auch umgekehrt wird durch die Substitution (2.2.22) aus einer beliebigen linearen homogenen Differentialgleichung zweiter Ordnung

$$a_2(x)\, z'' + A_1(x)\, z' + A_0(x)\, z = 0$$

für die $a_2(x)$, $a_2'(x)$, $A_1(x)$, $A_0(x)$ in $a \leq x \leq b$ stetig und $a_2(x) \neq 0$ in $a \leq x \leq b$ gilt, eine Riccatische Differentialgleichung

$$\frac{dy}{dx} + \frac{A_0}{a_2^2} + y\,\frac{A_1 + a_2'}{a_2} + a_2\, y^2 = 0.$$

Nach Satz (1.6.VI) sind alle Lösungen von (2.2.23) in jedem Intervall, in dem $a_2(x) \neq 0$ ist, aus zwei linear unabhängigen $z_1(x)$ und $z_2(x)$ derselben durch lineare Kombination mit konstanten Koeffizienten zu gewinnen. Daher haben alle Lösungen von (2.2.21) in jedem Intervall, in dem $a_2(x) \neq 0$ ist, die Form

$$y = \frac{1}{a_2(x)}\,\frac{c_1 z_1' + c_2 z_2'}{c_1 z_1 + c_2 z_2}$$

mit Konstanten c_1 und c_2. Will man insbesondere die Lösung $y(x)$ mit der Anfangsbedingung $y(x_0) = y_0$ haben, so ist es zweckmäßig,

$$\{z_1(x_0),\, z_1'(x_0)\} = \{0,\, 1\}, \qquad \{z_2(x_0),\, z_2'(x_0)\} = \{1,\, 0\}$$

anzunehmen. Dann wird

$$y_0 = \frac{1}{a_2(x_0)} \frac{c_1}{c_2},$$

so daß man schreiben kann

$$y = \frac{1}{a_2(x)} \frac{y_0 \, a_2(x_0) \, z_1'(x) + z_2'(x)}{y_0 \, a_2(x_0) \, z_1(x) + z_2(x)}. \tag{2.2.24}$$

Der Satz (1.3.VI) gewährleistet die Existenz der Lösungen z_1 und z_2 von (2.2.23) in jedem von Nullstellen von $a_2(x)$ freien Teilintervall von $\langle a, b \rangle$. Sie sind in einem solchen Intervall stetig. Hiernach liefert (2.2.24) ein Integral von (2.2.21) in einem Teilintervall, in dem überdies der Nenner von (2.2.24) von Null verschieden ist.

Da nach (2.2.24) bei gegebenem x_0 die Lösungen $y(x)$ lineare (gebrochene) Funktionen des Anfangswertes y_0 sind, so ist das Doppelverhältnis von je vier Lösungen y, y_1, y_2, y_3 von (2.2.21) konstant. Es ist also

$$\frac{y - y_1}{y - y_2} \frac{y_3 - y_2}{y_3 - y_1} = \frac{y_0 - y_{10}}{y_0 - y_{20}} \frac{y_{30} - y_{20}}{y_{30} - y_{10}}, \tag{2.2.25}$$

wenn y_0, y_{10}, y_{20}, y_{30} die Anfangswerte der vier Lösungen sind. (2.2.25) lehrt, wie man jede Lösung $y(x)$ von (2.2.21) aus drei speziellen Lösungen der gleichen Differentialgleichung darstellen kann.

Dies letztere Ergebnis gilt nun freilich auch ohne die über $a_2'(x)$ gemachten Annahmen. Ist nämlich y_1 irgendeine Lösung von (2.2.21), so setze man

$$y = y_1 + u.$$

Dann ist

$$y_1' + u' + a_0 + a_1 y_1 + a_1 u + a_2 y_1^2 + 2 a_2 y_1 u + a_2 u^2 = 0.$$

Also gilt

$$u' + (a_1 + 2 a_2 y_1) u + a_2 u^2 = 0. \tag{2.2.26}$$

Das ist ein Spezialfall der BERNOULLIschen Differentialgleichung (2.2.8). *Man kann also nach dem über diese in § 2.2.2. Vorgebrachten die RICCATIsche Differentialgleichung elementar, d. h. durch Quadraturen lösen, wenn man eine spezielle Lösung y_1 derselben kennt.*

(2.2.26) geht durch die Substitution

$$v = \frac{1}{u}$$

in die lineare Differentialgleichung

$$v' + v(a_1 + 2 a_2 y_1) + a_2 = 0 \tag{2.2.27}$$

über. Sind dann y_1, y_2, y_3 drei Lösungen von (2.2.21), so genügen

$$v = \frac{1}{y - y_1}, \qquad v_1 = \frac{1}{y_2 - y_1}, \qquad v_2 = \frac{1}{y_3 - y_1}$$

der gleichen linearen Differentialgleichung (2.2.27). Daher gehört zu jedem $v(x)$ nach Satz (1.6.VI) eine Konstante c, so daß

$$v = v_1 + c(v_2 - v_1)$$

ist. Daher gilt auch (2.2.25), was damit nun ohne die Annahmen betr. a_2' bewiesen ist. Aus (2.2.25) kann man wieder von Fall zu Fall erkennen, in welchen Teilintervallen von $\langle a, b \rangle$ $y(x)$ stetig ist.

Diese einfachen Zusammenhänge haben natürlich den Anreiz gegeben, nach Fällen der RICCATIschen Differentialgleichung (2.2.21) zu suchen, die sich elementar integrieren lassen. Nahe liegen Beispiele wie

$$y' = f(x)\,(c_0 + c_1 y + c_2 y^2)$$

mit konstanten c_0, c_1, c_2. DANIEL BERNOULLI hat 1724 alle die speziellen RICCATIschen Differentialgleichungen

$$y' + y^2 = a\,x^m \qquad a \text{ konstant} \tag{2.2.28}$$

angegeben, die elementar integrierbar sind. Es sind dies

$$m = \frac{-4k}{2k-1} \quad \text{und} \quad m = \frac{-4k}{2k+1}, \qquad k = 0, 1, \ldots$$

einschließlich des Grenzfalls $m = -2$. Erst LIOUVILLE hat den Beweis erbracht, daß damit die elementar integrierbaren Differentialgleichungen (2.2.28) erschöpft sind. Der Beweis verlangt funktionentheoretische Mittel (vgl. z. B. die Darstellung in meinem der Funktionentheorie der Differentialgleichungen gewidmeten Buch dieser Sammlung).

Wie die elementare Integration von (2.2.28) zu bewerkstelligen ist, mag kurz geschildert werden. Im Falle

$$m = \frac{-4k}{2k+1}$$

mache man in (2.2.28) die Substitution

$$x = t^{\frac{1}{1+m}}, \qquad y = \frac{a}{m+1}\frac{1}{z}.$$

Sie führt zu

$$\frac{dz}{dt} + z^2 = \frac{a}{(m+1)^2}\,t^\mu, \qquad \mu = \frac{-m}{m+1} = \frac{-4k}{2k-1}.$$

Hier substituiere man

$$t = \frac{1}{\tau}, \qquad z = \frac{1}{t} - \frac{\zeta}{t^2}.$$

So erhält man

$$\frac{d\zeta}{d\tau} + \tau^2 = \frac{a}{(m+1)^2}\,\tau^\nu, \qquad \nu = \frac{-4(k-1)}{2(k-1)+1}.$$

Man erkennt, daß man durch wiederholte Verwendung solcher Substitutionen zu einer Differentialgleichung von der Form

$$y' + y^2 = \alpha, \qquad \alpha \text{ konstant}$$

gelangt. In ihr sind die Variablen getrennt.

Im Grenzfall

$$y' + y^2 = a\,x^{-2}$$

führt die Substitution

$$y = \frac{1}{z}$$

auf die homogene Differentialgleichung

$$z' = 1 - a\left(\frac{z}{x}\right)^2,$$

die man durch die Substitution

$$v = \frac{z}{x}$$

weiter behandelt.

Elementar integrierbar sind auch solche Differentialgleichungen (2.2.21) des RICCATIschen Typus, für die (2.2.23) eine lineare Differentialgleichung mit konstanten Koeffizienten wird, d. h. für die $\frac{a_2'}{a_2} - a_1$ und $a_0\,a_2$ konstant sind. Das ergibt sich aus dem Abschnitt 2.2.6.

2.2.5. Einige besondere Differentialgleichungen zweiter Ordnung. Die Differentialgleichung

$$\frac{d^2 y}{d x^2} = f(x), \qquad f(x) \text{ stetig in } (-\infty, \infty),$$

kann durch zweimalige Integration nach x gelöst werden:

$$y(x) = \int\limits_0^x d\xi \int\limits_0^\xi f(\eta)\,d\eta + c_1 x + c_2.$$

c_1 und c_2 sind Konstanten. Man kann dies durch partielle Integration auf eine handlichere (1.6.43) entsprechende Form bringen.

$$\left. \begin{aligned} y(x) &= x \int\limits_0^x f(\eta)\,d\eta - \int\limits_0^x \eta\,f(\eta)\,d\eta + c_1 x + c_2 \\[2mm] &= \int\limits_0^x (x - \eta)\,f(\eta)\,d\eta + c_1 x + c_2. \end{aligned} \right\} \quad (2.2.29)$$

Ist $y(x)$ irgendein Integral von

$$\frac{d^2 y}{d x^2} = f(y), \qquad f(y) \text{ stetig in } (-\infty, \infty),$$

so multipliziere man beide Seiten mit $y'(x)$ und integriere nach x:

$$\frac{1}{2}\left(\frac{dy}{dx}\right)^2 = \int\limits_0^y f(\eta)\,d\eta + c, \quad c \text{ konstant.}$$

Das ist eine Differentialgleichung erster Ordnung, in der die Variablen getrennt sind.

2.2.6. Lineare Differentialgleichungen mit konstanten Koeffizienten. Ich beschränke mich auf Systeme (1.6.25) mit $m = 2$. Systeme mit größerem m sind analog zu behandeln unter Berücksichtigung der auftretenden rein algebraischen Komplikationen. Es sei

$$\frac{d\mathfrak{y}}{dx} + \mathfrak{y}\,\mathfrak{f} = \mathfrak{O}, \quad \mathfrak{y} = (y_1, y_2), \quad \mathfrak{f} = \begin{pmatrix} f_{11} & f_{21} \\ f_{12} & f_{22} \end{pmatrix} \quad (2.2.30)$$

mit konstantem f_{ik} vorgelegt. Dies System ist in Komponenten zerlegt

$$\left.\begin{aligned} \frac{dy_1}{dx} + f_{11}y_1 + f_{12}y_2 &= 0, \\ \frac{dy_2}{dx} + f_{21}y_1 + f_{22}y_2 &= 0. \end{aligned}\right\} \quad (2.2.31)$$

Ein Spezialfall ist die homogene lineare Differentialgleichung zweiter Ordnung

$$\frac{d^2y}{dx^2} + f_1\frac{dy}{dx} + f_2 y = 0 \quad (2.2.32)$$

mit konstanten Koeffizienten f_1 und f_2. (2.2.32) wird durch die Substitution

$$y = y_1, \quad y' = y_2 \quad (2.2.33)$$

auf das System

$$\left.\begin{aligned} \frac{dy_1}{dx} \quad\quad - y_2 &= 0, \\ \frac{dy_2}{dx} + f_2 y_1 + f_1 y_2 &= 0 \end{aligned}\right\} \quad (2.2.34)$$

zurückgeführt. Trotz dieses Zusammenhangs von (2.2.32) mit einem System will ich zuerst (2.2.32) direkt behandeln, weil das instruktiv ist.

Zur Integration von (2.2.32) dient der Ansatz

$$y = \exp(\lambda x). \quad (2.2.35)$$

Es wird gefragt, ob man die Zahl λ so wählen kann, daß (2.2.35) ein Integral von (2.2.32) wird. Der Ansatz führt zu der Gleichung

$$\lambda^2 + f_1\lambda + f_2 = 0 \quad (2.2.36)$$

für λ. Sie heißt die **charakteristische Gleichung.** Falls (2.2.36) zwei verschiedene reelle Wurzeln λ_1 und λ_2 hat, so sind

$$y_1 = \exp(\lambda_1 x) \quad \text{und} \quad y_2 = \exp(\lambda_2 x)$$

zwei linear unabhängige Integrale, die nach Satz (1.6.VI) ein Fundamentalsystem für die Gesamtheit der Lösungen von (2.2.32) bilden. Das heißt, sämtliche Integrale sind durch

$$y = c_1 \exp(\lambda_1 x) + c_2 \exp(\lambda_2 x) \tag{2.2.37}$$

mit konstanten c_1 und c_2 dargestellt.

Hat aber die charakteristische Gl. (2.2.36) eine Doppelwurzel, so ist $f_1^2 - 4f_2 = 0$, und die Doppelwurzel ist $\lambda = -\dfrac{f_1}{2}$. Dann erhält man durch den benutzten Ansatz (2.2.35) erst ein Integral

$$y_1 = \exp\left(-\frac{f_1}{2}\,x\right) \tag{2.2.38}$$

von (2.2.32). Die Bestimmung weiterer Integrale beruht dann auf der *Einsicht, daß die Kenntnis eines Integrals einer beliebigen homogenen linearen Differentialgleichung (2.2.32) auch bei nichtkonstanten Koeffizienten erlaubt, das Integrationsproblem durch eine Quadratur auf eine lineare Differentialgleichung erster Ordnung zu reduzieren.* Das beruht auf der Beziehung (1.6.33). Diese lautet im vorliegenden Fall $m = 2$ der Differentialgleichung (2.2.32)

$$y_2' y_1 - y_2 y_1' = c_1 \exp(-f_1 x), \qquad c_1 \text{ konstant.}$$

Trägt man hier das durch (2.2.38) dargestellte y_1 ein, so wird dies zu

$$y_2' + \frac{f_1}{2}\,y_2 - c_1 \exp\left(-\frac{f_1}{2}\,x\right) = 0.$$

Macht man hier den Ansatz[1]

$$y_2 = z(x)\,y_1, \qquad y_1 = \exp\left(-\frac{f_1}{2}x\right),$$

so findet man für z

$$z' - c_1 = 0.$$

Also wird

$$z = c_1 x + c_2, \qquad c_1,\ c_2 \text{ konstant.}$$

Daher sind im Falle einer Doppelwurzel der charakteristischen Gl. (2.2.36) alle Integrale von (2.2.32) durch

$$y = (c_1 x + c_2) \exp\left(-\frac{f_1}{2}x\right) \tag{2.2.39}$$

mit konstanten $c_1,\ c_2$ dargestellt.

Es bleibt endlich der Fall, daß die charakteristische Gl. (2.2.36) zwei konjugiert komplexe Wurzeln

$$\lambda_1 = -\frac{f_1}{2} + \frac{1}{2}\sqrt{f_1^2 - 4f_2} \quad \text{und} \quad \lambda_2 = -\frac{f_1}{2} - \frac{1}{2}\sqrt{f_1^2 - 4f_2}$$

hat. Der bekannte EULERsche Zusammenhang zwischen der Ex-

---

[1] Man hätte ihn auch gleich in (2.2.32) machen können und hätte damit die Bezugnahme auf (1.6.33) erspart. Doch enthält diese Formel den inneren Grund für das Gelingen des Ansatzes, d. h. die vorhin erwähnte Einsicht.

ponentialfunktion und den trigonometrischen Funktionen legt die Erwartung nahe, daß nunmehr

$$y_1 = \exp\left(-\frac{f_1}{2}x\right)\cos\left[x\sqrt{f_2 - \frac{f_1^2}{4}}\right]$$

und

$$y_2 = \exp\left(-\frac{f_1}{2}x\right)\sin\left[x\sqrt{f_2 - \frac{f_1^2}{4}}\right]$$

ein Fundamentalsystem von Lösungen von (2.2.32) sind. Man verifiziert diese Vermutung durch Einsetzen. Jetzt sind also alle Integrale von (2.2.32) durch

$$y = \exp\left(-\frac{f_1}{2}x\right)\left\{c_1\cos\left[x\sqrt{f_2 - \frac{f_1^2}{4}}\right] + c_2\sin\left[x\sqrt{f_2 - \frac{f_1^2}{2}}\right]\right\} \quad (2.2.40)$$

mit konstanten c_1 und c_2 gegeben.

Auf die Bedeutung der Differentialgleichung (2.2.32) mit konstanten Koeffizienten als **Differentialgleichung der kleinen Schwingungen** sei nur am Rande hingewiesen. In (2.2.40) liegt ein periodischer Vorgang mit Dämpfung der Amplitude durch den Faktor $\exp\left(-\frac{f_1}{2}x\right)$ vor. Ist $f_1 = 0$, so hat man einen ungedämpften periodischen Vorgang. Es handelt sich dann um eine Differentialgleichung

$$y'' + \lambda^2 y = 0$$

mit den periodischen Lösungen

$$y = c_1\cos\lambda\,x + c_2\sin\lambda\,x.$$

Ich wende mich nun zu dem allgemeinen Fall des Systems (2.2.30). Ich hebe zunächst einige Spezialfälle hervor, in denen die Integration recht bequem durchzuführen ist. Ist

$$\frac{d\mathfrak{z}}{dx} + \mathfrak{z}\begin{pmatrix}\lambda_1 & 0 \\ 0 & \lambda_2\end{pmatrix} = \mathfrak{O}, \quad \mathfrak{z} = (z_1, z_2) \quad (2.2.41)$$

oder in Komponenten

$$\frac{dz_1}{dx} + \lambda_1 z_1 = 0,$$

$$\frac{dz_2}{dx} + \lambda_2 z_2 = 0,$$

vorgelegt, so findet man

$$z_1 = c_1\exp\left(-\lambda_1 x\right), \quad z_2 = c_2\exp\left(-\lambda_2 x\right), \quad c_1, c_2 \text{ konstant.}$$

Ein Fundamentalsystem von (2.2.41) bilden daher die Vektoren

$$\mathfrak{z}_1 = \left(\exp\left(-\lambda_1 x\right), 0\right) \quad \text{und} \quad \mathfrak{z}_2 = \left(0, \exp\left(-\lambda_2 x\right)\right). \quad (2.2.42)$$

Sei weiter

$$\frac{d\mathfrak{z}}{dx} + \mathfrak{z}\begin{pmatrix}\lambda & 0 \\ \mu & \lambda\end{pmatrix} = 0, \quad (2.2.43)$$

d. i.
$$\frac{dz_1}{dx} + \lambda z_1 + \mu z_2 = 0,$$

$$\frac{dz_2}{dx} + \lambda z_2 = 0$$

zu integrieren. Man findet

$$z_2 = c_1 \exp(-\lambda x),$$
$$z_1 = (-c_1 \mu x + c_2) \exp(-\lambda x).$$

Ein Fundamentalsystem bilden daher jetzt die Vektoren

$$\left. \begin{aligned} \mathfrak{z}_1 &= \big(-\mu x \exp(-\lambda x),\ \exp(-\lambda x)\big), \\ \mathfrak{z}_2 &= \big(\exp(-\lambda x),\ 0\big). \end{aligned} \right\} \qquad (2.2.44)$$

Endlich betrachte man

$$\frac{d\mathfrak{z}}{dx} + \mathfrak{z} \begin{pmatrix} \mu & \nu \\ -\nu & \mu \end{pmatrix} = 0, \qquad (2.2.45)$$

d. i.

$$\frac{dz_1}{dx} + \mu z_1 - \nu z_2 = 0,$$

$$\frac{dz_2}{dx} + \nu z_1 + \mu z_2 = 0.$$

Jetzt bilden die Vektoren

$$\mathfrak{z}_1 = \big(\exp(-\mu x)\sin\nu x,\qquad \exp(-\mu x)\cos\nu x\big)$$

und
$$\left. \begin{aligned} \end{aligned} \right\} \qquad (2.2.46)$$

$$\mathfrak{z}_2 = \big(-\exp(-\mu x)\cos\nu x,\qquad \exp(-\mu x)\sin\nu x\big)$$

ein Fundamentalsystem.

Den allgemeinen Fall (2.2.30) könnte man analog wie bei (2.2.32) durch den Ansatz
$$\mathfrak{y} = \mathfrak{c} \exp(\lambda x)$$

mit konstantem Vektor $\mathfrak{c}$ behandeln. Dieser Ansatz führt zu

$$(\mathfrak{f} + \lambda \mathfrak{E})\,\mathfrak{c} = 0, \qquad \mathfrak{E} = \begin{pmatrix} 1 & 0 \\ 0 & 1 \end{pmatrix}.$$

Damit diese linearen Gleichungen für $\mathfrak{c}$ eine nichttriviale Lösung haben, muß λ der charakteristischen Gleichung

$$\begin{vmatrix} f_{11} + \lambda & f_{21} \\ f_{12} & f_{22} + \lambda \end{vmatrix} = 0$$

genügen. Ich verzichte darauf, diesen Ansatz voll durchzuführen[1], sondern will lieber zeigen, daß man den allgemeinen Fall (2.2.30) durch

---

[1] Dieser Weg ist z. B. in meinem in dieser Sammlung erschienenen, der Funktionentheorie der Differentialgleichungen gewidmeten Buch durchgeführt. Die dortige Darstellung ist allerdings für die jetzigen Zwecke noch durch die Diskussion der Realitätsverhältnisse zu ergänzen.

lineare Transformation auf die drei schon erledigten Sonderfälle zurückführen kann. Ich mache in (2.2.30) die Substitution

$$\mathfrak{y} = \mathfrak{z}\,\mathfrak{a}, \qquad \mathfrak{a} = \begin{pmatrix} a_{11} & a_{21} \\ a_{12} & a_{22} \end{pmatrix}. \tag{2.2.47}$$

Hier soll $\mathfrak{a}$ eine zweireihige konstante Matrix nichtverschwindender
Determinante sein. Dann wird aus (2.2.30)

$$\frac{d\mathfrak{z}}{dx}\,\mathfrak{a} + \mathfrak{z}\,\mathfrak{a}\,\mathfrak{f} = \mathfrak{O},$$

d. i.

$$\frac{d\mathfrak{z}}{dx} + \mathfrak{z}\,\mathfrak{a}\,\mathfrak{f}\,\mathfrak{a}^{-1} = \mathfrak{O}.$$

Man wird also versuchen, die Substitutionsmatrix $\mathfrak{a}$ so zu wählen,
daß $\mathfrak{a}\,\mathfrak{f}\,\mathfrak{a}^{-1}$ eine der in den drei vorausgeschickten Sonderfällen vorkommenden Formen erhält. Ich frage zuerst: Kann man $\mathfrak{a}$ so
bestimmen, daß bei passender Wahl der Zahlen λ_1, λ_2, μ

$$\mathfrak{a}\,\mathfrak{f}\,\mathfrak{a}^{-1} = \begin{pmatrix} \lambda_1 & 0 \\ \mu & \lambda_2 \end{pmatrix}.$$

wird, d. h. so, daß

$$\mathfrak{a}\,\mathfrak{f} = \begin{pmatrix} \lambda_1 & 0 \\ \mu & \lambda_2 \end{pmatrix} \mathfrak{a}$$

ist. Das ergibt, ausführlicher geschrieben, die folgenden beiden Systeme
linearer Gleichungen für die a_{ik}:

$$\left.\begin{aligned} a_{11} f_{11} + a_{21} f_{12} &= \lambda_1 a_{11}, \\ a_{11} f_{21} + a_{21} f_{22} &= \lambda_1 a_{21} \end{aligned}\right\} \tag{2.2.48}$$

und

$$\left.\begin{aligned} a_{12} f_{11} + a_{22} f_{12} &= \mu\, a_{11} + \lambda_2 a_{12}, \\ a_{12} f_{21} + a_{22} f_{22} &= \mu\, a_{21} + \lambda_2 a_{22}. \end{aligned}\right\} \tag{2.2.49}$$

Da die Determinante von $\mathfrak{a}$ von Null verschieden sein soll, so muß
man jedenfalls eine nichttriviale Lösung der linearen Gln. (2.2.48)
haben. Dazu muß aber λ_1 der **charakteristischen Gleichung**

$$\begin{vmatrix} f_{11} - \lambda & f_{12} \\ f_{21} & f_{22} - \lambda \end{vmatrix} = 0 \tag{2.2.50}$$

genügen. Hat diese zwei verschiedene reelle Wurzeln λ_1, λ_2, so kann
man die eine der beiden für (2.2.48), die andere für (2.2.49) nehmen.
Dann besitzt aber auch dies zweite Gleichungssystem für $\mu = 0$, d. i.

$$\left.\begin{aligned} a_{12} f_{11} + a_{22} f_{12} &= \lambda_2 a_{12}, \\ a_{12} f_{21} + a_{22} f_{22} &= \lambda_2 a_{22} \end{aligned}\right\} \tag{2.2.51}$$

eine nichttriviale Lösung (a_{12}, a_{22}). Man sieht leicht, daß die Lösungen
(a_{11}, a_{21}) von (2.2.48) und (a_{12}, a_{22}) von (2.2.51) linear unabhängig

sind, so daß sie die beiden Zeilen einer Matrix $\mathfrak{a}$ nichtverschwindender Determinante bilden. Wäre nämlich $(a_{12}, a_{22}) = k(a_{11}, a_{21})$, so würde man durch Kombination von (2.2.48) und (2.2.51) schließen, daß

$$a_{11}(\lambda_1 - \lambda_2) = 0, \qquad a_{21}(\lambda_1 - \lambda_2) = 0$$

ist. Da aber a_{11} und a_{21} nicht beide verschwinden, so folgt gegen die Annahme doch $\lambda_1 = \lambda_2$. In diesem Falle zweier verschiedener reeller Wurzeln λ_1, λ_2 der Gl. (2.2.50) kann man demnach (2.2.30) durch passende Wahl der Substitution (2.2.47) auf die Form (2.2.41) bringen.

Betrachten wir nun den Fall, daß (2.2.50) eine Doppelwurzel $\lambda_1 = \lambda_2 = \dfrac{f_{11} + f_{22}}{2}$ hat. Dann nehme man in (2.2.48) und (2.2.49) $\lambda_1 = \lambda_2 = \dfrac{f_{11} + f_{22}}{2}$ und gebe μ einen beliebigen Wert. Dann haben jedenfalls die Gln. (2.2.48) eine nichttriviale Lösung $\left(f_{12}, \dfrac{f_{22} - f_{11}}{2} \right)$ oder $\left(\dfrac{f_{11} - f_{22}}{2}, f_{21} \right)$, die man in (2.2.49) rechts einsetze. Es ist der Fall denkbar, daß diese Gleichungen für $\mu = 0$, d. i. (2.2.51) mit $\lambda_2 = \lambda_1$ eine nichttriviale von (a_{11}, a_{21}) linear unabhängige Lösung haben. Da diese Gleichungen aber mit den (2.2.48) übereinstimmen, so ist das gerade dann der Fall, wenn die Gln. (2.2.48) für $\lambda_1 = \dfrac{f_{11} + f_{22}}{2}$ den Rang Null haben. Das heißt, wenn $f_{11} = f_{22}$, $f_{12} = f_{21} = 0$ ist. Dann haben aber die vorgelegten Differentialgleichungen (2.2.30) von vornherein die Form (2.2.41) mit $\lambda_1 = \lambda_2$. Sehen wir also von diesem Fall ab, so nehme man in (2.2.49) für μ einen beliebigen von Null verschiedenen Wert und trage rechts die Lösung $(a_{11}, a_{21}) = \left(f_{12}, \dfrac{f_{22} - f_{11}}{2} \right)$ oder $\left(\dfrac{f_{11} - f_{22}}{2}, f_{21} \right)$ von (2.2.48) ein. Dann entstehen inhomogene lineare Gleichungen verschwindender Determinante für (a_{12}, a_{22}). Diese Gleichungen sind bekanntlich nur dann lösbar, wenn ihr Rang mit dem der zugehörigen homogenen Gleichungen übereinstimmt, d. h. wenn der Rang 1 ist. Das ist aber wegen der eben angegebenen Werte der rechts eingesetzten (a_{11}, a_{21}) der Fall. Die Lösungen (a_{12}, a_{22}) dieser Gleichungen sind dann aber von den Lösungen (a_{11}, a_{21}) der Gln. (2.2.48) linear unabhängig. Denn wäre $(a_{12}, a_{22}) = k(a_{11}, a_{21})$, so würde man durch Kombination der Gln. (2.2.48) und (2.2.49) schließen, daß

$$\mu\, a_{11} = \mu\, a_{21} = 0$$

ist. Daraus folgt $\mu = 0$ gegen Annahme, weil $(a_{11}, a_{21}) \neq (0, 0)$ die nichttriviale Lösung von (2.2.48) ist. Im vorliegenden Fall einer Doppelwurzel von (2.2.50) kann man demnach die Substitution (2.2.47) so wählen, daß man auf (2.2.43) mit beliebig vorgegebenem $\mu \neq 0$ geführt wird.

Nun bleibt noch der Fall, daß (2.2.50) zwei konjugiert komplexe Wurzeln

$$\lambda_1 = \mu - i\nu \quad \text{und} \quad \lambda_2 = \mu + i\nu$$

hat. Die algebraische Rechnung bleibt richtig. Man kann die Matrix $\mathfrak{a}$ nichtverschwindender Determinante so wählen, daß

$$\mathfrak{a}\,\mathfrak{f} = \begin{pmatrix} \mu - i\nu & 0 \\ 0 & \mu + i\nu \end{pmatrix} \mathfrak{a}$$

gilt. Das sind, ausführlicher geschrieben, die Gleichungen

$$a_{11}f_{11} + a_{21}f_{12} = (\mu - i\nu)\,a_{11},$$
$$a_{11}f_{21} + a_{21}f_{22} = (\mu - i\nu)\,a_{21},$$
$$a_{12}f_{11} + a_{22}f_{12} = (\mu + i\nu)\,a_{12},$$
$$a_{12}f_{21} + a_{22}f_{22} = (\mu + i\nu)\,a_{22}.$$

Daran sieht man zunächst, daß man[1] $a_{12} = \overline{a_{11}}$, $a_{22} = \overline{a_{21}}$ wählen kann. Man hat also nur das erste Gleichungspaar weiter zu betrachten. Setzt man $a_{ik} = a'_{ik} + i\,a''_{ik}$ und trennt Reelles und Imaginäres, so erhält man die Gleichungen

$$a'_{11}f_{11} + a'_{21}f_{12} = \mu\,a'_{11} + \nu\,a''_{11},$$
$$a'_{11}f_{21} + a'_{21}f_{22} = \mu\,a'_{21} + \nu\,a''_{21},$$
$$a''_{11}f_{11} + a''_{21}f_{12} = \mu\,a''_{11} - \nu\,a'_{11},$$
$$a''_{11}f_{21} + a''_{21}f_{22} = \mu\,a''_{21} - \nu\,a'_{21}.$$

Diese kann man aber zu

$$\begin{pmatrix} a'_{11} & a'_{21} \\ a''_{11} & a''_{21} \end{pmatrix} \begin{pmatrix} f_{11} & f_{21} \\ f_{12} & f_{22} \end{pmatrix} = \begin{pmatrix} \mu & \nu \\ -\nu & \mu \end{pmatrix} \begin{pmatrix} a'_{11} & a'_{21} \\ a''_{11} & a''_{21} \end{pmatrix} \tag{2.2.52}$$

zusammenfassen. Hier ist aber die Determinante

$$\begin{vmatrix} a'_{11} & a'_{21} \\ a''_{11} & a''_{21} \end{vmatrix} \neq 0.$$

Denn es ist

$$0 \neq |\mathfrak{a}| = \begin{vmatrix} a_{11} & a_{21} \\ \overline{a_{11}} & \overline{a_{21}} \end{vmatrix} \quad \begin{vmatrix} a'_{11} + i\,a''_{11} & a'_{21} + i\,a''_{21} \\ a'_{11} - i\,a''_{11} & a'_{21} - i\,a''_{21} \end{vmatrix} = -2\,i \begin{vmatrix} a'_{11} & a'_{21} \\ a''_{11} & a''_{21} \end{vmatrix}.$$

Wählt man also in (2.2.47)

$$\mathfrak{a} = \begin{pmatrix} a'_{11} & a'_{21} \\ a''_{11} & a''_{21} \end{pmatrix},$$

so wird man nach (2.2.52) auf (2.2.45) geführt.

Im vorstehenden ist ein Integrationsverfahren zur Lösung der Differentialgleichungen (2.2.30) in allen Einzelheiten beschrieben. Das

---

[1] $\bar{z} = x - i\,y$ ist die zu $z = x + i\,y$ konjugiert komplexe Zahl. Man beachte, daß die f_{ik} reell sind!

Ergebnis ist, daß man ein Fundamentalsystem von (2.2.30) stets in der Form (2.2.47) gewinnen kann, wenn man hier für $\mathfrak{z}$ die in (2.2.42), (2.2.44) oder (2.2.46) angegebenen Fundamentalsysteme einsetzt. Hier sind im Falle (2.2.42) λ_1 und λ_2 die beiden reellen verschiedenen Wurzeln der charakteristischen Gleichung (2.2.50), ist im Falle (2.2.44) λ die Doppelwurzel von (2.2.50), und ist μ eine beliebig vorgegebene Zahl, die nur dann als 0 gewählt werden kann, ja dann so gewählt werden muß, wenn $\mathfrak{f}$ die Eigenschaft hat, daß $f_{11} = f_{22} = \lambda$, $f_{12} = f_{21} = 0$ ist. Im Falle (2.2.46) sind $\lambda_1 = \mu - iv$ und $\lambda_2 = \mu + iv$ die beiden konjugiert komplexen Wurzeln von (2.2.50). $\mathfrak{a}$ ist eine quadratische zweireihige Matrix nichtverschwindender Determinante, deren Berechnung im Vorstehenden genau beschrieben wurde. Die durch die Substitution mit der Matrix $\mathfrak{a}$ erhaltene Differentialgleichung

$$\frac{d\mathfrak{z}}{dx} + \mathfrak{z}f_1 = 0, \qquad \mathfrak{f}_1 = \mathfrak{a}\,\mathfrak{f}\,\mathfrak{a}^{-1}$$

hat eine der beschriebenen Normalformen.

Die charakteristische Gleichung der durch die Transformation erhaltenen Differentialgleichung ist mit der charakteristischen Gl. (2.2.50) der ursprünglichen Differentialgleichung (2.2.30) identisch.

Denn bezeichnet man die Determinante einer quadratischen zweireihigen Matrix $\mathfrak{c}$ mit $|\mathfrak{c}|$ und bezeichnet mit $\mathfrak{E}$ die Einheitsmatrix

$$\mathfrak{E} = \begin{pmatrix} 1 & 0 \\ 0 & 1 \end{pmatrix},$$

so ist die charakteristische Gl. (2.2.50)

$$|\mathfrak{f} - \lambda\,\mathfrak{E}| = 0.$$

Für die transformierte Differentialgleichung ist die charakteristische Gleichung $|\mathfrak{f}_1 - \lambda\,\mathfrak{E}| = 0$. Es ist aber

$$|\mathfrak{f}_1 - \lambda\,\mathfrak{E}| = |\mathfrak{a}\,\mathfrak{f}\,\mathfrak{a}^{-1} - \lambda\,\mathfrak{a}\,\mathfrak{E}\,\mathfrak{a}^{-1}| = |\mathfrak{a}\,(\mathfrak{f} - \lambda\,\mathfrak{E})\,\mathfrak{a}^{-1}|$$

$$= |\mathfrak{a}|\,|\mathfrak{f} - \lambda\,\mathfrak{E}|\,|\mathfrak{a}^{-1}| = |\mathfrak{f} - \lambda\,\mathfrak{E}|.$$

Insbesondere ist also die Determinante $|\mathfrak{f}_1| \neq 0$, wenn $|\mathfrak{f}| \neq 0$ ist. Denn es ist $|\mathfrak{a}\,\mathfrak{f}\,\mathfrak{a}^{-1}| = |\mathfrak{f}|$. Die Zahlen λ in den Normalformen sind sämtlich $\neq 0$, wenn $|\mathfrak{f}| \neq 0$ ist. Denn das sind ja die Wurzeln der charakteristischen Gl. (2.2.50). Ihr Produkt ist gleich der Determinante von $\mathfrak{f}$.

2.2.7. Inhomogene lineare Differentialgleichungen. Die Formeln (1.6.43) und (1.6.45) lehren, daß man die inhomogenen Gln. (1.6.37) durch Quadraturen integrieren kann, wenn man ein Fundamentalsystem der zugehörigen homogenen Gln. (1.6.36) kennt. Da die Differentialgleichungen n-ter Ordnung

$$y^{(n)} + f_1 y^{(n-1)} + \cdots + f_n y + g = 0$$

durch die Substitution

$$y = y_1,\ y' = y_2,\ \ldots,\ y^{(n-1)} = y_n$$

auf ein System

$$y_1' = y_2,\ y_2' = y_3,\ \ldots,\ y_{n-2}' = y_{n-1}$$

$$y_{n-1}' + f_1\, y_{n-2} + \cdots + f_n\, y_1 + g = 0$$

zurückgeführt werden können, gilt ein entsprechendes Ergebnis auch für die Integration inhomogener linearer Differentialgleichungen n-ter Ordnung. Zur Bequemlichkeit des Lesers sei das noch einmal ohne Bezugnahme auf diese allgemeinen Zusammenhänge für lineare Differentialgleichungen zweiter Ordnung

$$y'' + f_1(x)\, y' + f_2(x)\, y + g(x) = 0 \tag{2.2.53}$$

explizite dargelegt. Die f_1, f_2, g sollen in $a \leq x \leq b$ stetig sein. Es sei $(y_1,\ y_2)$ ein Fundamentalsystem der zu (2.2.53) gehörigen homogenen Differentialgleichung

$$y'' + f_1 y' + f_2 y = 0. \tag{2.2.54}$$

Dann ist

$$y = c_1 y_1 + c_2 y_2$$

mit konstanten c_1 und c_2 die Gesamtheit der Integrale von (2.2.54). Man ersetze im Sinne der Methode der Variation der Konstanten hier die Konstanten durch unbekannte Funktionen $c_1(x)$ und $c_2(x)$ und gehe mit dem Ansatz

$$y(x) = c_1(x)\, y_1(x) + c_2(x)\, y_2(x) \tag{2.2.55}$$

in (2.2.53) hinein. Es wird

$$y' = c_1' y_1 + c_2' y_2 + c_1 y_1' + c_2 y_2'. \tag{2.2.56}$$

Man setze

$$c_1' y_1 + c_2' y_2 = 0. \tag{2.2.57}$$

Dann bleibt nach (2.2.56)

$$y' = c_1 y_1' + c_2 y_2'.$$

Daraus folgt

$$y'' = c_1' y_1' + c_2' y_2' + c_1 y_1'' + c_2 y_2''. \tag{2.2.58}$$

Man setze

$$c_1' y_1' + c_2' y_2' + g(x) = 0. \tag{2.2.59}$$

Dann bleibt

$$y'' = c_1 y_1'' + c_2 y_2''. \tag{2.2.60}$$

Trägt man alles in (2.2.53) ein, so sieht man, daß sie erfüllt ist, wenn man c_1 und c_2 aus (2.2.57) und (2.2.59) ermittelt. Die Determinante dieser linearen Gleichungen für c_1' und c_2' ist $y_1 y_2' - y_2 y_1'$. Beachtet man, daß

$$y_1'' + f_1 y_1' + f_2 y_1 = 0,$$
$$y_2'' + f_1 y_2' + f_2 y_2 = 0$$

ist, so findet man daraus durch geeignete Kombination

$$\frac{d}{dx}(y_1'y_2 - y_2'y_1) + f_1(y_1'y_2 - y_2'y_1) = 0.\qquad(2.2.61)$$

Legt man das Fundamentalsystem durch

$$y_1(x_0) = 0,\ \ y_1'(x_0) = 1,\ \ y_2(x_0) = 1,\ \ y_2'(x_0) = 0,\ \ x_0 \in \langle a,\, b\rangle\qquad(2.2.62)$$

fest, so folgt aus (2.2.61)

$$y_1'y_2 - y_2'y_1 - \exp\left\{-\int\limits_{x_0}^{x} f_1(\xi)\,d\xi\right\} = 0,\qquad(2.2.63)$$

was mit (1.6.33) übereinstimmt. Die Determinante der linearen Gln. (2.2.57), (2.2.59) ist daher für $x \in \langle a,\, b\rangle$ von Null verschieden. Man findet daher aus diesen Gleichungen

$$\left.\begin{aligned}
c_1(x) &= \int\limits_{x_0}^{x} -g(\eta)\,y_2(\eta)\exp\left\{\int\limits_{x_0}^{\eta} f_1(\xi)\,d\xi\right\}d\eta,\\[2mm]
c_2(x) &= \int\limits_{x_0}^{x} \ \ g(\eta)\,y_1(\eta)\exp\left\{\int\limits_{x_0}^{\eta} f_1(\xi)\,d\xi\right\}d\eta.
\end{aligned}\right\}\qquad(2.2.64)$$

Die Gesamtheit der Lösungen der inhomogenen Gl. (2.2.53) ist daher

$$y(x) = c_1(x)\,y_1(x) + c_2(x)\,y_2(x) + c_1\,y_1(x) + c_2\,y_2(x).\qquad(2.2.65)$$

Hier sind $c_1(x)$ und $c_2(x)$ aus (2.2.64) zu entnehmen, ist $y_1(x)$ und $y_2(x)$ ein durch (2.2.62) normiertes Fundamentalsystem der homogenen Gl. (2.2.54) und sind c_1 und c_2 Konstanten. Der Leser leite das gewonnene Ergebnis aus (1.6.45) ab.

2.2.8. Die CLAIRAUTsche Differentialgleichung. Singuläre Lösungen. Die CLAIRAUTsche Differentialgleichung hat die Form

$$y = xy' + f(y').\qquad(2.2.66)$$

Ohne jegliche weitere Annahme als die, daß $f(y')$ in einer gewissen Menge definiert ist, bemerkt man, daß für jede der Menge angehörige Zahl c die lineare Funktion

$$y = xc + f(c)\qquad(2.2.67)$$

eine Lösung von (2.2.66) ist. Zu weiteren Aussagen, insbesondere über die Beziehungen zu den Existenz- und Unitätssätzen des § 1, gelangt man erst bei zusätzlichen Voraussetzungen über $f(y')$. Ohne solche Annahmen kann man ja nicht einmal versuchen, (2.2.66) auf die in § 1 stets angenommene Normalform

$$y' = f(x,\, y)\qquad(2.2.68)$$

zu bringen. Um nicht in unfruchtbare Allgemeinheiten abzuschweifen, sei angenommen, daß $f(y')$ in einem gewissen Intervall samt seiner ersten Ableitung stetig ist. Hat man dann ein (2.2.66) genügendes Integralelement (x_0, y_0, y_0'), dessen y_0' einem Intervall angehört, in dem $f(y')$ stetig ist, und für das $x_0 + f'(y_0') \neq 0$ ist, so kann man nach einem bekannten Satz über implizite Funktionen (2.2.66) nach y' auflösen, und so in der Umgebung des betr. Linienelementes die Normalform (2.2.68) gewinnen, in der dann $f(x, y)$ stetige partielle Ableitungen erster Ordnung nach x und y hat, so daß die Existenz- und Unitätssätze von § 1 verwendbar werden. Diese Sätze lehren dann, daß durch einen den angegebenen Bedingungen genügenden Punkt $\{x_0, y_0\}$ genau eine in einer gewissen Umgebung von x_0 stetige Lösung von (2.2.71) geht, die in $\{x_0, y_0\}$ die angenommene Richtung y_0 hat. Es kann aber noch weitere Lösungen durch $\{x_0, y_0\}$ geben, die dort ein anderes (2.2.66) genügendes Integralelement haben, welches auch den betr. Voraussetzungen des Satzes über implizite Funktionen genügt.

Beispiel. Es sei nochmals (0.2.16) vorgelegt. Das heißt, es sei

$$y = x\, y' + (y')^2 \tag{2.2.69}$$

zu integrieren. Zunächst stößt man auf die Geraden

$$y = x\, c + c^2. \tag{2.2.70}$$

Auflösung von (2.2.69) nach y' liefert

$$\left.\begin{aligned} y' &= \frac{-x + \sqrt{x^2 + 4y}}{2}, \\[2mm] y' &= \frac{-x - \sqrt{x^2 + 4y}}{2}. \end{aligned}\right\} \tag{2.2.71}$$

Durch jeden Punkt $\{x_0, y_0\}$ des Gebietes

$$x^2 + 4y > 0, \quad \text{d. h.} \quad y > -\frac{x^2}{4} \tag{2.2.72}$$

gehen demnach zwei Integralelemente und somit auch zwei Integralgeraden (2.2.70) von (2.2.69) hindurch. Durch jeden Punkt $\left\{x_0, -\frac{x_0^2}{4}\right\}$ der Parabel $x^2 + 4y = 0$ geht ein Integralelement

$$\left(x_0, -\frac{x_0^2}{4}, -\frac{x_0}{2}\right)$$

und daher eine Integralgerade

$$y = -\frac{x_0}{2}\, x + \frac{x_0^2}{4},$$

die sich als Tangente jener Parabel erweist. In den übrigen Punkten $x_0^2 + 4y_0 < 0$ der Ebene gibt es keine (reelle) Integralelemente. Alle Integralgeraden sind Parabeltangenten.

In den Punkten $\left\{x_0, \dfrac{x_0^2}{4}\right\}$ der Parabel $x^2 + 4y = 0$ ist $x_0 + 2y_0' = 0$, d. h. ist die Grundannahme des Satzes über implizite Funktionen nicht erfüllt. Denn dort ist

$$x_0 + f'(y_0') = x_0 - 2\left(\frac{x_0}{2}\right) = 0. \tag{2.2.73}$$

Solche Integralelemente von (2.2.66), für die

$$x_0 + f'(y_0') = 0$$

ist, oder allgemeiner Integralelemente einer Differentialgleichung

$$f(x, y, y') = 0,$$

für die

$$\frac{\partial f}{\partial y'}(x, y, y') = 0$$

ist, nennt man **singuläre Integralelemente.** Im Beispiel der CLAIRAUT-schen Differentialgleichung (2.2.69) sind die Tangentialelemente

$$\left(x_0, -\frac{x_0^2}{4}, -\frac{x_0}{2}\right)$$

der Parabel $x^2 + 4y = 0$ nach (2.2.73) singuläre Integralelemente. Daher ist auch die Parabel

$$x^2 + 4y = 0 \tag{2.2.74}$$

ein Integral von (2.2.69), wie auch Nachrechnung bestätigt. Ein Integral, das aus singulären Integralelementen aufgebaut ist, nennt man ein **singuläres Integral.**

Im **Beispiel**

$$(y')^2 = \frac{9}{4}\, x$$

sind die Integralkurven

$$y = \pm x^{3/2} + y_0$$

für $x \geqq 0$ vorhanden. Singuläre Integralelemente sind jetzt

$$(0, y_0, 0)$$

Sie sind aber nicht Tangentialelemente ihrer Trägerkurve $x = 0$. (Trägerkurve gleich Gesamtheit der Trägerpunkte von singulären Integralelementen.) In diesem Beispiel ist kein singuläres Integral vorhanden.

Im Beispiel (2.2.69) erweist sich die singuläre Lösung

$$x^2 + 4y = 0$$

als Enveloppe der geradlinigen Lösungen (2.2.70), die man gerne auch als partikuläre Integrale anspricht. Will man im allgemeinen Fall

$$f(x, y, y') = 0 \tag{2.2.75}$$

nach singulären Integralen suchen, so hat man

$$\frac{\partial f}{\partial y'}\left(x,\,y,\,y'\right) = 0 \qquad\qquad (2.2.76)$$

als Bedingung für singuläre Integralelemente neben (2.2.75) zu stellen. Man wird durch „Elimination" von y' aus beiden Gleichungen die Trägerkurve der singulären Integralelemente ermitteln und dann zusehen, ob ihre Tangentialelemente Integralelemente von (2.2.75) sind. Dieser Hinweis mag hier genügen. Hat man z. B. aus (2.2.75), (2.2.76) die Trägerkurve der singulären Elemente in Parameterdarstellung $x = x(y')$, $y = y(y')$ gewonnen, so führt die Forderung, daß ihre Tangentialelemente singuläre Elemente sind, noch zu der Bedingung

$$f_x(x,\,y,\,y') + f_y(x,\,y,\,y')\,y' = 0\,.$$

Durch nichtsinguläre Integralelemente von (2.2.69) geht nach dem Existenzsatz und dem Unitätssatz von § 1 genau eine Integralkurve von (2.2.69), wenn man sich auf eine Umgebung beschränkt, in der die Voraussetzungen jener Sätze für die durch Auflösung von (2.2.69) nach y' erhaltenen Differentialgleichungen (2.2.71) erfüllt sind; das ist das Gebiet (2.2.72). Sowie man es aber durch Hinzunahme seines Randes, d. h. der Parabel $x^2 + 4y = 0$, erweitert, wird die Aussage, daß durch ein Anfangsintegralelement nur eine Lösung geht, falsch. Denn man kann ja dann die betr. Gerade durch das Anfangselement bis zu ihrer Berührung mit der Parabel verfolgen, dann einen Bogen dieser Parabel anschließen und in seinem Endpunkt wieder zu seiner Tangente übergehen. So erhält man unendlich viele Integrale von (2.2.69) durch ein nichtsinguläres Anfangsintegralelement.

Auch im Fall der allgemeinen CLAIRAUTschen Differentialgleichung (2.2.66) gilt ein entsprechendes Ergebnis. Es lautet

Satz (2.2.I). *In (2.2.66) besitze $f(y')$ in einem y'-Intervall $\alpha < y' < \beta$ eine nirgends verschwindende zweite Ableitung. Dann ist jede Integralkurve von (2.2.66), für jedes x-Intervall $a < x < b$, in dem $\alpha < y'(x) < \beta$ gilt, entweder*

1. eine gerade Linie $y = px + f(p)$
oder

2. ein Bogen der Kurve
$$E:\ \begin{cases} x = -f'(p)\,, \\ y = -p\,f'(p) + f(p)\,, \qquad \alpha < p < \beta \end{cases}$$
oder

3. aus einem Bogen dieser Kurve E und Tangentenstücken in einem der beiden Endpunkte oder in beiden Endpunkten dieses Bogens von E zusammengesetzt.

Diesen Satz hat erst E. Kamke in dieser genauen Fassung aus-
gesprochen und bewiesen (Math. Z. Bd. 27 und Differentialgleichungen
reeller Funktionen). Kamke kommt sogar mit geringeren Voraussetzungen aus; z. B. genügt es, anzunehmen, daß $f'(y')$ monoton ist.
Ich begnüge mich damit, den Satz (2.2.I) zu beweisen.

Für E ist

$$\dot{x} = -f''(p), \qquad \dot{y} = -p\,f''(p),$$

so daß E wegen $f''(p) \neq 0$ ein Kurvenbogen ist, und zwar ist E die
Enveloppe der Geraden

$$y = p\,x + f(p), \qquad \alpha < p < \beta,$$

weil längs E

$$\frac{dy}{dx} = \frac{\dot{y}}{\dot{x}} = p$$

gilt.

Man bestätigt nun unmittelbar, daß die in dem Satz (2.2.I) genannten drei Kurvensorten Integralkurven von (2.2.66) sind. Es bleibt
zu beweisen, daß es weiter keine Integralkurven $y = y(x)$ mit
$\alpha < y'(x) < \beta$ gibt. Das ist in dem konkreten Fall (2.2.69) leicht zu
sehen, bedarf aber im allgemeinen Fall (2.2.66) einiger Überlegung, da
es jetzt nicht unmittelbar ersichtlich ist, in welchem Gebiet der x, y
die Integralkurven verlaufen können. Man schließt nach E. Kamke so:
Wenn eine Integralkurve $y = y(x)$ in einem Intervall $a < x < b$
der Bedingung $\alpha < y'(x) < \beta$ genügt, und wenn sie in zwei Punkten x_1
und x_2 dieses Intervalls die gleiche erste Ableitung $y'(x_1) = y'(x_2) = p$
hat, dann verläuft sie zwischen x_1 und x_2 geradlinig. Denn zunächst
hat sie dann in beiden Punkten $\{x_1, y(x_1)\}$ und $\{x_2, y(x_2)\}$ die gleiche
Tangente. Denn es ist nach (2.2.66)

$$y(x_1) = x_1 p + f(p),$$

$$y(x_2) = x_2 p + f(p).$$

Also

$$\frac{y(x_1) - y(x_2)}{x_1 - x_2} = p,$$

$$y(x_1) = y(x_2) + p(x_1 - x_2).$$

Das heißt, beide Punkte liegen auf der gleichen Geraden

$$y = y(x_2) + p(x - x_2), \tag{2.2.77}$$

die in beiden Punkten die Kurve $y(x)$ berührt. Fiele $y = y(x)$ zwischen
x_1 und x_2 nicht mit der Geraden (2.2.77) zusammen, so sei

$$\{x_3, y(x_3)\}, \qquad x_1 < x_3 < x_2$$

ein nicht auf dieser Geraden gelegener Punkt, und es sei (ξ, η) das größte x_3 enthaltende Intervall, für das $\{x, y(x)\}$, $x \in (\xi, \eta)$ nicht auf der Geraden (2.2.77) liegt. Die Endpunkte $\{\xi, y(\xi)\}$ und $\{\eta, y(\eta)\}$ liegen natürlich auf der Geraden (2.2.77). Dann gibt es aber zwischen ξ und η einen Punkt x_4, für den die Tangente von $y = y(x)$ der Geraden (2.2.77) parallel ist. Dann ist aber $y'(x_4) = p$, und es muß $y = y(x)$ nach dem schon Bewiesenen in den drei Punkten $\{x_i, y(x_i)\}$, $i = 1, 2, 4$ die gleiche Tangente haben. Das heißt, es liegt $\{x_4, y(x_4)\}$ doch auf der Geraden (2.2.77). Dieser Widerspruch beweist die Behauptung.

Ist dann $y = y(x)$ in $a < x < b$ mit $\alpha < y'(x) < \beta$ ein Integral von (2.2.66), so ist $y'(x)$ in $a < x < b$ monoton von x abhängig. Denn nach dem Bewiesenen ist $y'(x)$ für $x_1 \leqq x \leqq x_2$ konstant, wenn $y'(x_1) = y'(x_2)$ ist. Daraus folgt, daß $y'(x)$ stetig ist für $x \in (a, b)$. Denn eine Ableitung nimmt in jedem x-Intervall jeden Zwischenwert[1] zwischen den Werten an, die sie am Anfang und am Ende des Intervalls besitzt, und es muß daher für eine monotone Funktion $y'(x)$

$$\lim_{h \downarrow 0} y'(x + h) = \lim_{h \uparrow 0} y'(x + h)$$

sein.

Daher ist weiter für $x \in (a, b)$, $x + h \in (a, b)$ nach (2.2.66)

$$\frac{y(x + h) - y(x)}{h} = \frac{(x + h)\, y'(x + h) - x\, y'(x)}{h} + \frac{f(y'(x + h)) - f(y'(x))}{h}$$

$$= y'(x + h) + x \cdot \frac{y'(x + h) - y'(x)}{h} + f'(y'(x) + o(1)) \frac{y'(x + h) - y'(x)}{h}.$$

Das heißt

$$\frac{y'(x + h) - y'(x)}{h} \{x + f'(y'(x) + o(1))\} = \frac{y(x + h) - y(x)}{h} - y'(x - h).$$

Daher ist wegen der vorausgesetzten Stetigkeit von $f'(p)$ und der bereits bewiesenen Stetigkeit von $y'(x)$

$$\lim_{h \to 0} \frac{y'(x + h) - y'(x)}{h} \{x + f'(y'(x) + o(1))\} = 0.$$

Wenn also

$$x + f'(y'(x)) \neq 0$$

ist, dann existiert $y''(x)$, und es ist $y''(x) = 0$.

Ist nun

$$x + f'(y'(x)) \neq 0$$

---

[1] Den allgemeinen Fall dieser Aussage führt man durch eine Drehung auf den Fall zurück, daß $y'(x)$ am Anfang und Ende des Intervalls verschiedenes Vorzeichen hat und daß eine Nullstelle von $y'(x)$ im Intervall nachgewiesen werden soll. Dies folgt aber daraus, daß $y(x)$ im Intervallinneren ein Maximum oder ein Minimum haben muß.

an einer Stelle $x \in (a, b)$ erfüllt, so gibt es ein ganzes Intervall, in dem

$$x + f'\big(y'(x)\big) \neq 0$$

ist. In diesem Intervall ist dann $y(x)$ linear.

$$y = m\,x + n$$

genügt aber (2.2.66) nur für $n = f(m)$. Es liegt also die erste im Satz genannte Integralform vor.

Ist in einem Intervall der x und bei $\alpha < y'(x) < \beta$

$$x + f'\big(y'(x)\big) \equiv 0,$$

so folgt aus der Differentialgleichung (2.2.66)

$$y(x) = x\,y'(x) + f\big(y'(x)\big).$$

Das heißt, es gilt

$$x = -f'(p),$$
$$y = -p\,f'(p) + f(p), \qquad p \in (\alpha, \beta).$$

Es liegt also ein Bogen der unter 2. im Satz (2.2.I) genannten Kurve E vor.

Ein jedes Integral $y = y(x)$ von (2.2.66) mit $\alpha < y'(x) < \beta$ besteht demnach aus Stücken von Geraden

$$y = p\,x + f(p), \qquad \alpha < p < \beta$$

und aus Bogen der Kurve E. Es kann aber einem Integral nicht mehr als ein Bogen der Kurve E angehören. Denn es sei $A < x < B$ ein größtes Intervall, in dem eine in $a < x < b$ erklärte Integralkurve $y = y(x)$ mit $\alpha < y'(x) < \beta$ geradlinig ist. Dann ist

$$x + f'\big(y'(x)\big) \not\equiv 0 \quad \text{in} \quad A < x < B.$$

Aber jedenfalls ist in jedem $a < x < b$ angehörigen Endpunkt A oder B dieses Intervalls $x + f'\big(y'(x)\big) = 0$. Denn sonst könnte das Intervall, in dem $y(x)$ geradlinig ist, vergrößert werden. Das kann aber nicht für beide Endpunkte A und B zutreffen. Denn sonst wäre

$$A + f'\big(y'(A)\big) = B + f'\big(y'(B)\big) = 0$$

und daraus folgt $A = B$ wegen $y'(A) = y'(B)$.

Zum Schluß noch eine allgemeine **Bemerkung**. Die Existenzsätze des § 1 beziehen sich auf Differentialgleichungen in der Normalform (1.1.1). Ist aber die Differentialgleichung in der impliziten Form

$$f(x, y, y') = 0, \tag{2.2.78}$$

gegeben, so wird man erst die Normalform (in Gedanken) herstellen müssen, um die Existenzsätze anwenden zu können. Das gelingt bei gehörigen Voraussetzungen über die Funktion $f(x, y, y')$ jedenfalls für die Umgebung eines nichtsingulären Linienelementes $\{x_0, y_0, y_0'\}$, für das

$$f(x_0, y_0, y_0') = 0, \qquad \frac{\partial f}{\partial y'}(x_0, y_0, y_0') \neq 0$$

gilt. Dann erlaubt der Satz über implizite Funktionen die Herstellung der Normalform für die Umgebung dieses Elementes $\{x_0, y_0, y_0'\}$, und der Existenzsatz des § 1 gibt Auskunft über die Gesamtheit der Lösungen aus einer gewissen Umgebung dieses Elementes. Die Behandlung der CLAIRAUTschen Differentialgleichung hat gelehrt, daß es gar nicht so einfach ist, über die Gesamtheit der Lösungen durch singuläre Integralelemente einen zuverlässigen Aufschluß zu gewinnen. O. PERRON hat im Jahresbericht der Deutschen Mathematikervereinigung Bd. 22 (1913) darauf aufmerksam gemacht, daß man sehr aufs Glatteis geraten kann, wenn man bei der Behandlung singulärer Anfangsbedingungen impliziter Differentialgleichungen (2.2.78) nicht größte Vorsicht walten läßt. Es liegt ja z. B. sehr nahe, anzunehmen, daß man alle Lösungen von

$$\left(\frac{dy}{dx}\right)^2 - [f(x)]^2 = 0 \tag{2.2.79}$$

bekommt, indem man alle Lösungen der beiden Differentialgleichungen

$$\frac{dy}{dx} - f(x) = 0 \quad \text{und} \quad \frac{dv}{dx} + f(x) = 0$$

nebeneinanderstellt. Nimmt man aber z. B.

$$f(x) = \begin{cases} x \sin \dfrac{1}{x}, & x > 0, \\ 0, & x = 0, \end{cases}$$

so ist $f(x)$ in $x \geqq 0$ stetig. Singulär sind alle Elemente

$$\{0, y_0, 0\} \quad \text{und} \quad \left\{\frac{1}{h\pi}, y_0, 0\right\} \quad h > 0 \text{ ganz, } y_0 \text{ beliebig.}$$

Integrale sind alle Funktionen, die man aus

$$y(x) = \int_0^x \pm f(\xi)\, d\xi$$

erhält, wenn man sich in den Intervallen

$$\left\langle \frac{1}{(h+1)\pi}, \frac{1}{h\pi} \right\rangle$$

nach Belieben dafür entscheidet, ob man das Zeichen $+$ oder das Zeichen $-$ vor $f(\xi)$ unter dem Integral nehmen will. Man bekommt also gewiß nicht alle Lösungen, wenn man die vorgesehene Aufspaltung in zwei Differentialgleichungen ohne Berücksichtigung des eben erwähnten Umstandes vornimmt. Daß man in der beschriebenen Weise wirklich alle Integrale durch den Anfangspunkt $\{0, 0\}$ erhält, kann bewiesen werden, bedarf aber sorgfältiger Überlegung.

§ 3. Stationäre und nahezu stationäre Differentialgleichungen[1]

3.1. Einleitung

Stationär nenne ich eine Differentialgleichung

$$f(y^{(m)}, y^{(m-1)}, \ldots, y', y) = 0,$$

in der die unabhängige Variable nicht explizite vorkommt. In den Anwendungen ist diese unabhängige Variable meist die Zeit. So erklärt sich die Benennung. Dieser § 3 wird sich vorwiegend mit dem stationären System

$$\frac{dx}{dt} = f(x, y), \quad\quad \frac{dy}{dt} = g(x, y) \quad\quad (3.1.1)$$

befassen. Hier ist nun wirklich die unabhängige Variable mit t bezeichnet, um x und y für die gesuchten Funktionen frei zu haben. Jede stationäre Differentialgleichung

$$\frac{d^2x}{dt^2} = g\left(x, \frac{dx}{dt}\right) \quad\quad (3.1.2)$$

kann in der Form (3.1.1) geschrieben werden, wenn man $x' = y$ setzt. Dann wird aus (3.1.2)

$$\frac{dx}{dt} = y, \quad\quad \frac{dy}{dt} = g(x, y). \quad\quad (3.1.3)$$

Aber auch beliebige Differentialgleichungen erster Ordnung

$$\frac{dy}{dx} = \frac{g(x, y)}{f(x, y)} \qu\quad (3.1.4)$$

---

[1] In der Literatur finden sich statt „stationär" auch die Begriffsnamen „konservativ" oder „autonom". Die nahezu stationären Differentialgleichungen gehen durch Anbringung von Störungsgliedern aus den stationären hervor.

können in der Form (3.1.1) geschrieben werden. Hat man nämlich irgendeinen Lösungsbogen $y = y(x)$ von (3.1.4), längs dem

$$f(x, y(x)) \neq 0$$

bleibt, so kann man durch eine Quadratur längs des Bogens den Parameter t so einführen, daß

$$\frac{dx}{dt} = f(x, y(x)) \qquad (3.1.5)$$

ist. Dann ist von selbst aber auch längs des Bogens die andere der beiden Beziehungen (3.1.1) erfüllt. Eine Nullstelle des Nenners $f(x, y)$ in (3.1.4) könnte die bisher immer vorausgesetzte Stetigkeit der rechten Seite der Differentialgleichung (3.1.4) stören. Die Überlegung lehrt also, daß aus jeder der in § 1 und § 2 betrachteten Lösungen einer Differentialgleichung (3.1.4) stets Lösungen von (3.1.1) werden. Ich gebrauche hier den Pluralis „Lösungen", weil man im Anfangspunkt $\{x_0, y_0\}$ einer Lösung von (3.1.4) stets noch den Wert von t beliebig vorschreiben kann. Aus (3.1.5) folgt ja

$$t - t_0 = \int\limits_{x_0}^{x} \frac{d\xi}{f(\xi, y(\xi))} \, .$$

Es wird bald davon noch näher die Rede sein. Einfache Beispiele lehren aber, daß das System (3.1.1) Lösungen haben kann, denen keine Lösung von (3.1.4) entspricht. Für

$$\frac{dx}{dt} = x, \qquad \frac{dy}{dt} = y \qquad (3.1.6)$$

ist z. B. $x = 0$, $y = e^t$ Integralkurve, während

$$\frac{dy}{dx} = \frac{y}{x} \qquad (3.1.7)$$

nicht die Integralkurve $x = 0$ hat. Ferner ist

$$x = 0, \qquad y = 0 \quad \text{für alle } t$$

als Integralkurve von (3.1.6) anzusprechen, während der Punkt

$$x = 0, \qquad y = 0$$

nicht Integral von (3.1.7) ist.

Es steht also so, daß alle Integrale von (3.1.4) in Parameterdarstellung als Integrale von (3.1.1) wieder erscheinen, während umgekehrt nicht jede Integralkurve von (3.1.1) ein Integral von (3.1.4) ergibt. Insbesondere werden Stellen von Integralkurven von (3.1.1), an denen $dx/dt = 0$ ist, keine Stellen von Integralkurven $y = y(x)$

von (3.1.4) ergeben können, da in denselben die Tangente der y-Achse parallel sein müßte.

Im folgenden sollen in (3.1.1) die Funktionen $f(x, y)$ und $g(x, y)$ für alle x, y stetig und absolut beschränkt sein, oder doch die beim Existenzsatz des § 1.3. gemachte Annahme (1.3.8) betr. nur lineares Wachstum erfüllen. Beide Funktionen sollen sowohl hinsichtlich x wie hinsichtlich y einer LIPSCHITZ-*Bedingung genügen.* Diese Forderung entspricht der LIPSCHITZ-Bedingung (1.5.2) für Systeme, da die Koordinaten des Lösungsvektors jetzt mit x und y bezeichnet sind. Diese Voraussetzung geht weiter als die, welche bisher bei Differentialgleichungen (3.1.4) gemacht wurde. Beim Unitätssatz (1.5.I) wurde nämlich die LIPSCHITZ-Bedingung (1.5.1) nur hinsichtlich y gefordert.

Die im x, y, t-Raum gelegenen Lösungen von (3.1.1) heißen fortan **Trajektorien.** Ihre Projektionen auf die x-y-Ebene nennt man **Charakteristiken.** Zu den Charakteristiken gehören insbesondere die Integralkurven von (3.1.4), aber unter Umständen noch weitere Gebilde, wie schon hervorgehoben wurde. Die Kurvenbogen

$$x = x(t), \qquad y = y(t) \qquad t \geqq t_0$$

und

$$x = x(t), \qquad y = y(t) \qquad t \leqq t_0$$

einer Charakteristik heißen für jedes endliche t_0 **Halbcharakteristiken.**

Falls die Voraussetzungen in einem Gebiet G der x, y, t statt für alle x, y, t gelten, so kann man wie in § 1 zu einer anderen Differentialgleichung übergehen, bei der die Voraussetzungen für alle x, y, t erfüllt sind. Die aus den Voraussetzungen folgenden Eigenschaften der Lösungen gelten dann sinngemäß für die ursprüngliche Differentialgleichung nur insoweit, als die Lösungen in G verbleiben [vgl. u. a. die Sätze (3.1.III), (3.1.IV)].

Es wurde schon bemerkt, daß zu gegebener Charakteristik unendlich viele Trajektorien gehören, da man in einem Punkt $\{x_0, y_0\}$ einer Charakteristik noch den Wert $t = t_0$ der Trajektorie vorschreiben kann. Sind

$$x = x(t_0 + t), \qquad y = y(t_0 + t) \quad \text{mit} \quad x(t_0) = x_0, \qquad y(t_0) = y_0$$

und

$$x = x_1(t_1 + t), \qquad y = y_1(t_1 + t) \quad \text{mit} \quad x(t_1) = x_0, \qquad y(t_1) = y_0$$

zwei Integralkurven von (3.1.1), so ist

$$\frac{d x(t_0 + t)}{d t} = \frac{d x(t_0 + t)}{d(t_0 + t)} = f\big(x(t_0 + t), y(t_0 + t)\big)$$

und ebenso für $y(t_0 + t)$. Ferner ist

$$\frac{d\,x_1(t_1 + t)}{d\,t} = \frac{d\,x_1(t_1 + t)}{d\,(t_1 + t)} = f\big(x_1(t_1 + t),\, y_1(t_1 + t)\big)$$

und ebenso für $y_1(t_1 + t)$. Es genügen also die Funktionen $x(t_0 + t)$, $y(t_0 + t)$ sowie $x_1(t_1 + t)$, $y_1(t_1 + t)$ dem gleichen System (3.1.1) als Funktionen von t. Daher sind wegen der vorausgesetzten LIPSCHITZ-Bedingung die beiden nach Voraussetzung an der Stelle $t = 0$ übereinstimmenden Lösungen von (3.1.1) für alle t einander gleich. Der gleichen Charakteristik entsprechen demnach Trajektorien, die durch Parallelverschiebung in Richtung der t-Achse auseinander hervorgehen. Bezeichnet man durch $X(x_0,\, y_0,\, t)$, $Y(x_0,\, y_0,\, t)$ diejenige Lösung von (3.1.1), für die $X(x_0,\, y_0,\, 0) = x_0$, $Y(x_0,\, y_0,\, 0) = y_0$ ist, so wird $x(t) = X(x_0,\, y_0,\, t - t_0)$, $y(t) = Y(x_0,\, y_0,\, t - t_0)$ diejenige Lösung von (3.1.1), für die $x(t_0) = x_0$, $y(t_0) = y_0$ ist.

Ist insbesondere

$$f(x_0,\, y_0) = 0, \qquad g(x_0,\, y_0) = 0, \tag{3.1.8}$$

so ist die Parallele zur t-Achse

$$x = x_0, \qquad y = y_0$$

Trajektorie — sie geht durch die genannte Parallelverschiebung in sich über — und die zugehörige Charakteristik ist der Punkt $\{x_0,\, y_0\}$. Stellen von (3.1.1), für die (3.1.8) gilt, werden **kritische Stellen** von (3.1.1) genannt.

Als Folge des bisher Gesagten kann man hervorheben, daß durch jeden nichtkritischen Punkt $\{x_0,\, y_0\}$ genau eine Charakteristik geht. Diese wird durch Funktionen $x = x(t)$, $y = y(t)$ dargestellt, die nach dem Existenzsatz für alle $t \in (-\infty,\, +\infty)$ stetig sind. Man kann dabei noch den Wert t_0, für den $x(t_0) = x_0$, $y(t_0) = y_0$ sein soll, beliebig vorschreiben. Dadurch sind dann $x(t)$, $y(t)$ eindeutig bestimmt.

Die Charakteristiken sind offene oder geschlossene JORDAN-Kurven. Der erste Fall tritt ein, wenn es kein Wertepaar t_1, t_2 gibt, für das

$$x(t_1) - x(t_2) = 0, \qquad y(t_1) - y(t_2) = 0, \qquad t_1 - t_2 \neq 0 \tag{3.1.9}$$

ist. Gibt es aber ein solches Wertepaar t_1, t_2, für das (3.1.9) gilt, so ist die Charakteristik eine geschlossene JORDAN-Kurve. Denn nach einer bereits angestellten Überlegung gilt dann für alle τ

$$x(t_1 + \tau) = x(t_2 + \tau),$$
$$y(t_1 + \tau) = y(t_2 + \tau),$$

so daß die Funktionen $x(t)$ und $y(t)$ periodisch sind:

$$x\big(t + n(t_2 - t_1)\big) = x(t),$$
$$y\big(t + n(t_2 - t_1)\big) = y(t), \qquad n \text{ ganz.}$$

Es kann nun der Fall eintreten, daß die Grenzwerte

$$\lim_{t\uparrow\infty} x(t) = x_0, \quad \lim_{t\uparrow\infty} y(t) = y_0 \quad \text{oder} \quad \lim_{t\downarrow\infty} x(t) = x_0, \quad \lim_{t\downarrow\infty} y(t) = y_0$$

existieren und je beide endlich sind. Das Beispiel

$$\frac{dx}{dt} = x, \quad \frac{dy}{dt} = y$$

mit den Charakteristiken

$$x = c_1 e^t, \quad y = c_2 e^t, \quad c_1, c_2 \text{ konstant}, \quad t\downarrow\infty$$

zeigt, daß dies vorkommen kann. Hier gehen alle Charakteristiken durch den Punkt $\{0, 0\}$. Das ist der kritische Punkt des Systems. Die Charakteristiken sind ja die Geraden

$$c_2 x - c_1 y = 0.$$

Allgemein gilt der folgende

Satz[1] (3.1.I). *Es mögen die Grenzwerte*

$$\lim_{t\uparrow\infty} x(t) = x_0 \quad \text{und} \quad \lim_{t\uparrow\infty} y(t) = y_0$$

existieren und beide endlich sein, oder es mögen die Grenzwerte

$$\lim_{t\downarrow\infty} x(t) = x_0 \quad \text{und} \quad \lim_{t\downarrow\infty} y(t) = y_0$$

existieren und beide endlich sein. Dann ist der Punkt $\{x_0, y_0\}$ eine kritische Stelle des Systems (3.1.1), für das $x = x(t)$, $y = y(t)$ eine Charakteristik ist.

Es sei erinnert, daß ein für allemal eine LIPSCHITZ-Bedingung vorausgesetzt wurde.

Beweis. Betrachten wir den Fall $t\uparrow\infty$. Wäre $\{x_0, y_0\}$ nichtkritisch, und wäre z. B. $f(x_0, y_0) \neq 0$, so gäbe es ein $T > 0$, so daß

$$\left|f\big(x(t), y(t)\big)\right| \geq \left|\frac{f(x_0, y_0)}{2}\right| > 0 \quad \text{für} \quad t \geq T$$

wäre. Es wäre also entweder

$$f\big(x(t), y(t)\big) \geq \frac{f(x_0, y_0)}{2} > 0 \quad \text{für} \quad t \geq T$$

oder

$$f\big(x(t), y(t)\big) \leq \frac{f(x_0, y_0)}{2} < 0 \quad \text{für} \quad t \geq T.$$

---

[1] Es sei daran erinnert, daß nach Satz (1.5.IV) eine Lösung, die für ein *endliches* t_0 die Eigenschaft

$$\lim_{t\downarrow t_0} x(t_0) = x_0, \quad \lim_{t\downarrow t_0} y(t) = y_0 \quad \text{bzw.} \quad \lim_{t\uparrow t_0} x(t) = x_0, \quad \lim_{t\uparrow t_0} y(t) = y_0$$

hat, mit der durch die Anfangsbedingung $x(t_0) = x_0$, $y(t_0) = y_0$ definierten Lösung identisch ist.

Im ersten Fall wäre

$$\frac{dx}{dt} = f(x(t),\, y(t)) \geqq \frac{f(x_0,\, y_0)}{2} > 0 \quad \text{für} \quad t \geqq T.$$

Daraus folgt durch Integration

$$x(t) - x(T) \geqq \frac{f(x_0,\, y_0)}{2}\,(t - T) \quad \text{für} \quad t \geqq T.$$

Im zweiten Falle findet man analog

$$x(t) - x(T) \leqq \frac{f(x_0,\, y_0)}{2}\,(t - T) \quad \text{für} \quad t \geqq T.$$

Beide Male wäre also

$$|x(t) - x(T)| \geqq \left| \frac{f(x_0,\, y_0)}{2} \right| (t - T) \quad \text{für} \quad t \geqq T,$$

so daß sich doch $\lim\limits_{t\uparrow\infty} x(t) = \infty$ ergibt. Analog schließt man in dem anderen im Satz erwähnten Fall, daß $t \downarrow \infty$ strebt.

Ein anderes vorhin schon bewiesenes Ergebnis sei noch ausdrücklich als Satz formuliert.

Satz (3.1.II). *Die Charakteristiken von* (3.1.1) *sind* (bei erfüllter LIPSCHITZ-Bedingung in x und y) *für* $t \in (-\infty,\, +\infty)$ *stetige offene oder geschlossene* JORDAN-*Kurven.*

Man darf den Inhalt der beiden Sätze nicht dahin verstehen, daß jeder kritische Punkt für $t \uparrow \infty$ oder für $t \downarrow \infty$ asymptotische Stelle von Charakteristiken wäre. Das zeigt das Beispiel

$$\frac{dx}{dt} = y, \qquad \frac{dy}{dt} = -x.$$

Die Trajektorien sind nach (2.2.40)

$$x = c \sin(t - t_0), \qquad y = c \cos(t - t_0), \qquad c \text{ konstant.} \tag{3.1.10}$$

Die Charakteristiken sind die Kreise

$$x^2 + y^2 = c^2. \tag{3.1.11}$$

Für $t \uparrow \infty$ oder $t \downarrow \infty$ existieren bei den (3.1.10) keine Grenzwerte. Wohl aber kann man sagen, daß jeder Punkt eines jeden Kreises (3.1.11) Häufungspunkt von unendlich vielen Stellen

$$t = t_0 + n\pi, \qquad n = 0,\, \pm 1,\, \pm 2,\, \dots$$

der gleichen Charakteristik ist. Es kommt ja sogar die gleiche Stelle eines Kreises für diese unendlich vielen Werte von t heraus.

Betreffs stetiger Abhängigkeit der Charakteristiken von den Anfangsbedingungen sei folgendes hervorgehoben: Sind

$$C_\varkappa(t): \{X(x_\varkappa,\, y_\varkappa,\, t),\, Y(x_\varkappa,\, y_\varkappa,\, t)\},\ -d \leqq t \leqq d, \qquad \varkappa = 1, 2$$

Bogen der Charakteristiken durch $\{x_{\varkappa}, y_{\varkappa}\}$, so gehört zu jeden $\varepsilon > 0$ ein $\delta(\varepsilon) > 0$, so daß $C_1(t)$ für $(x_1 - x_0)^2 + (y_1 - y_0)^2 \leq \delta^2(\varepsilon)$ in einer ε-Umgebung von $C_0(t)$ verläuft:

$$|C_1(t) - C_0(t)|^2 \leq \varepsilon^2 \quad \text{für} \quad (x_1 - x_0)^2 + (y_1 - y_0)^2 \leq \delta^2(\varepsilon), \; -d \leq t \leq d.$$

Das folgt aus Satz (1.3.VI).

In diesem § 3 gilt das Interesse wesentlich den Charakteristiken als Kurven der x, y-Ebene. Erst in zweiter Linie interessiert die Abhängigkeit vom Parameter t. Manchmal kann man durch Änderung des Parameters die Integration vereinfachen. Es sei z. B.

$$\left. \begin{aligned} \frac{dx}{dt} &= f(x, y)\, F(x, y), \\ \frac{dy}{dt} &= g(x, y)\, F(x, y) \end{aligned} \right\} \tag{3.1.12}$$

vorgelegt. Die rechten Seiten sollen einen gemeinsamen Faktor $F(x, y)$ haben, doch derart, daß die Differentialgleichungen,

$$\left. \begin{aligned} \frac{dx}{d\tau} &= f(x, y), \\ \frac{dy}{d\tau} &= g(x, y) \end{aligned} \right\} \tag{3.1.13}$$

ihrerseits die betr. Stetigkeit usw. gemachten Voraussetzungen erfüllen. Hat man dann (3.1.13) integriert, so kann man längs jeder Integralkurve $x(\tau)$, $y(\tau)$ durch

$$\frac{d\tau}{dt} = F\big(x(\tau), y(\tau)\big) \tag{3.1.14}$$

den ursprünglich gewünschten Parameter t einführen. Das gelingt überall da, wo $F(x, y) \neq 0$ bleibt. Das heißt, an allen nichtkritischen Stellen von (3.1.12). Eine Stelle $\{x_0, y_0\}$, für die $F(x_0, y_0) = 0$ ist, ist kritisch für (3.1.12), aber nicht immer kritisch für (3.1.13). Durch (3.1.13) werden demnach die Charakteristiken von (3.1.12) erfaßt mit Ausnahme der punktförmigen Charakteristiken $x = x_0$, $y = y_0$, für die $F(x_0, y_0) = 0$ ist, für die aber $f(x_0, y_0)$ und $g(x_0, y_0)$ nicht beide verschwinden.

Ein Beispiel wird die Sache vollends klarmachen. Es sei

$$\frac{dx}{dt} = a\,x + b\,y + c,$$

$$\frac{dy}{dt} = m(a\,x + b\,y + c), \quad a^2 + b^2 \neq 0 \tag{3.1.15}$$

vorgelegt. a, b, c, m seien konstant. Man wird

$$\frac{dx}{d\tau} = 1, \quad \frac{dy}{d\tau} = m$$

durch
$$x = \tau + x_0, \qquad y = m\tau + y_0 \tag{3.1.16}$$
integrieren und dann t aus
$$\frac{d\tau}{dt} = a(\tau + x_0) + b(m\tau + y_0) + c$$
ermitteln. Das liefert für $a x_0 + b y_0 + c \neq 0$
$$t = t_0 + \int\limits_0^\tau \frac{d\xi}{a(\xi + x_0) + b(m\xi + y_0) + c}. \tag{3.1.17}$$
Die Charakteristiken von (3.1.15) sind schon durch (3.1.16) als Geraden
$$y - y_0 = m(x - x_0) \tag{3.1.18}$$
bekannt. Kritisch für (3.1.15) sind aber auch die Punkte der Geraden
$$a x + b y + c = 0. \tag{3.1.19}$$
Der kritische Charakter dieser Geraden ist aber wesentlich eine Folge der Parameterwahl. Denn die übrigen Charakteristiken sind doch die Geraden (3.1.18), die in den Punkten von (3.1.19) keine Besonderungen zeigen. Nähert sich aber in (3.1.17) τ einem Wert, für den der Nenner in (3.1.17) verschwindet, d. h. nähert sich $\{\tau + x_0,\, m\tau + y_0\}$ einem Punkt von (3.1.19), so gilt $t \uparrow \infty$ oder $t \downarrow \infty$. Den hier beiseite gelassenen Fall, daß $a x + b y + c = 0$ eine Charakteristik von (3.1.15) darstellt, mag der Leser selber durchdenken.

Zum Unterschied von der Differentialgleichung (1.1.1), die nach § 1.1. ein Feld von Linienelementen definiert, legt ein stationäres System (3.1.1) ein *Feld von Vektoren*, d. i. gerichteten Linienelementen, fest. (3.1.1) ordnet nämlich jedem Trägerpunkt $\{x,\, y\}$ einen Vektor
$$\mathfrak{v}(x,\, y) = \left(\frac{dx}{dt},\, \frac{dy}{dt}\right) = (f(x,\, y),\, g(x,\, y)) \tag{3.1.20}$$
zu. Die Koordinaten der Feldvektoren $\mathfrak{v}$ sind stetige Funktionen von $\{x,\, y\}$, die nur an den kritischen Stellen beide verschwinden. Es möge ein beschränktes einfach zusammenhängendes[1] Gebiet G herausgegriffen werden, dem der Punkt $\{0,\, 0\}$ angehören möge, und es werde angenommen, daß das Vektorfeld $\mathfrak{v}(x,\, y)$ im ganzen Gebiet G nur endlich viele kritische Stellen hat. Durchläuft der Trägerpunkt $\{x,\, y\}$ der Feldvektoren eine stetige orientierte geschlossene Kurve C aus G, die keine kritische Stelle des Feldes trifft, so sind die Koordinaten von $\mathfrak{v}$ sowie der analytische Winkel[2] von $\mathfrak{v}$ gegen eine festgewählte

---

[1] Ein Gebiet heißt einfachzusammenhängend, wenn seine Komplementärmenge zusammenhängend ist. Mit anderen Worten: wenn das Innere einer jeden im Gebiet verlaufenden geschlossenen doppelpunktfreien Polygonperipherie ganz zum Gebiet gehört.

[2] Bei analytischem Winkel sind ϑ und $\vartheta + 2\pi$ verschiedene Winkel. Die geometrischen Winkel werden mod 2π genommen, so daß ϑ und $\vartheta + 2\pi$ nicht unterschieden werden.

Ausgangsrichtung stetige Funktionen längs C. Dieser Winkel ändert sich bei voller Durchlaufung von C um $h \cdot 2\pi$ mit ganzem h. Diese Zahl h heißt der **Index** des Vektorfeldes in bezug auf die Kurve C.

In dem besonderen Fall, daß $\mathfrak{v}$ der Ortsvektor der Punkte von C ist, ist der Index von C nichts anderes als die *Umlaufszahl* von C um den gemeinsamen Anfangspunkt dieser Ortsvektoren.

Ein anderer Fall ist der, daß C eine geschlossene JORDAN-Kurve ist, und daß längs C das Feld $\mathfrak{v}$ mit dem *Feld der Tangentenvektoren* der orientierten Kurve C zusammenfällt. $\mathfrak{v}$ sei längs C stetig. Dann ist der Index von C in bezug auf das Feld seiner Tangentenvektoren je nach der Orientierung von C entweder $+1$ oder -1. Das sieht man etwa so ein. Man erinnere sich, daß die Summe der Außenwinkel eines passend orientierten einfachgeschlossenen Polygons 2π ist. Darauf kann man die Aussage über den Index der geschlossenen JORDAN-Kurve im Feld ihrer Tangentenvektoren reduzieren, wenn man C genügend genau durch ein Sehnenpolygon ohne Selbstüberkreuzungen approximiert. Der Beweisgedanke wird vielleicht noch klarer, wenn man die Ecken des Sehnenpolygons abrundet. Insbesondere ist demnach der Index einer geschlossenen Charakteristik von (3.1.1) im Feld (3.1.20) je nach ihrer Orientierung $+1$ oder -1. Denn sie ist eine JORDAN-Kurve, da für (3.1.1) ein Unitätssatz gilt und da (3.1.20) längs ihr Feld von Tangentenvektoren ist.

Nun soll der Index von C mit dem Index der kritischen Punkte des Feldes $\mathfrak{v}$ in Zusammenhang gebracht werden. Approximiert man C genügend nahe durch ein orientiertes Sehnenpolygon Π, so ist der Index von C dem Index von Π gleich. Man kann dann Π triangulieren, d. h. in Dreiecke zerlegen, deren Seiten keinen kritischen Punkt des Vektorfeldes $\mathfrak{v}$ treffen, und zwar so, daß in jedem Dreieck höchstens eine kritische Stelle liegt. Der Index von Π ist dann der Summe der Indizes der passend orientierten Dreiecke gleich[1]. Enthält ein Dreieck Δ keinen kritischen Punkt, so mag man ohne Beschränkung der All-

---

[1] Das sieht man so ein: Es genügt die Behauptung für zwei längs einem Streckenzug AB aneinanderstoßende Polygone Π_1 und Π_2 zu beweisen. Man durchlaufe erst den Rand von Π_1 von A nach B längs dem Streckenzug, der von dem gemeinsamen Seitenzug AB verschieden ist und schließe dann die Durchlaufung von B nach A des gemeinsamen Streckenzuges an. Dann hat man die Änderung des Winkels bei Umlaufung von Π_1 erhalten; dann umlaufe man Π_2, und zwar erst rückwärts wieder von A nach B längs des gemeinsamen Kantenzuges. Dadurch wird die auf diesen entfallende Winkeländerung wieder rückgängig gemacht und dann durchlaufe man den Rest des Randes von Π_2 von B nach A. Dann hat man zu der Winkeländerung bei Umlaufung von Π_1 die Winkeländerung bei Umlaufung von Π_2 zugefügt, hat aber andererseits wegen des eben erwähnten Rückgängigmachens die Winkeländerung bei Umlaufung des Randes des aus der Vereinigung von Π_1 und Π_2 längs AB entstehenden größeren Polygons erhalten.

gemeinheit annehmen, daß der $\{0, 0\}$ ein innerer Punkt von Δ ist. Dann hängt der Index der Dreiecke $\lambda\Delta$, $0 < \lambda \leqq 1$ stetig von λ ab. Er hat daher für alle diese Dreiecke den gleichen Wert, da er nur ganzzahliger Werte fähig ist. Ist aber λ klein genug, so sind die Winkel, welche die den Punkten von $\lambda\Delta$ zugeordneten Feldvektoren mit einem festen Vektor bilden, wegen der Stetigkeit des Feldes so wenig voneinander verschieden, daß der Index nur 0 sein kann. Enthält Δ einen kritischen Punkt im Inneren, so darf man wieder annehmen, daß es der $\{0, 0\}$ ist. Dann haben wieder alle Dreiecke $\lambda\Delta$, $0 < \lambda \leqq 1$ den gleichen Index. Ist Π z. B. ein geschlossenes JORDAN-Polygon, das keinen kritischen Punkt enthält, so ist sein Index 0. Enthält ein JORDAN-Polygon Π nur einen kritischen Punkt P, so ist der Index von Π dem Index jenes Dreiecks um P gleich. Da man bei der Triangulierung beliebiger JORDAN-Polygone um P stets das gleiche kleine Dreieck Δ um P verwenden kann, hängt der Index von Π nur von seiner Orientierung ab. Das gilt dann auch für die durch Polygone approximierten C. Hat C insbesondere um P die Umlaufszahl $+1$, so nennt man diesen gemeinsamen Index aller dieser C den *Index von P*. Der Index eines nichtkritischen Punktes des Feldes ist demnach 0. Hat C für mehrere kritische Punkte die Umlaufszahl $+1$, für alle anderen aber die Umlaufszahl 0, so ist der Index von C gleich der Summe der Indizes jener kritischen Stellen, um die C die Umlaufszahl $+1$ hat. Das ist der Fall, der uns hier besonders interessiert und den sich der Leser stets vorstellen möge, falls ihm die vorstehenden Deduktionen etwas zu allgemein und abstrakt vorkommen.

Als ein Hauptergebnis dieser Überlegungen notiere ich

Satz (3.1.III). *Die Koeffizienten von (3.1.1) seien in einem einfachzusammenhängenden Gebiet G stetig. G möge nur endlich viele kritische Stellen von (3.1.1) enthalten. In G sei eine geschlossene JORDAN-Kurve C gelegen, die durch keinen kritischen Punkt hindurchgeht, und die* (passend orientiert) *für jeden kritischen Punkt entweder die Umlaufszahl $+1$ oder 0 hat. Dann ist der Index von C gleich der Summe der Indizes derjenigen kritischen Punkte, für die C die Umlaufszahl $+1$ hat* (mit anderen Worten, derjenigen kritischen Stellen, die im Inneren von C gelegen sind). *Insbesondere umschließt jede geschlossene Charakteristik mindestens eine kritische Stelle.*

Weiter beweise ich

Satz (3.1.IV) (BENDIXSON). *Es sei G ein Gebiet, das nur endlich viele kritische Stellen von (3.1.1) enthält. Die Koeffizienten von (3.1.1) sollen in G stetig sein und LIPSCHITZ-Bedingungen hinsichtlich x und hinsichtlich y genügen. B sei eine abgeschlossene Teilmenge von G. Eine Halbcharakteristik C (t) möge B angehören. Es wird behauptet: Entweder* *kommt C mindestens einer kritischen Stelle beliebig nahe, oder C ist geschlossen, oder C ist asymptotisch zu einer geschlossenen Charakteristik D.*

C heißt **asymptotisch** zu D, wenn jeder Punkt von D Häufungspunkt von Punkten $C(\tau_\mu)$ mit $\tau_\mu \uparrow \infty$ (bzw. $\tau_\mu \downarrow \infty$) ist, und wenn jeder Häufungspunkt einer solchen Punktfolge $C(\tau_\mu)$ auf D liegt.

Beweis von Satz (3.1.IV). Es genügt, Halbcharakteristiken mit $t \uparrow \infty$ zu betrachten. Wenn $C(t)$ für $t \uparrow \infty$ keiner kritischen Stelle beliebig nahe kommt, so gibt es eine nichtkritische Stelle P, die Grenzpunkt von Punkten $C(t_\mu)$ für $t_\mu \uparrow \infty$ ist. Durch P geht eine Charakteristik D. Auf ihr betrachte ich einen P im Inneren enthaltenden Bogen und errichte auf ihm in P die irgendwie orientierte Normale n. Ich wähle den Bogen von D und das Normalenstück n so kurz, daß beide sich nur in P schneiden. Beides sollen abgeschlossene Strecken bzw. Bogen sein. Dann kann man das Normalenstück weiter so kurz wählen, daß die durch seine Punkte gehenden Charakteristiken Bogen enthalten, die sämtlich für wachsende t das Normalenstück n im gleichen Sinn schneiden, d. h. entweder alle von links nach rechts oder alle von rechts nach links überschreiten. Denn in einer genügend kleinen Umgebung von P sind die Vektoren des durch (3.1.1) definierten Vektorfeldes in ihrer Richtung beliebig wenig verschieden. Unter diesen Charakteristikenbogen durch Punkte des Normalenstücks n greife ich nun diejenigen heraus, die auf C liegen. Dazu gehören insbesondere diejenigen Charakteristikenbogen, die durch die gegen P konvergierenden Punkte $C(t_\mu)$ hindurchgehen[1]. Die Schnittpunkte *aller* Bogen von $C(t)$ mit n bezeichne ich nun weiter mit $C(t_\nu) = P_\nu$, wobei die Numerierung entsprechend wachsendem Parameterwert auf $C(t)$ gewählt sei. [Es sind also die vorher mit $C(t_\mu)$ bezeichneten Punkte, die gegen P konvergierten durch andere Punkte ersetzt, nämlich die Punkte, in denen die sie passierenden Bogen von $C(t)$ die Normale n schneiden, und es sind zu diesen, den alten $C(t_\mu)$ entsprechenden Schnittpunkten noch einige weitere hinzugekommen. Diese bilden jedenfalls eine abzählbare Menge, weil jeder ein innerer Punkt eines auf $C(t)$ gelegenen Bogens ist.] Entweder fallen dann alle P_ν mit P zusammen. Dann ist die Charakteristik C geschlossen, oder es ist dies nicht der Fall. Dann seien P_ν und $P_{\nu+1}$ zwei aufeinanderfolgende, voneinander verschiedene Schnittpunkte von C mit n im eben beschriebenen Sinn. Der Bogen $\overgroup{P_\nu P_{\nu+1}}$ von C und die Strecke $\overline{P_\nu P_{\nu+1}}$

---

[1] Das ergibt sich aus dem oben betr. die stetige Abhängigkeit der Charakteristiken von den Anfangsbedingungen Gesagten. Ein Stück der Normalen zerlegt nämlich als Querschnitt die genügend kleine ε-Umgebung eines Charakteristikenbogens durch P in zwei Teilgebiete, so daß die beiden Endpunkte des Charakteristikenbogens verschiedenen Teilgebieten angehören.

von n bilden zusammen eine JORDAN-Kurve. $C(t)$ gehört für $t > t_{v+1}$ entweder dem Inneren J oder dem Äußeren A dieser JORDAN-Kurve an. Denn falls $C(t)$ in J eintritt, wenn t gerade den Wert t_{v+1} überschreitet, dann muß $C(t)$ für weiterwachsende t in J bleiben, weil $C(t)$ keinen Punkt seiner selbst ein zweites Mal passieren kann (Unitätssatz) und weil $C(t)$ daher, um J zu verlassen, das Normalenstück $\overline{P_v P_{v+1}}$ in einem von dem angenommenen verschiedenen Sinn überschreiten müßte (Abb. 2). Analog ist es, wenn $C(t)$ in A eintritt, sobald t den Wert t_{v+1} überschreitet. Daher liegt P_{v+1} zwischen P_v und allen P_j mit $j \geqq v + 2$. Daraus, daß $P_v \neq P_{v+1}$ ist, folgt demnach durch Wiederholung der Schlußweise, daß es unendlich viele P_v gibt, und daß diese auf n eine monotone Folge bilden. Diese monotone Folge hat auf n einen Grenzpunkt, der nur P sein kann, da ja ein Teil der

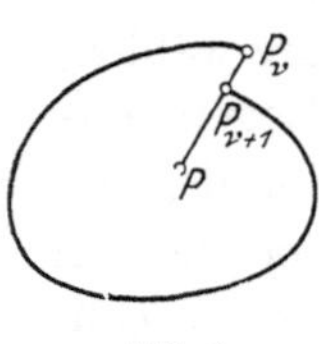

Abb. 2

Bogen von C durch die Punkte $C(t_v)$ zugleich durch alte Punkte $C(t_\mu)$ geht, die gegen P konvergieren. Man betrachte die Halbcharakteristik D durch P für wachsende t. Jeder Bogen von D wird von C beliebig genau approximiert. Dies folgt aus § 1.6.: stetige Abhängigkeit der Charakteristiken von den Anfangsbedingungen. Denn P ist ein Grenzpunkt der P_v. Zwar sind die Parameterwerte t_v nicht einander gleich. Man kann aber auf jeder in einem P_v beginnenden Halbcharakteristik den Parameter durch Addition einer passenden Zahl zu t so ändern, daß er in allen P_v den gleichen Wert hat. Das wurde ja zu Beginn von § 3.1. begründet. Daher wird jeder Bogen von D durch C beliebig genau approximiert. Daher bleibt D wie C in der abgeschlossenen Menge B und kommt wie C keiner kritischen Stelle beliebig nahe. Daher gibt es einen Punkt Q in B und eine Punktfolge auf D, die Q als Grenzpunkt hat, und deren Parameterwerte ins Unendliche wachsen. Man lege wieder eine Charakteristik E durch Q, errichte auf ihr eine orientierte Normale, die wieder n heißen soll, wähle auf n eine Strecke und auf E einen Bogen so kurz, daß sie einander nicht ein zweites Mal treffen und wähle wieder n noch so kurz, daß die Charakteristiken durch Punkte von n alle für wachsende t die Normale n im gleichen Sinn schneiden.

Q_v seien jetzt als Schnittpunkte von D mit n gewählt. Es gibt deren unendlich viele, wenn wir annehmen, daß D nicht geschlossen ist. Sie bilden aus dem vorhin dargelegten Grund auf n eine monotone, gegen Q konvergierende Folge. Da aber Q Häufungspunkt auch von Punkten von C ist — da ja jeder Punkt von D, also auch die Q_v, Häufungspunkte von Punkten von C sind —, so bilden auch die Schnittpunkte P_k^* von C mit n eine monoton auf n gegen Q konvergierende Folge. Da aber alle Q_v auch von C approximiert werden und da die Schnittpunkte von C mit der durch Q gelegten kurzen Normalen n von E auf den durch Punkte von n als Anfangspunkten eindeutig bestimmten Charakteristikenbogen liegen müssen, so müßten die P_k^* sich auch gegen jedes Q_ν häufen, was der Monotonie der Folge P_k^* widerspricht. Daher ist die Annahme, D sei nicht geschlossen ad absurdum geführt. Satz (3.1.IV) ist damit bewiesen.

3.2. Stationäre lineare Differentialgleichungen

Sie haben die Form

$$\left.\begin{aligned}
\frac{dx}{dt} &= a\,x + b\,y + A\,, \\[1mm]
\frac{dy}{dt} &= c\,x + d\,y + B
\end{aligned}\right\} \tag{3.2.1}$$

mit konstanten Koeffizienten. Über ihre Integration ist in § 2.2.6. und § 2.2.7. gesprochen worden. Jetzt interessiert uns der Verlauf der Lösungskurven, insbesondere in der Umgebung kritischer Stellen. Wenn in (3.2.1) $a\,d - b\,c \neq 0$ ist, haben die Gleichungen

$$a\,x + b\,y + A = 0, \quad c\,x + d\,y + B = 0$$

eine Lösung (x_0, y_0).

Die Substitution

$$x = x_0 + \xi, \quad y = y_0 + \eta$$

führt dann auf die homogenen Differentialgleichungen

$$\left.\begin{aligned}
\frac{dx}{dt} &= a\,x + b\,y\,, \\[1mm]
\frac{dy}{dt} &= c\,x + d\,y\,,
\end{aligned}\right\} \tag{3.2.2}$$

wenn man statt (ξ, η) wieder (x, y) schreibt. Ihre Betrachtung wird der Hauptgegenstand des vorliegenden Abschnittes sein.

Vorab mag aber ein Wort über den Fall $a\,d - b\,c = 0$ von (3.2.1) gesagt werden. Dann treten kritische Stellen nur auf, wenn Differentialgleichungen wie (3.1.15) vorgelegt sind. Darüber ist schon in § 3.1. das Nötige ausgeführt. Anderenfalls treten kritische Stellen nicht auf. Die Integration wurde in § 2.2.6. durchgeführt.

Es handelt sich jetzt weiter um ein näheres Studium des Falles, daß in (3.2.2) $a\,d - b\,c \neq 0$ ist. Die kritische Stelle ist $\{0, 0\}$. Dem § 2.2.6. kann man entnehmen, daß man durch eine lineare Transformation der x, y stets eine der folgenden sechs Normalformen herstellen kann. Bis auf affine Transformation gibt daher die Kenntnis des Verlaufs der Lösungskurven in den folgenden sechs Fällen Aufschluß über den Verlauf der Lösungskurven auch im allgemeinen. Es sind .dies

a) $\quad \dfrac{dx}{dt} = \lambda_1 x, \qquad \dfrac{dy}{dt} = \lambda_2 y, \ \lambda_1 \neq \lambda_2, \ \lambda_1 \lambda_2 > 0,$

b) $\quad \dfrac{dx}{dt} = \lambda x, \qquad \dfrac{dy}{dt} = \lambda y,$

c) $\quad \dfrac{dx}{dt} = \lambda_1 x, \qquad \dfrac{dy}{dt} = \lambda_2 y, \ \lambda_1 \lambda_2 < 0,$

d) $\quad \dfrac{dx}{dt} = \lambda x + y, \qquad \dfrac{dy}{dt} = \lambda y, \ \lambda \neq 0,$

e) $\quad \dfrac{dx}{dt} = \mu x + \nu y, \qquad \dfrac{dy}{dt} = -\nu x + \mu y, \ \mu \neq 0, \ \nu \neq 0,$

f) $\quad \dfrac{dx}{dt} = \nu y, \qquad \dfrac{dy}{dt} = -\nu x, \ \nu \neq 0.$

In den Fällen a), b), c), d) sind λ_1 und λ_2 bzw. λ die Wurzeln der charakteristischen Gleichung

$$\begin{vmatrix} a - \lambda & b \\ c & d - \lambda \end{vmatrix} = 0.$$

In den Fällen b) und d) ist λ Doppelwurzel derselben. Bei e) und f) sind $\mu \pm i\nu$ die beiden Wurzeln der charakteristischen Gleichung. Fall f) ist durch $\mu = 0$ gekennzeichnet. Nach § 2.2.6. ist die charakteristische Gleichung gegenüber linearer Transformation mit konstanten Koeffizienten von x und y in (3.2.1) invariant. Da $ad - bc \neq 0$ vorausgesetzt wurde, sind daher die in a) bis f) vorkommenden Zahlen λ_1, λ_2, λ, ν sämtlich von Null verschieden [$\nu = 0$ in e) ist durch b) gedeckt].

Ich gebe für jeden der sechs Fälle nach § 2.2.6. die Charakteristiken an und beschreibe ihren Verlauf insbesondere in der Nähe des $\{0, 0\}$. Dabei deute ich die x, y als rechtwinklige cartesische Koordinaten.

a) Die Charakteristiken sind

$$x = x_0 \exp(\lambda_1 t), \qquad y = y_0 \exp(\lambda_2 t). \tag{3.2.3}$$

Wenn $x_0 \neq 0$ ist, kann man dafür auch schreiben

$$y = y_0 \left(\frac{x}{x_0} \right)^{\left(\frac{\lambda_2}{\lambda_1} \right)}. \tag{3.2.4}$$

Diese Schreibweise erfaßt daher alle Charakteristiken mit Ausnahme von $x \equiv 0$ und der punktförmigen Charakteristik $(x, y) = (0, 0)$. Sämtliche anderen Charakteristiken nähern sich asymptotisch der kritischen Stelle, und zwar berühren für $\dfrac{\lambda_2}{\lambda_1} > 1$ alle mit Ausnahme von $x = 0$ die x-Achse in $\{0, 0\}$. Für $\dfrac{\lambda_2}{\lambda_1} < 1$ berühren alle Charakteristiken außer $y = 0$ in $\{0, 0\}$ die y-Achse. Man nennt eine solche kritische Stelle einen *zweitangentigen Knoten.* Er heißt (asymptotisch) *stabil,* wenn $\{0, 0\}$ für $t \uparrow \infty$ asymptotischer Punkt ist, d. h. also für $\lambda_1 < 0$, $\lambda_2 < 0$. Im anderen Fall, d. h. bei $\lambda_1 > 0$, $\lambda_2 > 0$, ist $\{0, 0\}$ für $t \downarrow \infty$ Grenzpunkt. Dann nennt man den Knoten (asymptotisch) *instabil.*

Ein **zweitangentiger Knoten** an der Stelle $\{0, 0\}$ ist für eine beliebige Differentialgleichung wie folgt charakterisiert: *Es gibt eine Kreisscheibe um $\{0, 0\}$ derart, daß durch jeden von $\{0, 0\}$ verschiedenen Punkt derselben genau eine nicht aus einem einzigen Punkt bestehende Charakteristik geht. Diese Charakteristiken konvergieren alle für $t \uparrow \infty$ oder alle für $t \downarrow \infty$ gegen $\{0, 0\}$. Sie haben auch alle in $\{0, 0\}$ Tangenten, und zwar alle bis auf zwei die gleiche Tangente. Die Tangenten der beiden letzten gehören mit entgegengesetzter Richtung der gleichen Geraden an, die von der gemeinsamen Tangente der übrigen Charakteristiken verschieden ist.*

b) Die Charakteristiken sind

$$x = x_0 \exp(\lambda\, t), \qquad y = y_0 \exp(\lambda\, t).$$

Das sind die Geraden

$$x\, y_0 - y\, x_0 = 0.$$

Alle nähern sich asymptotisch der kritischen Stelle. Alle haben in $\{0, 0\}$ verschiedene Richtungen. Man nennt eine solche kritische Stelle einen Stern. Er ist stabil für $\lambda < 0$ und instabil für $\lambda > 0$.

Ein **Stern** an der Stelle $\{0, 0\}$ ist für eine beliebige Differentialgleichung wie folgt charakterisiert: *Es gibt eine Kreisscheibe um $\{0, 0\}$ derart, daß durch jeden von $\{0, 0\}$ verschiedenen Punkt derselben genau eine nicht aus einem einzigen Punkt bestehende Charakteristik geht. Diese Charakteristiken konvergieren alle für $t \uparrow \infty$ oder alle für $t \downarrow \infty$ gegen $\{0, 0\}$. Jede hat eine Tangente in $\{0, 0\}$, und zwar tritt jede Halbgerade durch $\{0, 0\}$ bei genau einer Charakteristik als Tangente auf.*

c) Auch hier gelten die Darstellungen (3.2.3) und (3.2.4) der Charakteristiken. Wegen $\lambda_1 \lambda_2 < 0$ gehen aber jetzt nur $x = 0$ und $y = 0$ durch den kritischen Punkt. Die übrigen haben diese beiden Koordinatenachsen zu Asymptoten für $t \uparrow \infty$ oder für $t \downarrow \infty$ und verlaufen in der Nähe des $\{0, 0\}$ topologisch wie gleichseitige Hyperbeln. Man nennt eine solche kritische Stelle einen Sattel.

Ein **Sattel** an der Stelle $\{0, 0\}$ ist für eine beliebige Differentialgleichung wie folgt charakterisiert: *Es gibt eine Kreisscheibe K um $\{0, 0\}$ derart, daß durch jeden Punkt derselben genau eine nicht aus* *einem einzigen Punkt bestehende Charakteristik geht. Von diesen Charakteristiken konvergieren nur vier gegen {0, 0}, und zwar zwei für $t \uparrow \infty$ und zwei für $t \downarrow \infty$. Alle vier haben in {0, 0} Tangenten, und zwar bilden die Halbtangenten der beiden für $t \uparrow \infty$ gegen {0, 0} konvergierenden den Winkel π miteinander. Ebenso ist es bei den beiden anderen. Die beiden letztgenannten Halbtangenten bestimmen eine Gerade, die von der durch die beiden erstgenannten Halbtangenten bestimmten Geraden verschieden ist.*

d) Die Charakteristiken sind

$$x = x_0 \exp(\lambda t) + y_0 t \exp(\lambda t),$$
$$y = \qquad\qquad y_0 \exp(\lambda t).$$

Sie nähern sich bei $\lambda > 0$ für $t \downarrow \infty$ asymptotisch dem {0, 0}. Im Falle $\lambda < 0$ tritt diese Annäherung für $t \uparrow \infty$ ein. Alle haben im {0, 0} die x-Achse zur Tangente. Man nennt eine solche kritische Stelle einen eintangentigen Knoten. Er heißt stabil für $\lambda < 0$ und instabil für $\lambda > 0$.

Ein **eintangentiger Knoten** an der Stelle {0, 0} ist für eine beliebige Differentialgleichung wie folgt charakterisiert: *Es gibt eine Kreisscheibe um {0, 0} derart, daß durch jeden von {0, 0} verschiedenen Punkt derselben genau eine nicht aus einem einzigen Punkt bestehende Charakteristik geht. Diese Charakteristiken konvergieren entweder alle für $t \uparrow \infty$ oder alle für $t \downarrow \infty$ gegen {0, 0}. Jede hat eine Tangente in {0, 0}, und zwar alle die gleiche Tangente, und zwar so, daß jede der beiden Halbgeraden dieser Tangente unendlich oft als asymptotische Richtung auftritt.*

e) Die Charakteristiken sind

$$x = \exp(\mu t)\{x_0 \cos \nu t + y_0 \sin \nu t\},$$
$$y = \exp(\mu t)\{-x_0 \sin \nu t + y_0 \cos \nu t\}.$$

Das sind logarithmische Spiralen, die sich für $\mu t \downarrow \infty$ asymptotisch um {0, 0} winden. Daß es sich um logarithmische Spiralen handelt, sieht man schon der Differentialgleichung an. Denn ist ϑ der Winkel der Vektoren

$$\left(\frac{dx}{dt}, \frac{dy}{dt}\right) \quad \text{und} \quad (x, y),$$

so ist

$$\cos \vartheta = \frac{\mu}{\sqrt{\mu^2 + \nu^2}}, \qquad \sin \vartheta = \frac{\nu}{\sqrt{\mu^2 + \nu^2}}.$$

Das heißt, die Tangentenvektoren der Charakteristiken schneiden die Geraden durch {0, 0} alle unter dem gleichen Winkel ϑ. Sie sind, wie man sagt, isogonale Trajektorien des genannten Geradenbüschels. Man nennt eine solche kritische Stelle einen Strudel. Er heißt stabil für $\mu < 0$ und instabil für $\mu > 0$.

Ein **Strudel** an der Stelle $\{0, 0\}$ ist für eine beliebige Differentialgleichung wie folgt charakterisiert: *Es gibt eine Kreisscheibe um $\{0, 0\}$ derart, daß durch jeden von $\{0, 0\}$ verschiedenen Punkt derselben genau eine nicht aus einem einzigen Punkt bestehende Charakteristik geht. Diese Charakteristiken konvergieren entweder alle für $t \uparrow \infty$ oder alle für $t \downarrow \infty$ gegen $\{0, 0\}$. Keine derselben mündet in bestimmter Richtung in $\{0, 0\}$, sondern alle Charakteristiken schneiden jede Gerade durch $\{0, 0\}$ unendlich oft.*

f) Die Charakteristiken sind die Kreise

$$x^2 + y^2 = c^2, \quad c \text{ konstant.}$$

Man nennt eine solche kritische Stelle ein Zentrum.

Ein **Zentrum** an der Stelle $\{0, 0\}$ ist für eine beliebige Differentialgleichung wie folgt charakterisiert: *Es gibt eine Kreisscheibe um $\{0, 0\}$ derart, daß durch jeden von $\{0, 0\}$ verschiedenen Punkt der Kreisscheibe genau eine nicht aus einem einzigen Punkt bestehende Charakteristik geht. Unter diesen Charakteristiken gibt es geschlossene JORDAN-Kurven, die den Punkt $\{0, 0\}$ im Inneren enthalten, und zwar derart, daß jede Charakteristik, die einen Punkt mit dem Inneren der erstgenannten Charakteristik gemein hat, ebenfalls geschlossene JORDAN-Kurve ist und den Punkt $\{0, 0\}$ im Inneren enthält.*

Nun möge für die Differentialgleichungen (3.2.2) mit $ad - bc \neq 0$ der in § 3.1. erklärte **Index der kritischen Stelle** $\{0, 0\}$ bestimmt werden. Es wird sich ergeben, daß der Index $+1$ ist, wenn $ad - bc > 0$ ist und -1, wenn $ad - bc < 0$ ist. Dies folgt daraus, daß der Vektor

$$\mathfrak{v} = \left(\frac{dx}{dt}, \frac{dy}{dt} \right)$$

laut (3.2.2) durch eine affine Transformation aus dem Ortsvektor (x, y) der Trägerpunkte hervorgeht. Die affinen Transformationen mit $ad - bc > 0$ bilden bekanntlich ein einziges Gebiet im Raum der a, b, c, d. Daher kann man den der identischen Transformation entsprechenden Punkt des Raumes der a, b, c, d mit dem der affinen Transformation (3.2.2) entsprechenden Punkt durch eine stetige Kurve im Raum der a, b, c, d verbinden. Durchläuft die affine Transformation, von der Identität beginnend, diese Kurve, so ändert sich der Index des Vektorfeldes stetig und bleibt daher konstant, weil er nur ganzzahliger Werte fähig ist. Im Falle der identischen affinen Transformation fällt aber das Feld der $\left(\frac{dx}{dt}, \frac{dy}{dt} \right)$ mit dem Feld der Ortsvektoren (x, y) der Bahnkurve ihrer Trägerpunkte zusammen.

Da diese die Umlaufszahl $+1$ um P haben soll, hat auch das Vektorfeld den Index $+1$. Auch die affinen Transformationen negativer Determinante erfüllen ein Gebiet des Raumes der a, b, c, d. Daher ist aus dem gleichen Grund für alle Felder (3.2.2) mit $ad - bc < 0$ der Index von $\{0, 0\}$ der gleiche wie in dem Fall, daß die affine Transformation die Spiegelung an der x-Achse ist, was der Differentialgleichung

$$\frac{dx}{dt} = x, \qquad \frac{dy}{dt} = -y$$

entspricht. Da aber die Spiegelung die Orientierung ändert, ist hier der Index -1.

Wendet man das auf die sechs Fälle a) $\cdots$ f) an, die vorhin unterschieden wurden, so sieht man, daß der Index von $\{0, 0\}$ in den Fällen a), b), d), e) und f) den Wert $+1$ hat, während er im Falle c) den Wert -1 besitzt.

Nur im Sattelfall von (3.2.2) ist somit der Index -1, in allen anderen Fällen ist er $+1$. Bei den in § 2.2.6. beschriebenen affinen Transformationen, die (3.2.2) in eine der sechs Normalformen überführen, geht nämlich die Matrix $\mathfrak{a}$ der a, b, c, d in $\mathfrak{c}\,\mathfrak{a}\,\mathfrak{c}^{-1}$ über, wenn $\mathfrak{c}$ die Matrix der Transformation ist. Daher ändert sich das Vorzeichen der für den Index maßgebenden Determinante beim Übergang zu den sechs Normalformen nicht.

3.3. Die Dominanz der Linearglieder

In dem System

$$\left.\begin{aligned}
\frac{dx}{dt} &= a\,x + b\,y + p(x,\,y), \\[2mm]
\frac{dy}{dt} &= c\,x + d\,y + q(x,\,y)
\end{aligned}\right\} \tag{3.3.1}$$

seien $p(x,\,y)$ und $q(x,\,y)$ für kleine x und y klein gegenüber den Lineargliedern. Es fragt sich, inwieweit der Verlauf der Lösungskurven der gestörten Differentialgleichungen (3.3.1) in der Nähe von $\{0, 0\}$ mit dem Verlauf der Lösungskurven der ungestörten Differentialgleichungen

$$\left.\begin{aligned}
\frac{dx}{dt} &= a\,x + b\,y, \\[2mm]
\frac{dy}{dt} &= c\,x + d\,y
\end{aligned}\right\} \tag{3.3.2}$$

verglichen werden kann. Wann ergibt sich z. B. daraus, daß (3.3.2) bei $\{0, 0\}$ einen zweitangentigen Knoten hat, die gleiche Tatsache für (3.3.1)?

Wir beschränken die Betrachtung auf $ad - bc \neq 0$. Dann kann man durch eine lineare Transformation der x, y erreichen, daß die ungestörten Differentialgleichungen (3.3.2) eine der sechs Normalformen von § 3.2. haben. Wendet man auf (3.3.1) die gleiche lineare Transformation an, so erhalten deren Linearglieder die gleiche Gestalt, wenn man die folgenden Voraussetzungen macht: Nicht nur sollen nach wie vor $p(x, y)$ und $q(x, y)$ in der ganzen Ebene stetig sein und einer LIPSCHITZ-Bedingung hinsichtlich x und hinsichtlich y genügen, mit einem von x und y unabhängigen LIPSCHITZ-Faktor, sondern es soll auch noch

$$p(x, y) = o\left(\sqrt{x^2 + y^2}\right), \qquad q(x, y) = o\left(\sqrt{x^2 + y^2}\right) \qquad (3.3.3)$$

gleichmäßig in x und y in einer gewissen Umgebung der kritischen Stelle $\{0, 0\}$ gelten.

Aus (3.3.3) ergibt sich, daß $\{0, 0\}$ eine isolierte kritische Stelle ist. Das heißt, es gibt eine Kreisscheibe um $\{0, 0\}$, in der keine von $\{0, 0\}$ verschiedene kritische Stelle liegt. Für eine gemeinsame Nullstelle der rechten Seiten von (3.3.1) muß nämlich

$$x = \frac{-dp + bq}{ad - bc} = o\left(\sqrt{x^2 + y^2}\right), \qquad y = \frac{cp - aq}{ad - bc} = o\left(\sqrt{x^2 + y^2}\right)$$

gelten. Man wähle $\varrho > 0$ so, daß

$$\left|\frac{-dp + bq}{ad - bc}\right| < \frac{1}{\sqrt{2}} \sqrt{x^2 + y^2}, \qquad \left|\frac{cp - aq}{ad - bc}\right| < \frac{1}{\sqrt{2}} \sqrt{x^2 + y^2}$$

in $0 < x^2 + y^2 \leqq \varrho^2$ gilt. Dann wäre für jede gemeinsame Nullstelle $\{x_0, y_0\}$ aus $0 < x_0^2 + y_0^2 \leqq \varrho^2$

$$x_0^2 + y_0^2 < x_0^2 + y_0^2,$$

was Unsinn ist. In $x^2 + y^2 \leqq \varrho^2$ liegt also keine von $\{0, 0\}$ verschiedene kritische Stelle.

Es gilt weiter

Satz (3.3.I). *Die ungestörte Differentialgleichung (3.3.2) von (3.3.1) möge einer der Klassen* a), b), d), e) *von* § 3.2. *angehören. Außerdem möge (3.3.3) gelten. Dann gibt es eine Kreisscheibe um* $\{0, 0\}$ *derart, daß jede Charakteristik von (3.3.1), die durch einen von* $\{0, 0\}$ *verschiedenen Punkt dieser Kreisscheibe hindurchgeht, für* $t \downarrow \infty$ *oder für* $t \uparrow \infty$ *gegen* $\{0, 0\}$ *konvergiert. Ob die Annäherung für* $t \downarrow \infty$ *oder für* $t \uparrow \infty$ *statthat, ist von der Wahl der Störungsglieder* $p(x, y)$, $q(x, y)$ *unabhängig.*

Diese Aussage bleibt richtig, auch dann, wenn p *und* q *in* (3.3.1) *von* t *abhängen, wofern (3.3.3) gleichmäßig in* t *gilt, und zwar bei charakte-*

ristischen Wurzeln von (3.3.2) mit positivem Realteil gleichmäßig für
$t \downarrow \infty$ *und bei charakteristischen Wurzeln mit negativem Realteil gleich-*
mäßig für $t \uparrow \infty$.

Ich beginne mit den Fällen a) und b). Man darf annehmen

$$\left.\begin{aligned}
\frac{dx}{dt} &= \lambda_1 x + p(x,\,y), \\[2mm]
\frac{dy}{dt} &= \lambda_2 y + q(x,\,y), \quad \lambda_1 \geqq \lambda_2 > 0.
\end{aligned}\right\} \tag{3.3.4}$$

Denn $\lambda_1 \geqq \lambda_2$ kann man durch eine eventuelle Vertauschung von x
und y, d. i. eine lineare Transformation der $x,\,y$ erreichen. Daß λ_1
und λ_2 positiv sind, kann man durch eine eventuelle Vertauschung
von t mit $-t$ bewirken[1]. Dann folgt aus (3.3.3) die Existenz eines $\delta > 0$
so, daß

$$\frac{1}{2}\,\frac{d(x^2 + v^2)}{dt} = \lambda_2(x^2 + y^2) + (\lambda_1 - \lambda_2)\,x^2 + x\,p + y\,q,$$

$$> \lambda_2(x^2 + y^2) \qquad\qquad -\frac{\lambda_2}{2}\,(x^2 + y^2),$$

$$\frac{d(x^2 + y^2)}{dt} > \lambda_2(x^2 + y^2) \quad \text{für} \quad x^2 + y^2 \leqq \delta^2. \tag{3.3.5}$$

Denn wegen (3.3.3) ist

$$x\,p + y\,q = o(x^2 + y^2),$$

und daher gibt es ein $\delta > 0$, so daß

$$|x\,p + y\,q| < \frac{\lambda_2}{2}\,(x^2 + y^2) \quad \text{für} \quad x^2 + y^2 \leqq \delta^2$$

gilt. (3.3.5) bedeutet

$$\frac{d \log(x^2 + y^2)}{dt} > \lambda_2 > 0 \quad \text{für} \quad x^2 + y^2 \leqq \delta^2. \tag{3.3.6}$$

Das heißt, $x^2 + y^2$ nimmt ab, wenn t abnimmt. Also gilt $x^2 + y^2 \leqq \delta^2$
längs der ganzen Charakteristik für $t \leqq t_0$, wenn dies in einem Punkt
$\{x_0,\,y_0,\,t_0\}$ derselben gilt. Integration von (3.3.6) von t bis t_0 bei $t < t_0$
liefert

$$\log \frac{x^2 + v^2}{x_0^2 + y_0^2} < \lambda_2\,(t - t_0),$$

d. h.

$$x^2 + y^2 \downarrow 0 \quad \text{für} \quad t \downarrow \infty.$$

Somit ist Satz (3.3.I) in den Fällen a) und b) bewiesen.

---

[1] Daher genügt es auch, die $t \downarrow \infty$ betreffende Behauptung des Satzes zu beweisen.

Ich wende mich zu Fall d). Multipliziert man in der unter d) in § 3.2. angegebenen Normalform y noch mit $\lambda/2$, so handelt es sich um[1]

$$\begin{aligned}
\frac{dx}{dt} &= \lambda x + \frac{\lambda}{2} y + p(x, y), \\
\frac{dy}{dt} &= \qquad \lambda y + q(x, y), \quad \lambda > 0
\end{aligned} \right\} \tag{3.3.7}$$

(mit neuen p und q). Daraus folgt

$$\frac{1}{2} \frac{d(x^2 + y^2)}{dt} = \lambda(x^2 + y^2) + \frac{\lambda}{2} x y + x p + y q.$$

Nun ist

$$|x y| \leqq \frac{1}{2}(x^2 + y^2),$$

$$|x p + y q| < \frac{x^2 + y^2}{4} \lambda, \quad x^2 + y^2 \leqq \delta^2$$

für passendes $\delta > 0$. Daher ist

$$\frac{d(x^2 + y^2)}{dt} > \lambda(x^2 + y^2),$$

und man kann wie bei a) und b) weiterschließen.

Im Falle e) endlich handelt es sich um[1]

$$\begin{aligned}
\frac{dx}{dt} &= \mu x + \nu y + p(x, y), \\
\frac{dy}{dt} &= -\nu x + \mu y + q(x, y), \quad \mu > 0, \nu \neq 0.
\end{aligned} \right\} \tag{3.3.8}$$

Daraus folgt

$$\frac{1}{2} \frac{d(x^2 + y^2)}{dt} = \mu(x^2 + y^2) + x p + y q,$$

und man kann wie vorhin weiterschließen.

Es verdient hervorgehoben zu werden, daß der zu a), b), d) und e) vorgetragene Beweisgang richtig bleibt, auch dann, wenn p und q von t abhängen, wofern dann (3.3.3) gleichmäßig für $t \leqq t_0$ gilt, bei passender Wahl von t_0.

Satz (3.3.I) ist somit bewiesen.

Noch darf man bemerken, daß von der Annahme, daß p und q einer LIPSCHITZ-Bedingung genügen, kein Gebrauch gemacht wurde.

Zum Abschluß dieser Betrachtungen sei auch auf die Bedeutung von Satz (3.3.I) für technische Anwendungen hingewiesen. Man nennt eine Lösung L_1 einer Differentialgleichung (3.3.1) nach LIAPOUNOFF **stabil**, wenn jede andere Lösung L_2 der gleichen Differentialgleichung, die genügend nahe bei L_1 beginnt, auch in ihrem weiteren Verlauf

---

[1] Aus den bei (3.3.4) angegebenen Gründen genügt es, den Fall $\lambda > 0$ bzw. $\mu > 0$ zu behandeln.

in der Nähe von L_1 verbleibt. Präziser: L_1 durch den Anfangspunkt $\{x_0^{(1)}, y_0^{(1)}, t_0\}$ heißt stabil, wenn zu jedem $\varepsilon > 0$ ein $\delta(\varepsilon)$ gehört, so daß für jede Lösung L_2 mit Anfangspunkt $\{x_0^{(2)}, y_0^{(2)}, t_0\}$

$$|x_2(t) - x_1(t)|^2 + |y_2(t) - y_1(t)|^2 < \varepsilon^2 \quad \text{für alle} \quad t \geq t_0$$

gilt, wofern nur

$$|x_0^{(2)} - x_0^{(1)}|^2 + |y_0^{(2)} - y_0^{(1)}|^2 < \delta^2(\varepsilon)$$

ist.

Im Sinne dieser Definition ist $x = 0$, $y = 0$ eine stabile Lösung von (3.3.2) immer dann, wenn die sämtlichen charakteristischen Wurzeln einen nichtpositiven Realteil haben. Die triviale Lösung $x = 0$, $y = 0$ ist aber auch für (3.3.1) stabil, wenn alle charakteristischen Wurzeln einen negativen Realteil haben, und wenn (3.3.3) gleichmäßig in t für $t \geq t_0$ gilt im Falle, daß p und q auch von t abhängen.

Es ist nützlich, noch eine Bemerkung anzufügen darüber, wie sich die Lösungen von (3.3.1) für $t \uparrow \infty$ verhalten, wenn man zu der Annahme zurückkehrt, daß die Realteile der charakteristischen Wurzeln positiv sind. Es gilt der

Satz (3.3.I'). *Wenn sämtliche charakteristische Wurzeln einen positiven Realteil haben, und (3.3.3) gleichmäßig in t für $t \geq t_0$ erfüllt ist, dann kann keine Lösung von (3.3.1) für $t \uparrow \infty$ gegen $\{0, 0\}$ konvergieren.*

Das folgt in den Fällen a) und b) unmittelbar aus (3.3.6). Nimmt man nämlich eine Lösung mit der Anfangsbedingung

$$x(t_0) = x_0, \quad y(t_0) = y_0, \quad x_0^2 + y_0^2 < \delta^2$$

und verfolgt sie für $t > t_0$ und nimmt an, daß sie für $t \uparrow \infty$ gegen $\{0, 0\}$ konvergiert, daß also

$$x^2(t) + y^2(t) < \delta^2 \quad \text{für} \quad t > t_0$$

gilt, so liefert Integration von (3.3.6)

$$\log \frac{x^2(t) + y^2(t)}{x_0^2 + y_0^2} > \lambda_2(t - t_0),$$

was $x^2 + y^2 \to 0$ widerspricht.

Analog schließt man in den anderen Fällen.

Es soll nun die bei den ungestörten Differentialgleichungen in § 3.2. gekennzeichnete tangentielle oder spiralige Konvergenz gegen $\{0, 0\}$ bei (3.3.1) untersucht werden. Dabei beschränke ich mich wieder auf den Fall, daß $p(x, y)$ und $q(x, y)$ von t unabhängig sind. Ich behandle zuerst den Fall a). In (3.3.4), Fall a), d. h. mit[1] $\lambda_1 > \lambda_2 > 0$,

---

[1] Den Fall $\lambda_1 < 0$, $\lambda_2 < 0$ führt man durch Vorzeichenänderung von t auf $\lambda_1 > 0$, $\lambda_2 > 0$ zurück. $\lambda_1 > \lambda_2$ darf man annehmen, da man $\lambda_1 < \lambda_2$ durch Vertauschung von x und y darauf reduzieren kann.

führe man Polarkoordinaten durch

$$\left.\begin{aligned} x &= R\cos\varphi, \\ y &= R\sin\varphi \end{aligned}\right\} \qquad (3.3.9)$$

ein. Dann erhält man

$$\left.\begin{aligned} \frac{1}{R}\frac{dR}{dt} &= \lambda_1 + (\lambda_2 - \lambda_1)\sin^2\varphi + P(R,\varphi), \\ \frac{d\varphi}{dt} &= \frac{\lambda_2 - \lambda_1}{2}\sin 2\varphi + Q(R,\varphi). \end{aligned}\right\} \qquad (3.3.10)$$

Hier sind $P(R,\varphi)$, $Q(R,\varphi)$ periodisch mit der Periode 2π in φ, und es gilt in Abhängigkeit von R gleichmäßig in φ

$$P(R,\varphi) = o(1), \qquad Q(R,\varphi) = o(1), \qquad R\downarrow 0$$

Außerdem wissen wir vom Beweis von Satz (3.3.I), daß $R\downarrow 0$ für $t\downarrow\infty$ gilt. Die Abnahme von R ist für $0 < R \leqq \delta$ monoton[1] für $t\downarrow\infty$, wie sich beim Beweis von Satz (3.3.I) zeigte.

Es sei irgendeine Charakteristik C durch einen Punkt $\{x_0, y_0\}$ mit $0 < x_0^2 + y^2 \leqq \delta^2$ gegeben. Man sieht aus (3.3.10), daß φ längs C für $t\downarrow\infty$ nicht über alle Grenzen wachsen kann. Denn es ist

$$\frac{\lambda_2 - \lambda_1}{2}\sin 2\varphi < 0 \quad \text{für} \quad \varphi = \frac{\pi}{4} + 2h\pi,$$

$$\frac{\lambda_2 - \lambda_1}{2}\sin 2\varphi > 0 \quad \text{für} \quad \varphi = \frac{3\pi}{4} + 2h\pi, \quad h \text{ ganz}.$$

Für hinreichend großes $|t|$ ist R und damit Q so klein, daß längs C

$$\frac{d\varphi}{dt} < 0 \quad \text{für} \quad \varphi = \frac{\pi}{4} + 2h\pi,$$

$$\frac{d\varphi}{dt} > 0 \quad \text{für} \quad \varphi = \frac{3\pi}{4} + 2h\pi$$

ist. Das heißt, für $t\downarrow\infty$ überschreitet φ längs C, wenn überhaupt so jedes $\varphi = \frac{\pi}{4} + 2h\pi$ zunehmend, und jedes $\varphi = \frac{3\pi}{4} + 2h\pi$, wenn überhaupt so abnehmend. Daher kann $\varphi(t)$ längs C für $t\downarrow\infty$ weder beliebig große positive noch beliebig starke negative Werte haben. Ja es folgt sogar, daß φ längs C für genügend große $|t|$ bei $t\downarrow\infty$ auf ein Intervall der Länge $\pi/2$ beschränkt bleibt. Daher müssen Häufungspunkte von $\varphi(t)$ für $t\downarrow\infty$ auftreten, da ja R längs C monoton nach 0 konvergiert. Es seien

$$t_1 > t_2 > \cdots \downarrow\infty \quad \text{und} \quad \varphi_0$$

so gewählt, daß

$$\varphi(t_\nu) \to \varphi_0$$

konvergiert. Dann ist

$$\sin 2\varphi_0 = 0.$$

---

[1] δ ist wie bei dem Beweis von Satz (3.3.I) erklärt.

Denn anderenfalls wäre wegen $Q(R, \varphi) = o(1)$ ein $\varepsilon > 0$ und ein $\sigma(\varepsilon) > 0$ vorhanden, so daß in (3.3.10)

$$\left|\frac{d\varphi}{dt}\right| \geqq \varepsilon \quad \text{für} \quad |\varphi - \varphi_0| \leqq \sigma(\varepsilon)$$

gilt. Es hätte also $d\varphi/dt$ in $|\varphi - \varphi_0| \leqq \sigma(\varepsilon)$ ein festes Vorzeichen, z. B. das positive, und wäre in diesem Intervall $\dfrac{d\varphi}{dt} \geqq \varepsilon$. Daher müßte $\varphi(t)$ bei abnehmendem t das Intervall über seine linke Grenze verlassen, könnte aber bei weiterer Abnahme von t nicht wieder ins Intervall hineinkommen. Denn das müßte über den linken Randpunkt geschehen, und den kann $\varphi(t)$ wie gesagt nur abnehmend passieren. Aus dieser Überlegung folgt, daß $\varphi(t)$ längs C einen Grenzwert hat, und daß dieser mod 2π einer der vier Werte $0, \pi/2, \pi, 3\pi/2$ sein muß. Sämtliche Charakteristiken konvergieren also im Falle a) bei $\lambda_1 > \lambda_2 > 0$ für $t \downarrow \infty$ asymptotisch zu den Koordinatenachsen gegen $\{0, 0\}$. Wir haben also

Satz (3.3.II). *Im Falle a), d. h. (3.3.4) mit $\lambda_1 > \lambda_2 > 0$ und (3.3.3), gibt es um $\{0, 0\}$ eine Kreisscheibe derart, daß alle Charakteristiken, die durch einen von $\{0, 0\}$ verschiedenen Punkt dieser Kreisscheibe gehen, für $t \downarrow \infty$ asymptotisch zu einer der vier Koordinatenrichtungen gegen $\{0, 0\}$ konvergieren.*

Bei der Definition des **zweitangentigen Knotens** in § 3.2. wurde weiter festgestellt, daß alle Charakteristiken mit Ausnahme vón zweien asymptotisch zu den Halbachsen der *gleichen* Koordinatenachse — hier der y-Achse — gegen $\{0, 0\}$ konvergieren, während die beiden übrigen asymptotisch zu den beiden Halbachsen der anderen Koordinatenachse — hier der x-Achse — gegen $\{0, 0\}$ streben. Um auch dieses Stück der Knoteninvarianz für (3.3.4) zu bestätigen, muß man zu (3.3.3) weitere Voraussetzungen über p und q hinzufügen. Ich nehme an

$$\left.\begin{aligned}
|p(x, y_1) - p(x, y_2)| &\leqq o(1)\,|y_1 - y_2|, \\
|q(x, y_1) - q(x, y_2)| &\leqq o(1)\,|y_1 - y_2|, \\
\text{für} \quad x_1^2 + y_1^2 &\to 0, \quad x_2^2 + y_2^2 \to 0.
\end{aligned}\right\} \tag{3.3.11}$$

Dann ergibt sich zunächst aus Satz (1.5.VII), daß es höchstens eine Lösung geben kann, die tangential zur positiven x-Achse in $\{0, 0\}$ mündet und ebenso höchstens eine, die tangential zur negativen x-Achse in $\{0, 0\}$ eingeht.

Sind nämlich $x = f_1(t)$, $y = g_1(t)$ und $x = f_2(t)$, $y = g_2(t)$ zwei Charakteristiken, die für $t \downarrow \infty$ tangential zur positiven x-Achse nach $\{0, 0\}$ konvergieren, so haben diese in der Umgebung des $\{0, 0\}$ keinen Schnittpunkt, weil nach der in § 3.1. ein für allemal vorausgesetzten

LIPSCHITZ-Bedingung durch jeden von $\{0, 0\}$ verschiedenen Punkt aus $x^2 + y^2 \leqq \delta^2$ genau eine Charakteristik geht. Wir stellen die tangential zur positiven x-Achse gegen $\{0, 0\}$ konvergierenden Charakteristiken in der Form $y = y_1(x)$, $y = y_2(x)$ dar; sie sind dann für $0 < x \leqq \delta_1$ bei hinreichend kleinem $\delta_1 < \delta$ Lösungen von

$$\frac{dy}{dx} = \frac{\lambda_2 y + q(x, y)}{\lambda_1 x + p(x, y)} = F(x, y), \qquad (3.3.12)$$

und man kann $y_1(x) > y_2(x)$ in $0 < x \leqq \delta_1$ annehmen. Wegen (3.3.11) bleibt der Nenner für hinreichend kleine δ_1 und ψ in $0 < R \leqq \delta_1$, $|\varphi| \leqq \psi$ von Null verschieden. Denn nach (3.3.3) ist

$$|\lambda_1 x + p(x, y)| \geqq \lambda_1 R \cos \psi + \varepsilon R > 0$$

bei gegebenem $\varepsilon > 0$ und $\psi > 0$ und bei hinreichend kleinem δ_1. Für hinreichend kleines δ_1 gehören die beiden Lösungen $y_1(x)$, $y_2(x)$ dem eben genannten Winkelraum an. Man ergänze das in diesem Winkel stetig erklärte $F(x, y)$ nach § 1.1. zu einem in $0 < x \leqq \delta_1$ stetigen $F(x, y)$ und wende den Satz (1.5.VII) an. So erkennt man, daß die beiden tangential zur positiven x-Achse gegen $\{0, 0\}$ konvergierenden Lösungen nicht verschieden sein können. Vertauscht man x mit $-x$, so zieht man den gleichen Schluß für die negative x-Achse. Es bleibt aber noch zu zeigen, daß die rechte Seite von (3.3.12) der im Satz (1.5.VII) gemachten Voraussetzung genügt. Es ist

$$F(x, y_1) - F(x, y_2)$$
$$= \frac{\lambda_2 \lambda_1 x (y_1 - y_2) + \lambda_2 (p_2 y_1 - p_1 y_2) + \lambda_1 x (q_1 - q_2) + q_1 p_2 - q_2 p_1}{(\lambda_1 x + p_1)(\lambda_1 x + p_2)}$$

mit
$$p_j = p(x, y_j), \qquad q_j = q(x, y_j), \qquad j = 1, 2.$$

Aus (3.3.3) und (3.3.11) folgt dann wegen $\lambda_1 > \lambda_2$ die gesuchte Abschätzung, die in Satz (1.5.VII) vorausgesetzt wurde.

Nun bleibt noch die Existenz der asymptotisch zur x-Achse gegen $\{0, 0\}$ konvergierenden Charakteristiken zu beweisen. Die Koordinatenachsen zerlegen in üblicher Weise die Umgebung $x^2 + y^2 \leqq \delta^2$ von $\{0, 0\}$ in vier Quadranten, die wir im positiven Drehsinn numerieren, beginnend mit dem Quadranten I der positiven x und y. In jedem dieser Quadranten gibt es einen Winkelraum, in dem nach (3.3.10) wegen (3.3.3) $-\dfrac{d\varphi}{dt}$ ein festes Vorzeichen hat. Und zwar ist es im ersten Winkelraum das positive, im zweiten das negative, im dritten das positive und im vierten das negative. Daraus folgt nach (3.3.10), daß eine jede Charakteristik durch einen Punkt des ersten oder des zweiten Winkelraums für $t \downarrow \infty$ asymptotisch zur positiven y-Achse gegen $\{0, 0\}$ strebt, während jede Charakteristik durch einen Punkt des dritten oder vierten Winkelraums asymptotisch zur negativen y-Achse gegen $\{0, 0\}$ strebt. Es gibt somit einen die positive y-Achse enthaltenden Winkelraum W, so daß alle in ihm beginnenden Charakteristiken für $t \downarrow \infty$ asymptotisch zur positiven y-Achse in $\{0, 0\}$ münden. Und ebenso ist es bei der negativen y-Achse. Zwei auf $x^2 + y^2 = \delta^2$ im ersten und zweiten vorhin genannten Winkelraum beginnenden Charakteristiken C_1 und C_2 bestimmen nämlich auf $x^2 + y^2 = \delta^2$ einen den Punkt $\{0, \delta\}$ enthaltenden Bogen, und jede auf diesem Bogen beginnende Charakteristik muß zwischen C_1 und C_2 verlaufend asymptotisch zur positiven y-Achse in $\{0, 0\}$ münden. Ist weiter C irgendeine in einem Punkte P_0 von $x^2 + y^2 = \delta^2$ beginnende Charakteristik, die zur positiven y-Achse asymptotisch ist, so muß sie in ihrem Verlauf für $t \downarrow \infty$ Punkte mit W gemein haben. Ist P_1 ein solcher Punkt, so gibt es nach dem Satz (1.6.IV), der ja unverändert auch für Systeme gilt, eine Umgebung U_0 von P_0 und eine W angehörende Umgebung U_1 von P_1, so daß jede in U_0 beginnende Charakteristik durch einen Punkt von U_1 geht und daher für $t \downarrow \infty$ in $\{0, 0\}$ asymptotisch zur positiven y-Achse mündet. Das gleiche gilt auch für die Charakteristiken, die asymptotisch zur negativen y-Achse in $\{0, 0\}$ münden. Es gibt daher im ersten oder vierten Quadranten mindestens eine Stelle Q auf $x^2 + y^2 = \delta^2$, durch die weder eine Charakteristik geht, die asymptotisch zur positiven y-Achse in $\{0, 0\}$ mündet, noch eine, die asymptotisch zur negativen y-Achse in $\{0, 0\}$ mündet. Da aber nach Satz (3.3.I) auch durch diesen Punkt Q eine in $\{0, 0\}$ mündende Charakteristik geht und da sie nach Satz (3.3.II) asymptotisch zu einer Koordinatenachse in $\{0, 0\}$ mündet, so kann dies nur die x-Achse sein, und zwar muß es die positive x-Achse sein, da der Weg zur negativen x-Achse aus Gründen der Unität durch die asymptotisch zur y-Achse in $\{0, 0\}$ mündenden Charakteristiken gesperrt ist. Ebenso schließt man unter Verwendung des zweiten und dritten Quadranten, daß es eine Charakteristik gibt, die tangential zur negativen x-Achse in $\{0, 0\}$ mündet.

Wir haben so

Satz (3.3.III). *In* (3.3.4) *mögen die Voraussetzungen* (3.3.3) *und* (3.3.11) *erfüllt sein, dann ist die kritische Stelle* $\{0, 0\}$ *ein zweitangentiger Knoten in dem in* § 3.2. *festgelegten Sinn.*

Ich komme zum Fall d) (**eintangentiger Knoten**). Ich nehme wieder (3.3.7) an. Man führe wieder durch (3.3.9) Polarkoordinaten ein. So erhält man

$$\frac{1}{R}\frac{dR}{dt} = \lambda + \frac{1}{2}\lambda \cos\varphi \sin\varphi + P(R, \varphi),$$

$$\frac{d\varphi}{dt} = -\frac{\lambda}{2}\sin^2\varphi + Q(R, \varphi), \qquad \lambda > 0. \tag{3.3.13}$$

Es genügt jetzt aber nicht mehr, (3.3.3) zu fordern. LONN hat das durch Beispiele belegt. Man nehme jetzt an

$$p(x, y) = o\left(\frac{R}{(\log R)^2}\right), \qquad q(x, y) = o\left(\frac{R}{(\log R)^2}\right). \qquad (3.3.14)$$

Das hat zur Folge

$$P(R, \varphi) = o\left(\frac{1}{(\log R)^2}\right), \qquad Q(R, \varphi) = o\left(\frac{1}{(\log R)^2}\right). \qquad (3.3.15)$$

Dann wird

$$\frac{1}{R}\frac{dR}{dt} > \frac{\lambda}{4} \quad \text{für, sagen wir} \quad R \leqq \varrho \leqq \delta.$$

Hier ist δ hinter (3.3.7) erklärt worden, so daß monoton abnehmendes R für $t \leqq t_0$ gesichert ist, falls ein Punkt $\{x_0, y_0, t_0\}$ der zu betrachtenden Charakteristik in $x^2 + y^2 \leqq \varrho^2$ liegt. Weiter wird

$$\frac{d\varphi}{dt} > -\frac{\lambda}{2}\sin^2\varphi - \frac{3}{32}\frac{\lambda}{4}\left(\frac{1}{\log R}\right)^2,$$

$$> -\frac{\lambda}{2}\varphi^2 - \frac{3}{32}\frac{\lambda}{4}\left(\frac{1}{\log R}\right)^2,$$

$$\frac{d\varphi}{dR} > \frac{1}{R}\left(-2\varphi^2 - \frac{3}{32}\left(\frac{1}{\log R}\right)^2\right), \qquad R \leqq \varrho \qquad (3.3.16)$$

und

$$\frac{d(\varphi - \pi)}{dR} > \frac{1}{R}\left(-2(\varphi - \pi)^2 - \frac{3}{32}\left(\frac{1}{\log R}\right)^2\right), \qquad R \leqq \varrho, \qquad (3.3.17)$$

falls ϱ hinreichend klein ist. Man kann beide Male mit dem gleichen ϱ auskommen. Man betrachte die Hilfsdifferentialgleichung

$$\frac{d\psi}{dR} = \frac{1}{R}\left(-2\psi^2 - \frac{3}{32}\left(\frac{1}{\log R}\right)^2\right).$$

Eine Lösung derselben ist

$$\psi = \frac{3}{8}\frac{1}{\log R}.$$

Man wähle ϱ so klein, daß $\left|\frac{1}{\log R}\right| < \frac{\pi}{2}$, $R \leqq \varrho$ ist. Dann liegt die Kurve

$$\varphi = \frac{3}{8}\frac{1}{\log R}$$

d. h.

$$x = R\cos\left(\frac{3}{8}\frac{1}{\log R}\right), \qquad y = R\sin\left(\frac{3}{8}\frac{1}{\log R}\right) \qquad (3.3.18)$$

im vierten Quadranten. Man betrachte außerdem die Kurve

$$\varphi - \pi = \frac{3}{8}\frac{1}{\log R}$$

d. i.

$$x = -R\cos\left(\frac{3}{8}\,\frac{1}{\log R}\right),\quad y = -R\sin\left(\frac{3}{8}\,\frac{1}{\log R}\right). \qquad (3.3.19)$$

Sie liegt im zweiten Quadranten. Beide Kurven münden tangential zur positiven bzw. negativen x-Achse in $\{0, 0\}$ und verbinden diesen Punkt mit der Kreisperipherie $x^2 + y^2 = \varrho^2$. (3.3.16) lehrt, daß die betrachtete Charakteristik, wenn überhaupt, so die Kurve (3.3.18) bei abnehmendem t, d. h. für $R \downarrow 0$, in Richtung abnehmender φ durchsetzt. Sie dringt also beim Übergang für $t \downarrow \infty$ weiter in den vierten Quadranten ein, kann denselben aber nicht wieder verlassen. Denn längs ihr nimmt R ab, sie trifft also für $t \downarrow \infty$ nicht mehr die Peripherie $x^2 + y^2 = \varrho^2$. Sie kann auch die negative y-Achse nicht treffen, falls ϱ hinreichend klein ist. Denn dann ist auf dieser nach (3.3.13) $\dfrac{d\varphi}{dt} < 0$.

Das heißt, die Charakteristik kann die negative y-Achse, wenn überhaupt, so nur in Richtung zunehmender φ passieren. Die Charakteristik kann aber auch nicht die Kurve (3.3.18) ein zweites Mal treffen, da dies ja nur in Richtung abnehmender φ geschehen kann. Genau ebenso überlegt man, daß eine Charakteristik, wenn überhaupt, so die Kurve (3.3.19) nur in Richtung abnehmender φ durchsetzen kann, während sie die positive y-Achse, wenn überhaupt, so nur in Richtung zunehmender φ durchsetzen kann. Diese Betrachtungen zeigen, daß $\varphi(t)$ längs jeder Charakteristik, falls t klein genug ist, für $t \downarrow \infty$ beschränkt bleibt. Genau wie im Falle a) überlegt man daran anknüpfend, daß $\varphi(t)$ für $t \downarrow \infty$ einem Grenzwert zustreben muß, längs einer jeden Charakteristik, und daß dies nur $\varphi = 0$ oder $\varphi = \pi$ sein kann. Daß beides unendlich oft eintritt, ist ebenfalls an Hand der vorstehenden Überlegungen klar. Somit haben wir

Satz (3.3.IV). *In* (3.3.7) *mögen die Voraussetzungen* (3.3.14) *erfüllt sein. Dann ist die kritische Stelle* $\{0, 0\}$ *ein eintangentiger Knoten in dem in* § 3.2. *festgelegten Sinn.*

Im Falle b) **(Stern)** handelt es sich um

$$\left.\begin{aligned}\frac{dx}{dt} &= \lambda x + p(x, y), \\[2mm] \frac{dy}{dt} &= \lambda y + q(x, y).\end{aligned}\right\} \qquad (3.3.20)$$

Im PERRONschen Beispiel

$$\frac{dx}{dt} = x - \frac{y}{\log R},\quad \frac{dy}{dt} = y + \frac{x}{\log R},\quad R^2 = x^2 + y^2$$

führt Einführung von Polarkoordinaten durch (3.3.9) zu

$$\frac{dR}{dt} = R,\quad \frac{d\varphi}{dt} = \frac{1}{\log R}.$$

Man hat daher die Lösungen

$$R = R_0\, e',\qquad \varphi = \varphi_0 + \log\left(-t + \log\frac{1}{R_0}\right) - \log\log\frac{1}{R_0}\,.$$

Das sind Spiralen, die für $t \downarrow \infty$ gegen $\{0, 0\}$ konvergieren. Die bisherigen Kleinheitsannahmen über p und q reichen also in (3.3.20) nicht mehr zur Sicherung der Sterninvarianz.

Das Beispiel

$$\frac{dx}{dt} = -x,$$

$$\frac{dy}{dt} = \begin{cases} -y - x\dfrac{1}{\log x}\cos\log\log\dfrac{1}{x}, & 0 < x < 1, \\[2mm] -y, & -1 < x \leqq 0 \end{cases} \qquad (3.3.21)$$

lehrt überdies, daß die bisherigen Annahmen über p und q nicht einmal die Alternative zwischen spiraliger und tangentieller Annäherung an die kritische Stelle sichern. Denn

$$x(t) = e^{-t},\qquad y(t) = e^{-t}\sin\log t,\qquad t > 0,$$

$$y(x) = x\sin\log\log\frac{1}{x},\qquad 0 < x < 1$$

ist eine Lösung von (3.3.21), die für $t \downarrow \infty$ gegen $\{0, 0\}$ — weder tangential noch spiralig — konvergiert.

Es werde weiterhin für (3.3.20) vorausgesetzt

$$p(x, y) = o(R^{1+\varepsilon}),\quad q(x, y) = o(R^{1+\varepsilon}),\quad \varepsilon > 0,\quad R^2 = x^2 + y^2.\quad (3.3.22)$$

Dann führt (3.3.9) zu

$$\frac{1}{R}\frac{dR}{dt} = \lambda + P(R, \varphi),$$

$$\frac{d\varphi}{dt} = Q(R, \varphi)$$

mit

$$P(R, \varphi) = o(R^\varepsilon),$$

$$Q(R, \varphi) = o(R^\varepsilon).$$

Setzt man

$$Q(R, \varphi) = R^\varepsilon Q_1(R, \varphi),$$

so ist $Q_1(R, \varphi) = o(1)$ gleichmäßig in R und φ. Man hat

$$\frac{d\varphi}{dR} = \frac{Q_1(R, \varphi)}{R^{1-\varepsilon}(\lambda + P(R, \varphi))}\,.$$

Substitution von

$$R_1 = R^\varepsilon$$

liefert

$$\frac{d\varphi}{dR_1} = \frac{Q_1(R_1^{1/\varepsilon}, \varphi)}{\varepsilon(\lambda + P(R_1^{1/\varepsilon}, \varphi))}\,.$$

Hier ist $R_1 = 0$ keine singuläre Stelle mehr, und es ist für die rechte Seite eine LIPSCHITZ-Bedingung hinsichtlich φ erfüllt, da diese für p und q ein für allemal in diesem Paragraphen sowohl hinsichtlich x als hinsichtlich y angenommen wurde. Daher gibt es zu jeder Anfangsbedingung $\varphi = \varphi_0$, $R_1 = 0$ genau eine Lösung. Daher gilt

Satz (3.3.V). *In (3.3.20) werde (3.3.22) vorausgesetzt. Dann gibt es eine Kreisscheibe um $\{0, 0\}$ derart, daß jede Lösung durch einen von $\{0, 0\}$ verschiedenen Punkt derselben für $\lambda t \downarrow \infty$ tangential zu einer festen Richtung gegen $\{0, 0\}$ konvergiert. In jeder Richtung durch $\{0, 0\}$ konvergiert genau eine Lösung gegen $\{0, 0\}$. Mit anderen Worten: $\{0, 0\}$ ist ein Stern in dem in § 3.2. festgelegten Sinn.*

Im Falle e) **(Strudel)** geht man wieder von (3.3.8) mit (3.3.3) aus. Führt man durch (3.3.9) Polarkoordinaten ein, so erhält man

$$\frac{1}{R} \frac{dR}{dt} = \mu + P(R, \varphi), \qquad (3.3.23)$$

$$\frac{d\varphi}{dt} = -v + Q(R, \varphi) \qquad (3.3.24)$$

mit

$$P = o(1), \quad Q = o(1) \quad \text{gleichmäßig in } R, \varphi. \qquad (3.3.25)$$

Da $\mu > 0$ und $v \neq 0$ sein soll, ergibt sich nicht nur aus (3.3.23) wegen (3.3.25) erneut, daß $R \downarrow 0$ für $t \downarrow \infty$ gilt, sondern folgt auch aus (3.3.24) mit (3.3.25), daß $\varphi \downarrow \infty$ für $t \downarrow \infty$, wenn $v < 0$ und daß $\varphi \uparrow \infty$ für $t \downarrow \infty$, wenn $v > 0$ ist. Die Charakteristiken sind demnach Spiralen, deren Windungssinn vom Vorzeichen von v allein abhängt. So gilt

Satz (3.3.VI). *Ist in (3.3.8) die Bedingung (3.3.3) erfüllt, so ist die kritische Stelle $\{0, 0\}$ ein Studelpunkt in dem in § 3.2. festgelegten Sinn,*

Im Falle f) **(Zentrum)**, der im Satz (3.3.I) beiseite blieb, handelt es sich um

$$\left.\begin{aligned} \frac{dx}{dt} &= v\, y + p(x, y), \\[1ex] \frac{dy}{dt} &= -v\, x + q(x, y), \quad v \neq 0 \end{aligned}\right\} \qquad (3.3.26)$$

mit (3.3.3). Hier lehren Beispiele, daß Kleinheitsvoraussetzungen über p und q allein über den qualitativen Verlauf der Lösungen in der Umgebung der kritischen Stelle $\{0, 0\}$ keinen Aufschluß geben können. Es ist klar, daß $\{0, 0\}$ weder Knoten noch Stern noch Sattel sein kann. Denn Einführung von Polarkoordinaten durch (3.3.9) in (3.3.26) führt zu

$$\frac{1}{R}\frac{dR}{dt} = P(R, \varphi),$$
$$\frac{d\varphi}{dt} = -\nu + Q(R, \varphi), \qquad (3.3.27)$$
$$P = o(1), \qquad Q = o(1).$$

Wegen $\nu \neq 0$ ist es nach den bei Fall e) gerade vorhin angestellten Überlegungen klar, daß jede Charakteristik, die für $t \uparrow \infty$ oder für $t \downarrow \infty$ gegen $\{0, 0\}$ konvergiert, eine Spirale sein muß, da längs ihr $\varphi \uparrow \infty$ oder $\varphi \downarrow \infty$ gelten muß. Aber es braucht, wie schon die ungestörte Differentialgleichung f) zeigt, keine gegen $\{0, 0\}$ konvergierende Charakteristik zu geben. Trotzdem liegt nicht immer Strudel oder Zentrum vor.

Beispiele sind lehrreich.

$$\frac{dx}{dt} = \quad y + 2y^3,$$
$$\frac{dy}{dt} = -x - 2x^3 \qquad (3.3.28)$$

hängt mit der exakten Differentialgleichung

$$x + 2x^3 + (y + 2y^3)\frac{dy}{dx} = 0$$

zusammen. Ihre Integrale sind

$$x^2 + y^2 + x^4 + y^4 = c.$$

Das sind die Charakteristiken von (3.3.28), also lauter geschlossene C_4, die $\{0, 0\}$ umlaufen. Also Zentrum.

Bei

$$\frac{dx}{dt} = \quad y + x(x^2 + y^2),$$
$$\frac{dy}{dt} = -x + y(x^2 + y^2)$$

führt Einführung von Polarkoordinaten nach (3.3.9) zu

$$\frac{dR}{dt} = R^3, \qquad \frac{d\varphi}{dt} = -1.$$

Die Lösungen sind die Spiralen

$$R^2 = \frac{1}{2\varphi + c}, \qquad c \text{ konstant.}$$

Also liegt ein Strudel vor.

Endlich liefert

$$\frac{dx}{dt} = \begin{vmatrix} y + (x^2 + y^2)^n\, x \sin \dfrac{1}{x^2 + y^2}\,, & x^2 + y^2 \neq 0\,, \\[2mm] 0\,, & x^2 + y^2 = 0\,, \end{vmatrix}$$

$$\frac{dy}{dt} = \begin{vmatrix} -x + (x^2 + y^2)^n\, y \sin \dfrac{1}{x^2 + y^2}\,, & x^2 + y^2 \neq 0\,, \\[2mm] 0\,, & x^2 + y^2 = 0\,, \end{vmatrix} \qquad (3.3.29)$$

$$n \geq 1 \text{ ganz.}$$

bei Einführung von Polarkoordinaten durch (3.3.9)

$$\frac{dR}{dt} = R^{2n+1} \sin \frac{1}{R^2}\,, \qquad \frac{d\varphi}{dt} = -1\,. \qquad (3.3.29')$$

Die Charakteristiken ergeben sich also aus

$$\frac{dR}{d\varphi} = -R^{2n+1} \sin \frac{1}{R^2}\,. \qquad (3.3.30)$$

Da die rechte Seite unendlich viele sich gegen 0 häufende Nullstellen

$$\sqrt{\frac{1}{h\pi}}\,, \qquad h = 1, 2, \ldots$$

hat, so gibt es unendlich viele geschlossene Charakteristiken

$$R = \sqrt{\frac{1}{h\pi}}\,, \qquad h = 1, 2, \ldots$$

In dem von zwei aufeinanderfolgenden Charakteristiken gebildeten Kreisring besitzt aber $dR/d\varphi$ ein unveränderliches Vorzeichen, so daß hier eine jede Charakteristik sich asymptotisch den beiden den Ring begrenzenden Kreisen anschmiegt. Nehmen wir nämlich z. B. ein R-Intervall, in dem die rechte Seite von (3.3.30) positiv ist. Es sei R_0 eine Stelle dieses Intervalls und es sei durch die Anfangsbedingung $R(\varphi_0) = R_0$ eine Lösung von (3.3.30) festgelegt. Aus Unitätsgründen verläuft sie völlig in dem Kreisring, dem ihr Anfangspunkt angehört. Sie soll für $\varphi > \varphi_0$ betrachtet werden. $R(\varphi)$ wächst monoton mit φ und konvergiert entweder für $\varphi \uparrow \infty$ gegen die auf R_0 folgende Nullstelle der rechten Seite von (3.3.30) — das ist die Behauptung — oder gegen einen kleineren Wert R_1. Dann ist aber $\dfrac{dR}{d\varphi} \geq \dfrac{1}{2}\, R_1^{2n+1} \times$ $\times \sin \dfrac{1}{R_1^2} = d > 0$ längs $R(\varphi)$ von einem gewissen φ an. Dann kann aber $R(\varphi)$ für $\varphi \uparrow \infty$ nicht beschränkt bleiben. Ähnlich schließt man für $\varphi \downarrow \infty$.

Eine geschlossene Kurve Z, der sich eine Charakteristik C für $t \uparrow \infty$ oder für $t \downarrow \infty$ asymptotisch nähert, in dem Sinne, daß eine Folge von Bogen von C gleichmäßig gegen Z konvergiert, nennt man nach POINCARÉ einen **Grenzzykel**. Im Beispiel treten die genannten Kreise als Grenzzykel auf, und zwar sind sie von beiden Seiten Grenzzykel, d. h. von beiden Seiten durch Charakteristiken approximiert. Auch im allgemeinen konvergiert eine gleichmäßig konvergente Folge von Bogen von Charakteristiken gegen einen Bogen einer Charakteristik.

Als Gegengewicht zu den Beispielen sei noch der folgende Satz (3.3.VII) hervorgehoben. (3.3.29) belegt nämlich, daß man durch Kleinheitsbedingungen für p und q in (3.3.26) nicht erzwingen kann, daß $\{0, 0\}$ ein Strudel oder ein Zentrum ist. Im folgenden Satz wird eine andersartige Bedingung angegeben, aus der doch dieser Schluß gezogen werden kann.

Satz (3.3.VII). *In (3.3.26) seien die $p(x, y)$ und $q(x, y)$ in der Umgebung von $\{0, 0\}$ regulär analytisch, d. h. durch Potenzreihen dargestellt, die in einer gewissen Umgebung von $\{0, 0\}$ gleichmäßig konvergieren. Sie mögen mit Gliedern zweiter oder höherer Ordnung beginnen. Dann ist die kritische Stelle $\{0, 0\}$ stets entweder Strudel oder Zentrum.*

Aus (3.3.27) folgt nämlich wegen $v \neq 0$

$$\frac{dR}{d\varphi} = \sum_1^\infty R^n c_n(\varphi).$$ (3.3.31)

Und hier konvergiert die rechte Seite für $|R| \leq \varrho$ bei passender Wahl von $\varrho > 0$ gleichmäßig und sind die $c_n(\varphi)$ trigonometrische Polynome, d. h. ganze rationale Funktionen von $\cos\varphi$ und $\sin\varphi$. Zum Beweis des Satzes (3.3.VII) benutze ich die Tatsache, daß die Lösungen von (3.3.31) analytische Funktionen der Anfangsbedingungen sind. Diesen Umstand kann man dem § 1.5. meines mehrmals erwähnten Buches über die Funktionentheorie der Differentialgleichungen in dieser gelben Sammlung entnehmen. Diejenige Lösung von (3.3.31), die für $\varphi = 0$ den Wert R_0 annimmt, ist danach als Potenzreihe

$$R = R(R_0, \varphi) = \sum_1^\infty R_0^n u_n(\varphi)$$ (3.3.32)

darstellbar. Das Absolutglied verschwindet, weil für $R_0 = 0$ die punktförmige Charakteristik $R = R(0, \varphi) \equiv 0$ herauskommen muß. Die $u_n(\varphi)$ können rekurrent aus den folgenden Differentialgleichungen berechnet werden:

$$\left.\begin{aligned}
\frac{du_1}{d\varphi} &= u_1(\varphi)\, c_1(\varphi), \\[2mm]
\frac{du_2}{d\varphi} &= u_2 c_1 + u_1^2 c_2, \\[2mm]
\frac{du_3}{d\varphi} &= u_3 c_1 + 2 u_1 u_2 c_2 + u_1^3 c_3 \\[2mm]
&\quad\cdots\cdots\cdots\cdots\cdots
\end{aligned}\right\}$$ (3.3.33)

Da $R(R_0, 0) = R_0$ für alle genügend kleinen R_0 gelten soll, ist $u_1(0) = 1$, $u_k(0) = 0$, $k = 2, 3, \ldots$ Das sind die Anfangsbedingungen, mit denen die Differentialgleichungen (3.3.33) zu integrieren sind. Jede geschlossene Charakteristik ist wegen des Unitätssatzes (LIPSCHITZ-Bedingung) eine JORDAN-Kurve. Daher entspricht ihr eine Lösung (3.3.32) von (3.3.31), die als Funktion von φ die Periode 2π hat. Liefert demnach die Anfangsbedingung $R(R_0, 0) = R_0$ eine geschlossene Lösung, so muß $R(R_0, 2\pi) = R(R_0, 0)$, d. h.

$$R_0\big(u_1(2\pi) - 1\big) + \sum_2^\infty R_0^k u_k(2\pi) = 0 \qquad (3.3.34)$$

sein. Soll es beliebig nahe bei $\{0, 0\}$ geschlossene Charakteristiken geben, so gibt es eine Nullfolge $\mathfrak{N}$ von R_0-Werten, für die (3.3.34) gilt. Dividiert man nach einer üblichen Schlußweise (3.3.34) durch R_0 und läßt dann $R_0 \in \mathfrak{N}$ gegen 0 streben, so folgt $u_1(2\pi) = 1$. Man kann also (3.3.34) nochmals durch R_0 dividieren und dann wieder $R_0 \in \mathfrak{N}$ gegen 0 streben lassen. So folgt $u_2(2\pi) = 0$. Schließt man so weiter, so erkennt man, daß alle Koeffizienten $u_n(\varphi)$ von (3.3.32) die Periode 2π besitzen, falls es eine Nullfolge $\mathfrak{N}$ von R_0-Werten gibt, für die (3.3.32) in φ die Periode 2π hat. Dann aber hat (3.3.32) für alle genügend kleinen R_0 die Periode 2π. Das heißt, es gibt eine Kreisscheibe um $\{0, 0\}$ derart, daß alle Charakteristiken durch einen Punkt $\{R_0, 0\}$ dieser Kreisscheibe geschlossen sind. Dann liegt also ein Zentrum vor. Anderenfalls gibt es eine Kreisscheibe K um $\{0, 0\}$ derart, daß keine durch einen Punkt $\{R_0, 0\}$ dieser Kreisscheibe als Anfangspunkt bestimmte Charakteristik geschlossen ist[1]. Dann aber konvergiert jede solche Charakteristik für $\varphi \uparrow \infty$ oder für $\varphi \downarrow \infty$ gegen $\{0, 0\}$, falls sie überhaupt für $\varphi \uparrow \infty$ oder für $\varphi \downarrow \infty$ in dieser Kreisscheibe verbleibt. Das ist aber für genügend kleines R_0 der Fall. Ist nämlich ϱ der Radius der genannten Kreisscheibe K, so gibt es nach (3.3.32) ein δ, so daß

$$0 < R(R_0, \varphi) < \varrho \quad \text{für} \quad 0 < R_0 < \delta, \quad 0 \leqq \varphi \leqq 2\pi$$

ist. Dann ist

$$R(R_0, 2\pi) - R(R_0, 0) \gtreqless 0.$$

Steht hier < 0, so verfolge ich die Lösung für wachsende φ. Anderenfalls für abnehmende φ. Es genügt, den ersten Fall zu betrachten. Es sei also

$$R(R_0, 2\pi) < R(R_0, 0).$$

---

[1] Da nämlich $\{0, 0\}$ die einzige kritische Stelle in einer genügend kleinen Kreisscheibe um $\{0, 0\}$ ist, so muß jede geschlossene Lösung aus dieser Kreisscheibe $\{0, 0\}$ umschließen. Vgl. Satz (3.1.III).

Dann ist wegen des Unitätssatzes auch

$$R(R_0,\, 2\pi) > R(R_0,\, 4\pi) > R(R_0,\, 6\pi) > \cdots.$$

Entweder gilt hier

$$R(R_0,\, 2n\pi) \to 0 \quad \text{für} \quad n \uparrow \infty.$$

Dann konvergiert die Charakteristik spiralig gegen $\{0,\,0\}$. Oder es ist

$$\lim_{n\uparrow\infty} R(R_0,\, 2n\pi) = R_1 > 0.$$

Dann ist aber die durch den Punkt $\{R_1,\, 0\}$ gehende Lösung von (3.3.32) ein Grenzzykel. Denn einmal wird sie von Bogen der betrachteten Charakteristik gleichmäßig approximiert und zum anderen ist für sie wegen dieser gleichmäßigen Konvergenz

$$R(R_1,\, 2\pi) = \lim_{n\uparrow\infty} R(R_0,\, 2(n+1)\pi) = \lim_{n\uparrow\infty} R(R_0,\, 2n\pi) = R(R_1,\, 0).$$

Es war aber angenommen, daß in der Kreisscheibe keine geschlossenen Charakteristiken mehr vorkommen. Damit ist die im Satz (3.3.VII) behauptete Alternative als zutreffend erkannt. Man kann den Beweis natürlich auch auf Satz (3.1.IV) stützen.

Ich komme zum *Fall c)* betreffend die **Invarianz** des **Sattels**. Es sei vorgelegt

$$\left.\begin{aligned} \frac{dx}{dt} &= \lambda_1[x + p(x,\,y)],\\[2mm] \frac{dy}{dt} &= \lambda_2[y + q(x,\,y)]. \end{aligned}\right\} \tag{3.3.35}$$

Man darf $\lambda_1 < 0$, $\lambda_2 > 0$ annehmen. Für p und q gelten (3.3.3). Einführung von Polarkoordinaten durch (3.3.9) führt zu

$$R' = R\{\lambda_1 \cos^2\varphi + \lambda_2 \sin^2\varphi + P(R,\,\varphi)\},$$

$$\left.\begin{aligned} \varphi' &= \frac{\lambda_2 - \lambda_1}{2}\sin 2\varphi + Q(R,\,\varphi),\\[2mm] P(R,\,\varphi) &= o(1), \qquad Q(R,\,\varphi) = o(1). \end{aligned}\right\} \tag{3.3.36}$$

Aus (3.3.36) entnimmt man wie im Falle a), daß jede für $t \uparrow \infty$ oder für $t \downarrow \infty$ gegen $\{0,\,0\}$ konvergierende Charakteristik dort tangential zu einer der Koordinatenachsen mündet. Aber gibt es solche Charakteristiken? Die Existenz ergibt sich nach PERRON aus Satz (1.5.XI). Man nehme $\delta > 0$ so an, daß in $x^2 + y^2 \leq \delta^2$ außer $\{0,\,0\}$ keine weitere kritische Stelle liegt, und daß

$$\left.\begin{aligned} |p(x,\,y)| &\leq \tfrac{1}{3}\{|x| + |y|\},\\[2mm] |q(x,\,y)| &\leq \tfrac{1}{3}\{|x| + |y|\} \end{aligned}\right\} \tag{3.3.37}$$

in $|x| \leq \delta$, $|y| \leq \delta$ gilt.

Um Charakteristiken nachzuweisen, die die x-Achse in $\{0, 0\}$ berühren, gehe man zu

$$\frac{dy}{dx} = \frac{\lambda_2}{\lambda_1} \frac{y + q(x, y)}{x + p(x, y)} = D(x, y) \qquad (3.3.38)$$

über.

Um Charakteristiken zu finden, die die y-Achse berühren, vertausche man in (3.3.38) rechts und links Zähler und Nenner und schließe analog, wie im folgenden geschlossen wird.

Es sei

$$q(\xi) = \underset{\substack{|x| \leq \xi, \, |y| \leq \xi \\ |x| + |y| > 0}}{\operatorname{fin\,sup}} \frac{|q(x, y)|}{|x| + |y|}. \qquad (3.3.39)$$

Dann ist $q(\xi)$ in $0 \leq \xi \leq \delta$ stetig, monoton wachsend und $q(\xi) \leq \frac{1}{3}$. Daher ist auch

$$\omega(x) = \frac{x\,q(x)}{1 - q(x)} \qquad (3.3.40)$$

in $\langle 0, \delta \rangle$ stetig und monoton wachsend. Man hat

$$\omega(0) = 0, \quad \omega(x) \leq \frac{1}{2}\,x \leq x, \quad \lim_{x \downarrow 0} \frac{\omega(x)}{x} = 0. \qquad (3.3.41)$$

Zwecks Anwendung von Satz (1.5.XI) setze man

$$\omega_1(x) = -\omega(x), \quad \omega_2(x) = \omega(x) \qquad (3.3.42)$$

und definiere in dem Bereich

$$\left.\begin{array}{l} 0 \leq x \leq \delta, \\ \omega_1(x) \leq y(x) \leq \omega_2(x), \end{array}\right\} \qquad (3.3.43)$$

$$f(x, y) = \left\{\begin{array}{ll} D(x, y) & \text{für } |x| + |y| > 0, \\ 0 & \text{für } |x| + |y| = 0. \end{array}\right\} \qquad (3.3.44)$$

In (3.3.43) ist nach (3.3.37), (3.3.41) und (3.3.42)

$$x + p(x, y) \geq x - \frac{1}{3}\{|x| + |y|\} \geq \frac{2}{3}\,x - \frac{1}{3}\,\omega(x) \geq \frac{1}{2}\,x,$$

und nach (3.3.39), (3.3.40) und (3.3.42) gilt in (3.3.43)

$$|y + q(x, y)| \leq |y| + |q(x, y)| \leq \omega(x) + q(x)\,[x + \omega(x)] = 2\omega(x).$$

Daher ist $f(x, y)$ wegen (3.3.41) im Bereich (3.3.43) stetig.

In $0 \leq x \leq \delta$ ist

$$\omega(x) + q(x, \omega(x)) \geq \omega(x) - q(x)\,[x + \omega(x)] = 0.$$

Das heißt, es ist

$$f(x, \omega_2(x)) \leq 0. \qquad (3.3.45)$$

Weiter ist in $0 \leq x \leq \delta$

$$-\omega(x) + q\big(x, -\omega(x)\big) \leq -\omega(x) + q(x)\,[x + \omega(x)] = 0.$$

Das heißt, es ist

$$f\big(x, \omega_1(x)\big) \geq 0. \tag{3.3.46}$$

Da $\omega(x)$ monoton wächst, sind die Derivierten (1.5.26) für $0 \leq x \leq \delta$ sämtlich positiv oder Null. Nach (3.3.42), (3.3.45) und (3.3.46) ist daher für alle Derivierten in $0 \leq x \leq 0$

$$D\omega_1(x) \leq f\big(x, \omega_1(x)\big), \qquad D\omega_2(x) \geq f\big(x, \omega_2(x)\big).$$

Nach dem Satz (1.5.XI) besitzt daher die Differentialgleichung (3.3.38) mindestens eine im Bereich (3.3.43) gelegene Lösung $y = y(x)$. Für sie ist wegen (3.3.43) und (3.3.41)

$$y(0) = 0, \qquad y'(0) = \lim_{x \downarrow 0} \frac{y}{x} = 0.$$

So ist die Existenz mindestens einer Charakteristik von (3.3.35) bewiesen, die tangential zur positiven x-Achse in $\{0, 0\}$ mündet. Analog schließt man für die negative x-Achse und die beiden Halbachsen der y-Achse. Man sieht weiter an (3.3.35) wegen $\lambda_1 < 0$, daß die positive x-Achse für $t \uparrow \infty$, die negative x-Achse für $t \uparrow \infty$ Tangente ist. Die positive y-Achse ist wegen $\lambda_2 > 0$ für $t \downarrow \infty$ Tangente und die negative y-Achse für $t \downarrow \infty$.

Die beiden tangential zur x-Achse in $\{0, 0\}$ mündenden Charakteristiken können einheitlich in der Form

$$y = f(x)$$

dargestellt werden mit Hilfe einer Funktion $f(x)$, die in einem Intervall $|x| \leq \delta$ stetig und stetig differenzierbar ist, und für die $f(0) = 0$ und $f'(0) = 0$ gilt. Ebenso sind die beiden tangential zur y-Achse in $\{0, 0\}$ mündenden Charakteristiken in der Form

$$x = g(y)$$

darstellbar, und hier ist $g(x)$ samt $g'(x)$ in einem Intervall $|y| \leq \delta$ stetig, und es gilt $g(0) = 0$, $g'(0) = 0$.

Daß nicht noch weitere Charakteristiken durch $\{0, 0\}$ gehen, beweist man im Anschluß an O. PERRON wie folgt. Man macht in (3.3.35) die Substitution

$$\left.\begin{aligned} \xi &= x - g(y), \\ \eta &= y - f(x). \end{aligned}\right\} \tag{3.3.47}$$

Dadurch gehen (3.3.35) in zwei neue Differentialgleichungen

$$\left.\begin{aligned} \frac{d\xi}{dt} &= \lambda_1 \xi\big(1 + \bar{p}(\xi, \eta)\big), \\ \frac{d\eta}{dt} &= \lambda_2 \eta\big(1 + \bar{q}(\xi, \eta)\big) \end{aligned}\right\} \tag{3.3.48}$$

über, für die, wie gleich bewiesen werden soll,

$$\tilde{p}(\xi, \eta) = o(1), \qquad \tilde{q}(\xi, \eta) = o(1) \quad \text{für} \quad \xi^2 + \eta^2 \to 0 \qquad (3.3.49)$$

gilt, wenn man noch voraussetzt, daß

$$\left. \begin{array}{l} |p(x_1, y) - p(x_2, y)| = o(1)\,|x_1 - x_2|, \\[4pt] |p(x, y_1) - p(x, y_2)| = o(1)\,|y_1 - y_2|, \\[4pt] |q(x_1, y) - q(x_2, y)| = o(1)\,|x_1 - x_2|, \\[4pt] |q(x, y_1) - q(x, y_2)| = o(1)\,|y_1 - y_2| \end{array} \right\} \qquad (3.3.50)$$

ist. Die Transformation (3.3.47) hat bei $\{0, 0\}$ die Funktionaldeterminante 1. Daher sind die Gln. (3.3.47) in der Umgebung von $\{0, 0\}$ eindeutig auflösbar, und es ergeben sich x und y als eindeutige Funktionen von ξ und η mit stetigen partiellen Ableitungen erster Ordnung. Die Einführung von (3.3.47) in (3.3.35) führt zunächst zu

$$\left. \begin{array}{l} \dfrac{d\xi}{dt} = \lambda_1\big(\xi + g(y) + p[\xi, \eta]\big) - g'(y)\,\lambda_2(y + q[\xi, \eta]), \\[10pt] \dfrac{d\eta}{dt} = \lambda_2\big(\eta + f(x) + q[\xi, \eta]\big) - f'(x)\,\lambda_1(x + p[\xi, \eta]), \\[10pt] p[\xi, \eta] = p\big(x(\xi, \eta), y(\xi, \eta)\big), \quad q[\xi, \eta] = q\big(x(\xi, \eta), y(\xi, \eta)\big). \end{array} \right\} \qquad (3.3.51)$$

Die Bedingung aber, daß $\xi = 0$ und $\eta = 0$ Lösungen von (3.3.51) sind, bedeutet zwei Gleichungen

$$\left. \begin{array}{l} 0 = \lambda_1\big(g(y(0, \eta)) + p[0, \eta]\big) - \\[4pt] \quad - g'\big(y(0, \eta)\big)\,\lambda_2\big(y(0, \eta) + q[0, \eta]\big), \\[8pt] 0 = \lambda_2\big(f(x(0, \eta)) + q[0, \eta]\big) - \\[4pt] \quad - f'\big(x(0, \eta)\big)\,\lambda_1\big(x(0, \eta) + p[0, \eta]\big). \end{array} \right\} \qquad (3.3.52)$$

Zieht man dies bzw. von den linken Seiten von (3.3.51) ab, so bekommt man Zugang zu den Voraussetzungen (3.3.50) über die Differenzenquotienten und erkennt so die behauptete Kleinheitseigenschaft (3.3.49) für die $\tilde{p}$ und $\tilde{q}$. Die $\tilde{p}$ und $\tilde{q}$ sind aus den gemachten Voraussetzungen nicht als stetig an den Linien $\xi = 0$ und $\eta = 0$ erkennbar, weil nicht die Existenz der partiellen Ableitungen der p und q vorausgesetzt wurde. Sie sind aber im Durchschnitt eines jeden der vier durch $\xi = 0$ und $\eta = 0$ bestimmten Quadranten mit einer genügend kleinen Kreisscheibe um $\{0, 0\}$ stetig. Die eventuell noch in $\{0, 0\}$ mündenden Charakteristiken verlaufen jedenfalls (bis auf $\{0, 0\}$ selbst) ganz in einem der Quadranten, da sich bei (3.3.35) Charakteristiken in einer solchen Kreisscheibe in einem von $\{0, 0\}$ verschiedenen Punkt nicht treffen können. Betrachten wir z. B. den ersten Quadranten, so ist längs jeder Charakteristik $\frac{\eta}{\xi} > 0$. In einer genügend kleinen Kreisscheibe ist aber wegen (3.3.49) $\frac{d\eta}{d\xi} < 0$ längs jeder Charakteristik. Daher kann bei $\xi \downarrow 0$ längs der Charakteristik η nicht beliebig klein werden. Denn hat η bei abnehmendem ξ eine gewisse Kleinheit erreicht, so muß es wegen des Vorzeichens der Ableitung nach ξ bei weiter abnehmendem ξ wieder wachsen. Damit ist gezeigt, daß außer den vier aufgezählten Charakteristiken keine weiteren in $\{0, 0\}$ münden. Wir haben somit

Satz (3.3.VIII). *Die kritische Stelle $\{0, 0\}$ von (3.3.35) ist ein Sattel in dem in § 3.2. definierten Sinn, wenn die Voraussetzungen (3.3.3) und (3.3.50) erfüllt sind.*

Zum vollen Beweis dieses Satzes ist freilich noch zu zeigen, daß es eine Kreisscheibe um $\{0, 0\}$ gibt, der keine Halbcharakteristik außer den vier genannten in ihrem ganzen Verlauf angehört. Man kann das wie folgt erschließen.

Ein genügend kleiner Kreis K um $\{0, 0\}$ wird von den vier in $\{0, 0\}$ mündenden Halbcharakteristiken in vier Gebiete zerlegt. Jede von den vier in $\{0, 0\}$ mündenden Halbcharakteristiken verschiedene, in einem Punkt von K beginnende Halbcharakteristik C gehört einem dieser vier Gebiete an, solange sie in K verbleibt. Eine feste solche Halbcharakteristik kann, wie wir schon wissen, $\{0, 0\}$ nicht beliebig nahekommen. Es gibt daher einen weiteren kleineren Kreis K_1 um $\{0, 0\}$, in den C nicht eintritt. C gehört daher einem abgeschlossenen Bereich B an, der von Bogen zweier in $\{0, 0\}$ mündenden Halbcharakteristiken und von je einem Bogen von K und von K_1 begrenzt ist. B ist Teilbereich eines einfach zusammenhängenden, passend gewählten Gebietes G, in dem keine kritische Stelle von $\{0, 0\}$ liegt, in dem p und q stetig sind und hinsichtlich x und hinsichtlich y LIPSCHITZ-Bedingungen genügen. Nach dem Satz (3.1.IV) ist jede in B verbleibende Halbcharakteristik entweder geschlossen oder asymptotisch zu einer in B gelegenen geschlossenen Charakteristik. Wenn sich also zeigen läßt, daß es in B keine geschlossene Charakteristik gibt, so ist damit auch gezeigt, daß es keine in B verbleibende Halbcharakteristik gibt. Daß es aber in B keine geschlossene Charakteristik gibt, folgt aus Satz (3.1.III). Denn der Index einer geschlossenen Charakteristik, die ja zugleich eine JORDAN-Kurve, d. h. doppelpunktfrei ist, ist je nach ihrer Orientierung $+1$ oder -1. Das wurde in § 3.1. begründet bei Betrachtung der Felder $\mathfrak{v}$, die mit dem Feld der Tangentenvektoren übereinstimmen. Ferner ist aber nach Satz (3.1.III) der Index einer in G gelegenen geschlossenen JORDAN-Kurve Null, weil G keine kritischen Punkte enthält. Damit ist auch das letzte Desideratum bewiesen. Es gibt eine Kreisscheibe um $\{0, 0\}$ so, daß jede durch einen

Punkt der Kreisscheibe gehende Charakteristik entweder eine der vier in $\{0, 0\}$ mündenden ist, oder aber, daß sie sowohl für wachsende t wie für abnehmende t nicht ständig in der Kreisscheibe verbleiben kann.

Analoge Betrachtungen mit analogen Ergebnissen können auch angestellt werden, wenn in (3.3.1) die Linearglieder durch homogene Polynome eines anderen Grades ohne gemeinsamen reellen Linearteiler ersetzt und für die p und q entsprechende Wachstumsbeschränkungen eingeführt werden. Man vgl. vor allem E. R. LONN: Über singuläre Punkte gewöhnlicher Differentialgleichungen. Math. Z. Bd. 44 (1939) S. 506—530. Dort ist auch weitere Literatur erwähnt. Dazu kommt A. WINTNER Vortices and nodes. Am. J. Math. Bd. 69 (1947) und neuerdings K. A. KEIL im Jber. dtsch. Math.-Ver. Bd. 57 (1955). Hier werden einige Fälle von Lineargliedern verschwindender Determinante behandelt (vgl. auch das Beispiel (3.4.37). Man beachte auch R. von MISES: Über den Verlauf der Integralkurven einer Differentialgleichung erster Ordnung. Comp. math. Bd. 6 (1938/39) S. 202—220. Dort finden sich noch weitergehende Verallgemeinerungen.

Schließlich soll noch ein allgemeiner Satz bewiesen werden, der gewisse Überlegungen dieses Abschnittes zusammenfaßt und sie zugleich verallgemeinert.

Satz (3.3.IX) (BENDIXSON). *In*

$$\frac{dx}{dt} = P(x, y) + p(x, y), \left.\right\}$$
$$\frac{dy}{dt} = Q(x, y) + q(x, y) \left.\right\} \qquad (3.3.53)$$

seien die rechten Seiten stetig und erfüllen LIPSCHITZ-*Bedingungen in x und in y. Es seien $P(x, y)$ und $Q(x, y)$ homogene Polynome des gleichen Grades $m \geqq 1$ in x und y. Es sei*

$$p(x, y) = o(R^m), \qquad q(x, y) = o(R^m), \qquad R = \sqrt{x^2 + y^2} \quad (3.3.54)$$
und
$$y\,P(x, y) - x\,Q(x, y) \not\equiv 0. \qquad (3.3.55)$$

Es sei $x(t)$, $y(t)$ eine Charakteristik, die für $t \uparrow \infty$ gegen $\{0, 0\}$ konvergiert. Dann windet sich diese Charakteristik entweder spiralig um $\{0, 0\}$ oder sie konvergiert tangential zu einer Geraden in $\{0, 0\}$, für die

$$y\,P(x, y) - x\,Q(x, y) = 0 \qquad (3.3.56)$$
gilt.

Bemerkung. Ohne die Annahme (3.3.55) ist die Alternative zwischen spiraliger und tangentieller Annäherung nicht richtig. Das zeigt das Beispiel (3.3.21).

Beweis von Satz (3.3.IX). Man führe in (3.3.53) Polarkoordinaten ein. Das liefert

$$\frac{dR}{dt} = R^m\big(f(\varphi) + o(1)\big), \qquad \frac{d\varphi}{dt} = R^{m-1}\big(g(\varphi) + o(1)\big),$$

$$f(\varphi) = \quad P(\cos\varphi, \sin\varphi)\cos\varphi + Q(\cos\varphi, \sin\varphi)\sin\varphi,$$

$$g(\varphi) = -P(\cos\varphi, \sin\varphi)\sin\varphi + Q(\cos\varphi, \sin\varphi)\cos\varphi,$$

Hier gehe man durch

$$\frac{d\tau}{dt} = R^{m-1}(t)$$

zu einem neuen Parameter τ über. Dann hat man

$$\left.\begin{aligned}
\frac{dR}{d\tau} &= R\Big(f(\varphi) + o(1)\Big), \\
\frac{d\varphi}{d\tau} &= g(\varphi) + o(1).
\end{aligned}\right\} \tag{3.3.57}$$

Entweder ist nun der analytische — d. h. nicht mod 2π genommene — Winkel $\varphi(\tau)$ beschränkt, oder es ist dies nicht der Fall. Ist er nicht beschränkt, so gehört zu jedem φ_0 eine unendliche Folge τ_n mit $\tau_n \uparrow \infty$, so daß

$$\varphi(\tau_n) \to \varphi_0$$

mod 2π ist. Das nennen wir spiralige Annäherung. Ist aber $\varphi(\tau)$ beschränkt, so gibt es ein φ_0 mit $g(\varphi_0) = 0$, so daß

$$\lim_{\tau \uparrow \infty} \varphi(\tau) = \varphi_0$$

gilt. Anderenfalls gäbe es einen Wert φ_1 mit folgenden Eigenschaften: Es ist $g(\varphi_1) \neq 0$, und es gibt eine unendliche Folge τ_n mit $\tau_n \uparrow \infty$, für die $\varphi(\tau_n) \to \varphi_1$ gilt. Man wähle eine Zahl $\varepsilon > 0$, so daß dem Sektor

$$|\varphi - \varphi_1| \leqq \varepsilon$$

keine Halbgerade φ_0 angehört, für die $g(\varphi_0) = 0$ ist. Dann liegen für genügend großes n die $\varphi(\tau_n)$ in diesem Sektor, und es haben alle $\varphi'(\tau_n)$ das gleiche Vorzeichen, sagen wir das positive. Außerdem gibt es ein $\delta(\varepsilon) > 0$, so daß

$$\varphi'(\tau) > \delta(\varepsilon)$$

gilt, immer dann, wenn $\varphi(\tau)$ dem Sektor angehört. Das liest man alles aus (3.3.57) ab. Daher kann $\varphi(\tau)$ nicht für beliebig lange τ-Intervalle dem Sektor angehören. Wenn man also von $\varphi(\tau_n)$ ausgeht, und $\tau - \tau_n > 0$ groß genug wählt, verläßt $\varphi(\tau)$ im Sinne wachsender φ den Sektor. Da aber $\varphi(\tau)$ immer im gleichen Sinn den Sektor durchläuft, kann $\varphi(\tau)$ erst dann wieder in den Sektor eintreten, wenn $\varphi(\tau)$ um ein von Null verschiedenes Vielfaches von 2π zugenommen hat. Da aber $\varphi(\tau)$ beschränkt ist, kann dies nur endlich oft geschehen. Der hiermit aufgezeigte Widerspruch beweist den Satz (3.3.IX).

3.4. Geschlossene Lösungen

Die Ausführungen von § 3.3. gelten im Kleinen. Sie geben in den behandelten Fällen Auskunft über das Verhalten der Lösungen in einer genügend nahen Umgebung gewisser kritischer Stellen. Es zeigte sich, daß unter passenden Voraussetzungen die Linearglieder das Verhalten der Lösungen qualitativ charakterisieren. Wie das gemeint ist, wurde in § 3.3. genau formuliert.

In der weiteren Umgebung der kritischen Stelle sind die Linearglieder nicht mehr maßgebend, und zwar auch dann nicht, wenn diese Umgebung keine andere kritische Stelle enthält. So lehren Beispiele, daß in fünf der sechs in § 3.2. und § 3.3. unterschiedenen Fälle in der weiteren Umgebung der kritischen Stelle geschlossene Lösungen auftreten können. Für die Fälle e) und f) wurden schon in § 3.3. Beispiele gegeben. Im Falle c) — Sattel — können geschlossene Lösungen nicht auftreten, wenn $\{0, 0\}$ die einzige kritische Stelle ist. Denn ihr Index ist -1, während in § 3.1. bereits festgestellt wurde, daß der Index einer jeden geschlossenen Lösung $+1$ ist. In den verbleibenden Fällen a), b) und d) haben die drei folgenden Systeme je die geschlossene Lösung

$$x^2 + y^2 = 1 . \tag{3.4.1}$$

Es sind dies

$$\left.\begin{aligned}
\frac{dx}{dt} &= x - (x^2 + y^2)(x + y), \\
\frac{dy}{dt} &= 2y - (x^2 + y^2)(2y - x)
\end{aligned}\right\} \tag{3.4.2}$$

mit zweitangentigem Knoten bei $\{0, 0\}$.

$$\left.\begin{aligned}
\frac{dx}{dt} &= x - (x^2 + y^2)(x + y), \\
\frac{dy}{dt} &= y + (x^2 + y^2)(x - y)
\end{aligned}\right\} \tag{3.4.3}$$

mit Stern bei $\{0, 0\}$.

$$\left.\begin{aligned}
\frac{dx}{dt} &= x + y - (x^2 + y^2)(x + 2y), \\
\frac{dy}{dt} &= y + (x^2 + y^2)(x - y)
\end{aligned}\right\} \tag{3.4.4}$$

mit eintangentigem Knoten bei $\{0, 0\}$.

Setzt man in jedem der drei Fälle $x = \cos t$, $y = \sin t$ ein, so findet man die Differentialgleichungen erfüllt. Man rechnet überdies leicht nach, daß es in allen drei Fällen keine andere kritische Stelle außer $\{0, 0\}$ gibt. So sind im Falle (3.4.2) die beiden Gleichungen

$$x - (x^2 + y^2)(x + y) = 0,$$
$$2y - (x^2 + y^2)(2y - x) = 0$$

nur für $\{x, y\} = \{0, 0\}$ (im Reellen) erfüllt. Man sieht das, wenn man sie so schreibt

$$x(1 - R^2) - y\,R^2 = 0,$$

$$x\,R^2 + y\,2(1 - R^2) = 0, \qquad x^2 + y^2 = R^2.$$

Faßt man das als lineare homogene Gleichungen für x und y auf, so ist das Verschwinden der Determinante

$$\begin{vmatrix} 1 - R^2 & -R^2 \\ R^2 & 2(1 - R^2) \end{vmatrix} = 2(1 - R^2)^2 + R^4$$

die Bedingung für das Vorhandensein einer nichttrivialen Lösung. Diese Determinante verschwindet aber für kein reelles R. Ähnlich schließt man in den beiden anderen Fällen (3.4.3) und (3.4.4).

Geschlossene Lösungen stationärer Differentialgleichungen interessieren besonders in den physikalischen und technischen Anwendungen nichtlinearer Schwingungsvorgänge. Dahin gehört die VAN DER POL-sche *Differentialgleichung*

$$\frac{d^2 x}{d t^2} + \mu(x^2 - 1)\frac{d x}{d t} + x = 0, \qquad \mu > 0 \text{ konstant} \qquad (3.4.5)$$

und ihre Verallgemeinerung auf die LIÉNARDsche

$$\frac{d^2 x}{d t^2} + f(x)\frac{d x}{d t} + g(x) = 0. \qquad (3.4.6)$$

Das (3.4.5) entsprechende System

$$\left.\begin{aligned} \frac{d x}{d t} &= y, \\ \frac{d y}{d t} &= -x + \mu y - \mu x^2 y \end{aligned}\right\} \qquad (3.4.7)$$

hat bei $\{0, 0\}$ einen zweitangentigen Knoten, wenn $\mu > 2$ ist. (3.4.7) hat einen eintangentigen Knoten, wenn $\mu = 2$ ist. (3.4.7) hat nach Satz (3.3.VI) im Falle $\mu < 2$ bei $\{0, 0\}$ einen Strudelpunkt. Aber in allen drei Fällen existiert stets genau eine geschlossene Lösung von (3.4.7). Es versteht sich, daß (3.4.7) keine von $\{0, 0\}$ verschiedene kritische Stelle hat. Es ist für den Existenzbeweis der eben erwähnten geschlossenen Lösung zweckmäßiger, den Übergang von (3.4.5) und (3.4.6) zu einem System in etwas anderer Weise zu bewerkstelligen. Setzt man

$$F(x) = \int\limits_0^x f(\xi)\,d\xi, \qquad (3.4.8)$$

so kann (3.4.6) in der Form

$$\frac{d}{d t}\left(\frac{d x}{d t} + F(x)\right) + g(x) = 0$$

geschrieben werden. Ein entsprechendes System ist

$$\left.\begin{aligned}\frac{dx}{dt} &= y - F(x),\\[2mm] \frac{dy}{dt} &= -g(x).\end{aligned}\right\} \qquad (3.4.9)$$

Im Spezialfall (3.4.5) von VAN DER POL ist

$$f(x) = \mu(x^2 - 1),$$
$$g(x) = x,$$
$$F(x) = \mu\left(\frac{x^3}{3} - x\right).$$

Das System (3.4.9) wird in diesem Fall

$$\left.\begin{aligned}\frac{dx}{dt} &= y + \mu x - \frac{\mu}{3}x^3,\\[2mm] \frac{dy}{dt} &= -x.\end{aligned}\right\} \qquad (3.4.10)$$

Auch hier ist $\{0, 0\}$ die einzige kritische Stelle, und ist sie als Knoten oder Strudel ebenso wie bei (3.4.7) zu kennzeichnen. Auch im allgemeinen Fall (3.4.9) ist $\{0, 0\}$ die einzige kritische Stelle, wenn man nur $g(x) \neq 0$ für $x \neq 0$ und $g(0) = 0$ annimmt.

(3.4.9) hat unter ziemlich allgemeinen Annahmen über $f(x)$ und $g(x)$ genau eine geschlossene Lösung. Wir setzen voraus:

1. $f(x)$ und $g(x)$ seien für $x \in (-\infty, +\infty)$ stetig.

2. $f(x) = f(-x)$.

3. $F(x) = \int\limits_0^x f(\xi)\,d\xi$ soll genau eine positive Nullstelle

haben. Sie sei $x = \alpha$.

4. Es sei $F(x) < 0$ in $0 < x < \alpha$, $F(x) > 0$ in $x > \alpha$.

5. Es sei $f(x) \geqq 0$ in $x > \alpha$.

6. Es sei $F(x) \uparrow \infty$ für $x \uparrow \infty$.

7. $g(x) = -g(-x)$.

8. $x\,g(x) > 0$ für $x \neq 0$.

9^1. Zu jedem $a > 0$ gehört ein L, so daß

$$|g(x_1) - g(x_2)| < L\,|x_1 - x_2|, \qquad |x_1| \leqq a, \qquad |x_2| \leqq a.$$

$$\left.\rule{0pt}{40mm}\right\} \qquad (3.4.11)$$

---

[1] Die Voraussetzung 9. sichert die Unität der Lösungen, die aus den übrigen Annahmen nicht folgen dürfte. Für Anfangsstellen $\{x_0,\, y_0\}$ mit $y_0 - F(x_0) \neq 0$ folgt die Unität beim Übergang zu

$$\frac{dy}{dx} = \frac{-g(x)}{y - F(x)}$$

schon aus 1. Für die Ausnahmestellen mit $y_0 - F(x_0) = 0$ kann man die beim Beweis benötigte Unität so nicht erschließen. Man kann natürlich 9. auch durch irgendeine andere, die Unität sichernde Annahme ersetzen.

Dann gilt

Satz (3.4.I). *Unter den neun Voraussetzungen*[1] *(3.4.11) hat (3.4.9) und damit auch (3.4.6) genau eine geschlossene Lösung. Sie ist ein stabiler Grenzzykel*[2].

Ein Grenzzykel heißt stabil, wenn er eine Umgebung besitzt derart, daß alle Charakteristiken durch Punkte dieser Umgebung den Grenzzykel für $t \uparrow \infty$ asymptotisch approximieren.

Die Kurven $x = 0$ und $y = F(x)$ zerlegen die x, y-Ebene in vier Gebiete, die durch Wachstumseigenschaften der Charakteristiken $x = x(t)$, $y = y(t)$ von (3.4.9) gekennzeichnet werden können. In den Punkten von $x = 0$ hat jede Charakteristik nach 7. von (3.4.11) eine der x-Achse parallele Tangente, während in jedem Punkt von $y = F(x)$ die Charakteristiken der y-Achse parallele Tangenten haben. Bei wachsendem Parameter t wird die positive y-Achse von den Charakteristiken in Richtung wachsender x geschnitten, während die Kurve $y = F(x)$ in Punkten mit $x > 0$ bei wachsendem Parameter von den Charakteristiken in Richtung abnehmender y geschnitten wird. Man wähle als Anfangspunkt einer Halbcharakteristik einen Punkt $(0, a. t_0)$, $a > 0$. Für $t > t_0$ wächst $x(t)$ mit t zugleich, während y abnimmt, solange $t - t_0$ nicht zu groß ist. Es gibt einen Wert $t_1 > t_0$, für den $y(t_1) = F\{x(t_1)\}$ wird. Denn solange die Halbcharakteristik in einer Entfernung $\varepsilon > 0$ von der Kurve $y = F(x)$ bleibt, ist

$$\frac{dx}{dt} = y - F(x) \geqq \delta(\varepsilon) > 0$$

bei passender Wahl von $\delta(\varepsilon)$, und außerdem schneidet die Kurve $y = F(x)$ wegen der Annahme 6. die Horizontale $y = a$. Die Halbcharakteristik durchsetzt die Kurve $y = F(x)$ von oben nach unten mit vertikaler Tangente und tritt damit in ein anderes der vier Gebiete

---

[1] Die Annahme 6. kann durch

$$6'. \quad \liminf_{x \uparrow \infty} g(x) > 0$$

ersetzt werden.

[2] Dieser Satz ist besonders bemerkenswert. Man bedenke, daß nach § 2.2.5. bei linearen Differentialgleichungen

$$x'' + a x' + b x = 0, \quad a, b \text{ konstant}$$

nur dann periodische Lösungen auftreten können, wenn $a = 0$ ist, d. h. wenn das Dämpfungsglied fehlt. Bei den nichtlinearen Differentialgleichungen, auf die sich Satz (3.4.I) bezieht, treten trotz vorhandenem Dämpfungsglied periodische Lösungen auf. Man nennt das in der Theorie der Schwingungen die Erscheinung der Relaxation oder auch der Kippschwingung.

Der Beweis schließt sich an N. LEVINSON und O. K. SMITH [Duke math. J. Bd. 9 (1942)] an. Dort finden sich noch weitere Milderungen der Voraussetzungen und auch Verallgemeinerungen.

ein. Da nun $y - F(x) < 0$ wird, nimmt $x(t)$ mit wachsendem t wieder ab. Auch y nimmt weiter ab. Es gibt einen Wert $t_2 > t_1$, für den wieder $x(t_2) = 0$ wird. Denn die Kurve $y = F(x)$ kann in $x > 0$ nicht erneut getroffen werden, weil sie von allen Charakteristiken bei wachsendem t von oben nach unten geschnitten wird, und außerdem existiert wieder ein $\delta(\varepsilon) > 0$, so daß $\left|\dfrac{dx}{dt}\right| = |y - F(x)| > \delta(\varepsilon) > 0$ ist, solange die Charakteristik in einer Entfernung $\varepsilon > 0$ von der Kurve $y = F(x)$ bleibt. Der neue Schnittpunkt mit der y-Achse sei $\{0, b\}$. Hat der Schnittpunkt der Halbcharakteristik mit $y = F(x)$ die Abszisse x_0, so sind $a = a(x_0)$ und $b = b(x_0)$ eindeutige stetige Funktionen von x_0, die für jedes $x_0 > 0$ erklärt sind. Um das einzusehen, betrachte man die Charakteristik durch den Punkt $\{x_0, y_0 = F(x_0)\}$ und verfolge sie sowohl in Richtung abnehmender wie in Richtung zunehmender Parameterwerte. An Hand der eben angestellten Überlegung stellt man fest, daß sie in beiden Richtungen bis zur y-Achse verfolgt werden kann. Für genügend kleine $x_0 > 0$ kann es die Beschaffenheit der bei $\{0, 0\}$ gelegenen kritischen Stelle mit sich bringen, daß $a(x_0) = 0$ ist. Dann ist aber, wie sich zeigen wird, $b(x_0) < 0$. Jedenfalls ist $a(x_0)$ eine monoton zunehmende, $b(x_0)$ eine monoton abnehmende Funktion für wachsendes x_0, sobald sie von Null verschieden sind. Denn Charakteristiken können sich wegen der Unitätsbedingung 9. außerhalb der kritischen Stelle nicht schneiden. $\{0, 0\}$ ist ja die einzige kritische Stelle nach Annahme 8. Aus diesem Grunde gilt die gleiche Monotonieeigenschaft auch für die Ordinaten der Schnittpunkte einer beliebigen Geraden $x = x_1$ mit der Charakteristik durch $\{x_0, y_0 = F(x_0)\}$, $x_0 > x_1$. Die Ordinate des oberhalb von $y = F(x)$ gelegenen Schnittpunktes nimmt mit wachsendem x_0 monoton zu, die Ordinate des unterhalb $y = F(x)$ gelegenen Schnittpunktes nimmt monoton ab. Ferner ist

$$b^2(x_0) - a^2(x_0) = 2 \int F(x)\, dy,$$

wenn dies Integral längs der Charakteristik von $\{0, a(x_0)\}$ bis $\{0, b(x_0)\}$ in Richtung wachsender Parameter erstreckt wird. Es ist nämlich

$$\int F(x)\, dy = \int \left(y - \frac{dx}{dt}\right) \frac{dy}{dt}\, dt$$

$$= \frac{1}{2}(b^2 - a^2) + \int\limits_0^{x_0} g(x)\, dx + \int\limits_{x_0}^0 g(x)\, dx = \frac{b^2 - a^2}{2}.$$

Die notwendige und hinreichende Bedingung dafür, daß der betrachtete Charakteristikenbogen Teilbogen einer geschlossenen Charakteristik ist, ist $b^2 - a^2 = 0$. Die Bedingung ist hinreichend, weil man durch Spiegelung des Bogens an $\{0, 0\}$ einen weiteren Charakteristikenbogen erhält, der den ersten zu einer geschlossenen Charakteristik ergänzt, wenn $b^2 - a^2 = 0$ ist. Die Differentialgleichungen (3.4.9) gehen nämlich bei Spiegelung an $\{0, 0\}$ wegen der Annahmen 2., 3. und 7. in sich über. Die Bedingung ist aber auch notwendig. Denn anderenfalls erhielte man aus einer geschlossenen $\{0, 0\}$ umschließenden Charakteristik durch Spiegelung an $\{0, 0\}$ eine weitere davon verschiedene Charakteristik. Diese kann aber wegen der Unitätsbedingung 9. die erste nicht schneiden. Sie läge also entweder ganz innerhalb der ersten oder umschlösse sie. Da aber für beide Charakteristiken das Maximum der Entfernung ihrer Punkte von $\{0, 0\}$ das gleiche sein muß, ist diese Lagebeziehung unmöglich.

Wenn nun $x_0 \leqq \alpha$ ist, so ist nach den Annahmen 4. und 8.

$$\int F(x)\, dy > 0\,.$$

Denn es ist dann $F(x) \leqq 0$ und $\dfrac{dy}{dt} \leqq 0$. Mit wachsendem $x_0 > \alpha$ nimmt

$$b^2(x_0) - a^2(x_0) = 2 \int F(x)\, dy$$

monoton ab. Man zerlege, um das einzusehen, den Charakteristikenbogen in drei Teilbogen, deren erster von $\{0, a(x_0)\}$ bis zum ersten Schnittpunkt mit $x = \alpha$ reicht; der zweite geht von da über den Schnittpunkt mit $y = F(x)$ hinweg bis zum zweiten Schnittpunkt mit $x = \alpha$. Der dritte Bogen reicht von hier bis $\{0, b(x_0)\}$. Das über den ersten Bogen erstreckte Integral

$$\int F(x)\, dy = \int\limits_0^\alpha F(x) \frac{dy}{dx}\, dx = -\int\limits_0^\alpha \frac{F(x)\, g(x)\, dx}{y - F(x)}$$

nimmt mit wachsendem x_0 ab. Denn auf ihm nimmt y mit x_0 zugleich zu und ist positiv, während $F(x) < 0$ ist. Auf dem dritten Bogen ist analog

$$\int F(x)\, dy = \int\limits_\alpha^0 F(x) \frac{dy}{dx}\, dx = -\int\limits_\alpha^0 \frac{F(x)\, g(x)\, dx}{y - F(x)}\,,$$

und hier ist $y < 0$ und nimmt $|y|$ mit x_0 zu. Auch dieser Posten nimmt also mit wachsendem x_0 ab. Auf dem in $x > \alpha$ gelegenen zweiten Charakteristikenbogen ist

$$\int F(x)\, dy < 0\,,$$

weil $F(x) > 0$ und $\dfrac{dy}{dt} < 0$ ist. Ich zeige, daß auch dies über den mittleren Bogen erstreckte Integral monoton abnimmt, wenn x_0 zunimmt. Der Charakteristikenbogen durch $\{x_0,\ y_0 = F(x_0)\}$ schneidet aus $x = \alpha$ eine Sehne $\langle y_1(x_0),\ y_2(x_0)\rangle$ aus. Für $h > 0$ gilt

$$y_1(x_0 + h) < y_1(x_0),\qquad y_2(x_2 + h) > y_2(x_0).$$

Stellt man den mittleren Bogen durch

$$x = x(x_0,\ y)$$

dar, so ist

$$\int\limits_{y_2(x_0)}^{y_1(x_0)} F(x)\,dy = \int\limits_{y_2(x_0)}^{y_1(x_0)} F[x(x_0,\ y)]\,dy$$

und

$$\int\limits_{y_2(x_0+h)}^{y_1(x_0+h)} F[x(x_0+h,\ y)]\,dy < \int\limits_{y_2(x_0)}^{y_1(x_0)} F[x(x_0+h,\ y)]\,dy < \int\limits_{y_2(x_0)}^{y_1(x_0)} F[x(x_0,\ y)]\,dy.$$

Wegen $F(x) > 0$ bei $x > \alpha$ und $y_1 < y_2$ folgt die erste Abschätzung aus der Verengerung des Intervalls, über das integriert wird. Die zweite Abschätzung erklärt sich daraus, daß $F(x)$ für $x > \alpha$ mit wachsendem x zunimmt, während

$$x(x_0 + h,\ y) > x(x_0,\ y)$$

ist.

Nun zeige ich weiter, daß

$$\int F(x)\,dy \downarrow \infty \quad \text{für}\quad x_0 \uparrow \infty,$$

wenn über den mittleren Bogen integriert wird. Dies Integral, erstreckt über den ganzen mittleren Bogen, ist nämlich kleiner als das über einen Teilbogen desselben erstreckte Integral, weil $F(x) > 0$ und $\frac{dy}{dt} < 0$ ist. Der mittlere Bogen schneidet für $x_0 > \alpha + \varepsilon$, $\varepsilon > 0$ aus $x = \alpha + \varepsilon$ eine Sehne $\langle y_1(x_0, \varepsilon),\ y_2(x_0, \varepsilon)\rangle$ aus. Ich nehme den Teilbogen, der die beiden Sehnenenden verbindet. Es ist nach Abb. 3

$$y_1(x_0,\ \xi) < F(\alpha + \varepsilon)\quad \text{und}\quad y_2(x_0,\ \xi) > F(x_0).$$

Daher

$$y_2 - y_1 > F(x_0) - F(\alpha + \varepsilon) \uparrow \infty \quad \text{für}\quad x_0 \uparrow \infty.$$

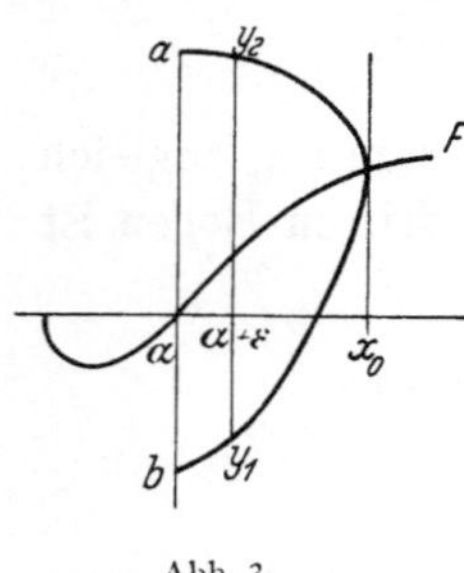

Abb. 3

Weiter aber gibt es ein $\delta(\varepsilon) > 0$, so daß auf diesem Teilbogen

$$F(x) \geqq \delta(\varepsilon) \quad \text{für alle}\quad x_0 > \alpha + \varepsilon.$$

Daher ist

$$\int\limits_{y_2(x_0,\,\varepsilon)}^{y_1(x_0,\,\varepsilon)} F(x)\,dy \downarrow \infty \quad \text{für}\quad x_0 \uparrow \infty.$$

Die Überlegungen zeigen, daß $b^2(x_0) - a^2(x_0) > 0$ für genügend kleine $x_0 > 0$ gilt, daß $b^2(x_0) - a^2(x_0)$ mit wachsendem x_0 monoton abnimmt und daß $b^2(x_0) - a^2(x_0) < 0$ gilt für genügend große x_0. Daher gibt es genau einen Wert $x_0 = x_0^*$, für den $b^2(x_0^*) = a^2(x_0^*)$ ist.

Damit ist Satz (3.4.I) bis auf die Aussage der **Stabilität** bewiesen. Aber auch dies ergibt sich aus den vorstehenden Ausführungen. Eine jede Charakteristik, die von der geschlossenen verschieden ist, verläuft nämlich entweder ganz im Inneren oder ganz im Äußeren derselben. Man betrachte eine Halbcharakteristik aus dem Inneren der geschlossenen Charakteristik. Es sei $\{0, a(x_0)\}$ ein Schnittpunkt derselben mit der positiven y-Achse, und es sei $\{0, b(x_0)\}$ ihr im Sinne wachsender t darauffolgender Schnittpunkt mit der negativen y-Achse. Dann gilt nach der vorstehenden Beweisführung

$$b^2(x_0) - a^2(x_0) > 0.$$

Verfolgt man die Halbcharakteristik im Sinne wachsender t weiter bis zu ihrem darauf folgenden Schnittpunkt $\{0, c(x_0)\}$ mit der positiven y-Achse, so ist $c(x_0) > a(x_0)$. Denn die durch $\{0, -b(x_0)\}$ gehende Halbcharakteristik hat ihren im Sinne wachsender t folgenden Schnittpunkt mit der negativen y-Achse bei $\{0, -c(x_0)\}$, und es ist, wie eben dargelegt wurde,

$$c^2(x_0) > b^2(x_0).$$

Die Differentialgleichungen (3.4.9) gehen aber bei Spiegelung an $\{0, 0\}$ in sich über. Daher gilt, wie behauptet, für einen Schnittpunkt $\{0, a(x_0)\}$ der Halbcharakteristik mit der positiven y-Achse und den darauffolgenden $\{0, c(x_0)\}$ mit der positiven y-Achse $c(x_0) > a(x_0)$. Für weiter wachsende t verbleibt daher die Halbcharakteristik in dem Bereich, der außen von der geschlossenen Charakteristik und innen von einer Kurve begrenzt ist, die aus dem eben beschriebenen Bogen der Halbcharakteristik und der Strecke $\langle a, c \rangle$ der positiven y-Achse besteht. Nach Satz (3.1.IV) ist sie daher asymptotisch zu einer kritischen Stelle oder zu einem Grenzzykel. Da in dem Bereich keine kritische Stelle liegt und sich auch kein weiterer Grenzzykel befindet, ist sie asymptotisch zu der einzigen geschlossenen Charakteristik der Differentialgleichung (3.4.9). Ganz analog schließt man für Halbcharakteristiken im Äußeren der geschlossenen Charakteristik. Eine geschlossene Charakteristik ist stabil, wenn sie für $t \uparrow \infty$ von den benachbarten Charakteristiken approximiert wird.

Allgemein wird, wie schon in § 3.3. erwähnt wurde, die Stabilität einer Halbcharakteristik — im Sinne von LIAPOUNOFF — wie folgt definiert:

Eine Halbcharakteristik

$$x = x(t), \quad y = y(t), \quad t \geqq t_0$$

durch den Punkt

$$x_0 = x(t_0), \quad y_0 = y(t_0)$$

heißt stabil, wenn zu jedem $\varepsilon > 0$ ein $\delta(\varepsilon) > 0$ gehört, so daß für jede Halbcharakteristik

$$x = x_1(t), \quad y = y_1(t)$$

mit der Anfangsbedingung

$$x_1 = x_1(t_0), \quad y_1 = y_1(t_0), \quad (x_0 - x_1)^2 + (y_0 - y_1)^2 \leqq \delta(\varepsilon)$$

die Abschätzung

$$[x(t) - x_1(t)]^2 + [y(t) - y_1(t)]^2 \leqq \varepsilon$$

für alle $t \geqq t_0$ gilt.

Im Sinne dieser Definition ist insbesondere ein Grenzzykel stabil, wenn er von allen Halbcharakteristiken durch Anfangspunkte aus einer gewissen Umgebung des Grenzzykels für $t \uparrow \infty$ asymptotisch approximiert wird. Ein Grenzzykel heißt *einseitig stabil*, wenn er nur von den auf einer Seite desselben gelegenen Halbcharakteristiken für $t \uparrow \infty$ asymptotisch approximiert wird.

Wird ein Grenzzykel von allen Halbcharakteristiken $t \downarrow \infty$, die durch Anfangspunkte aus einer gewissen Umgebung des Grenzzykels gehen, asymptotisch approximiert, so heißt er *instabil*. Wenn er aber von den auf der einen Seite gelegenen Halbcharakteristiken für $t \uparrow \infty$ von den auf der anderen Seite gelegenen für $t \downarrow \infty$ asymptotisch approximiert wird, so heißt er *halbstabil*. Durch diese Benennungen wird *keine Einteilung aller geschlossenen Charakteristiken* gegeben. Es werden vielmehr nur einige wesentliche Sorten mit Namen belegt. Wohl aber kann ein stabiler *Grenzzykel* nicht gleichzeitig instabil oder halbstabil sein. Betrachten wir einige **Beispiele.**

Die geschlossenen Charakteristiken von (3.3.29) sind abwechselnd stabil und instabil, wenn man sie, wie dort geschehen, nach wachsenden Radien numeriert. Denn (3.3.29') zeigt, daß $d\varphi/dt$ einerlei Vorzeichen hat, während das Vorzeichen von dR/dt beim Durchgang durch einen Grenzzykel sein Vorzeichen wechselt. Betrachtet man aber statt (3.3.29) lieber

$$
\begin{aligned}
\frac{dx}{dt} &= \begin{cases} y + (x^2 + y^2)^4 \, x \sin^2 \dfrac{1}{x^2 + y^2}, & x^2 + y^2 \neq 0, \\[2mm] 0, & x^2 + y^2 = 0, \end{cases} \\[4mm]
\frac{dy}{dt} &= \begin{cases} -x + (x^2 + y^2)^4 \, y \sin^2 \dfrac{1}{x^2 + y^2}, & x^2 + y^2 \neq 0, \\[2mm] 0, & x^2 + y^2 = 0, \end{cases}
\end{aligned} \tag{3.4.12}
$$

d. i. in Polarkoordinaten

$$\frac{dR}{dt} = R^9 \sin^2 \frac{1}{R^2} \qquad \frac{d\varphi}{dt} = -1, \qquad (3.4.13)$$

so hat wieder $d\varphi/dt$ ein festes Vorzeichen. Es ist aber jetzt ständig

$$\frac{dR}{dt} \geqq 0.$$

Ein Vorzeichenwechsel beim Durchgang durch einen der Grenzzykel

$$R = \sqrt{\frac{1}{h\pi}}, \qquad h = 1, 2, \ldots \qquad (3.4.14)$$

findet jetzt nicht mehr statt. Das heißt, alle Grenzzykel sind jetzt halbstabil. Sie werden alle von innen für $t \uparrow \infty$ und von außen für $t \downarrow \infty$ asymptotisch durch die übrigen Charakteristiken approximiert.

Endlich betrachte man

$$\frac{dx}{dt} = \begin{cases} y + x(x^2+y^2-1)^2 \sin \dfrac{1}{x^2+y^2-1}, & x^2+y^2-1 \neq 0, \\ y, & x^2+y^2=1, \end{cases}$$

$$\frac{dy}{dt} = \begin{cases} -x + y(x^2+y^2-1)^2 \sin \dfrac{1}{x^2+y^2-1}, & x^2+y^2-1 \neq 0, \\ -x, & x^2+y^2=1 \end{cases} \qquad (3.4.15)$$

d. i. in Polarkoordinaten

$$\frac{dR}{dt} = \begin{cases} (R^2-1)^2 R \sin \dfrac{1}{R^2-1}, & R^2-1 \neq 0, \\ 0, & R^2-1 = 0, \end{cases}$$

$$\frac{d\varphi}{dt} = -1. \qquad (3.4.16)$$

Die geschlossenen Charakteristiken sind jetzt

$$R = 1 \quad \text{und} \quad R = \sqrt{1 \pm \frac{1}{h\pi}}, \qquad h = 1, 2, \ldots. \qquad (3.4.17)$$

Die den einzelnen Werten von h zugeordneten Kreise sind wieder abwechselnd stabile und instabile Grenzzykeln. Die Lösung $R = 1$ aber ist zwar eine geschlossene Lösung, sie ist aber kein Grenzzykel, da sich die gegen diesen Kreis häufenden anderen geschlossenen Lösungen nicht asymptotisch dem Kreis $R = 1$ nähern. Es ist aber $R = 1$ im Sinne der Definition von LIAPOUNOFF stabil. Es ist aber $R = 1$ auch instabil, da auch für $t \downarrow \infty$ alle in einer gewissen Umgebung von $R = 1$ beginnenden Charakteristiken in der Nähe von $R = 1$ bleiben. Man nehme nur $\delta(\varepsilon) = \varepsilon$ in der Definition der Stabilität. Da also sowohl für $t \uparrow \infty$ wie für $t \downarrow \infty$ alle in der Umgebung beginnenden Charakteristiken in der Umgebung von $R = 1$ bleiben, ist $R = 1$ auch halbstabil. Es geben also wie gesagt diese Benennungen keine Einteilung aller geschlossenen Lösungen. Wohl aber kann nach der gegebenen Definition ein Grenzzykel Z nicht zugleich stabil und instabil sein. Denn wenn er von allen in genügender Nähe beginnenden Halbcharakteristiken für $t \uparrow \infty$ approximiert wird, gibt es eine Umgebung von Z, in der keine geschlossene Charakteristik verläuft. Man nehme einen Punkt P von Z und errichte wie beim Beweis von Satz (3.1.IV) in ihm eine genügend kurze orientierte Normale, die von jeder Charakteristik durch jeden ihrer Punkte bei wachsendem Parameter im gleichen Sinne überschritten wird. Wie damals numeriere man die Schnittpunkte P_n einer Z für $t \uparrow \infty$ approximierenden Halbcharakteristik $C = C(t)$ im Sinne wachsender Parameter. Diese Schnittpunkte sind alle verschieden, wenn die Normale kurz genug ist. Denn sonst gäbe es in beliebiger Nähe von Z andere geschlossene Charakteristiken. Man betrachte nun einen Bereich B, dessen eine Randkurve der Grenzzykel Z ist. Die andere Randkurve besteht aus dem Normalenstück $P_n P_{n+1}$ zwischen zwei aufeinanderfolgenden Schnittpunkten $P_n = C(t_n)$ und $P_{n+1} = C(t_{n+1})$, $t_{n+1} > t_n$ von C mit der Normalen und dem Bogen $P_n P_{n+1}$ von C. Dieser Bereich B hat die Eigenschaft, daß C für $t \downarrow t_n$ nicht in ihn eindringen kann. Denn die P_n konvergieren wie bei Satz (3.1.IV) monoton gegen P, so daß P_{n+1} näher bei P liegt als P_n und so C für $t \uparrow t_{n+1}$ in den beschriebenen Bereich eintritt, ihn aber für $t \downarrow t_n$ verläßt. Daher kann die andere C zur vollen Charakteristik ergänzende Halbcharakteristik für $t \downarrow \infty$ den Grenzzykel Z nicht approximieren. Sie kann ja auch für abnehmende t nicht über das Normalenstück $P_n P_{n+1}$ wieder in den Bereich B eintreten, da dies in der falschen Richtung geschehen müßte.

Die vorstehende Überlegung zeigt auch, daß ein stabiler Grenzzykel nicht zugleich auch halbstabil sein kann.

Die dargelegten Gedankengänge bestätigen auch die Richtigkeit von

Satz (3.4.II).. *Es seien C_1 und C_2 zwei geschlossene Charakteristiken eines stationären Systems (3.1.1) mit* LIPSCHITZ-*Bedingung in x und y. C_1 und C_2 mögen einen zweifach zusammenhängenden (abgeschlossenen) Bereich B beranden. In B möge keine kritische Stelle von (3.1.1) liegen und auch keine weitere geschlossene Charakteristik von (3.1.1) verlaufen. Dann sind C_1 und C_2 Grenzzykeln für alle in B verlaufenden Charakteristiken von (3.1.1). Der eine der beiden Grenzzykeln ist stabil, der andere instabil bezüglich der in B verlaufenden Charakteristiken von (3.1.1).*

Ein **weiteres Beispiel,** das im Anschluß an Arbeiten von F. TRICOMI ausführlich diskutiert werden soll, ist

$$\frac{d^2 x}{d t^2} + a \frac{d x}{d t} + \sin x = b \qquad a, b \text{ konstant.}$$

Es betrifft die gedämpfte Pendelschwingung bei zeitunabhängiger Zwingkraft. Als System geschrieben bekommt man

$$\frac{dx}{dt} = y, \left.\begin{matrix} \\ \\ \end{matrix}\right\}$$
$$\frac{dy}{dt} = -\sin x + b - a y. \tag{3.4.18}$$

Die Charakteristiken genügen der Differentialgleichung

$$\frac{dy}{dx} = \frac{-\sin x + b - a y}{y} \tag{3.4.19}$$

sowohl in $y > 0$ wie in $y < 0$. Für die Betrachtung auf $y = 0$ muß man in (3.4.19) Zähler und Nenner vertauschen. Im Falle $a = 0$ erhält man

$$\frac{dy}{dx} = \frac{-\sin x + b}{y}. \tag{3.4.20}$$

Da hier die Variablen getrennt sind, findet man als Integrale von (3.4.20)

$$L(x, y) \equiv y^2 - 2 b x - 2\cos x = k = \text{const}, \tag{3.4.21}$$

was man ja auch durch Differentiation verifiziert. Die kritischen Stellen von (3.4.18), d. i. die singulären Stellen von (3.4.19), sind unabhängig von a durch

$$y = 0, \quad \sin x = b \tag{3.4.22}$$

bestimmt. Ich beschränke weiter die Betrachtung auf $b \geqq 0$, weil man $b < 0$ durch Vertauschung von x mit $-x$ und y mit $-y$ auf diesen Fall zurückführen kann.

Für $b > 1$ gibt es keine singulären Stellen. (Wir sind im reellen Gebiet!)

Für $b = 1$ sind $y = 0$, $x = \frac{\pi}{2} + 2 h \pi$, h ganz, die kritischen Stellen.

Für $0 \leqq b < 1$ sind $y = 0$, $x = x_0 + 2 h \pi$, h ganz, und $y = 0$, $x = \pi - x_0 + 2 h \pi$, h ganz, die kritischen Stellen. Hier ist $\sin x_0 = b$ und $0 \leqq x_0 < \frac{\pi}{2}$ angenommen. Die erstgenannten sind für $a > 0$ stabile Knoten oder Strudel, im Falle $a = 0$ Zentra; die zweitgenannten sind Sattelpunkte mit den Tangentenrichtungen

$$\frac{-a \pm \sqrt{a^2 + 4\cos x_0}}{2}. \tag{3.4.23}$$

Dabei ist $\dfrac{-a - \sqrt{a^2 + 4 \cos x_0}}{2}$ die stabile Richtung, d. h. die für $t \uparrow \infty$ angesteuerte, und ist $\dfrac{-a + \sqrt{a^2 + 4 \cos x_0}}{2}$ die instabile Richtung. Es genügt, weiterhin $a \geqq 0$ zu untersuchen, da man $a < 0$ durch

Vorzeichenänderung von y und t auf den Fall $a > 0$ zurückführen kann.

Im Falle $b = 1$ erhält man kompliziertere singuläre Stellen, für deren Natur die Linearglieder — verschwindender Determinante — nicht mehr maßgebend sind. Zuerst soll der Fall $0 \leq b < 1$ weiter betrachtet werden.

Allgemein sei darauf aufmerksam gemacht, daß die Differentialgleichung (3.4.18) in x die Periode 2π hat. Es genügt also, den Verlauf der Integralkurven über einem x-Intervall der Länge 2π zu untersuchen und dann das Ergebnis periodisch fortzusetzen.

Im Falle $a = 0$ geht (3.4.20) noch durch Spiegelung an der x-Achse in sich über. Das hat zur Folge, daß die Charakteristiken durch den Sattelpunkt $\{\pi - x_0, 0\}$ sich zu einer einzigen Kurve

$$L(x, y) \equiv y^2 - 2b\,x - 2\cos x = k_s, \qquad k_s = -2b(\pi - x_0) + 2\cos x_0$$

zusammenschließen, die im Sattelpunkt $\{\pi - x_0, 0\}$ einen Doppelpunkt mit zwei verschiedenen Tangenten (3.4.23) hat. Während für $x > \pi - x_0$, $b \neq 0$ die beiden Äste dieser Kurve mit einer Kosinuswelle um die Parabel $y^2 = 2b\,x + k_s$ schwankend ins Unendliche laufen, gehört der Sattelpunktscharakteristik in $x < \pi - x_0$ eine geschlossene JORDAN-Kurve an, die die kritische Stelle $\{x_0, 0\}$ umschließt, die anderen kritischen Stellen außer dem auf ihr liegenden Sattelpunkt aber ausschließt. Im Falle $b = 0$ ist die Kurve $L(x, y) = k_s$ periodisch und geht durch alle Sattelpunkte hindurch. Ihre Gleichung ist nämlich

$$y^2 - 2\cos x - 2 = 0,$$

d. i.

$$y = \pm 2\cos \frac{x}{2}.$$

Die durch $\{-\pi, 0\}$ und $\{\pi, 0\}$ gehende „Schleife" enthält den Punkt $x_0 = 0$ im Inneren (vgl. Abb. 4a für $b \neq 0$ und Abb. 4b für $b = 0$). Die innerhalb einer Schleife gelegenen Charakteristiken von (3.4.20) sind geschlossene Kurven und durch

$$L(x, y) = k, \qquad k < k_s$$

dargestellt. Denn im Inneren der Schleife ist $L(x, y) < k_s$, weil z. B.

$$L(x_0, 0) = k_0 = -2b\,x_0 - 2\cos x_0$$

ist, und

$$k_s - k_0 = -2b\pi + 4b\,x_0 + 4\cos x > 0$$

ausfällt. Die volle Kurve $L(x, y) = k$, $k_0 \leq k < k_s$ besteht aus dem eben genannten geschlossenen Kurvenzug im Schleifeninneren und einem rechts von $L(x, y) = k_s$ gelegenen, für $t \uparrow \infty$ und für $t \downarrow \infty$

ins Unendliche entweichenden Kurvenzug ohne Doppelpunkte. Links von $L(x, y) = k_s$ und dabei im Schleifenäußeren schließen sich Kurven $L(x, y) = k$, $k > k_s$ an, die für genügend kleine k ebenfalls von Doppelpunkten frei sind und in beiden Richtungen ins Unendliche entweichen. Das beschriebene Kurvenbild wiederholt sich mit der Periode 2π. Die von der bis jetzt gegebenen Beschreibung noch nicht erfaßten Werte von k ergeben Kurvenbilder, die, frei von Doppelpunkten, in beiden Richtungen ins Unendliche verlaufen. In den schematischen Abb. 4 sind die wachsendem t entsprechenden Durchlaufungsrichtungen durch Pfeile markiert.

Für $a > 0$ existieren keine geschlossenen Charakteristiken von (3.4.18). Das lehrt die Betrachtung der Funktion

$$L = y^2 - 2b\,x - 2\cos x \tag{3.4.24}$$

längs der Charakteristiken von (3.4.18). Da ist nämlich

$$\frac{dL}{dt} = -2a\,y^2. \tag{3.4.25}$$

Das heißt, die Funktion (3.4.24) ist für wachsende t längs jeder Charakteristik von (3.4.18) für $a > 0$ monoton und nimmt nie zu. Bei voller Durchlaufung einer geschlossenen Charakteristik wird demnach L kleiner. Da aber L eindeutig ist, erweist sich das als unmöglich.

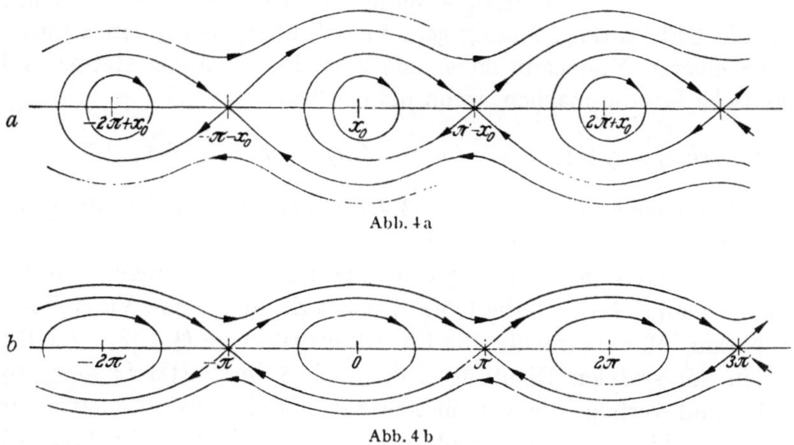

Abb. 4a

Abb. 4b

Verfolgen wir noch den Verlauf der Sattelpunktcharakteristik, die $\{\pi - x_0, 0\}$ längs der instabilen Richtung 1 der Abb. 5 verläßt, so dringt sie, was auch aus

$$\frac{-a + \sqrt{a^2 + 4\cos x_0}}{2} < \cos x_0 \quad \text{für} \quad a > 0$$

folgt, in die Schleife der Abb. 4a ein und verbleibt wegen (3.4.25) für alle t in dieser Schleife. Denn dort ist der Wert der Funktion L kleiner als auf der Schleife, während er außerhalb der Schleife in ihrer Nähe größer als auf der Schleife ist. Außerdem konvergiert die zu untersuchende Charakteristik für $t \uparrow \infty$ gegen die kritische Stelle $\{x_0, 0\}$, die ja Knoten oder Strudel ist. Nach Satz (3.1.IV) wäre nämlich anderenfalls die Charakteristik asymptotisch zu einer in der Schleife gelegenen $\{x_0, 0\}$ umschließenden geschlossenen Charakteristik. Solche gibt es aber nicht, wie schon gezeigt wurde.

Bei genügend kleinem $a > 0$ *tritt aber für* $b > 0$ *eine zweite Art[1] periodischer Lösungen von* (3.4.18) *bzw.* (3.4.19) *auf.*

Das sind Lösungen, für die

$$y(x + 2\pi) = y(x) \tag{3.4.26}$$

ist. Für Lösungen $x(t)$, $y(t)$ von (3.4.19) bedeutet das die Existenz einer Zahl $T > 0$, für die

$$x(t + T) = x(t) + 2\pi, \quad y(t + T) = y(t) \tag{3.4.27}$$

ist.

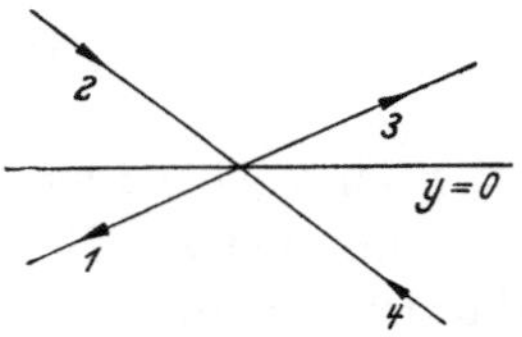

Vorab sei noch bemerkt: Wenn für eine in $\langle \alpha, \alpha + 2\pi \rangle$ stetige Lösung $y(x)$ von (3.4.19) $y(\alpha + 2\pi) = y(\alpha)$ gilt, so ist laut Differentialgleichung auch $y'(\alpha + 2\pi) = y'(\alpha)$. Denn die Differentialgleichung geht in sich über, wenn man x durch $x + 2\pi$ ersetzt. Man kann daher aus $y(x)$ eine für alle x stetige und periodische Lösung machen, wenn man festsetzt

$$y(x + 2h\pi) = y(x), \quad x \in \langle \alpha, \alpha + 2\pi \rangle, \quad h = 0, \pm 1, \pm 2, \ldots$$

Die so definierte Funktion genügt (3.4.19), weil diese in sich übergeht, wenn man x um ein Vielfaches von 2π ändert.

Von den Existenzbedingungen für periodische Lösungen zweiter Art kann man sich durch die folgenden Überlegungen eine Vorstellung verschaffen. Man betrachte die Charakteristik von (3.4.18), die für $t \uparrow \infty$ in der stabilen Richtung 2 der Abb. 5 im Sattel $\{\pi - x_0, 0\}$ mündet und verfolge sie von diesem Sattelpunkt aus rückwärts für $x < \pi - x_0$ bis zu ihrem eventuellen ersten Schnittpunkt $\{s(a), 0\}$ mit $y = 0$. Um eine Auskunft über Existenz und Verlauf von $s(a)$ zu bekommen, gehen wir von $s(0)$ aus. Das ist der Schnittpunkt der Sattelschleife von (3.4.20) mit $y = 0$. Die zu betrachtenden Sattel-

Abb. 5

---

[1] Periodische Lösungen erster Art nennen wir künftig die durch geschlossene Kurven dargestellten Lösungen.

charakteristiken ändern sich stetig mit a. Das kommt nicht unmittelbar in den Stetigkeitssätzen von § 1.6. zum Ausdruck, kann aber aus ihnen durch eine Zusatzüberlegung erschlossen werden, die sich auf die Umgebung des Sattels bezieht und die sich auf Satz (3.3.VIII) stützt. Ist $\delta > 0$ hinreichend klein, so schneidet die Sattelcharakteristik von (3.4.19) die Gerade $x = \pi - x_0 - \delta$ in einem Punkt $\{\pi - x_0 - \delta, y_0\}$. Es gibt nach Satz (3.3.VIII) ein $\varepsilon > 0$ so, daß die Charakteristiken von (3.4.19) durch einen Punkt $\{\pi - x_0 - \delta, y_0 + h\}$, $0 < h \leqq \varepsilon$ diesen mit einem Punkt von $x = \pi - x_0$, $y > 0$ verbinden, während die Charakteristiken von (3.4.19) durch einen Punkt $\{\pi - x_0 - \delta, y_0 - h\}$, $0 < h \leqq \varepsilon$ diesen mit einem Punkt $\{\pi - x_0 - \delta_1, 0\}$, $0 < \delta_1 < \delta$ verbinden. Wählt man von beiden Anfangspunkten auf $x = \pi - x_0 - \delta$ je einen fest aus und wählt $\Delta a > 0$ hinreichend klein, so treffen nach § 1.6. die Charakteristiken von (3.4.19) mit $a + \Delta a$ statt a durch den oberen Punkt $\{\pi - x_0 - \delta, y_0 + \varepsilon\}$ ebenfalls die Gerade $x = \pi - x_0$, $y > 0$ und treffen die Charakteristiken durch den unteren Punkt $\{\pi - x_0 - \delta, y_0 - \varepsilon\}$ ebenfalls die Gerade $y = 0$ in der Nähe des Sattels $\{\pi - x_0, 0\}$. Daher liegt zwischen beiden eine $x = \pi - x_0 - \delta$ treffende Sattelcharakteristik der wenig geänderten Differentialgleichung. Jede Charakteristik ist nämlich für alle t erklärt. Betrachtet man die untere Grenze $\tilde{\eta}$ derjenigen η, für die die Charakteristik durch $\{\pi - x_0 - \delta, \eta\}$ die Gerade $x = \pi - x_0$, $y > 0$ trifft, so kann die Charakteristik durch $\{\pi - x_0 - \delta, \tilde{\eta}\}$ nicht auch noch diese Eigenschaft haben, weil sonst $\tilde{\eta}$ nicht die untere Grenze wäre. Diese Charakteristik kann aber aus Stetigkeitsgründen auch nicht $y = 0$ links vom Sattel treffen. Sie geht daher durch den Sattel.

Für den weiteren Verlauf der Sattelcharakteristiken in $x < \pi - x_0 - \delta$ folgt die stetige Abhängigkeit von a unmittelbar aus § 1.6.. Da nun $s(0)$ existiert und für $b > 0$ größer als $-\pi - x_0$ ist, so existiert auch $s(a)$ für genügend kleine $a > 0$ und ist ebenfalls größer als $-\pi - x_0$. Ist a^* irgendein Wert von a, für den $s(a^*)$ existiert und größer als $-\pi - x_0$ ist, so existiert auch $s(a^* + \Delta a) > -\pi - x_0$ für genügend kleine $\Delta a > 0$. Außerdem nimmt $s(a)$ monoton ab, wenn a zunimmt. Nach (3.4.19) nimmt nämlich dy/dx ab, wenn a zunimmt. Das heißt, bei größerem a ist im gleichen Punkt $\{x, y\}$ die Feldrichtung kleiner als bei kleinerem a. Die Sattelcharakteristik von (3.4.18), die $\{s(a), 0\}$ mit dem Sattel $\{\pi - x_0, 0\}$ verbindet, kann daher von der Sattelcharakteristik von (3.4.18) mit $a + \Delta a$ statt a, die $\{s(a + \Delta a), 0\}$ mit $\{\pi - x_0, 0\}$ verbindet, nur in Richtung wachsender y durchsetzt werden, wenn man sie in Richtung abnehmender x verfolgt. Da sie aber dicht links vom Sattel wegen

$$-a - \Delta a - \sqrt{(a + \Delta a)^2 + 4\cos x_0} < -a - \sqrt{a^2 + 4\cos x_0}, \quad \Delta a > 0$$

schon oberhalb derselben verläuft, so kann sie sie überhaupt nicht wieder treffen. Daher ist

$$s(a + \Delta a) < s(a) \quad \text{für} \quad \Delta a > 0.$$

$s(a)$ nähert sich also mit wachsendem a monoton dem Wert $-\pi - x_0$. Ich behaupte, daß $s(a)$ diesen Wert für ein gewisses $a = A$ erreicht: $s(A) = -\pi - x_0$, wobei A endlich ist. Um das einzusehen, bezeichne ich mit

$$y(x, a)$$

die zu betrachtende Sattelcharakteristik von (3.4.19). Ich betrachte die Ordinate $y(x_0, a)$. Die Sattelcharakteristik kann auch als die Charakteristik durch den Anfangspunkt $\{x_0, y(x_0, a)\}$ für $x_0 \leq x \leq \pi - x_0$ angesehen werden. Nun ist

$$\frac{dy}{dx} < -a \quad \text{für} \quad x_0 \leq x \leq \pi - x_0 \quad \text{und} \quad y > 0. \qquad (3.4.28)$$

Daher ist

$$y(x, a) \leq y(x_0, a) - a(x - x_0),$$

solange $y(x, a) > 0$ bleibt. Daher muß

$$y(x_0, a) > a(\pi - 2x_0) \qquad (3.4.29)$$

sein. In $\{x_0, y(x_0, a)\}$ gilt aber nach (3.4.24) und (3.4.29)

$$L > a^2(\pi - 2x_0)^2 - 2b\,x_0 - 2\cos x_0. \qquad (3.4.30)$$

Da aber längs der Charakteristik nach (3.4.25) L für abnehmende t zunimmt, muß auch im Punkte $\{s(a), 0\}$ der Wert von L oberhalb der in (3.4.30) angegebenen Schranke bleiben. Für

$$y = 0, \quad -\pi - x_0 \leq x \leq x_0$$

ist aber

$$L < 2b(\pi + x_0) + 2\cos x_0.$$

Also sind die Werte von a, für die $s(a)$ mit $-\pi - x_0 \leq s(a) < x_0$ existiert, nach oben beschränkt. Ist dann A die obere Schranke der a-Werte, für die $s(a)$ mit $s(a) \geq -\pi - x_0$ existiert, so ist $s(A) \geq -\pi - x_0$. Wäre aber $s(A) > -\pi - x_0$, so wäre A nach der angestellten Stetigkeitsbetrachtung doch nicht die obere Schranke der Werte von a, für die $s(a)$ mit $s(a) \geq -\pi - x_0$ existiert.

Betrachten wir nun (3.4.18) mit $0 < a \leq A$. Die aus dem Sattel $\{-\pi - x_0, 0\}$ längs der instabilen Richtung 3 der Abb. 5 auslaufende Charakteristik $y(x, a, 0)$ liegt für $a < A$ und für genügend große x oberhalb der nach dem Sattel $\{\pi - x_0, 0\}$ in Richtung 2 von Abb. 5 einlaufenden Charakteristik und fällt mit dieser für $a = A$ zusammen. Für $a > A$ verläuft sie unterhalb derselben. Sie stellt also für $a < A$

eine Charakteristik dar, für die

$$y(\pi - x_0, a, 0) > 0 \qquad (3.4.31)$$

ist. Betrachten wir weiter eine Charakteristik $y(x, a, y_0)$ von (3.4.19) mit $0 < a < A$ durch den Punkt

$$\{-\pi - x_0, y_0\}, \qquad y_0 > 0.$$

Ich behaupte, daß für hinreichend große y_0

$$y(\pi - x_0, a, y_0) - y_0 < 0 \qquad (3.4.32)$$

ist. Ist dies richtig, und beachtet man, daß

$$y(\pi - x_0, a, y_0) - y_0$$

stetig[1] von y_0 in $y_0 \geqq 0$ abhängt, so muß es einen Wert von $y_0 > 0$ geben, für den

$$y(\pi - x_0, a, y_0) - y_0 = 0 \qquad (3.4.33)$$

ist. Denn die linke Seite von (3.4.33) ist nach (3.4.31) für $y_0 = 0$ positiv, und nach (3.4.32) für große $y_0 > 0$ negativ. Wegen $y_0 = y(-\pi - x_0, a, y_0)$ ist für dieses y_0 auch $y(\pi - x_0, a, y_0) = y(-\pi - x_0, a, y_0)$. So erhält man gemäß der Bemerkung hinter (3.4.27) eine periodische Charakteristik zweiter Art, d. h. eine Charakteristik $y(x)$ mit

$$y(x + 2\pi) = y(x),$$

deren es demnach für $0 < a < A, 0 \leqq b < 1$ eine ungerade, für $a \geqq A$ eine gerade Anzahl, oder unendlich viele, in $y > 0$ gibt. Es bleibt (3.4.32) zu beweisen.

In

$$y > \frac{1 + b}{a} \quad \text{ist} \quad \frac{-\sin x + b - a y}{y} < 0.$$

Eine Integralkurve von (3.4.19) durch $\{-\pi - x_0, y_0\}$, die in $y > \dfrac{1 + b}{a}$ verläuft, hat die Eigenschaft (3.4.32). Denn: In

$$y > 2 \frac{1 + b}{a} \quad \text{ist} \quad \frac{-\sin x + b - a y}{y} > -\frac{3}{2} a.$$

Die Gerade

$$y = y_0 - \frac{3}{2} a(x + \pi + x_0)$$

---

[1] Die Stetigkeit ist nach § 1 zunächst nur für $y_0 > 0$ gesichert. Aber $y(\pi - x_0, a, y_0)$ nimmt monoton ab, wenn y_0 abnimmt, und hat daher für $y_0 \downarrow 0$ einen Grenzwert $\tilde{y}_0$. Dieser fällt mit $y(\pi - x_0, a, 0)$ zusammen, da sonst die Charakteristik durch $\{\pi - x_0, \tilde{y}_0\}$ von der Sattelcharakteristik $y(x, a, 0)$ verschieden wäre. Verliefe sie oberhalb der Sattelcharakteristik, so widerspräche das der Definition von $\tilde{y}_0$. Verläuft sie unterhalb der Sattelcharakteristik, so muß das auch für eine Charakteristik durch $\{\pi - x_0, \tilde{y}_0 + \varepsilon\}$ bei genügend kleinem $\varepsilon > 0$ so sein, was ebenfalls der Definition von $\tilde{y}_0$ widerspricht.

hat bei $x = \pi - x_0$ die Ordinate

$$y_0 - 3a\pi,$$

und es ist

$$y_0 - 3a\pi > 2\frac{1+b}{a} \quad \text{für} \quad y_0 > 3a\pi + 2\frac{1+b}{a}. \qquad (3.4.34)$$

Es ist also

$$y(x, a, y_0) \geqq y_0 - \frac{3}{2}a(x + \pi + x_0) \geqq 2\frac{1+b}{a}, \quad -\pi - x_0 \leqq x \leqq \pi - x_0,$$

wenn (3.4.34) erfüllt ist, und außerdem ist längs dieser Charakteristik $dy/dx < 0$. Für sie gilt also (3.4.32), falls die durch die Anfangsbedingung

$$\{-\pi - x_0, y_0\}, \quad y_0 > 3a\pi + 2\frac{1+b}{a}$$

bestimmte Lösung von (3.4.19) in $\langle -\pi - x_0, \pi - x_0 \rangle$ stetig ist. Es gilt aber

$$\left|\frac{-\sin x + b - ay}{y}\right| \leqq 2a \quad \text{in} \quad y \geqq \frac{1+b}{a}.$$

Definiert man in $-\pi - x_0 \leqq x \leqq \pi - x_0$

$$f(x, y) = \begin{cases} \dfrac{-\sin x + b - ay}{y} & \text{für} \quad y \geqq \dfrac{1+b}{a}, \\[3mm] \dfrac{(-\sin x + b)a}{1+b} - a & \text{für} \quad y \leqq \dfrac{1+b}{a}, \end{cases}$$

so hat

$$\frac{dy}{dx} = f(x, y)$$

genau eine Lösung durch $\{-\pi - x_0, y_0\}$, die in $\langle -\pi - x_0, \pi - x_0 \rangle$ stetig ist. Sie genügt aber für $y_0 > 3a\pi + 2\frac{1+b}{a}$ zugleich (3.4.19), weil sie, wie dargelegt, in $y > \frac{1+b}{a}$ verläuft und weil hier beide Differentialgleichungen übereinstimmen.

Im **Falle** $b = 0$ führen entsprechende Überlegungen zu der Einsicht, daß es in $y > 0$ wie in $y < 0$ allenfalls eine gerade[1] Zahl von periodischen Lösungen zweiter Art geben kann. Denn jetzt hat die Charakteristik durch die stabile Richtung 2 des Sattels $\{\pi - x_0, 0\}$ bei $-\pi - x_0$ wegen Abb. 4b eine positive Ordinate. Alle Charakteristiken, die bei $-\pi - x_0$ mit kleinerer positiver Ordinate beginnen, schneiden daher schon vor $\pi - x_0$ die x-Achse. Für Charakteristiken, die im ganzen Intervall $\langle -\pi - x_0, \pi - x_0 \rangle$ erklärt sein sollen, kommen daher nur Anfangsordinaten bei $-\pi - x_0$ in Frage, die mindestens so groß sind wie bei der Charakteristik, die in $\{\pi - x_0, 0\}$ mit der

---

[1] Oder unendlich viele.

Richtung 2 ankommt. Diese haben bei genügend kleiner Anfangsordinate alle in $\pi - x_0$ eine noch kleinere Ordinate. Ebenso ist es nach den bei $b > 0$ durchgeführten Überlegungen bei allen Charakteristiken, die bei $-\pi - x_0$ eine recht große Anfangsordinate haben.

Im Falle $b > 1$ von (3.4.18) fehlen kritische Stellen. Man schließt auf die Existenz einer ungeraden[1] Zahl periodischer Lösungen zweiter Art in $y > 0$. Denn für Anfangswerte $\{x_0, y_0\}$ mit hinreichend großem $y_0 > 0$ gilt wieder stets (3.4.32). Man bemerkt aber, daß eine Lösung durch den tiefsten Punkt

$$\left\{ \frac{\pi}{2}, \frac{-1+b}{a} \right\} \tag{3.4.35}$$

der Sinuskurve

$$y = \frac{-\sin x + b}{a} \tag{3.4.36}$$

für alle t in dem Streifen

$$\frac{-1+b}{a} \leqq y \leqq \frac{1+b}{a}$$

verläuft, der die Sinuswelle (3.4.36) enthält. Bezeichnet man die Charakteristik durch $\left\{ \frac{\pi}{2}, y_0 \right\}$, $y_0 \geqq \frac{-1+b}{a}$ mit $y(x, a, y_0)$, so ist

$$y\left(\frac{3\pi}{2}, a, \frac{-1+b}{a} \right) > y\left(\frac{\pi}{2}, a, \frac{-1+b}{a} \right) = \frac{-1+b}{a}.$$

Für große y_0 aber ist wieder

$$y\left(\frac{3\pi}{2}, a, y_0 \right) < y\left(\frac{\pi}{2}, a, y_0 \right),$$

weil $y' < 0$ oberhalb der Sinuswelle gilt. So schließt man wieder aus Stetigkeitsgründen auf eine ungerade[1] Zahl von periodischen Lösungen zweiter Art oberhalb der Charakteristik durch (3.4.35). Periodische Lösungen erster Art fehlen, weil es keine kritischen Punkte gibt. Eine jede geschlossene Integralkurve hat ja den Index 1 und muß daher mindestens eine kritische Stelle umschließen.

Bevor ich zum Fall $b = 1$ übergehe, sei noch die Frage nach der genauen Zahl der periodischen Lösungen zweiter Art geklärt. Ich behaupte, daß es nie mehr als eine geben kann. Ist nämlich $y(x)$ für irgendein b und ein $a \neq 0$ eine periodische Lösung zweiter Art von (3.4.19), so ist

$$\int_0^{2\pi} y(x) \frac{dy}{dx} dx = \int_0^{2\pi} (-\sin x + b - a y(x)) dx,$$

$$\frac{1}{2} \left(y^2(2\pi) - y^2(0) \right) = \cos 2\pi - \cos 0 + b \, 2\pi - a \int_0^{2\pi} y(x) dx.$$

---

[1] Es könnten auch unendlich viele sein.

Also ist

$$\int\limits_0^{2\pi} y(x)\,dx = \frac{b\,2\pi}{a}\,.$$

Sind $y_1(x)$ und $y_2(x)$ zwei periodische Lösungen zweiter Art, so kann man $y_1(x) > y_2(x)$ annehmen, weil sich beide Lösungskurven aus Unitätsgründen nicht schneiden können. Es geht ja, wie wir wissen, keine durch einen singulären Punkt. Daher wäre auch

$$\frac{b\,2\pi}{a} = \int\limits_0^{2\pi} y_1(x)\,dx > \int\limits_0^{2\pi} y_2(x)\,dx = \frac{b\,2\pi}{a}\,.$$

Da dies Unsinn ist, ist die Behauptung bewiesen. Es gilt

Satz (3.4.III). *Die Differentialgleichung* (3.4.19) *hat für* $0 < b \leqq 1$, $0 < a < A$ *sowie für* $b < 1$, *a beliebig genau eine, für* $0 < b \leqq 1$, $a > A$ *sowie für* $b = 0$, *a beliebig keine periodische Lösung zweiter Art.*

Denn in den Fällen, in denen die frühere Überlegung nur auf eine gerade Zahl periodischer Lösungen schließen ließ, gibt es nach dem jetzt Vorgetragenen überhaupt keine[1]. Was in Satz (3.4.III) betr.

---

[1] Für diesen Schluß ist noch zu beachten, daß die Nullstellen von

$$y(\pi - x_0, a, y_0) - y_0,$$

welche ja den periodischen Lösungen zweiter Art entsprechen, einfach sind. Falls nämlich eine Kurve

$$z = y(\pi - x_0, a, y_0) - y_0$$

für ein gewisses a die y_0-Achse berührt, so hat sie für gewisse benachbarte a einfache Schnittpunkte mit derselben. Es würde dann im Gegensatz zu dem im Text geführten Beweis a-Werte geben, bei denen mehrere periodische Lösungen zweiter Art in $y > 0$ auftreten. Zum Beweis der Behauptung betrachte man

$$y(x, a, y_0) - y_0$$

in Abhängigkeit von a. Gemäß Satz (1.6.III) genügt $\partial y/\partial a$ nach (3.4.19) der Differentialgleichung

$$\frac{d}{dx}\left(\frac{\partial y}{\partial a}(x, a, y_0)\right) = \frac{\sin x - b}{y^2(x, a, y_0)}\,\frac{\partial y}{\partial a}(x, a, y_0) - 1.$$

Will man zur gleichen Anfangsbedingung

$$y(-\pi - x_0, a, y_0) = y_0$$

gehörige Lösungen $y(x, a, y_0)$ von (3.4.19) für verschiedene a vergleichen, so hat man diese Differentialgleichung unter der Anfangsbedingung

$$\frac{\partial y}{\partial a}(-\pi - x_0, a, y_0) = 0$$

zu integrieren. Nach (0.2.23) ist daher

$$\frac{\partial z}{\partial a} = \frac{\partial y}{\partial a}(\pi - x_0, a, y_0)$$

$$= \exp\left\{\int\limits_{-\pi-x_0}^{\pi-x_0} \frac{\sin x - b}{y^2}\,dx\right\} \int\limits_{-\pi-x_0}^{\pi-x_0} \exp\left\{-\int\limits_{\pi-x_0}^{\xi} \frac{\sin \eta - b}{y^2(\eta, a, y_0)}\,d\eta\right\} d\xi.$$

Da dies $\neq 0$ ist, ergibt sich daraus der Beweis der Behauptung.

$b = 1$ behauptet ist, wird bei der nun folgenden Betrachtung dieses Falles noch bewiesen werden.

Der Fall $b = 1$ von (3.4.18) verlangt vorab eine Untersuchung des Verlaufs der Integralkurven in der Nähe der kritischen Stellen

$$y = 0, \quad x = \frac{\pi}{2} + 2h\pi, \quad h \text{ ganz.}$$

Aus Periodizitätsgründen genügt es, die kritische Stelle $\left(\frac{\pi}{2}, 0\right)$ zu betrachten. Für $a = 0$ erhält man die in der schematischen Abb. 6 verzeichneten Charakteristiken. Die durch den kritischen Punkt $\left(\frac{\pi}{2}, 0\right)$ gehende

$$L \equiv y^2 - 2x - 2\cos x = k_s, \quad k_s = -\pi$$

hat dort eine Spitze, und nach rechts hin liegen die $L = k$ mit $k < k_s$ und nach links die mit $k > k_s$.

Für allgemeines $a > 0$ genügen die asymptotischen Richtungen der Charakteristiken von

$$\begin{aligned}
\frac{dx}{dt} &= y, \\
\frac{dy}{dt} &= -\sin x + 1 - a\,y.
\end{aligned} \qquad (3.4.37)$$

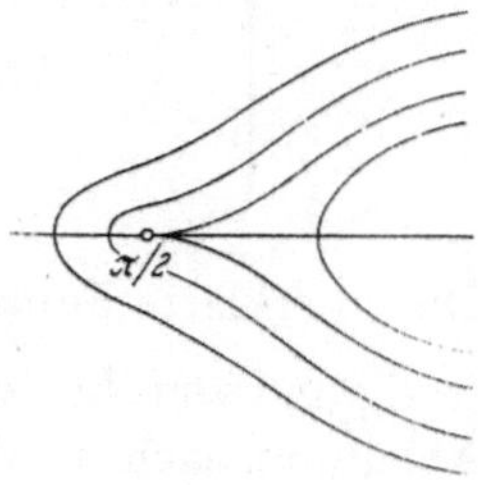

welche gegen die kritische Stelle $\left(\frac{\pi}{2}, 0\right)$ konvergieren, ohne sich spiralig um sie zu winden, der Gleichung

$$y^2 + a\left(x - \frac{\pi}{2}\right)y = 0, \qquad (3.4.38)$$

Abb. 6

wie aus dem allgemeinen Satz (3.3.IX) von BENDIXSON folgt. Es sind also

$$y = -a\left(x - \frac{\pi}{2}\right) \quad \text{und} \quad y = 0$$

die einzig möglichen Tangenten an Charakteristiken im Punkt $\left(\frac{\pi}{2}, 0\right)$. Es soll gezeigt werden, daß jede der beiden Halbgeraden von

$$y = -a\left(x - \frac{\pi}{2}\right)$$

Tangente von genau einer für $t \uparrow \infty$ bzw. $t \downarrow \infty$ in $\left(\frac{\pi}{2}, 0\right)$ mündenden Charakteristik ist. Um das einzusehen, bemerke ich, daß

$$f(x, y) = \begin{cases} \dfrac{-\sin x + 1 - a\,y}{y}, & (x, y) \neq \left(\frac{\pi}{2}, 0\right), \\[2mm] -a, & (x, y) = \left(\frac{\pi}{2}, 0\right) \end{cases} \qquad (3.4.39)$$

in dem Keilbereich

$$\left| y + a\left(x - \frac{\pi}{2}\right) \right| \leqq \varepsilon \left| x - \frac{\pi}{2} \right| \tag{3.4.40}$$

stetig und von 0 verschieden ist, wenn man $\varepsilon > 0$ hinreichend klein wählt. Man nehme ein $\delta > 0$ und ergänze die in (3.4.40) gegebene Definition (3.4.39) von $f(x, y)$ zu einer in dem ganzen Streifen $\left| x - \frac{\pi}{2} \right| \leqq \delta$ gültigen durch

$$f(x, y) = \begin{cases} \dfrac{-\sin x + 1 + a(a-\varepsilon)\left(x - \frac{\pi}{2}\right)}{-(a - \varepsilon)\left(x - \frac{\pi}{2}\right)} & \begin{aligned} &\text{in} \quad x > \frac{\pi}{2}, \\ &y > -(a - \varepsilon)\left(x - \frac{\pi}{2}\right), \\ &\text{und in} \quad x < \frac{\pi}{2}, \\ &y < -(a - \varepsilon)\left(x - \frac{\pi}{2}\right), \end{aligned} \\[2em] \dfrac{-\sin x + 1 + a(a+\varepsilon)\left(x - \frac{\pi}{2}\right)}{-(a + \varepsilon)\left(x - \frac{\pi}{2}\right)} & \begin{aligned} &\text{in} \quad x > \frac{\pi}{2}, \\ &y < -(a + \varepsilon)\left(x - \frac{\pi}{2}\right), \\ &\text{und in} \quad x < \frac{\pi}{2}, \\ &y > -(a + \varepsilon)\left(x - \frac{\pi}{2}\right). \end{aligned} \end{cases}$$

Die so erklärte Funktion $f(x, y)$ ist zwar in dem Streifen $\left| x - \frac{\pi}{2} \right| \leqq \delta$ stetig und von Null verschieden. Sie besitzt aber keine stetige partielle Ableitung nach x. Wohl aber ist ihr Differenzenquotient nach x im Streifen $\left| x - \frac{\pi}{2} \right| \leqq \delta$ absolut beschränkt. Daher gilt das gleiche auch für

$$\frac{1}{f(x, y)}.$$

Daher hat die Differentialgleichung

$$\frac{dx}{dy} = \frac{1}{f(x, y)}$$

und daher auch

$$\frac{dy}{dx} = f(x, y)$$

genau eine in $\left| x - \frac{\pi}{2} \right| \leqq \delta$ stetige Lösung durch den Anfangspunkt $\left\{ \frac{\pi}{2}, 0 \right\}$.

Sie hat dort die Gerade

$$y = -a\left(x - \frac{\pi}{2}\right) \tag{3.4.41}$$

zur Tangente. Sie verläuft daher für eine genügend kleine Umgebung von $x = \dfrac{\pi}{2}$ in dem Keil (3.4.40) und ist daher in dieser Umgebung von $x = \dfrac{\pi}{2}$ Lösung von

$$\frac{dy}{dx} = \frac{-\sin x + 1 - a\,y}{y} \tag{3.4.42}$$

und zwar die einzige durch diesen Punkt, die in (3.4.40) verläuft. Ihr in $y > 0$ gelegener Teil gehört einer stabilen Halbcharakteristik durch $\left\{\dfrac{\pi}{2}, 0\right\}$ an, der in $y < 0$ gelegene Teil einer instabilen Halbcharakteristik durch diese kritische Stelle. Diese Angaben beruhen darauf, daß nach (3.4.37) in $y > 0$ immer x mit t zugleich wächst, während x in $y < 0$ abnimmt, wenn t wächst. Diese beiden Halbcharakteristiken sind die einzigen, die in $\left\{\dfrac{\pi}{2}, 0\right\}$ die Gerade (3.4.41) berühren. Der Satz (3.3.IX) lehrt, daß keine Lösung spiralig ist, daß vielmehr alle anderen in $\left\{\dfrac{\pi}{2}, 0\right\}$ die Gerade $y = 0$ berühren.

Ich betrachte nun die positive x-Achse. Auch sie tritt bei genau einer Halbcharakteristik als Tangente in $\left\{\dfrac{\pi}{2}, 0\right\}$ auf. Dies erschließt man auf Grund von Satz (1.5.XI). Man setze

$$f(x, y) = \frac{-\sin x + 1 - a\,y}{y}.$$

Man nehme

$$\omega_1(x) = m\left(x - \frac{\pi}{2}\right)^2, \quad m > 0.$$

Dann ist

$$\omega_1'(x) = 2m\left(x - \frac{\pi}{2}\right) \leqq f\left(x, m\left(x - \frac{\pi}{2}\right)^2\right) = \frac{\dfrac{1}{2}\sin\left[\dfrac{\pi}{2} + \vartheta\left(x - \dfrac{\pi}{2}\right)\right] - a\,m}{m},$$

wenn m hinreichend klein und $\dfrac{\pi}{2} < x \leqq \dfrac{3\pi}{4}$ ist.

Ferner nehme man

$$\omega_2(x) = \frac{1 - \sin x}{a}.$$

Dann ist

$$\omega_2'(x) = \frac{-\cos x}{a} \geqq f\left(x, \frac{1 - \sin x}{a}\right) = 0$$

in $\dfrac{\pi}{2} < x \leqq \dfrac{3\pi}{4}$. Endlich ist für kleine $m > 0$

$$\omega_1(x) < \omega_2(x) \quad \text{in} \quad \frac{\pi}{2} < x \leqq \frac{3\pi}{4}.$$

Daher gibt es nach Satz (1.5.XI) mindestens eine Lösung $y(x)$ von (3.4.42), die der Abschätzung

$$\omega_1(x) < y(x) < \omega_2(x), \qquad \frac{\pi}{2} < x \leqq \frac{3\pi}{4}$$

genügt. $y(x)$ hat daher in $\left\{\frac{\pi}{2}, 0\right\}$ die positive x-Achse als Tangente. Es gibt aber auch nicht mehr als eine Lösung von (3.4.42) mit dieser Eigenschaft. Denn seien $y_1(x)$ und $y_2(x)$ zwei solche, und sei

$$y_1(x) > y_2(x) > 0, \qquad \frac{\pi}{2} < x \leqq \frac{3\pi}{4}.$$

(Sie können sich aus Unitätsgründen in $\frac{\pi}{2} < x \leqq \frac{3\pi}{4}$ nicht schneiden.) Dann ist nach (3.4.42)

$$y_1'(x) < y_2'(x), \qquad \frac{\pi}{2} < x \leqq \frac{3\pi}{4}.$$

Also ist

$$\int_\eta^x y_1'(\xi)\,d\xi < \int_\eta^x y_2'(\xi)\,d\xi \quad \text{für} \quad \frac{\pi}{2} < \eta < x \leqq \frac{3\pi}{4}.$$

Daher ist

$$y_1(x) - y_2(x) < y_1(\eta) - y_2(\eta).$$

Wegen

$$y_1(\eta) - y_2(\eta) \to 0 \quad \text{für} \quad \eta \downarrow \frac{\pi}{2}$$

zeigt sich, daß $y_1(x) > y_2(x)$ falsch ist.

Daß es in $y < 0$ keine tangential zur positiven x-Achse in $\left\{\frac{\pi}{2}, 0\right\}$ mündende Halbcharakteristik gibt, folgt daraus, daß es in $y < 0$

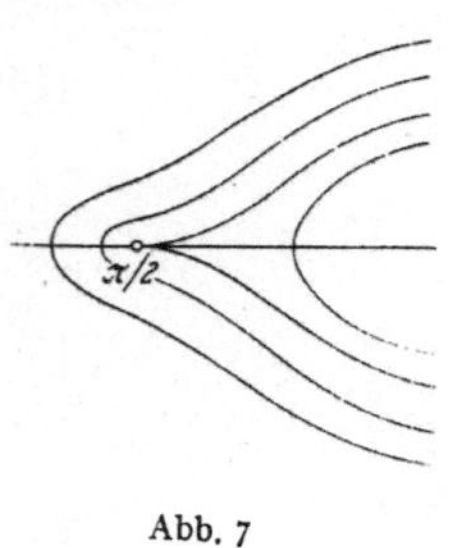

Abb. 7

bereits eine in $x > \frac{\pi}{2}$ verlaufende Lösung gibt, die mit der Tangente $y = -a\left(x - \frac{\pi}{2}\right)$ in $\left\{\frac{\pi}{2}, 0\right\}$ mündet (Abb. 7). Die gerade vorgetragene Unitätsüberlegung zeigt auch in $y < 0$, daß es keine weitere in $\left\{\frac{\pi}{2}, 0\right\}$ mündende Charakteristik geben kann. Daß es endlich in $x > \frac{\pi}{2}$ keine Charakteristik geben kann, die in $\left\{\frac{\pi}{2}, 0\right\}$ mündet, und die beliebig nahe bei $\left\{\frac{\pi}{2}, 0\right\}$ die x-Achse schneidet, folgt daraus, daß nach (3.4.37) in jedem solchen Punkt die betreffende Charakteristik ein Minimum ihrer x-Koordinate $x(t)$ hat.

Die vorgetragene Überlegung versagt für die negative x-Achse als Tangente an Charakteristiken in $\left\{\frac{\pi}{2}, 0\right\}$. In der Tat werden wir gleich sehen, daß es unendlich viele Charakteristiken gibt, die tangential zur negativen x-Achse in $\left\{\frac{\pi}{2}, 0\right\}$ münden. Zunächst bemerke ich, daß die in $x < \frac{\pi}{2}$ liegende Charakteristik C, die in $\left\{\frac{\pi}{2}, 0\right\}$ die Gerade $y = -a\left(x - \frac{\pi}{2}\right)$ berührt, für genügend kleines $a > 0$ die x-Achse zwischen $-\frac{\pi}{2}$ und $\frac{\pi}{2}$ schneidet. Dies folgt daraus, daß dies für die Charakteristik durch $\left\{\frac{\pi}{2}, \delta\right\}$, $\delta < 0$ für genügend kleines $|\delta|$ gilt. Und dies wieder folgt daraus, daß diese Charakteristik sich von der durch den gleichen Punkt gehenden Charakteristik von (3.4.37) mit $a = 0$ für genügend kleines $a > 0$ beliebig wenig unterscheidet (vgl. Abb. 6). Aus Unitätsgründen hat daher auch C die erwähnte Schnitteigenschaft. Alle diejenigen Charakteristiken von (3.4.37), die zwischen dem Schnittpunkt von C mit $y = 0$ und $\left\{\frac{\pi}{2}, 0\right\}$ die x-Achse schneiden, münden tangential zu $y = 0$ in $\left\{\frac{\pi}{2}, 0\right\}$. Für wachsende a rückt der Schnittpunkt von C mit $y = 0$ monoton auf $\left\{-\frac{\pi}{2}, 0\right\}$ zu und erreicht diesen Punkt für ein gewisses $a = A$. Die in $\left\{-\frac{\pi}{2}, 0\right\}$ tangential zur positiven Richtung der x-Achse beginnende Charakteristik liegt für $0 < a < A$ oberhalb von C, fällt für $a = A$ mit C zusammen und verläuft für $a > A$ unterhalb von C. Das beweist man wie bei $b < 1$ und zieht daraus auch die gleichen Folgerungen betr. der Existenz von periodischen Lösungen zweiter Art. Periodische Lösungen erster Art existieren nicht, weil die kritischen Punkte jetzt den Index 0 haben. Vgl. den schematischen Verlauf der Charakteristiken

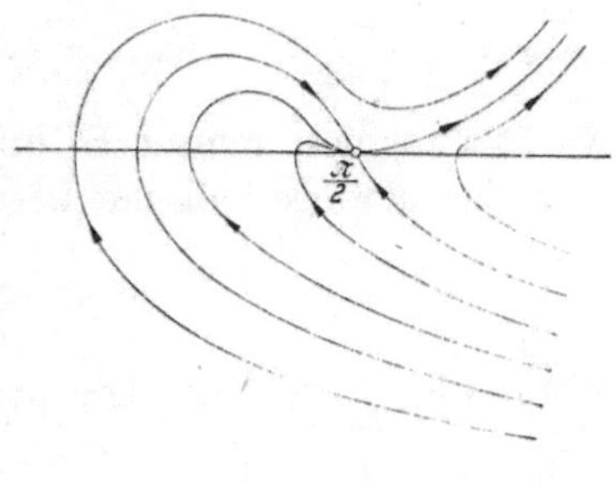

Abb. 8

in der Nähe von $\left\{\frac{\pi}{2}, 0\right\}$, wie ihn Abb. 8 zur Anschauung bringt. Man sieht, wie die tangential zu

$$y = -a\left(x - \frac{\pi}{2}\right)$$

durch $\left\{\frac{\pi}{2}, 0\right\}$ gehende Charakteristik ein Sattelgebiet von einem Knotengebiet trennt.

Weiteres Beispiel. Es mag reizvoll sein, das eben diskutierte Beispiel (3.4.18), (3.4.19) mit

$$\left.\begin{aligned}
\frac{d^2 x}{dt^2} + a\left(\frac{dx}{dt}\right)^2 + \sin x &= b, \\[2mm]
\frac{dx}{dt} &= y, \\[2mm]
\frac{dy}{dt} &= -a\,y^2 - \sin x + b, \\[2mm]
\frac{dy}{dx} &= \frac{-a\,y^2 - \sin x + b}{y}
\end{aligned}\right\} \qquad (3.4.43)$$

zu vergleichen. Man kann die beim vorigen Beispiel entwickelten Überlegungen weitgehend übertragen und sich so einen qualitativen Überblick über die Lösungen verschaffen, namentlich auch was periodische Lösungen erster und zweiter Art angeht. Man kann aber auch bemerken, daß man durch die Substitution $y^2 = z$ zu der linearen Differentialgleichung

$$\frac{dz}{dx} = -2a\,z - 2\sin x + 2b$$

gelangt. Diese kann man explizite integrieren:

$$\left.\begin{aligned}
z(x) = 2\cos(x + \vartheta) &+ \frac{b}{a} - \\
&- \left[2\cos(\alpha + \vartheta) + \frac{b}{a} + c\right]\exp\left(-2a(x - \alpha)\right) \\
\cos\vartheta = \frac{1}{1 + 4a^2}, \qquad \sin\vartheta = \frac{2a}{1 + 4a^2}, &\qquad \alpha,\ c \text{ konstant.}
\end{aligned}\right\} \ (3.4.44)$$

An (3.4.44) liest man z. B. unmittelbar ab, daß es in $y > 0$ und in $y < 0$ je eine periodische Lösung zweiter Art

$$y^2 = 2\cos(x + \vartheta) + \frac{b}{a}$$

gibt, falls $\frac{b}{2a} > 1$ ist. Die periodischen Lösungen sind an Intervalle gebunden, in denen $z(x) \geqq 0$ ausfällt. Hier kann man sich mit Vorteil der in diesem Abschnitt entwickelten Überlegungen bedienen, um so einen Überblick darüber zu gewinnen, wie die Rechnung zu lenken ist. Das ist überhaupt der Sinn der theoretischen Überlegungen vom Standpunkt der Praxis aus gesehen.

3.5. Nahezu stationäre Differentialgleichungen

Schon in § 3.3. wurde gelegentlich festgestellt, daß die linearen Glieder in (3.3.1) für den Verlauf der Lösungen in der Nähe von $\{0, 0\}$ bei $t \uparrow \infty$ oder $t \downarrow \infty$ auch dann maßgebend sein können, wenn p

und q nicht nur von x und y, sondern auch von t abhängen. In dieser Richtung sollen hier noch neuere schöne Ergebnisse vorgeführt werden, die sich auch auf lineare Glieder verschwindender Determinante und auch auf mehr als zwei unbekannte Funktionen beziehen. Ich bediene mich der in § 1.3. erklärten vektoriellen Schreibweise und dessen was in § 1.6. über die Integration inhomogener linearer Differentialgleichungen gesagt wurde. Die Norm $\|\mathfrak{v}\|$ eines m-dimensionalen Vektors $\mathfrak{v} = (v_1, \ldots, v_m)$ soll hier durch

$$\|\mathfrak{v}\|^2 = \sum_1^m v_k^2$$

erklärt sein. Entsprechend sei

$$\|\mathfrak{a}\|^2 = \sum_1^m a_{ik}^2$$

die Norm einer quadratischen m-reihigen Matrix $\mathfrak{a}$.

Satz (3.5.I) *bezieht sich auf die beiden Differentialgleichungen*

$$\frac{d\mathfrak{y}}{dt} + \mathfrak{y}\,\mathfrak{a} = \mathfrak{D}, \qquad \mathfrak{y} = (y_1, \ldots, y_m) \qquad (3.5.1)$$

und

$$\frac{d\mathfrak{x}}{dt} + \mathfrak{x}\,\mathfrak{a} + \mathfrak{b}(\mathfrak{x}, t) = \mathfrak{C}, \qquad \mathfrak{x} = (x_1, \ldots, x_m). \qquad (3.5.2)$$

Hier sei $\mathfrak{a}$ eine quadratische m-reihige konstante Matrix. $\mathfrak{b}(\mathfrak{x}, t)$ ist eine quadratische m-reihige Matrix, die vom Vektor $\mathfrak{x}$ und von t abhängt. Sie sei für alle $\mathfrak{x}$ und für $t \geqq 0$ stetig. Außerdem sollen folgende Voraussetzungen gelten:

1. Alle Lösungen von (3.5.1) sind für $t \geqq 0$ absolut beschränkt. Das heißt, es existiert eine Zahl Y, so daß

$$\|\mathfrak{y}(t)\| \leqq Y, \qquad t \geqq 0 \qquad (3.5.3)$$

für die Lösungen eines Fundamentalsystems von (3.5.1) gilt.

2. Es gibt eine Funktion $b(t)$, so daß

$$\|\mathfrak{b}(\mathfrak{x}, t)\| \leqq \|\mathfrak{x}\|\, b(t) \qquad (3.5.4)$$

gilt, und es sei

3.
$$\int_0^\infty b(t)\, dt \quad \text{konvergent.} \qquad (3.5.5)$$

Dann sind sämtliche Lösungen von (3.5.2) für $t \geqq 0$ absolut beschränkt. Das heißt, es existiert zu jeder Lösung $\mathfrak{x}(t)$ von (3.5.2) eine Zahl X, so daß

$$\|\mathfrak{x}(t)\| \leqq X, \qquad t \geqq 0 \qquad (3.5.6)$$

richtig ist.

Dieser Satz (3.5.I) sagt für die Fälle a), b), d) und e) des § 3.3. nicht ganz soviel aus, wie dort im Falle zeitunabhängiger Störungsglieder angegeben wurde. (3.5.4) und (3.5.5) enthalten die Voraussetzung über die Kleinheit der Funktionen p und q von § 3.3. Der Satz macht aber auch eine Aussage im Falle f). Freilich hat diese Allgemeinheit der Aussage zur Folge, daß noch nichts über die Konvergenz der Lösungen gegen $\{0, 0\}$ ausgesagt wird. Das würde ja auch den Fall f), wie wir wissen, überfordern.

Zum **Beweis** von Satz (3.5.I) knüpft man an die Formel (1.6.45) an. Sie liefert für diejenige Lösung von (3.5.2), die der Anfangsbedingung $\mathfrak{x}(0) = \mathfrak{y}(0) = \mathfrak{y}_0$ genügt, die Integralgleichung

$$\mathfrak{x}(t) = \mathfrak{y}(t) - \int_0^t \mathfrak{b}\big(\mathfrak{x}(\tau), \tau\big)\, \mathfrak{Y}(t - \tau)\, d\tau. \qquad (3.5.7)$$

Hier ist $\mathfrak{y}(t)$ die der Anfangsbedingung $\mathfrak{y}(0) = \mathfrak{y}_0$ genügende Lösung von (3.5.1) und ist $\mathfrak{Y}$ die Lösung der Matrixdifferentialgleichung

$$\frac{d\mathfrak{Y}}{dt} + \mathfrak{Y}\, \mathfrak{a} = \mathfrak{O}, \qquad \mathfrak{Y}(0) = \mathfrak{E}.$$

$\mathfrak{Y}$ ist eine m-reihige quadratische Matrix und $\mathfrak{E}$ ist die m-dimensionale Einheitsmatrix (vgl. § 1.6.). Da nach § 1.6. die Zeilen von $\mathfrak{Y}$ ein Fundamentalsystem von (3.5.1) bilden, so folgt aus (3.5.3) die Abschätzung

$$\|\mathfrak{Y}\|^2 \leqq m\, Y^2.$$

Daher ergibt sich[1] aus (3.5.7), (3.5.3) und (3.5.4)

$$\|\mathfrak{x}(t)\| \leqq Y + \sqrt{m}\, Y \int_0^t \|\mathfrak{x}(\tau)\|\, b(\tau)\, d\tau. \qquad (3.5.8)$$

Wendet man das Lemma (1.6.A) mit $u(t) = \|\mathfrak{x}(t)\|$, $v(t) = \sqrt{m}\, Y b(t)$, $c = Y$ auf (3.5.8) an, so folgt

$$\|\mathfrak{x}(t)\| \leqq Y \exp\left\{\sqrt{m}\, Y \int_0^t b(\tau)\, d\tau\right\}; \qquad (3.5.9)$$

und daraus folgt nach (3.5.5) die Existenz einer Zahl X derart, daß die Abschätzung (3.5.6) gilt. Das ist der Beweis von Satz (3.5.I).

---

[1] Unter dem Integral in (3.5.7) ist $t - \tau \geqq 0$, so daß die Abschätzung (3.5.3) auf jede Zeile von $\mathfrak{Y}(t - \tau)$ anwendbar ist. Man kann $Y \geqq 0$ so groß wählen, daß auch für die durch $\mathfrak{y}(0) = \mathfrak{y}_0$ festgelegte Lösung $\mathfrak{y}(t)$ von (3.5.2) die Abschätzung $\|\mathfrak{y}\| \leqq Y$ gilt.

Da die rechte Seite in (3.5.9) für $Y \to 0$ ihrerseits gegen 0 strebt, so kann man noch vermuten:

Zusatz zu Satz (3.5.I). *Wenn alle Lösungen von* (3.5.1) *für* $t \uparrow \infty$ *gegen* $\mathfrak{O}$ *konvergieren, so konvergieren auch alle Lösungen von* (3.5.2) *unter den im Satz* (3.5.I) *angegebenen Voraussetzungen gegen* $\mathfrak{O}$.

Man beweist dies folgendermaßen: Man hat

$$\|\mathfrak{Y}(t)\| \leq \sqrt{m}\, Y,\ t \geq 0; \qquad \int_0^\infty b(\tau)\, d\tau = b.$$

Man bestimme t_ε so, daß

$$\|\mathfrak{Y}(t)\| \leq \varepsilon,\ t \geq t_\varepsilon; \qquad \int_{t_\varepsilon}^\infty b(\tau)\, d\tau \leq \varepsilon.$$

Dann zerlege man das Integral in (3.5.7) in $\int_0^{t/2} + \int_{t/2}^t$. Sobald dann $t \geq 2t_\varepsilon$ ist, ist die Norm des ersten Integrals

$$\leq \varepsilon X b,$$

da ja $\|\mathfrak{x}(t)\| \leq X$ aus Satz (3.5.I) schon bekannt ist, und man (3.5.4) hat. Die Norm des zweiten Integrals wird

$$\leq \varepsilon \sqrt{m}\, Y X.$$

Daher ist nach (3.5.7)

$$\lim_{t \uparrow \infty} \big(\mathfrak{x}(t) - \mathfrak{y}(t)\big) = \mathfrak{O}.$$

Da $\mathfrak{y}(t) \to \mathfrak{L}$ angenommen ist, so folgt $\mathfrak{x}(t) \to \mathfrak{O}$.

Mit der gleichen Methode wie Satz (3.5.I) beweist man

Satz (3.5.II). *Es sei*

$$\frac{d\mathfrak{y}}{dt} + \mathfrak{f}(\mathfrak{y}, t) = \mathfrak{O} \tag{3.5.10}$$

vorgelegt, und es sei $\mathfrak{f}(\mathfrak{y}, t)$ *für* $t \geq 0$ *stetig. Es sei*

$$\|\mathfrak{f}(\mathfrak{y}, t)\| \leq \|\mathfrak{y}\|\, f(t), \quad f(t) \geq 0 \quad \text{stetig in} \quad t \geq 0. \tag{3.5.11}$$

Dann gilt für die durch

$$\mathfrak{y}(0) = \mathfrak{y}_0$$

festgelegte Lösung $\mathfrak{y}(t)$ *von* (3.5.10)

$$\|\mathfrak{y}(t)\| \leq \|\mathfrak{y}_0\| \exp\left\{\int_0^t f(\tau)\, d\tau\right\}.$$

Aus (3.5.11) folgt insbesondere $\mathfrak{f}(\mathfrak{O}, t) = \mathfrak{O}$ so, daß $\mathfrak{y} \equiv \mathfrak{O}$ Lösung von (3.5.10) ist. Daher ist die Behauptung des Satzes für $\mathfrak{y}_0 = \mathfrak{O}$

trivial. Man braucht sie also nur für $\mathfrak{h}_0 \neq \mathfrak{O}$ zu beweisen. Ich wende die Formel (1.6.45) an. Darin ist jetzt

$$\mathfrak{Y} = \mathfrak{E}$$

die Lösung von

$$\frac{d\mathfrak{Y}}{dt} = \mathfrak{L}, \quad \mathfrak{Y}(0) = \mathfrak{E}.$$

Daher liefert Formel (1.6.45)

$$\mathfrak{h}(t) = \mathfrak{h}_0 - \int\limits_0^t \mathfrak{f}\big(\mathfrak{h}(\tau), \tau\big)\, d\tau.$$

Also ist

$$\|\mathfrak{h}(t)\| \leqq \|\mathfrak{h}_0\| + \int\limits_0^t \|\mathfrak{h}(\tau)\|\, f(\tau)\, d\tau,$$

und daraus folgt nach Lemma (1.6.A) die Behauptung des Satzes (3.5.II).

Man hat daran gedacht, den Satz (3.5.I) dadurch zu verallgemeinern, daß man von der Konstanz der Koeffizientenmatrix in (3.5.1) absieht. Daß eine solche Verallgemeinerung nicht ohne zusätzliche Annahmen möglich ist, kann man an Beispielen zeigen (z. B. PERRON: Math. Z. Bd. 32). Es ist aber leicht, den Grund dafür einzusehen. Wenn nämlich $\mathfrak{a}$ nicht konstant ist, so muß man bei einer Übertragung des Beweisganges zu Satz (3.5.I) statt der Formel (1.6.45) die Formel (1.6.43) heranziehen. Man braucht dann aber eine Abschätzung der inversen Matrix $\mathfrak{Y}^{-1}(\tau)$. Die Formel (1.6.29) für die Determinante von $\mathfrak{Y}$ zeigt, welcher Art eine Bedingung sein muß, die die Beschränktheit von $\mathfrak{Y}^{-1}$ gewährleisten kann. Da im Nenner bei der Bildung von $\mathfrak{Y}^{-1}$ jene Determinante auftritt, kann man die Voraussetzungen von Satz (3.5.I) z. B. durch die Annahme

$$\liminf_{t\uparrow\infty} \int\limits_0^t \{a_{11}(\tau) + \cdots + a_{mm}(\tau)\}\, d\tau < -\infty \tag{3.5.12}$$

ergänzen. Dann wird der Beweisgang wieder durchführbar und man erhält so den

Satz (3.5.III). *Ist die Koeffizientenmatrix $\mathfrak{a}$ in (3.5.1) nicht konstant, so werde angenommen, daß sie allein von t abhängt und daß außer den übrigen Voraussetzungen von Satz (3.5.I) betreffs (3.5.1) und (3.5.2) noch (3.5.12) erfüllt ist, dann bleibt die Behauptung von Satz (3.5.I) richtig.*

Die nähere Durchführung des Beweises mag der Leser an Hand der gegebenen Andeutungen selber bewerkstelligen.

Man kann den Satz (3.5.II) auf die linearen Differentialgleichungen zweiter Ordnung

$$\frac{d^2 y}{dt^2} + a(t)\, y = 0 \qquad (3.5.13)$$

und

$$\frac{d^2 x}{dt^2} + [a(t) + b(t)]\, x = 0 \qquad (3.5.14)$$

anwenden. Denn diese sind den beiden Systemen

$$\frac{dy_1}{dt} = y_2,$$

$$\frac{dy_2}{dt} = -a\, y_1,$$

und

$$\frac{dx_1}{dt} = x_2,$$

$$\frac{dx_2}{dt} = -(a + b)\, x_1$$

äquivalent. Hier ist dann

$$a_{11} = a_{22} = 0,$$

und daher ist $a_{11} + a_{22} = 0$ und die Annahme (3.5.12) ist erfüllt. Man erhält daher als Anwendung von Satz (3.6.III)

Satz (3.5.IV). *Wenn $a(t)$ und $b(t)$ für $t \geq 0$ stetig sind, wenn weiter alle Lösungen $y(t)$ von (3.5.13) samt ihren ersten Ableitungen für $t \geq 0$ absolut beschränkt sind, und wenn weiter*

$$\int_0^\infty b(\tau)\, d\tau \quad konvergiert, \qquad (3.5.15)$$

dann sind auch alle Lösungen von (3.5.14) für $t \geq 0$ absolut beschränkt.

Man kann hier die Annahme (3.5.15) nicht durch die schwächere

$$b(t) \to 0 \quad \text{für} \quad t \uparrow \infty \qquad (3.5.16)$$

ersetzen. Dafür gab zuerst PERRON ein Beispiel. Einfacher dürfte das folgende von WINTNER sein,

$$y = r \cos t$$

ist für konstante r Lösung von

$$y'' + y = 0.$$

Man ersetze r durch $r(t)$. Dann ist für

$$x = r(t) \cos t, \qquad (3.5.17)$$

$$x'' + x = r'' \cos t - 2r' \sin t.$$

Demnach ist (3.5.17) Lösung von

$$x'' + x\bigl(1 + b(t)\bigr) = 0, \qquad b(t) = -\frac{r'' - 2r'\,\mathrm{tg}\,t}{r}. \qquad\qquad (3.5.18)$$

Nimmt man z. B.

$$r = t + \sin t \cos t,$$

dann wird

$$r' = 2\cos^2 t, \qquad r'' = -4\sin t \cos t,$$

$$b(t) = \frac{4\sin t \cos t + 2\cos^2 t\,\mathrm{tg}\,t}{t + \sin t \cos t} = \frac{6\sin t \cos t}{t + \sin t \cos t}.$$

Daher ist

$$b(t) \to 0 \quad \text{für} \quad t \uparrow \infty.$$

Aber die Lösung

$$x(t) = \cos t\,(t + \sin t \cos t)$$

von (3.5.18) ist für $t \uparrow \infty$ nicht beschränkt.

Den in dem Satz (3.5.I) und dem Zusatz dazu angegebenen Vergleich zwischen der Gesamtheit der Integrale der beiden Differentialgleichungen (3.5.1) und (3.5.2) kann man noch zu einem Vergleich zwischen den einzelnen Integralen der beiden Differentialgleichungen vertiefen. Nach Vorstufen bei O. PERRON [Math. Z. Bd. 29 (1928)] und A. WINTNER [Amer. J. Math. Bd. 67 (1945)] hat N. LEVINSON [Amer. J. Math. Bd. 68 (1946)] den folgenden schönen Satz gefunden:

Satz (3.5.V). *Für die Differentialgleichungen* (3.5.1) *und* (3.5.2) *mögen die in Satz* (3.5.I) *angegebenen Voraussetzungen gelten. Dann läßt sich jeder Lösung* $\mathfrak{x}(t)$, $t \geqq 0$ *von* (3.5.2) *eine Lösung* $\mathfrak{y}(t)$ *von* (3.5.1) *so zuordnen, daß*

$$\lim_{t \uparrow \infty}\bigl(\mathfrak{x}(t) - \mathfrak{y}(t)\bigr) = \mathfrak{O} \qquad\qquad (3.5.19)$$

ist.

Ein Teil dieses Satzes ist schon im Zusatz zu Satz (3.5.I) enthalten. Sehen wir zu, was zu seinem vollen Beweis noch fehlt. Ich beschränke mich dabei auf den Fall $m = 2$, weil nur für solche Differentialgleichungen (3.5.1) in § 2.6. die Integration hinreichend ins einzelne behandelt wurde. Wenn, wie vorausgesetzt ist, sämtliche Integrale von (3.5.1) für $t \geqq 0$ beschränkt sind, so kann nach § 2.6. die Matrix $\mathfrak{a}$ durch lineare Transformation auf eine der folgenden Formen gebracht werden

$$\alpha)\ \begin{pmatrix} \lambda_1 & 0 \\ 0 & \lambda_2 \end{pmatrix}, \quad \lambda_1 > 0, \quad \lambda_2 > 0; \qquad \beta)\ \begin{pmatrix} \mu & \nu \\ -\nu & \mu \end{pmatrix}, \quad \mu > 0;$$

$$\gamma)\ \begin{pmatrix} 0 & 0 \\ 0 & 0 \end{pmatrix}; \qquad \delta)\ \begin{pmatrix} 0 & \nu \\ -\nu & 0 \end{pmatrix}, \quad \nu \neq 0; \qquad \varepsilon)\ \begin{pmatrix} \lambda & 0 \\ 0 & 0 \end{pmatrix}, \quad \lambda > 0.$$

Die Fälle α) und β) sind die, auf die sich der Zusatz zu Satz (3.5.I) bezieht. Im Falle γ) sind sämtliche Lösungen von (3.5.1) konstant und im Falle δ) sind die Ellipsen um den Ursprung. Ich will zunächst für die Fälle γ) und δ) den Satz (3.5.V) beweisen. Den Fall ε) behandele ich zum Schluß. Ich knüpfe an (3.5.7) an und schreibe diese Formel jetzt so

$$\mathfrak{x}(t) = \mathfrak{y}(t) - \int\limits_0^\infty \mathfrak{b}\big(\mathfrak{x}(\tau),\tau\big)\,\mathfrak{Y}(t-\tau)\,d\tau + \int\limits_t^\infty \mathfrak{b}\big(\mathfrak{x}(\tau),\tau\big)\,\mathfrak{Y}(t-\tau)\,d\tau. \qquad (3.5.20)$$

Die sich ins Unendliche erstreckenden Integrale konvergieren wegen der Annahmen (3.5.4) und (3.5.5), da ja die Beschränktheit von $\|\mathfrak{x}(t)\|$ schon aus Satz (3.5.I) bekannt ist. Daher konvergiert auch das in (3.5.20) an zweiter Stelle stehende Integral für $t \uparrow \infty$ gegen $\mathfrak{O}$. Der Satz (3.5.V) ist also in den in Rede stehenden Fällen γ) und δ) bewiesen, falls

$$\mathfrak{y}_1(t) = \mathfrak{y}(t) - \int\limits_0^\infty \mathfrak{b}\big(\mathfrak{x}(\tau),\tau\big)\,\mathfrak{Y}(t-\tau)\,d\tau \qquad (3.5.21)$$

ein Integral von (3.5.1) ist. Da aber

$$\int\limits_0^\infty \mathfrak{b}\big(\mathfrak{x}(\tau),\tau\big)\,\mathfrak{Y}(-\tau)\,d\tau$$

eine konstante zweireihige Matrix ist, und da die Zeilen von $\mathfrak{Y}(t)$ ein Fundamentalsystem von (3.5.1) bilden, so ist

$$\int\limits_0^\infty \mathfrak{b}\big(\mathfrak{x}(\tau),\tau\big)\,\mathfrak{Y}(t-\tau)\,d\tau = \int\limits_0^\infty \mathfrak{b}\big(\mathfrak{x}(\tau),\tau\big)\,\mathfrak{Y}(-\tau)\,d\tau\,\mathfrak{Y}(t)$$

tatsächlich ein Integral von (3.5.1), und da auch $\mathfrak{y}(t)$ ein solches ist, so ist (3.5.21) das dem Integral $\mathfrak{x}(t)$ von (3.5.2) zugeordnete Integral von (3.5.1), für das die Aussage des Satzes (3.5.V) zutrifft.

Nun bleibt der Satz (3.5.V) noch für den Fall ε) der Matrix $\mathfrak{a}$ zu beweisen. Ich denke mir die Transformation der Einheitsvektoren wirklich ausgeführt, für die $\mathfrak{a}$ die angegebene Normalform ε) annimmt, und schreibe (3.5.1) und (3.5.2) so

$$\left.\begin{aligned}
\frac{dy_1}{dt} + \lambda y_1 &= 0, \\
\frac{dy_2}{dt} &= 0, \quad \lambda > 0
\end{aligned}\right\} \qquad (3.5.22)$$

und

$$\left.\begin{aligned}
\frac{dx_1}{dt} + \lambda x_1 + b_1(x_1, x_2, t) &= 0, \\
\frac{dx_2}{dt} \qquad\quad + b_2(x_1, x_2, t) &= 0.
\end{aligned}\right\} \tag{3.5.23}$$

Gemäß dem Falle $m = 1$ der Formel (1.6.45) oder nach (0.2.23′) ist dann

$$\left.\begin{aligned}
x_1(t) &= c_1 e^{-\lambda t} - \int_0^t e^{\lambda(\tau - t)} b_1(x_1, x_2, \tau)\, d\tau, \\
x_2(t) &= c_2 - \int_0^t b_2(x_1, x_2, \tau)\, d\tau.
\end{aligned}\right\} \tag{3.5.24}$$

Wegen (3.5.4) und (3.5.5) ist dann ähnlich wie bei den Fällen α) und β) der Matrix $\mathfrak{a}$ zu schließen, daß

$$x_1(t) - c_1 e^{-\lambda t} \to 0 \quad \text{für} \quad t \uparrow \infty$$

gilt. Schreibt man dann

$$x_2(t) = c_2 - \int_0^\infty b_2(x_1, x_2, \tau)\, d\tau + \int_t^\infty b_2(x_1, x_2, \tau)\, d\tau,$$

so strebt das zweite rechts stehende Integral für $t \uparrow \infty$ gegen 0, und da

$$c_2 - \int_0^\infty b_2(x_1, x_2, \tau)\, d\tau$$

offenbar ein Integral der zweiten Gl. (3.5.22) ist, so ist jetzt

$$\mathfrak{y} = \left(c_1 e^{-\lambda t}, \; c_2 - \int_0^\infty b_2(x_1, x_2, \tau)\, d\tau \right)$$

das im Sinne von Satz (3.5.V) dem Integral $\mathfrak{x} = (x_1, x_2)$ von (3.5.2) zugeordnete Integral von (3.5.1).

H. Weyl, dessen Beweisgang für den Satz (3.5.V) von Levinson ich gefolgt bin, hat noch den folgenden Satz hinzugefügt:

Satz (3.5.VI). *Die durch Satz (3.5.V) gestiftete Zuordnung der Integrale der beiden Differentialgleichungen ist eine umkehrbar eindeutige in dem Sinne, daß man auch jedem Integral von (3.5.1) ein Integral von (3.5.2) zuordnen kann, so daß beide Integrale in der in Satz (3.5.V) angegebenen Beziehung (3.5.19) zueinander stehen. Man muß, damit das richtig ist, allerdings die Voraussetzung (3.5.4) durch die schärfere*

$$\mathfrak{b}(0, t) = \mathfrak{O}, \qquad \|\mathfrak{b}(\mathfrak{x}_1, t) - \mathfrak{b}(\mathfrak{x}_2, t)\| \leq \|\mathfrak{x}_1 - \mathfrak{x}_2\| \, b(t)$$

ersetzen.

Man geht zum Beweis des Weylschen Satzes (3.5.VI) in den Fällen α) und β) von (3.5.7) aus und hat diese Integralgleichung bei gegebenem $\mathfrak{y}(t)$ nach $\mathfrak{x}(t)$ aufzulösen. Man kann dazu statt von dem Werte $t = 0$ als Stelle an der man $\mathfrak{x}(0) = \mathfrak{y}(0)$ vorschreibt, von einem beliebigen Werte $t = t_0$ ausgehen. Das heißt statt (3.5.7) die Integralgleichung

$$\mathfrak{x}(t) = \mathfrak{y}(t) - \int_{t_0}^{t} \mathfrak{b}\big(\mathfrak{x}(\tau),\,\tau\big)\,\mathfrak{Y}(t-\tau)\,d\tau, \quad t > t_0 \qquad (3.5.26)$$

lösen, wobei wir uns vorbehalten, über t_0 noch zweckmäßig zu verfügen. Im Grunde bedeutet dieser Wechsel der unteren Grenze im Integral, daß man statt (3.5.7) zunächst schreibt

$$\mathfrak{x}(t) = \mathfrak{y}(t) - \int_{0}^{t_0} \mathfrak{b}\big(\mathfrak{x}(\tau),\,\tau\big)\,\mathfrak{Y}(t-\tau)\,dt - \int_{t_0}^{t} \mathfrak{b}\big(\mathfrak{x}(\tau),\,\tau\big)\,\mathfrak{Y}(t-\tau)\,dt.$$

Nun beachte man, daß aus einem oben im Anschluß an (3.5.20) schon einmal berücksichtigten Grund auch

$$\mathfrak{y}(t) - \int_{0}^{t_0} \mathfrak{b}\big(\mathfrak{x}(\tau),\,\tau\big)\,\mathfrak{Y}(t-\tau)\,dt$$

für beliebige $\mathfrak{x}(t)$ eine Lösung von (3.5.1) ist, für die man in (3.5.26) wieder kurz $\mathfrak{y}(t)$ geschrieben hat. Das bedeutet für die im Weylschen Satz (3.5.VI) behauptete Zuordnungsmöglichkeit, daß man die gegebene Lösung $\mathfrak{y}(t)$ von (3.5.1) bis zu ihrer Parameterstelle t_0 verfolgt und daß man ihr dann diejenige Lösung von (3.5.2) zuordnet, die bei $t = t_0$ den gleichen Ortsvektor hat. (Die Wahl von t_0, die noch angegeben wird, hängt von der speziellen gegebenen Lösung $\mathfrak{y}(t)$ nicht ab.) Wir behandeln nun die Integralgleichung (3.5.26). Um sie nach $\mathfrak{x}(t)$ aufzulösen, bedient man sich des Verfahrens der sukzessiven Approximationen. Man setzt

$$\mathfrak{x}_0(t) = \mathfrak{y}(t),$$

$$\mathfrak{x}_{n+1}(t) = \mathfrak{y}(t) - \int_{t_0}^{t} \mathfrak{b}\big(\mathfrak{x}_n(\tau),\,\tau\big)\,\mathfrak{Y}(t-\tau)\,d\tau, \quad n = 0, 1, \ldots \qquad (3.5.27)$$

Dann wird nach (3.5.25)

$$\|\mathfrak{x}_{n+1}(t) - \mathfrak{x}_n(t)\| \leqq \sqrt{m}\,Y \int_{t_0}^{t} b(\tau)\,\|\mathfrak{x}_n(\tau) - \mathfrak{x}_{n-1}(\tau)\|\,d\tau$$

auf Grund einer bei (3.5.8) schon einmal benutzten Abschätzung der Matrix $\mathfrak{Y}$. Demnach ist

$$\operatorname*{Max}_{\langle t_0,\,T\rangle}\|\mathfrak{x}_{n+1}(t) - \mathfrak{x}_n(t)\| \leqq \sqrt{m}\,Y \int_{t_0}^{\infty} b(\tau)\,d\tau\,\operatorname*{Max}_{\langle t_0,\,T\rangle}\|\mathfrak{x}_n(t) - \mathfrak{x}_{n-1}(t)\|.$$

Nun wähle man t_0 so groß, daß für ein beliebig vorgegebenes festes ϑ aus $(0, 1)$

$$\sqrt{m}\, Y \int_{t_0}^{\infty} b(\tau)\, d\tau \leqq \vartheta < 1$$

ist. Dies geht wegen (3.5.5). Dies t_0 halte man nun fest. Seine Wahl hängt nicht von $\mathfrak{y}$, sondern nur von dem festen Fundamentalsystem $\mathfrak{Y}$ von (3.5.1) ab. Dann wird

$$\underset{\langle t_0, T\rangle}{\text{Max}} \|\mathfrak{x}_{n+1}(t) - \mathfrak{x}_n(t)\| \leqq \vartheta \underset{\langle t_0, T\rangle}{\text{Max}} \|\mathfrak{x}_n(t) - \mathfrak{x}_{n-1}(t)\|$$

und daher

$$\underset{\langle t_0, T\rangle}{\text{Max}} \|\mathfrak{x}_{n+1}(t) - \mathfrak{x}_n(t)\| \leqq \vartheta^n \underset{\langle t_0, T\rangle}{\text{Max}} \|\mathfrak{x}_1(t) - \mathfrak{y}(t)\|.$$

So erweist sich die Reihe

$$\mathfrak{x}_0 + \sum_{1}^{\infty} (\mathfrak{x}_n - \mathfrak{x}_{n-1})$$

in $\langle t_0, t\rangle$ als absolut und gleichmäßig konvergent. Die Grenzfunktion

$$\mathfrak{x}(t) = \lim_{n \to \infty} \mathfrak{x}_n(t)$$

existiert daher. Sie ist stetig. Man kann in (3.5.27) auf beiden Seiten den Grenzübergang ausführen und sieht, daß $\mathfrak{x}(t)$ eine Lösung von (3.5.26) ist. Das ist die der gegebenen Lösung $\mathfrak{y}(t)$ von (3.5.1) zugeordnete Lösung von (3.5.2). Der Konvergenzbeweis zieht nämlich für jedes feste $t > t_0$. Daher ist die Integralgleichung so für alle $t > t_0$ gelöst. Daß zwei Funktionen $\mathfrak{x}(t)$ und $\mathfrak{y}(t)$, die in der Beziehung (3.5.26) stehen, die Eigenschaft

$$\lim_{t \uparrow \infty} \big(\mathfrak{x}(t) - \mathfrak{y}(t)\big) = \mathfrak{O}$$

haben, wurde beim Beweis des Zusatzes zu Satz (3.5.I) schon gezeigt.

In den Fällen $\gamma)$, $\delta)$, $\varepsilon)$ schließt man ganz analog im Anschluß an (3.5.20) bzw. (3.5.24). Ein neuer Gedanke ist da nicht nötig.

Mit diesem sukzessive Approximationen benutzenden Verfahren kann auch einiger Aufschluß in Fällen gewonnen werden, in denen nicht alle Lösungen von (3.5.1) für $t \uparrow \infty$ beschränkt sind. W. Ja. Jakubowitsch hat nämlich den folgenden Satz bewiesen. Ich spreche ihn nur für zweireihige Matrizen $\mathfrak{a}$ aus.

Satz (3.5.VII). *Es sei $-\mu \leqq 0$ das Minimum der Wurzeln von $(\mathfrak{a} - \lambda \mathfrak{E}) = 0$. Es gelte für (3.5.2) weiter die Voraussetzung (3.5.25), und es sei*

$$\int_0^{\infty} t^2 e^{\mu t} b(t) \quad \text{konvergent.} \tag{3.5.28}$$

Dann kann zwischen den Anfangsbedingungen $\mathfrak{y}(0) = \mathfrak{y}_0$ der Lösungen $\mathfrak{y}(t)$ von (3.5.1) und den Anfangsbedingungen $\mathfrak{x}(0) = \mathfrak{x}_0$ der Lösungen $\mathfrak{x}(t)$ von (3.5.2) eine umkehrbar eindeutige und stetige Beziehung derart hergestellt werden, daß zwischen den diesen Anfangsbedingungen genügenden Lösungen die Beziehung (3.5.19) besteht.

Der besprochenen Methode wird auch ein älterer Satz zugänglich, den LIAPOUNOFF unter etwas anderen Voraussetzungen aufgestellt hat und zu dem O. PERRON und I. G. PETROWSKIJ beigetragen haben. Ich formuliere auch ihn nur für zweireihige Matrizen $\mathfrak{a}$. Es ist

Satz (3.5.VIII). *Für (3.5.1) und (3.5.2) mögen wieder (3.5.25) und (3.5.5) gelten. Wenn dann eine Wurzel von $|\mathfrak{a} - \lambda \mathfrak{E}| = 0$ einen positiven Realteil und eine Wurzel einen negativen Realteil hat, so gibt es eine Umgebung U von $\mathfrak{y} = \mathfrak{O}$ mit folgender Eigenschaft. Es gibt sowohl Anfangsbedingungen $\mathfrak{y}(0) = \mathfrak{y}_0$, deren Lösungen $\mathfrak{y}(t)$ die Eigenschaft $\mathfrak{y}(t) \to \mathfrak{O}$ für $t \uparrow \infty$ haben, wie Anfangsbedingungen $\mathfrak{y}(0) = \mathfrak{y}_0$, deren Lösungen $\mathfrak{y}(t)$ die Eigenschaft $\mathfrak{y}(t) \to \mathfrak{O}$ für $t \downarrow \infty$ besitzen. Die Anfangsbedingungen einer jeden der beiden Arten gehören je zwei Halbcharakteristiken an. Die Lösungen, die beliebigen anderen Anfangsbedingungen $\mathfrak{y}(0) = \mathfrak{y}_0$ entsprechen, verlassen sowohl für wachsende wie für abnehmende t die Umgebung U.*

Dieser letztere Satz verallgemeinert auf nahezu stationäre Differentialgleichungen, was in § 3.3. für stationäre nahezu lineare Differentialgleichungen hinsichtlich der Invarianz des Sattels gesagt wurde.

Man vergleiche wegen der Beweise z. B. die Darstellung bei NEMITZKIJ und STEPANOF: Qualitative Theorie der Differentialgleichungen, 2. Aufl., Kap. IV, § 2. Moskau 1949 (russ.).

§ 4. Randwertaufgaben

4.1. Lineare Resonanz

Unmittelbaren Anschluß an die in § 3.4. behandelten Aufgaben bietet die Frage, wann eine Differentialgleichung

$$\frac{d^2 x}{d t^2} + a \frac{d x}{d t} + b x = p(t) \tag{4.1.1}$$

mit konstanten Koeffizienten a, b und periodischem $p(t)$

$$p(t + 2\pi) = p(t) \tag{4.1.2}$$

mindestens eine periodische Lösung $x(t)$

$$x(t + 2\pi) = x(t) \tag{4.1.3}$$

hat. Wenn eine Lösung $x(t)$ von (4.1.1) eine Periode 2π hat, so muß auch $p(t)$ diese Periode 2π haben. Denn aus (4.1.3) folgt durch Differentiation nach t

$$x'(t + 2\pi) = x'(t), \qquad x''(t + 2\pi) = x''(t),$$

und daher ergibt sich aus der Differentialgleichung (4.1.1)

$$p(t + 2\pi) = p(t).$$

$p(t)$ sei als stetig in $(-\infty, +\infty)$ angenommen, aber es sei nicht verlangt, daß 2π die kleinste positive Periode von $p(t)$ ist. Ist T die kleinste positive Periode von $p(t)$, so folgt

$$2\pi = mT, \qquad m > 0, \text{ ganz rational.}$$

Die Aufgabe, periodische Lösungen (4.1.3) von (4.1.1) mit (4.1.2) zu finden, kann wie folgt formuliert werden: Man suche Lösungen $x(t)$ von (4.1.1), für die

$$x(0) = x(2\pi) \tag{4.1.4}$$

und

$$x'(0) = x'(2\pi) \tag{4.1.5}$$

ist. (4.1.4) und (4.1.5) sind jedenfalls erfüllt, wenn (4.1.3) für alle t gilt. Umgekehrt folgt auch (4.1.3) aus (4.1.4) und (4.1.5). Da nämlich die Differentialgleichung (4.1.1) in sich übergeht, wenn man t um 2π vermehrt, so ist diejenige Lösung, die bei $t = 0$ Anfangswerte $x(0)$, $x'(0)$ hat, nach (4.1.4) und (4.1.5) mit derjenigen Lösung identisch, die bei $t = 2\pi$ die gleichen Anfangswerte hat. Der kurze Ausdruck „periodische Lösung" bedeutet im folgenden stets „Lösung mit (4.1.3)".

Die eben formulierte Aufgabe heißt eine **Randwertaufgabe**, zum Unterschied von **Anfangswertaufgaben**, die bisher überwiegend interessierten. Bei letzteren werden Lösungen gesucht, die an *einer* Stelle $t = 0$ vorgeschriebene Werte $x(0)$ und $x'(0)$ haben. Bei der Randwertaufgabe (4.1.4) und (4.1.5) sind statt dessen Forderungen an die Werte gestellt, die $x(t)$ und $x'(t)$ an zwei verschiedenen Stellen $x = 0$ und $x = 2\pi$ besitzen. Da diese ein Intervall $\langle 0, 2\pi \rangle$ beranden, spricht man von einer Randwertaufgabe. Eine solche würde auch vorliegen, wenn man z. B.

$$x(0) = 0, \qquad x(2\pi) = 0$$

fordern wollte, oder wenn Lösungen gesucht werden, für die

$$x(0) = 0, \qquad x'(2\pi) = 1$$

ist. Von derartigen Aufgaben soll in diesem § 4 die Rede sein. Im ersten und dem zweiten Abschnitt sollen aber zunächst zwei relativ bequem zugängliche Aufgaben gelöst werden.

Aus § 2.2.7. kennt man das allgemeine Verfahren zur Integration von (4.1.1). Es mögen

$$y_1(t),\ y_2(t) \tag{4.1.6}$$

ein Fundamentalsystem der homogenen Differentialgleichung

$$\frac{d^2y}{dt^2} + a\,\frac{dy}{dt} + b\,y = 0 \tag{4.1.7}$$

bilden. Dann enthält der Ansatz

$$x(t) = c_1\,y_1(t) + c_2\,y_2(t) + x_0(t) \tag{4.1.8}$$

alle Lösungen von (4.1.1), wenn c_1 und c_2 Konstanten bedeuten, und wenn $x_0(t)$ irgendeine Einzellösung von (4.1.1) ist. Die Ermittlung periodischer Lösungen von (4.1.1) führt nach (4.1.4) und (4.1.5) auf die linearen Bedingungsgleichungen

$$\left.\begin{aligned}
c_1[y_1(0) - y_1(2\pi)] + c_2[y_2(0) - y_2(2\pi)] + x_0(0) - x_0(2\pi) = 0,\\
c_1[y_1'(0) - y_1'(2\pi)] + c_2[y_2'(0) - y_2'(2\pi)] + x_0'(0) - x_0'(2\pi) = 0
\end{aligned}\right\} \tag{4.1.9}$$

für c_1 und c_2. Für lineare algebraische Gln. (4.1.9) besteht bekanntlich die Alternative: Entweder haben die zu (4.1.9) gehörigen homogenen Gleichungen nur die triviale Lösung $(c_1, c_2) = (0, 0)$. Dann haben die inhomogenen Gln. (4.1.9) genau eine Lösung. Oder aber die homogenen Gleichungen haben eine nichttriviale Lösung, dann haben die inhomogenen Gleichungen nur dann eine Lösung, wenn der Rang des inhomogenen Systems dem Rang des homogenen Systems gleich ist.

Die Anwendung auf die Differentialgleichungen (4.1.1) (inhomogen) und (4.1.7) (homogen) lehrt folgendes: Entweder hat die homogene Gl. (4.1.7) keine nichttriviale, d. h. nicht identisch verschwindende periodische Lösung. Dann hat die inhomogene Gl. (4.1.1) genau eine periodische Lösung. Oder aber die homogene Gl. (4.1.7) hat eine nichttriviale periodische Lösung. Dann hat die inhomogene Gl. (4.1.1) nur dann periodische Lösungen, wenn $p(t)$ gewisse Bedingungen erfüllt. Es wird die Aufgabe sein, diese Bedingungen mit einem Minimum an Rechenaufwand zu ermitteln.

Zunächst ist nach § 2.2.6. klar, daß die homogene Gl. (4.1.7) nur dann periodische Lösungen hat, wenn $a = 0$ und $b > 0$ ist. Da aber 2π eine Periode sein soll, folgt weiter $b = m^2$, $m > 0$ ganz rational. Wir haben es also weiter mit

$$x'' + m^2 x = p(t), \tag{4.1.10}$$

$$y'' + m^2 y = 0 \tag{4.1.11}$$

zu tun. Man denke sich hier periodische Lösungen $x(t)$ und $y(t)$ eingesetzt, multipliziere die erste Gleichung mit $y(t)$, die zweite mit $x(t)$, subtrahiere dann beide voneinander und integriere die Differenz von 0 bis 2π. Dann kommt

$$\int\limits_0^{2\pi} (x''y - x y'')\,dt = \int\limits_0^{2\pi} p(t)\,y(t)\,dt.$$

Wegen

$$\frac{d}{dt}\,(x'y - x y') = x''y - x y''$$

und wegen der Periodizität von $x(t)$, $y(t)$, $x'(t)$, $y'(t)$ ist daher

$$\int\limits_0^{2\pi} p(t)\,y(t)\,dt = 0$$

für jede periodische Lösung $y(t)$ der homogenen Gl. (4.1.11). Ihr Fundamentalsystem besteht aus zwei periodischen Funktionen

$$y_1 = \cos m\,t \quad \text{und} \quad y_2 = \sin m\,t.$$

Daher lautet die Bedingung für das Auftreten periodischer Lösungen von (4.1.10)

$$\int\limits_0^{2\pi} p(t) \cos m\,t\,dt = 0 \quad \text{und} \quad \int\limits_0^{2\pi} p(t) \sin m\,t\,dt = 0. \qquad (4.1.12)$$

Nach den Regeln von § 2.2.7. werden die Lösungen von (4.1.10)

$$\left.\begin{aligned}
x(t) &= c_1 \cos m\,t + c_2 \sin m\,t + \frac{1}{m}\big(A(t)\sin m\,t + B(t)\cos m\,t\big) \\
\text{mit}\quad A(t) &= \int\limits_0^t p(\tau) \cos m\,\tau\,d\tau, \qquad B(t) = -\int\limits_0^t p(\tau) \sin m\,\tau\,d\tau.
\end{aligned}\right\} \quad (4.1.13)$$

Man sieht also, daß alle Lösungen von (4.1.10) periodisch sind, wenn die Bedingungen (4.1.12) erfüllt sind.

Falls die Bedingungen (4.1.12) nicht gelten, hat (4.1.10) keine periodische Lösung. Nach den Regeln von § 2.2.7. sind aber alle Lösungen von (4.1.10) auch jetzt durch (4.1.13) dargestellt. Ihre besondere Natur erkennt man bequem — d. h. ohne viel Rechenaufwand —, wenn man $p(t)$ in der Form

$$p(t) = p_1(t) + \frac{1}{\pi}\big(A(2\pi)\cos m\,t - B(2\pi)\sin m\,t\big)$$

darstellt. Dann ist $p_1(t)$ periodisch:

$$p_1(t + 2\pi) = p_1(t) \quad \text{und} \quad \int\limits_0^{2\pi} p_1(t) \cos m\,t = 0, \qquad \int\limits_0^{2\pi} p_1(t) \sin m\,t = 0,$$

und man erhält alle Lösungen von (4.1.10), d. i. von

$$x'' + m^2 x = p_1(t) + \frac{1}{\pi}\left(A(2\pi)\cos m\,t - B(2\pi)\sin m\,t\right),$$

wenn man zur Gesamtheit aller Lösungen von

$$x'' + m^2 x = p_1(t) \tag{4.1.14}$$

irgendeine spezielle Lösung von

$$x'' + m^2 x = \frac{1}{\pi}\left(A(2\pi)\cos m\,t - B(2\pi)\sin m\,t\right) \tag{4.1.15}$$

addiert. Für (4.1.14) ist aber die Bedingung (4.1.12) mit $p_1(t)$ statt $p(t)$ erfüllt. Es sind also alle Lösungen von (4.1.14) periodisch (mit der Periode 2π). Eine spezielle Lösung von (4.1.15) ist z. B.

$$\frac{t}{2m\pi}\left(A(2\pi)\sin m\,t + B(2\pi)\cos m\,t\right). \tag{4.1.16}$$

Daher sind nun alle Lösungen von (4.1.10), wenn (4.1.12) nicht erfüllt ist, von der Form

$$x(t) = P(t) + \frac{t}{2m\pi}\left(A(2\pi)\sin m\,t + B(2\pi)\cos m\,t\right), \tag{4.1.17}$$

und hier bedeutet $P(t)$ eine periodische Funktion mit der Periode 2π, die man aus (4.1.13) mit $p_1(t)$, statt $p(t)$ abliest. Die Besonderheit der Lösungen von (4.1.10) besteht also, wenn (4.1.12) nicht gilt, in dem Zusatzglied (4.1.16), das erkennen läßt, daß die Lösungen nicht beschränkt bleiben. Man nennt das in der Mechanik die Erscheinung der **Resonanz.** Sie entsteht dann, wenn wie in (4.1.15) die Periode der rechts stehenden äußeren Zwingkraft mit der Eigenperiode der freien Schwingungen übereinstimmt, die der homogenen Differentialgleichung $x'' + m^2 x = 0$ genügen.

Schließlich gebe ich noch für den allgemeinen Fall, daß die homogene Gl. (4.1.7) keine periodische Lösung hat, ein bequemes Verfahren zur Ermittlung der einzigen dann vorhandenen periodischen Lösung von (4.1.1). Man gewinnt sie, wenn man in (4.1.1) mit dem Ansatz

$$x(t) = a_0 + \sum_{1}^{\infty}\left(a_n \cos n\,t + b_n \sin n\,t\right),$$

$$p(t) = p_0 + \sum_{1}^{\infty}\left(p_n \cos n\,t + q_n \sin n\,t\right)$$

hineingeht. Dann gewinnt man für die a_n, b_n die Gleichungen

$$b\,a_0 = p_0, \quad a_n(b - n^2) + a\,n\,b_n = p_n, \quad b_n(b - n^2) - a\,n\,a_n = q_n,$$

$$n = 1, 2, \ldots$$

In dem Sonderfall $a = 0$, $b = m^2$ stößt man wieder auf die Bedingungen $p_w = q_m = 0$, die ja mit (4.1.12) nach der Theorie der FOURIERschen Reihen übereinstimmen. Die Konvergenz des Verfahrens ist nach der allgemeinen Theorie dieser Reihen gesichert, wenn man für $p(t)$ geeignete Zusatzvoraussetzungen, wie z. B. die stetige Differenzierbarkeit, macht. Ich merke das. Gesamtergebnis an:

Satz (4.1.I). *Wenn die homogene Gl. (4.1.7) keine periodische Lösung hat, dann hat die inhomogene Gl. (4.1.1) genau eine periodische Lösung. Hat die homogene Gleichung periodische Lösungen, d. h. ist $a = 0$, $b = m^2$, m ganz rational, dann hat die inhomogene Gleichung nur dann periodische Lösungen, wenn (4.1.12) erfüllt ist. Dann sind alle Lösungen der inhomogenen Gleichung periodisch. Ist (4.1.12) nicht erfüllt, so liegt der durch (4.1.17) charakterisierte Resonanzfall vor.*

4.2. Das DUFFINGsche Schwingungsproblem

Es handelt sich um die Ermittlung periodischer Lösungen von

$$\frac{d^2 x}{d t^2} + a^2 \sin x = b \sin t, \quad a > 0, \quad b \text{ Konstanten}, \tag{4.2.1}$$

insbesondere um solche, für die neben

$$x(t + 2\pi) = x(t) \tag{4.2.2}$$

noch

$$x(0) = x(2\pi) = 0 \tag{4.2.3}$$

gefordert wird[1]. Für solche Lösungen ist auch $x(\pi) = 0$. Jede Lösung von (4.2.1) mit einer Anfangsbedingung

$$x(0) = 0, \quad x'(0) \text{ beliebig}$$

ist nämlich ungerade:

$$x(t) = -x(-t). \tag{4.2.4}$$

Denn mit $x(t)$ ist auch $-x(-t)$ eine Lösung von (4.2.1), und beide Funktionen haben für $t = 0$ die gleiche erste Ableitung. Setzt man in (4.2.4) $t = \pi$, so hat man

$$x(\pi) = -x(-\pi).$$

Nach (4.2.2) ist aber für $t = -\pi$

$$x(\pi) = x(-\pi).$$

---

[1] Der Fall $b = 0$ betrifft die freie Pendelschwingung. Er ist durch die elementare Methode von § 2.2.5. erledigt. Die Durchrechnung führt auf ein elliptisches Integral. $b \neq 0$ betrifft eine erzwungene Pendelschwingung mit periodischer Zwingkraft. Der Fall $b < 0$ wird durch Vorzeichenänderung von t auf $b > 0$ zurückgeführt. Im Fall $a = 0$ sind die periodischen Lösungen elementar anzugeben. Sie sind übrigens in Formel (4.2.12) enthalten.

Also ist, wie behauptet, $x(\pi) = 0$. Hat man umgekehrt eine Lösung von (4.2.1), für die

$$x(0) = x(\pi) = 0 \qquad (4.2.5)$$

ist, so gelten auch (4.2.2) und (4.2.3) für diese Lösung. Denn zunächst hat man wieder (4.2.4), und daher ist auch

$$x'(t) = x'(-t). \qquad (4.2.6)$$

Für die Lösung der Randwertaufgabe (4.2.5) gilt also insbesondere

$$x(-\pi) = -x(\pi) = 0, \qquad x'(\pi) = x'(-\pi). \qquad (4.2.7)$$

Man setze $x'(\pi) = x_0'$ und betrachte die durch die Anfangsbedingung

$$X(-\pi) = 0, \qquad X'(-\pi) = x_0'$$

festgelegte Lösung $X(t)$ von (4.2.1) und daneben die durch die Anfangsbedingung

$$x(\pi) = 0, \qquad x'(\pi) = x_0'$$

festgelegte Lösung $x(t)$. Dann haben beide Lösungen bei $t = -\pi$ nach (4.2.7) die gleiche Ordinate und die gleiche Ableitung, sind also identisch. Da aber mit $x(t)$ auch $x(t + 2\pi)$ eine Lösung von (4.2.1) ist, so gilt für alle t nach dem eben Festgestellten (4.2.2) und daher auch (4.2.3). Wir beschäftigen uns also weiter mit der Randwertaufgabe (4.2.5), auf die nach dieser Überlegung die ursprünglich gestellte Aufgabe zurückgeführt ist.

Es ist außerordentlich einfach einzusehen, daß dies Randwertproblem für jede Wahl von a^2 und b eine ungerade Zahl von Lösungen besitzt. Dazu schreibe man (4.2.1) als System

$$\frac{dx}{dt} = y,$$

$$\frac{dy}{dt} = -a^2 \sin x + b \sin t.$$

Hiernach gilt

$$\left| \frac{dy}{dt} \right| \leqq a^2 + |b|.$$

Für eine Lösung $x = x(t, y_0)$, $y = y(t, y_0)$ mit den Anfangsbedingungen $x(0, y_0) = 0$, $y(0, y_0) = y_0$ gilt daher

$$y_0 - \pi(a^2 + |b|) < y(t) < y_0 + \pi(a^2 + |b|), \qquad 0 < t \leqq \pi.$$

Somit ist

$$y(t) > 0 \quad \text{in} \quad 0 \leqq t \leqq \pi, \quad \text{falls} \quad y_0 \geqq \pi(a^2 + |b|)$$

und

$$y(t) < 0 \quad \text{in} \quad 0 \leqq t \leqq \pi, \quad \text{falls} \quad y_0 \leqq -\pi(a^2 + |b|).$$

Wegen

$$\frac{dx}{dt} = y, \qquad x(0, y_0) = 0$$

ist somit

$$x(\pi, y_0) > 0, \quad \text{falls} \quad y_0 \geqq \pi(a^2 + |b|) \text{ ist}$$

und

$$x(\pi, y_0) < 0, \quad \text{falls} \quad y_0 \leqq -\pi(a^2 + |b|) \text{ ist.}$$

Nun betrachte man die Kurve[1]

$$x = x(\pi, y_0), \qquad y = y(\pi, y_0) \tag{4.2.8}$$

in Abhängigkeit von y_0 in $-\pi(a^2 + |b|) \leqq y_0 \leqq \pi(a^2 + |b|)$. Sie hängt nach § 1.6. stetig von y_0 ab. Da aber am Anfang des genannten Intervalls $x < 0$ ist, während am Ende des Intervalls $x > 0$ ist, muß es eine ungerade Zahl[2] von Zwischenwerten y_0 geben, für die $x(\pi, y_0) = 0$ ist. Diese Zwischenwerte von y_0 kennzeichnen die Lösungen des Randwertproblems.

Diese einfache Existenzüberlegung findet sich in der Literatur merkwürdigerweise nicht. Man bemerkt, daß man das gleiche Verfahren auch bei allgemeineren Differentialgleichungen anwenden kann. So gewinnt man

Satz (4.2.I). *In*

$$\frac{d^2 x}{dt^2} + f(x) + g(t) = 0$$

mögen $f(x)$ für $-\infty < x < +\infty$ und $g(t)$ für $0 \leqq t \leqq \pi$ stetig und absolut beschränkt sein. Ferner mögen Bedingungen gelten, die die Unität bei der Lösung des Anfangswertproblems und die stetige Abhängigkeit der Lösungen von den Anfangsbedingungen sichern [z. B. LIPSCHITZ-Bedingung für $f(x)$]. Dann hat die Randwertaufgabe (4.2.5) für diese Differentialgleichung eine ungerade Zahl von Lösungen.

Will man z. B. im Fall der Differentialgleichung (4.2.1) tiefer eindringen und die Abhängigkeit der Zahl der Lösungen von a^2, b feststellen, so empfiehlt es sich, zu einer nichtlinearen Integralgleichung überzugehen. Das hat zuerst G. HAMEL vorgeschlagen. Dann haben R. IGLISCH und A. HAMMERSTEIN auf dieser Grundlage das Problem

---

[1] Es genügt, die Funktion $x(\pi, y_0)$ zu betrachten.

[2] Daß die Zahl dieser Zwischenwerte nicht unendlich sein kann, folgt am bequemsten daraus, daß $x(\pi, y_0)$ eine analytische Funktion von y_0 ist, die in dem genannten Intervall regulär ist. Aus der Existenz von unendlich vielen Nullstellen würde bekanntlich identisches Verschwinden folgen, was offenbar nicht zutreffen kann. Wegen des Nachweises für den analytischen Charakter von $x(\pi, y_0)$ als Funktion von y_0 verweise ich auf mein in dieser Sammlung erschienenes Buch, das die Theorie der gewöhnlichen Differentialgleichungen auf funktionentheoretischer Grundlage darstellt.

weiter geklärt. Hier kann es sich nur darum handeln, einige mit einfachen Mitteln zugängliche Aufschlüsse zu geben. Zunächst soll nach G. Hamel gezeigt werden, daß das Problem für $a^2 < 1$ *genau eine Lösung besitzt.* Zuerst wird die Aufgabe auf eine Integralgleichung zurückgeführt. Denkt man sich in (4.2.1) eine Lösung eingesetzt, so erhält man

$$\frac{d^2 x}{d t^2} = f(t), \tag{4.2.9}$$

$$f(t) = -a^2 \sin x(t) + b \sin t. \tag{4.2.10}$$

Die Integrale von (4.2.9) sind nach (2.2.29) durch

$$x(t) = \int\limits_0^t (t - \tau) f(\tau)\, d\tau + c_1 t + c_2, \quad c_1, c_2 \text{ Konstanten}$$

dargestellt. Die Randbedingung

$$x(0) = x(\pi) = 0$$

verlangt

$$c_2 = 0 \quad \text{und} \quad \int\limits_0^\pi (\pi - \tau) f(\tau)\, d\tau + c_1 \pi = 0.$$

So erhält man

$$x(t) = \int\limits_0^t (t - \tau) f(\tau)\, d\tau - t \int\limits_0^\pi \left(1 - \frac{\tau}{\pi}\right) f(\tau)\, d\tau$$

$$= -\int\limits_0^t \tau \left(1 - \frac{t}{\pi}\right) f(\tau)\, d\tau - \int\limits_t^\pi t \left(1 - \frac{\tau}{\pi}\right) f(\tau)\, d\tau,$$

d. i.

$$x(t) = -\int\limits_0^\pi K(t, \tau) f(\tau)\, d\tau$$

mit

$$K(t, \tau) = \begin{cases} \tau\left(1 - \dfrac{t}{\pi}\right), & 0 \leqq \tau \leqq t \leqq \pi, \\[2ex] t\left(1 - \dfrac{\tau}{\pi}\right), & 0 \leqq t \leqq \tau \leqq \pi. \end{cases} \tag{4.2.11}$$

Setzt man (4.2.10) in (4.2.11) ein, so bekommt man

$$x(t) = a^2 \int\limits_0^\pi K(t, \tau) \sin x(\tau)\, d\tau - b \int\limits_0^\pi K(t, \tau) \sin \tau\, d\tau, \quad 0 \leqq t \leqq \pi,$$

$$x(t) = a^2 \int\limits_0^\pi K(t, \tau) \sin x(\tau)\, d\tau - b \sin t. \tag{4.2.12}$$

Denn $-b \sin t$ ist die durch (4.2.11) dargestellte Lösung der Randwertaufgabe (4.2.5) für die Differentialgleichung

$$\frac{d^2 x}{d t^2} = b \sin t.$$

Damit ist nun $x(t)$ für $a \neq 0$ nicht bestimmt. Es ist vielmehr nur eine neue Relation, eine sogenannte Integralgleichung, gewonnen, der die Lösung $x(t)$ der Randwertaufgabe genügen muß. Auch umgekehrt ist jede Lösung $x(t)$ der Integralgleichung eine Lösung des Randwertproblems. Nach der Herleitung von (4.2.12) ist jedenfalls $x(t)$ dann eine Lösung von (4.2.1). Ferner ist, wie man sofort sieht, auch die Randbedingung $x(0) = x(\pi) = 0$ erfüllt.

$K(t, \tau)$ heißt der Kern der Integralgleichung. $K(t, \tau)$ ist eine symmetrische Funktion:

$$K(t, \tau) = K(\tau, t)$$

und es ist $K(t, \tau)$ stetig für $0 \leq t \leq \pi$, $0 \leq \tau \leq \pi$.

Aus der Integralrechnung kennt man die FOURIERsche Reihe

$$\sum_1^\infty \frac{\cos n\,x}{n^2} = \frac{x^2}{4} - \frac{\pi\,x}{2} + \frac{\pi^2}{6}, \quad 0 \leq x \leq 2\pi. \quad (4.2.13)$$

Daraus folgt

$$\sum_1^\infty \frac{\sin n t \sin n \tau}{n^2} = \frac{1}{2} \sum_1^\infty \frac{\cos n(t - \tau) - \cos n(t + \tau)}{n^2}$$

$$= \frac{\pi}{2} \tau \left(1 - \frac{t}{\pi}\right) \quad \text{für} \quad 0 \leq \tau \leq t, \quad 0 \leq t \leq \pi$$

bzw. durch Vertauschung von t und τ

$$= \frac{\pi}{2} t \left(1 - \frac{\tau}{\pi}\right) \quad \text{für} \quad 0 \leq t \leq \tau, \quad 0 \leq \tau \leq \pi.$$

Also ist

$$K(t, \tau) = \frac{2}{\pi} \sum_1^\infty \frac{\sin n t \sin n \tau}{n^2}, \quad 0 \leq t \leq \pi, \quad 0 \leq \tau \leq \pi. \quad (4.2.14)$$

Diese Darstellung bestätigt, daß $K(t, \tau)$ eine stetige Funktion ist. Denn die Reihe (4.2.14) konvergiert gleichmäßig. Aus (4.2.11) hat man

$$K(t, \tau) \geq 0.$$

Ich betrachte noch die sogenannten iterierten Kerne. Diese werden durch

$$K_1(t, \tau) = K(t, \tau),$$

$$K_\lambda(t, \tau) = \int_0^\pi K_{\lambda-1}(t, \tau_1) K_1(\tau_1, \tau)\, d\tau_1, \quad \lambda = 2, 3 \ldots$$

definiert. Da bekanntlich

$$\frac{\pi}{2} = \int\limits_0^\pi \sin^2 n\,t\,dt, \quad 0 = \int\limits_0^\pi \sin n\,t \sin m\,t\,dt, \quad n \neq m, \quad n,m = 1, 2, \ldots$$

gilt, hat man die folgenden Reihendarstellungen

$$K_\lambda(t, \tau) = \frac{2}{\pi} \sum_1^\infty \frac{\sin n\,t \sin n\,\tau}{n^{2\lambda}}.$$

Daraus fließen die Abschätzungen

$$0 \leq K_\lambda(t, \tau) \leq \frac{2}{\pi} \sum_1^\infty \frac{1}{n^{2\lambda}} \leq \frac{2}{\pi} \sum_1^\infty \frac{1}{n^2} = \frac{\pi}{3}, \quad 0 \leq t, \tau \leq \pi. \quad (4.2.15)$$

Denn es ist nach (4.2.13) für $x = 0$ bekanntlich

$$\sum_1^\infty \frac{1}{n^2} = \frac{\pi^2}{6}.$$

Nun soll gezeigt werden, daß die Integralgleichung (4.2.12) für $0 \leq a^2 < 1$ nicht mehr als eine Lösung haben kann. Damit ist dann auch gezeigt, daß sie in diesem Fall genau eine Lösung hat. Denn mit dem bereits durchgeführten Beweis für die Lösbarkeit der Randwertaufgabe ist auch gezeigt, daß die Integralgleichung stets mindestens eine Lösung besitzt. Für $a^2 < 1$ kann dieser Nachweis auch durch Anwendung der Methode der sukzessiven Approximationen auf die Integralgleichung geführt werden. Ich begnüge mich damit, die Unität zu beweisen.

Angenommen $x(t)$ und $X(t)$ seien zwei Lösungen der Integralgleichung (4.2.12). Dann ist

$$X(t) - x(t) = a^2 \int\limits_0^\pi K(t, \tau)\left(\sin X(\tau) - \sin x(\tau)\right) d\tau,$$

$$X(t) - x(t)| \leq a^2 \int\limits_0^\pi K(t, \tau)\,|X(\tau) - x(\tau)|\,d\tau$$

$$\leq a^4 \int\limits_0^\pi K(t, \tau) \int\limits_0^\pi K(\tau, \tau_1)\,|(X(\tau_1) - x(\tau_1)|\,d\tau_1\,d\tau$$

$$= a^4 \int\limits_0^\pi K_2(t, \tau_1)\,|X(\tau_1) - x(\tau_1)|\,d\tau_1$$

$$\vdots$$

$$\leq a^{2\lambda} \int\limits_0^\pi K_\lambda(t, \tau)\,|X(\tau) - x(\tau)|\,d\tau.$$

Da die rechte Seite wegen $0 < a^2 < 1$ und wegen (4.2.15) für $\lambda \to \infty$ gegen Null konvergiert. Ergibt sich $X(t) \equiv x(t)$, $0 \leq t \leq \pi$.

Ein Gegenstück zu dieser HAMELschen Feststellung ist der Nachweis, daß die Zahl der Lösungen der Randwertaufgabe, die bei festem b auftreten, mit a^2 zugleich über alle Grenzen wächst. Hierfür hat ein früh verstorbener bedeutender Mathematiker einen Beweis gegeben, der mit ganz elementaren Hilfsmitteln auskommt. Man kann den scharfsinnigen Gedankengang von A. HAMMERSTEIN wie folgt darstellen.

Setzt man in (4.2.1)

$$x = -b \sin t + y, \tag{4.2.16}$$

so erhält man[1]

$$\ddot{y} = a^2 \sin(b \sin t - y). \tag{4.2.17}$$

Man betrachte die durch die Anfangsbedingungen

$$y(0, \lambda) = 0, \quad \dot{y}(0, \lambda) = \lambda a \tag{4.2.18}$$

festgelegten Lösungen $y(t, \lambda)$. Wo kein Mißverständnis möglich ist, schreibe ich wieder kurz $y(t)$. Im folgenden sind t_1 und t_2 stets Zahlen aus $0 \leq t_1 < t_2 \leq \pi$. Aus (4.2.17) folgt

$$\frac{\dot{y}(t_2)}{a} - \frac{\dot{y}(t_1)}{a} = a \int_{t_1}^{t_2} \sin(b \sin t - y(t))\, dt \tag{4.2.19}$$

und

$$\left(\frac{\dot{y}(t_2)}{a}\right)^2 - \left(\frac{\dot{y}(t_1)}{a}\right)^2 = 2 \int_{t_1}^{t_2} \sin(b \sin t - y)(\dot{y} - b \cos t)\, dt +$$

$$+ 2b \int_{t_1}^{t_2} \sin(b \sin t - y) \cos t\, dt.$$

$$\left.\begin{aligned}\left(\frac{\dot{y}(t_2)}{a}\right)^2 - \left(\frac{\dot{y}(t_1)}{a}\right)^2 &= 2\cos[b \sin t_2 - y(t_2)] - \\ &\quad - 2\cos[b \sin t_1 - y(t_1)] + \\ &\quad + 2b \int_{t_1}^{t_2} \sin(b \sin t - y) \cos t\, dt.\end{aligned}\right\} \tag{4.2.20}$$

Nach (4.2.17) ist

$$\int_{t_1}^{t_2} \sin(b \sin t - y) \cos t\, dt = \frac{1}{a^2} \int_{t_1}^{t_2} \ddot{y} \cos t\, dt.$$

---

[1] Die Differentiationen nach t deute ich in diesem Abschnitt fortan durch aufgesetzte Punkte an.

Also nach partieller Integration

$$\int_{t_1}^{t_2} \sin(b\sin t - y)\cos t\,dt = \frac{1}{a}\left(\frac{\dot{y}(t_2)}{a}\cos t_2 - \frac{\dot{y}(t_1)}{a}\cos t_1\right) + \\ + \frac{1}{a}\int_{t_1}^{t_2}\frac{\dot{y}(t)}{a}\sin t\,dt. \qquad (4.2.21)$$

In (4.2.20) setze man $t_1 = 0$, $t_2 = t$. Dann wird

$$\left|\left(\frac{\dot{y}(t)}{a}\right)^2 - \lambda^2 + 2 - 2\cos[b\sin t - y(t)]\right| \leq 2b\pi, \qquad (4.2.22)$$

$$\left(\frac{\dot{y}(t)}{a}\right)^2 \leq \lambda^2 + 4 + 2b\pi. \qquad (4.2.23)$$

Also nach (4.2.21)

$$\left|\int_{t_1}^{t_2}\sin(b\sin t - y)\cos t\,dt\right| \leq \frac{1}{a}(2+\pi)\sqrt{\lambda^2 + 4 + 2b\pi}. \qquad (4.2.24)$$

Daher ist nach (4.2.20) für $t_1 = 0$, $t_2 = t$

$$\left(\frac{\dot{y}(t)}{a}\right)^2 \geq \lambda^2 - 4 - \frac{2b}{a}(2+\pi)\sqrt{\lambda^2 + 4 + 2b\pi}. \qquad (4.2.25)$$

Man nehme hier $\lambda = \pm 3$. Dann hat man

$$\left(\frac{\dot{y}(t,\pm 3)}{a}\right)^2 \geq 5 - \frac{2b}{a}(2+\pi)\sqrt{13 + 2b\pi}. \qquad (4.2.26)$$

Man nehme

$$a \geq 4b(2+\pi)\sqrt{13 + 2b\pi} = A. \qquad (4.2.27)$$

Dann ist

$$\left|\frac{\dot{y}(t,\pm 3)}{a}\right| > 2 \quad \text{in} \quad 0 \leq t \leq \pi \quad \text{für} \quad a \geq A. \qquad (4.2.28)$$

Für $a \geq A$ ist aber auch

$$\left|\frac{b\cos t}{a}\right| < \frac{1}{4}.$$

Daher ist

$$\left|\frac{b\cos t}{a} - \frac{\dot{y}(t,\pm 3)}{a}\right| > 2 - \frac{1}{4} > 0 \quad \text{in} \quad 0 \leq t \leq \pi \quad \text{für} \quad a \geq A.$$

Daher ist auch

$$-x(t,\pm 3) = b\sin t - y(t,\pm 3) \neq 0 \quad \text{für} \quad a \geq A \\ \text{in} \quad 0 < t \leq \pi. \qquad (4.2.29)$$

Nach (4.2.16) und (4.2.18) ist ja $x(0,\pm 3) = 0$.

Nun betrachte man $\lambda = \pm 1$ und schreibe $y(t)$ statt $y(t, \pm 1)$. Dann wird nach (4.2.20) und (4.2.24)

$$\left| \left(\frac{\dot{y}(t_2)}{a} \right)^2 - \left(\frac{\dot{y}(t_1)}{a} \right)^2 - 2\{ \cos[b \sin t_2 - y(t_2)] - \cos[b \sin t_1 - y(t_1)]\} \right|$$
$$\leq \frac{2b}{a}(2 + \pi)\sqrt{5 + 2b\pi} \tag{4.2.30}$$

und für $t_1 = 0$, $t_2 = t$

$$\left. \begin{aligned} 0 \leq \left(\frac{\dot{y}(t)}{a} \right)^2 &\leq 1 - 2 + 2\cos[b \sin t - y(t)] + \\ &+ \frac{2b}{a}(2 + \pi)\sqrt{5 + 2b\pi} \, . \end{aligned} \right\} \tag{4.2.31}$$

Daher

$$2\cos[b \sin t - y(t)] \geq 1 - \frac{2b}{a}(2 + \pi)\sqrt{5 + 2b\pi} \, . \tag{4.2.32}$$

Für (4.2.27) hat man

$$\cos[b \sin t - y(t)] > 0,$$

d. h.

$$|b \sin t - y(t)| < \frac{\pi}{2}, \qquad 0 \leq t \leq \pi. \tag{4.2.33}$$

Und aus (4.2.31) für (4.2.27)

$$\left| \frac{\dot{y}(t)}{a} \right| < \sqrt{2}, \qquad 0 \leq t \leq \pi. \tag{4.2.34}$$

Nun frage man, wie lange ein Intervall J sein kann, in dem

$$|b \sin t - y(t)| \leq \frac{1}{2} \tag{4.2.35}$$

ausfällt. Für solche t ist

$$\cos[b \sin t - y(t)] \geq \frac{7}{8} \tag{4.2.36}$$

und daher nach (4.2.30) für $t_1 = 0$, $t_2 = t$ in einem solchen t-Intervall mit (4.2.35) und (4.2.36)

$$\left. \begin{aligned} 1 - \frac{1}{4} - \frac{2b}{a}(2 + \pi)\sqrt{5 + 2b\pi} &\leq \left(\frac{\dot{y}(t)}{a} \right)^2 \\ &\leq 1 + \frac{2b}{a}(2 + \pi)\sqrt{5 + 2b\pi} \, . \end{aligned} \right\} \tag{4.2.37}$$

Man nehme a gemäß (4.2.27). Dann ist nach (4.2.37)

$$\frac{1}{4} \leq \left(\frac{\dot{y}(t)}{a} \right)^2 \leq \frac{3}{2}, \qquad \frac{1}{2} \leq \left| \frac{\dot{y}(t)}{a} \right| \leq \sqrt{\frac{3}{2}} \, .$$

Also

$$\frac{1}{4} \leq \left| \frac{b \cos t}{a} - \frac{\dot{y}(t)}{a} \right| \leq \sqrt{\frac{3}{2}} + \frac{1}{4}, \tag{4.2.38}$$

wenn $a > A$. Daher ist

$$b \sin t - y(t)|$$

monoton, solange (4.2.35) gilt. Man hat für irgend zwei Stellen t_0 und t eines Intervalls J

$$\frac{b \sin t - y(t) - \{b \sin t_0 - y(t_0)\}}{t - t_0} = b \cos t^* - \dot{y}(t^*). \qquad (4.2.39)$$

Und hier ist t^* ein passender Wert zwischen t_0 und t. Er gehört also auch dem Intervall J an, in dem (4.2.35) besteht. Daher ist nach (4.2.38) und (4.2.35)

$$\frac{1}{a \, |t - t_0|} \geqq \left| \frac{b \sin t - y(t) - \{b \sin t_0 - y(t_0)\}}{a(t - t_0)} \right| = \left| \frac{b \cos t^*}{a} - \frac{\dot{y}(t^*)}{a} \right| \geqq \frac{1}{4}.$$

Also ist

$$|t - t_0| \leqq \frac{4}{a} \qquad (4.2.40)$$

für irgend zwei Stellen t und t_0 aus einem Intervall J mit (4.2.35). Ich betrachte weiter ein Intervall

$$t_1 \leqq t \leqq t_2,$$

in dem

$$|b \sin t - y(t)| \geqq \frac{1}{2} \qquad (4.2.41)$$

ist. Wie lang kann ein solches Intervall allenfalls sein? Es ist darin nach (4.2.41) und (4.2.33)

$$\frac{1}{2} \leqq |b \sin t - y(t)| < \frac{\pi}{2}$$

und nach (4.2.34) und (4.2.19)

$$\left.\begin{array}{c} 2\sqrt{2} \geqq \left| a \int_{t_1}^{t_2} \sin(b \sin t - y)\, dt \right|, \\[2mm] \dfrac{2\sqrt{2}}{a} \geqq (t_2 - t_1) \sin \dfrac{1}{2}, \\[2mm] t_2 - t_1 \leqq \dfrac{2\sqrt{2}}{a \sin\frac{1}{2}}. \end{array}\right\} \qquad (4.2.42)$$

An eine Nullstelle t_0 von (4.2.16) schließt sich also nach (4.2.40) nach rechts ein Intervall höchstens der Länge $4/a$ an, in dem (4.2.35) gilt. Daran schließt sich ein Intervall höchstens der Länge (4.2.42) an, in dem (4.2.41) gilt. In seinem rechten Ende ist, wofern es vor π liegt,

$$|b \sin t - y(t)| = \frac{1}{2}.$$

Es muß sich dann, wenn es vor π liegt, nach rechts wieder ein Intervall höchstens der Länge $4/a$ anschließen, in dem (4.2.35) gilt, und in dem

$$b \sin t - y(t)$$

monoton ist. Wenn dies Intervall der Länge $4/a$ also noch in $0 \leq t \leq \pi$ Platz hat, muß darin eine weitere Nullstelle von $-x(t) = b \sin t - y(t)$ liegen. Wenn nämlich am Anfang dieses Intervalls $b \sin t - y(t) = \pm\frac{1}{2}$ ist, so ist an seinem Ende $b \sin t - y(t) = \mp\frac{1}{2}$, weil $b \sin t - y(t)$ monoton ist und weil $|b \sin t - y(t)| \leq \frac{1}{2}$ ist. Daher hat man im Intervall eine Nullstelle von $b \sin t - y(t)$. Daher ist der Abstand zweier aufeinanderfolgender Nullstellen von $x(t)$ höchstens

$$\frac{8}{a} + \frac{2\sqrt{2}}{a \sin\frac{1}{2}},$$

wenn a (4.2.27) genügt. Man kann hiernach die Zahl der Nullstellen nach unten abschätzen, die $x(t)$ in $0 \leq t \leq \pi$ hat. Jedenfalls sieht man, daß diese Anzahl für $a \to \infty$ über alle Grenzen wächst. Von (4.2.30) an bis hierher war stets $\lambda_1 = \pm 1$ angenommen.

Betrachten wir nun nochmals alle Funktionen $y(t, \lambda)$, $1 \leq |\lambda| \leq 3$. Dann ist nach (4.2.20) und (4.2.24), wenn man $t_1 = 0$ nimmt und für $t_2 = t$ eine Nullstelle von $b \sin t - y(t, \lambda)$ setzt,

$$\left| \left(\frac{\dot{y}(t, \lambda)}{a} \right)^2 - \lambda^2 \right| \leq \frac{2b}{a} (2 + \pi) \sqrt{\lambda^2 + 4 + 2b\pi},$$

so daß

$$\left| \left(\frac{\dot{y}(t, \lambda)}{a} \right)^2 - \lambda^2 \right| < \frac{1}{2}$$

ausfällt, wenn (4.2.27) gilt. Dann ist aber

$$\left| \frac{\dot{y}(t, \lambda)}{a} \right| > \sqrt{\lambda^2 - \frac{1}{2}} > \sqrt{\frac{1}{2}},$$

wenn (4.2.27) erfüllt ist. Für solche a ist aber auch

$$\left| \frac{b \cos t}{a} \right| < \frac{1}{2}.$$

Daher ist dann

$$\left| \frac{b \cos t}{a} - \frac{\dot{y}(t, \lambda)}{a} \right| > \sqrt{\frac{1}{2}} - \frac{1}{2} > 0.$$

Daher ist an jeder Nullstelle von $-x(t, \lambda) = b \sin t - y(t, \lambda)$ die Ableitung $\dot{x}(t, \lambda) \neq 0$. Diese Funktionen haben daher in $0 \leq t \leq \pi$ nur einfache Nullstellen. Da nun

$$x(t, \lambda) = -b \sin t + y(t, \lambda)$$

nach (4.2.29) für $\lambda = 3$ in $0 \leq t \leq \pi$ nur die eine Nullstelle $t = 0$ hat, während diese Funktion für $\lambda = 1$, wie wir sahen, in $0 \leq t \leq \pi$ bei

Bestehen von (4.2.27) und genügend großem a beliebig viele Nullstellen hat, da $x(t, \lambda)$ stetig von λ abhängt und da alle auftretenden Nullstellen einfach sind, so muß es eine mit a über alle Grenzen wachsende Anzahl von λ-Werten zwischen 1 und 3 und ebenso zwischen -1 und -3 geben, für die

$$x(\pi, \lambda) = 0$$

ausfällt. Dies sieht man so ein: Man lasse λ von 3 nach 1 abnehmen. Es sei λ_1 die untere Grenze derjenigen λ aus $1 \leq \lambda \leq 3$, für die $x(t, \lambda)$ mit $\lambda_1 < \lambda \leq 3$ genau eine Nullstelle in $0 \leq t \leq \pi$ hat. Dann hat $x(t, \lambda_1)$ genau zwei Nullstellen in $0 \leq t \leq \pi$, und zwar eine bei 0 und eine bei π. Denn hätte $x(t, \lambda_1)$ auch nur eine Nullstelle in $0 \leq t \leq \pi$, so hätten wegen der Stetigkeit von $x(t, \lambda)$ auch alle die $x(t, \lambda)$ nur eine Nullstelle in $0 \leq t \leq \pi$, deren λ sich genügend wenig von λ_1 unterscheidet. Das wäre gegen die Definition von λ_1. Daher hat $x(t, \lambda_1)$ mindestens zwei Nullstellen in $\langle 0, \pi \rangle$. Es kann aber keine Nullstelle im Intervallinneren haben. Denn diese wäre einfach, und daher hätten wieder wegen Stetigkeit alle $x(t, \lambda)$ mit genügend wenig von λ_1 verschiedenem λ auch mindestens eine Nullstelle im Intervallinneren. Das wäre gegen die Definition von λ_1. Nach diesem Muster schließt man dann auch ganz allgemein, daß bei abnehmendem λ anläßlich einer jeden Vergrößerung der Anzahl der Nullstellen in $\langle 0, \pi \rangle$ eine Nullstelle bei π, d. h. eine Lösung der Randwertaufgabe, eintreten muß. Analog schließt man, wenn sich λ von -3 zu -1 bewegt. Im ganzen hat man

Satz (4.2.II). *Die Differentialgleichung* (4.2.1) *hat für jede Wahl von $a^2 > 0$ und b eine ungerade Anzahl von Lösungen der Randwertaufgabe* (4.2.5). *Für $a^2 < 1$ gibt es genau eine Lösung. Die Anzahl der Lösungen wächst bei festem b mit a über alle Grenzen* [1].

Für weitere Auskünfte über (4.2.1) muß auf die Literatur verwiesen werden. In einigen Arbeiten von R. Iglisch (Mh. Math. Bd. 37, 39, 42 und Math. Ann. Bd. 112) werden diese Fragen mit den Mitteln der Theorie der nichtlinearen Integralgleichungen eingehend behandelt.

Zum Schluß sei eine Verallgemeinerung angegeben, die von A. Hammerstein [Sitzber. Berl. math. Ges. Bd. 30 (1931)] herrührt. Vorgelegt sei

$$\ddot{x} = f(t, x, \dot{x}), \qquad (4.2.43)$$

$f(t, x, \dot{x})$ sei für $0 \leq t \leq \pi$ und alle x und $\dot{x}$ stetig. Für hinreichend große $|x|$ sei

$$|f(t, x, \dot{x})| \leq c|x|, \qquad c < \sqrt{\frac{3}{\pi}}.$$

---

[1] Für $a^2 < 1$, $b = 0$ genügt der Randbedingung (4.2.5) nur die triviale Lösung $x \equiv 0$.

Dann hat die Randwertaufgabe (4.2.5) stets mindestens eine Lösung. Die Unität der Lösung ist gesichert, wenn $f(t, x, \dot{x})$ stetige Ableitungen $\partial f/\partial x$ und $\partial f/\partial \dot{x}$ besitzt, für die Abschätzungen

$$\left|\frac{\partial f}{\partial x}\right| \leqq a, \qquad \left|\frac{\partial f}{\partial \dot{x}}\right| \leqq b, \qquad a + b < 1$$

bestehen.

Zum Schluß dieses Abschnittes sei noch die merkwürdige Tatsache hervorgehoben, daß die DUFFINGsche Differentialgleichung (4.2.1) das in der Theorie der nichtlinearen Schwingungen sogenannte Phänomen der *Synchronisation* zeigt. Dies Phänomen besteht darin, daß die Differentialgleichung periodische Lösungen hat, deren Periode gleich ist der Periode der äußeren Kraft $b \sin t$, daß also diese Periode nichts zu tun hat mit der Periode der durch die Differentialgleichung

$$\frac{d^2 x}{d t^2} + a^2 \sin x = 0$$

definierten freien Schwingung des Pendels (die bei passender Wahl der Anfangsbedingung jeden beliebigen Wert haben kann). Dies Phänomen der Synchronisation ist auch bei anderen Differentialgleichungen bekannt, z. B. auch bei der durch eine periodische äußere Kraft ergänzten VAN DER POLschen Differentialgleichung

$$\frac{d^2 x}{d t^2} + \mu(x^2 - 1)\frac{d x}{d t} + x = \sin \omega t, \qquad \omega \text{ konstant.}$$

Bei dieser sind für geeignete Werte von ω auch *subharmonische* periodische Lösungen bekannt, d. h. Lösungen, deren kleinste Periode ein Vielfaches der Periode der äußeren Kraft ist. Es ist mir nicht bekannt, ob auch bei der DUFFINGschen Differentialgleichung (4.2.1) für geeignete Werte von a subharmonische Lösungen auftreten.

4.3. Randwertaufgaben bei linearen Differentialgleichungen zweiter Ordnung

4.3.1. Das Oszillationstheorem und die STURMschen Sätze. Jede lineare Differentialgleichung

$$y'' + p_1(x)\,y' + p_2(x)\,y = 0 \tag{4.3.1}$$

mit $p_1(x)$ und $p_2(x)$ stetig in $\langle a, b \rangle$ kann man auf die STURM-LIOUVILLEsche Form

$$\frac{d}{d x}\left(p(x)\frac{d y}{d x}\right) + q(x)\,y = 0 \tag{4.3.2}$$

mit $p(x)$, $p'(x)$, $q(x)$ stetig in $\langle a, b \rangle$ und $p(x) > 0$ in $\langle a, b \rangle$ bringen. Am besten bewerkstelligt man das nach F. TRICOMI, indem man (4.3.1) mit

$$p(x) = \exp\left(\int\limits_{a}^{x} p_1(\xi)\,d\xi\right)$$

multipliziert. Dann erhält man (4.3.2) mit

$$q(x) = p_2(x)\,p(x).$$

Substituiert man in (4.3.2) noch

$$\xi = \int\limits_{a}^{x} \frac{d\eta}{p(\eta)}\,,$$

so wird (4.3.2) zu

$$\frac{d^2 y}{d\xi^2} + Q(\xi)\,y = 0, \tag{4.3.3}$$

$$Q(\xi) = p(x)\,q(x) \quad \text{stetig in} \quad \left\langle 0, \int\limits_{a}^{b} \frac{d\eta}{p(\eta)}^{-}\right\rangle.$$

Der Differentialausdruck

$$\overline{L}(y) \equiv \frac{d^2}{dx^2}(p_0\,y) - \frac{d}{dx}(p_1\,y) + p_2\,y$$

heißt adjungierter Differentialausdruck zu

$$L(y) \equiv p_0 \frac{d^2 y}{dx^2} + p_1 \frac{dy}{dx} + p_2\,y.$$

Ein Differentialausdruck $L(y)$ heißt selbstadjungiert, wenn

$$\overline{L}(y) \equiv L(y)$$

ist. Dafür ist notwendig und hinreichend $p_1 = p_0'$. Demnach ist der in (4.3.2) stehende STURM-LIOUVILLEsche Ausdruck selbstadjungiert, falls auch p'' existiert.

Zur Untersuchung des Verlaufs der Integralkurven von (4.3.2) ist es nach H. PRÜFER zweckmäßig, zum System

$$\begin{aligned} \frac{dy}{dx} &= \frac{z}{p}\,, \\ \frac{dz}{dx} &= -q\,y \end{aligned} \right\} \tag{4.3.4}$$

überzugehen. Führt man hier mit H. PRÜFER [Math. Ann. Bd. 95 (1926)] Polarkoordinaten durch

$$y = \varrho \sin\vartheta, \quad z = \varrho \cos\vartheta \tag{4.3.5}$$

ein, so werden die (4.3.4) zu

$$\frac{d\varrho}{dx} = \left(\frac{1}{p} - q\right)\varrho \sin\vartheta \cos\vartheta\,,$$
$$\frac{d\vartheta}{dx} = \frac{1}{p}\cos^2\vartheta + q\sin^2\vartheta\,. \qquad (4.3.6)$$

Beim Übergang zur zweiten dieser Differentialgleichungen ist beiderseits ein Faktor ϱ gestrichen worden. Die triviale Lösung $y \equiv 0$, $z \equiv 0$ von (4.3.2) und (4.3.4) tritt ja trotzdem bei der ersten Gl. (4.3.6) als $\varrho \equiv 0$ in Erscheinung. Die übrigen Lösungen von (4.3.4) entsprechen in umkehrbar eindeutiger Zuordnung den Lösungen von (4.3.6) mit $\varrho > 0$ oder mit $\varrho < 0$. Man bemerkt weiter, daß die zweite Differentialgleichung (4.3.6) eine gewöhnliche Differentialgleichung erster Ordnung für $\vartheta(x)$ ist. Hat man aus ihr $\vartheta(x)$ ermittelt, so erhält man $\varrho(x)$ aus der ersten der beiden Differentialgleichungen (4.3.6) durch eine Quadratur:

$$\log|\varrho| = \int_a^x \left(\frac{1}{p} - q\right)\sin\vartheta \cos\vartheta\, d\xi + \text{konst.} \qquad (4.3.7)$$

Daraus geht hervor, daß $y(x)$ durch $\vartheta(x)$ bis auf einen konstanten Faktor bestimmt ist. Außerdem ergibt sich, daß $\varrho(x)$ nur dann an einer Stelle einer Lösung verschwinden kann, wenn es sich um die triviale Lösung $\varrho \equiv 0$ handelt. Man bemerkt weiter, daß mit $\vartheta(x)$ auch $\vartheta(x) + n\pi$, n ganz, Lösung der zweiten Gl. (4.3.6) ist. Daher genügt es, Lösungen dieser zweiten Differentialgleichung (4.3.6) zu untersuchen, die durch Anfangsbedingungen

$$\vartheta(a) = \alpha\,, \qquad 0 \leqq \alpha < \pi \qquad (4.3.8)$$

fixiert sind. Für eine solche Lösung ist dann $\vartheta(x) > 0$ in $a < x \leqq b$. Denn an einer Stelle x_0, für die $\vartheta(x_0) = 0$ ist, folgt $\frac{d\vartheta}{dx} > 0$, so daß die Kurve $\vartheta = \vartheta(x)$ die x-Achse nicht wieder schneiden kann, wenn $\alpha = 0$ ist, und überhaupt nicht schneidet, wenn $\alpha > 0$ ist.

Weiterhin wird nach nichttrivialen Lösungen der Randwertaufgabe

$$y(a)\cos\alpha - z(a)\sin\alpha = 0\,,$$
$$y(b)\cos\beta - z(b)\sin\beta = 0 \qquad (4.3.9)$$

für (4.3.4) gefragt. Man kann dafür auch schreiben

$$y(a)\cos\alpha - p(a)\,y'(a)\sin\alpha = 0\,,$$
$$y(b)\cos\beta - p(b)\,y'(b)\sin\beta = 0\,. \qquad (4.3.10)$$

α und β sind gegebene Zahlen. Den Lösungen dieses Randwertproblemes für (4.3.4) entsprechen Lösungen von (4.3.6), für die

$$\vartheta(a) = \alpha, \qquad \vartheta(b) = \beta \tag{4.3.11}$$

ist. Nach dem Gesagten genügt es, anzunehmen

$$0 \le \alpha < \pi, \qquad 0 < \beta. \tag{4.3.12}$$

Setzt man nämlich (4.3.5) in (4.3.9) ein, so hat man

$$\varrho(a) \sin[\vartheta(a) - \alpha] = 0,$$
$$\varrho(b) \sin[\vartheta(b) - \beta] = 0.$$

Das heißt, wegen $\varrho(a) \neq 0$, $\varrho(b) \neq 0$ ist

$$\vartheta(a) \equiv \alpha, \qquad \vartheta(b) \equiv \beta \quad \mod \pi.$$

(4.3.10) sind die allgemeinsten Randbedingungen von der Form

$$A\, y(a) + B\, y'(a) = 0,$$
$$C\, y(b) + D\, y'(b) = 0$$

mit konstanten A, B, C, D und mit $A^2 + B^2 \neq 0$, $C^2 + D^2 \neq 0$.

Erste Randwertaufgabe heißt

$$y(a) = 0, \qquad y(b) = 0.$$

Ihr entspricht

$$\vartheta(a) = 0, \qquad \vartheta(b) = h\pi, \qquad h > 0, \quad \text{ganz.}$$

Zweite Randwertaufgabe nennt man die Forderung

$$y'(a) = 0, \qquad y'(b) = 0.$$

Ihr entspricht

$$\vartheta(a) = \frac{\pi}{2}, \qquad \vartheta(b) = \frac{\pi}{2} + h\pi, \qquad h \ge 0, \quad \text{ganz.}$$

Jede Lösung der zweiten Differentialgleichung (4.3.6) ist nach Satz (1.2.II) in $\langle a, b \rangle$ stetig. Ist sie durch eine Anfangsbedingung $\vartheta(a) = \alpha$ fixiert und ist z.B. $q(x) < 0$ in $\langle a, b \rangle$, so ist ihr Maximum höchstens dem kleinsten ungeraden Vielfachen von $\pi/2$ gleich, das $\ge \alpha$ ist, und ist ihr Minimum mindestens so groß wie das größte Vielfache von π, das $\le \alpha$ ist. Denn nach (4.3.6) ist

$$\vartheta'(x) > 0 \quad \text{für} \quad \vartheta = h\pi \quad \text{und} \quad \vartheta'(x) < 0 \quad \text{für} \quad \vartheta = (2h+1)\frac{\pi}{2},$$

wobei h eine ganze Zahl bedeutet. Zwischen diesen Schranken liegt höchstens ein ungerades Vielfaches von $\pi/2$ und liegt höchstens ein Vielfaches von π. Daher verschwinden $\cos\vartheta$ und $\sin\vartheta$ höchstens je einmal für $a \le x \le b$. Es kann also in dem Fall, daß $q(x) < 0$ in $a \le x \le b$ gilt, die Differentialgleichung (4.3.2) keine Lösung der ersten Randwertaufgabe aufweisen[1]. Die Bedingungen für die Lösbarkeit der Randwertaufgaben (4.3.9) in anderen Fällen sollen nun untersucht werden.

Zunächst vergleiche man zwei Differentialgleichungen

$$\frac{d\vartheta_1}{dx} = \frac{1}{p}\cos^2\vartheta_1 + q_1\sin^2\vartheta_1, \left.\vphantom{\frac{d\vartheta_1}{dx}}\right\} \qquad (4.3.13)$$
$$\frac{d\vartheta_2}{dx} = \frac{1}{p}\cos^2\vartheta_2 + q_2\sin^2\vartheta_2$$

unter der Annahme

$$q_1 \not\equiv q_2 \quad \text{für jedes Intervall } \langle\alpha, \beta\rangle \text{ mit } \quad a \leqq \alpha < \beta \leqq b, \left.\vphantom{\frac{1}{1}}\right\}$$
$$q_2(x) \geqq q_1(x) \quad \text{in} \quad \langle a, b\rangle. \qquad (4.3.14)$$

Es gilt

Satz (4.3.I). *Aus*

$$\vartheta_1(a) = \vartheta_2(a)$$

folgt für (4.3.13) *mit* (4.3.14)

$$\vartheta_2(x) > \vartheta_1(x) \quad in \quad (a, b\rangle.$$

Zunächst ist zu sehen, daß $\vartheta_1(x)$ und $\vartheta_2(x)$ nicht identisch sind. Denn wäre in einem Intervall $\vartheta_1(x) \equiv \vartheta_2(x)$, so wäre nach den Differentialgleichungen (4.3.13) in diesem Intervall auch $q_1(x) \equiv q_2(x)$ gegen die Annahme. In einem Schnittpunkt zweier Lösungen $\vartheta_1(x)$ und $\vartheta_2(x)$ ist nach (4.3.13)

$$\frac{d\vartheta_2}{dx} > \frac{d\vartheta_1}{dx},$$

wofern in dem Schnittpunkt nicht

$$q_1 = q_2 \quad \text{oder} \quad \sin\vartheta_1 = \sin\vartheta_2 = 0$$

ist. Dann ist in dem Schnittpunkt

$$\frac{d\vartheta_2}{dx} = \frac{d\vartheta_1}{dx}.$$

Wir sprechen von Schnittpunkten erster und zweiter Art. In Schnittpunkten der ersten Art geht bei wachsendem x offenbar $\vartheta_2 - \vartheta_1$ von negativen Werten zu positiven Werten über. Es kann höchstens einen Schnittpunkt von $\vartheta_1(x)$ und $\vartheta_2(x)$ geben, wenn bekannt ist, daß in jedem Schnittpunkt $\vartheta_2 - \vartheta_1$ von negativen zu positiven Werten übergehen muß. Es kann höchstens einen Schnittpunkt zweiter Art geben, da, wie schon bemerkt wurde, z. B. $\vartheta_1(x)$ in $\langle a, b\rangle$ höchstens einmal einem Vielfachen von π gleich werden kann. Wenn nun in einem vielleicht vorhandenen Schnittpunkt zweiter Art von $\vartheta_1(x)$

---

[1] Als Anwendung von Satz (4.4.V) wird sich eine beträchtliche Verschärfung dieser Aussage ergeben.

und $\vartheta_2(x)$ die Differenz $\vartheta_2 - \vartheta_1$ von positiven Werten käme oder zu negativen Werten überginge, wenn x wachsend einen Schnittpunkt zweiter Art passiert, so betrachte man eine Lösung $\bar{\vartheta}_2(x)$ durch einen dem Schnittpunkt genügend benachbarten passend gewählten Punkt von $\vartheta_1(x)$. Dann müßte die Differenz $\bar{\vartheta}_2(x) - \vartheta_1(x)$ aus Stetigkeitsgründen das gleiche Verhalten zeigen. Hier handelt es sich aber um einen Schnittpunkt erster Art von $\vartheta_1(x)$ und $\bar{\vartheta}_2(x)$. Also ist das unmöglich. Also geht in jedem Schnittpunkt von ϑ_1 und ϑ_2 die Differenz $\vartheta_2 - \vartheta_1$ von negativen zu positiven Werten. Da hiernach, wie schon bemerkt, $\vartheta_2(x) - \vartheta_1(x)$ nur einmal in $\langle a, b \rangle$ Null sein kann, und da $\vartheta_2(a) - \vartheta_1(a) = 0$ ist, so ist

$$\vartheta_2(x) > \vartheta_1(x) \quad \text{in} \quad (a, b\rangle .$$

Damit ist Satz (4.3.I) bewiesen.

Nun betrachte man Differentialgleichungen

$$\frac{d}{dx}\left(p(x)\frac{dy}{dx}\right) + q(x, \lambda)\, y = 0 \tag{4.3.15}$$

mit einem Parameter λ. Es sei

$p(x) > 0$, $p(x)$, $q(x, \lambda)$ stetig für $a \leqq x \leqq b$, $-\infty < \lambda < +\infty$. Und es sei

$$\lim_{\lambda \downarrow \infty} q(x, \lambda) = -\infty, \qquad \lim_{\lambda \uparrow \infty} q(x, \lambda) = +\infty$$

gleichmäßig in x für $a \leqq x \leqq b$. Das ist z. B. richtig für

$$\frac{d}{dx}\left(p(x)\frac{dy}{dx}\right) + [q(x) + \lambda r(x)]\, y = 0, \tag{4.3.16}$$

wenn

$$p(x), q(x), r(x) \quad \text{stetig in} \quad a \leqq x \geqq b$$

und

$$p(x) > 0, \quad r(x) > 0 \quad \text{in} \quad a \leqq x \leqq b$$

angenommen wird. Wir betrachten die zugehörigen Differentialgleichungen (4.3.6) insbesondere

$$\frac{d\vartheta_\lambda(x)}{dx} = \frac{1}{p}\cos^2\vartheta_\lambda + q(x, \lambda)\sin^2\vartheta_\lambda . \tag{4.3.17}$$

Seien $\vartheta_\lambda(x)$ die Lösungen mit gemeinsamer Anfangsbedingung

$$\vartheta_\lambda(a) = \alpha, \quad 0 \leqq \alpha < \pi .$$

Dann ist, wie oben schon bemerkt, $\vartheta_\lambda(x) > 0$ für alle $a < x \leqq b$. Es gilt aber

$$\lim_{\lambda \downarrow \infty} \vartheta_\lambda(b) = 0, \qquad \lim_{\lambda \uparrow \infty} \vartheta_\lambda(b) = \infty .$$

Gäbe es nämlich ein $\beta > 0$, so daß

$$\vartheta_\lambda(b) \geq \beta$$

gilt für eine Wertefolge $\lambda_1 > \lambda_2 > \cdots \downarrow \infty$, so wähle man eine Zahl α' mit $0 \leq \alpha < \alpha'$ und eine Zahl λ_0 so, daß

$$\frac{1}{p} \cos^2 \vartheta + q(x, \lambda) \sin^2 \vartheta < \frac{\beta - \alpha'}{b - a} \qquad (4.3.18)$$

für

$$0 < \beta \leq \vartheta \leq \alpha', \quad a \leq x \leq b, \quad \lambda \leq \lambda_0. \qquad (4.3.19)$$

Dann kann die Kurve

$$\vartheta = \vartheta_\lambda(x), \quad \lambda \leq \lambda_0, \quad a \leq x \leq b$$

keinen Punkt mit der Geraden

$$\vartheta = \alpha' + (x - a) \frac{\beta - \alpha'}{b - a}$$

gemein haben. Denn für $a \leq x \leq b$ verläuft diese Gerade in dem Streifen (4.3.19). Es ist $\vartheta_\lambda(a) = \alpha < \alpha'$. Daher ist $\vartheta_\lambda(x)$ bei $x = a$ unterhalb jener Geraden gelegen. Weiter aber ist in jedem eventuellen Schnittpunkt von $\vartheta = \vartheta_\lambda(x)$ mit der Geraden

$$\frac{d\vartheta_\lambda}{dx} < \frac{\beta - \alpha'}{b - a},$$

weil (4.3.18) im Streifen (4.3.19) gilt. Daher muß $\vartheta_\lambda(x)$ im ganzen Intervall $\langle a, b \rangle$ unterhalb der Geraden bleiben. Daher ist $\vartheta_\lambda(b) < \beta$ für alle $\lambda \leq \lambda_0$. Daher ist $\lim\limits_{\lambda \downarrow \infty} \vartheta_\lambda(b) = 0$.

Andererseits wähle man eine beliebige Zahl $\beta > 0$ und bestimme einen Streckenzug der (x, ϑ)-Ebene, der $\{a, \alpha\}$ mit $\{b, \beta\}$ verbindet, und zwar so, daß für jeden auf ihm gelegenen Punkt, in dem $\vartheta(\xi)$ einem Vielfachen von π gleich ist, die Derivierten des Streckenzuges $< \frac{1}{p(\xi)}$ sind. Ist dann λ groß genug, so ist in ganz $\langle a, b \rangle$ das $\frac{d\vartheta_\lambda}{dx}$ größer als die Derivierten des Streckenzuges beim gleichen x-Wert. Daher kann wieder $\vartheta = \vartheta_\lambda(x)$ den Streckenzug nur einmal, und zwar bei $x = a$, schneiden. In $(a, b\rangle$ ist $\vartheta = \vartheta_\lambda(x)$ oberhalb des Streckenzuges gelegen. Daher ist $\vartheta_\lambda(b) > \beta$. Da $\beta > 0$ beliebig gewählt werden kann, ist $\lim\limits_{\lambda \uparrow \infty} \vartheta_\lambda(b) = \infty$. Daher kann man für die Differentialgleichung (4.3.15) unter den dort für die Koeffizienten angegebenen Bedingungen λ stets so wählen, daß $\vartheta_\lambda(a)$ und $\vartheta_\lambda(b)$ vorgegebene Werte

$$0 \leq \alpha \leq \pi, \quad \beta > 0 \qquad (4.3.20)$$

haben. Im Falle von (4.3.16) oder überhaupt dann, wenn $q(x, \lambda)$ monoton von λ abhängt, gibt es bei jeder Vorgabe (4.3.20) genau ein λ. Insbesondere hat man so

Satz (4.3.II) Oszillationstheorem (J. C. F. STURM). *In $a \leqq x \leqq b$ seien die Koeffizienten $p(x)$, $q(x)$, $r(x)$ von (4.3.16) stetig, und es sei $p(x) > 0$, und $r(x) > 0$ in $a \leqq x \leqq b$. Dann gibt es eine Folge von Parameterwerten*

$$\lambda_0 < \lambda_1 < \cdots \uparrow \infty,$$

so daß (4.3.16) für $\lambda = \lambda_n$ eine den Randbedingungen (4.3.10) genügende Lösung besitzt. Diese Lösungen sind bis auf konstante Faktoren eindeutig bestimmt. Die zu λ_n gehörige Lösung besitzt in (a, b) genau n einfache Nullstellen, wenn z. B. der Fall der ersten Randwertaufgabe vorliegt.

Es gibt nämlich genau ein λ_n, für das

$$\frac{d\vartheta_n}{dx} = \frac{1}{p} \cos^2 \vartheta_n + (q + \lambda_n r) \sin^2 \vartheta_n$$

eine Lösung mit

$$\vartheta_n(a) = \alpha, \qquad \vartheta_n(b) = \beta + n\pi, \qquad \beta > 0, \qquad n = 0, 1, \ldots$$

besitzt. Die Angabe über die Anzahl der Nullstellen erhellt daraus, daß $\vartheta_n(x)$ jedes Vielfache von π wachsend passiert, und daß daher $\vartheta_n(x)$ kein Vielfaches von π mehr als einmal annehmen kann.

Die Werte λ_n, für die (4.3.17) eine den Randbedingungen (4.3.10) genügende Lösung besitzt, heißen die **Eigenwerte** des Randproblems. Die zugehörigen nichttrivialen Lösungen der Differentialgleichung heißen **Eigenfunktionen**. Sie sind bis auf je einen konstanten Faktor bestimmt. Denn wenn zwei linear unabhängige Lösungen der gleichen Differentialgleichung die gleichen Randbedingungen (4.3.10) erfüllen sollten, so wäre jede Lösung der Differentialgleichung eine Lösung der Randwertaufgabe. Dann müßte aber z. B. die erste Randbedingung (4.3.10) für beliebige $y(a)$ und $y'(a)$ erfüllt sein, was offenbar nicht angeht.

Ich schließe noch einige Sätze über die Nullstellen der Lösungen linearer Differentialgleichungen (4.3.1) an. Es genügt, wie eingangs dieses Abschnittes 4.3. festgestellt wurde, (4.3.2) zu betrachten.

Satz (4.3.III). Separationssatz (J. C. F. STURM). *Sind $y(x)$ und $\tilde{y}(x)$ zwei linear unabhängige Lösungen von (4.3.2), so liegt zwischen je zwei Nullstellen von $y(x)$ mindestens eine Nullstelle von $\tilde{y}(x)$.*

Nach dem Unitätssatz haben zwei linear unabhängige Lösungen keine Nullstelle gemein. Denn sonst hätte ein Multiplum der einen an der gemeinsamen Nullstelle die gleiche Ableitung wie die andere. Daher wäre nach dem Unitätssatz die eine ein Multiplum der anderen, was der angenommenen linearen Unabhängigkeit zuwider ist.

Zum Beweis von Satz (4.3.III) ziehe man die $y(x)$ und $\tilde{y}(x)$ entsprechenden Lösungen $\vartheta(x)$ und $\tilde{\vartheta}(x)$ der zweiten Differentialgleichung (4.3.6) heran. Nach dem für diese Differentialgleichung geltenden Unitätssatz haben beide Lösungen keinen Schnittpunkt. Es sei z. B.

$$\tilde{\vartheta}(x) > \vartheta(x) \quad \text{in} \quad \langle a, b \rangle.$$

Den Nullstellen von $y(x)$ und $\tilde{y}(x)$ entsprechen nach (4.3.5) die Stellen, an denen $\vartheta(x)$ bzw. $\tilde{\vartheta}(x)$ einem Vielfachen von π gleich wird. Wir stellten schon fest, daß jedes solche Vielfache von π wachsend passiert wird, und daß daher weder $\vartheta(x)$ noch $\tilde{\vartheta}(x)$ das gleiche Vielfache von π mehr als einmal annimmt. Sind dann x_1 und x_2 zwei Stellen, an denen $\vartheta(x)$ zwei verschiedenen Vielfachen von π gleich wird, so ist klar, daß das größere $\tilde{\vartheta}(x)$ zwischen x_1 und x_2 mindestens einmal einem Vielfachen von π gleich werden muß. Da nämlich mit $\vartheta(x)$ auch $\vartheta(x) + h\pi$, h ganz, Lösung der zweiten Gl. (4.3.6) ist, darf man annehmen, daß $\tilde{\vartheta}(x_1) - \vartheta(x_1) < \pi$ ist. Ebenso ist es, wenn $\tilde{\vartheta}(x) < \vartheta(x)$ ist.

Satz (4.3.IV). Komparationssatz (J. C. F. STURM). *Es seien*

$$\frac{d}{dx}\left(p(x)\,y_1'\right) + q_1(x)\,y_1 = 0, \qquad \left.\begin{array}{l}\\[2ex]\end{array}\right\} \qquad (4.3.21)$$

$$\frac{d}{dx}\left(p(x)\,y_2'\right) + q_2(x)\,y_2 = 0$$

zwei Differentialgleichungen mit gemeinsamen $p(x)$ und (4.3.14). $p(x)$, $p'(x)$, $q_1(x)$, $q_2(x)$ sollen in $\langle a, b \rangle$ stetig sein. $y_1(x)$ und $y_2(x)$ mögen an der Stelle a Anfangsbedingungen aufweisen, die der ersten Bedingung (4.3.10) mit dem gleichen α genügen. Keine von beiden möge identisch Null sein. Hat dann $y_1(x) \cdot in$ einem Teilintervall $\langle a, c \rangle$ von $\langle a, b \rangle$ genau n Nullstellen, so hat $y_2(x)$ in dem gleichen Teilintervall $\langle a, c \rangle$ mindestens n Nullstellen.

Zunächst ist ja klar, daß weder $y_1(x)$ noch $y_2(x)$ unendlich viele Nullstellen in $\langle a, b \rangle$ haben kann. Denn an einem Häufungspunkt von Nullstellen wäre auch die erste Ableitung 0, und daher wäre nach dem Unitätssatz die betr. Lösung identisch 0.

Ich betrachte die $y_1(x)$ und $y_2(x)$ entsprechenden Lösungen $\vartheta_1(x)$ und $\vartheta_2(x)$ von (4.3.13). Nach (4.3.11) ist

$$\vartheta_1(a) = \vartheta_2(a) = \alpha.$$

Nach Satz (4.3.I) ist dann

$$\vartheta_2(x) > \vartheta_1(x) \quad \text{in} \quad a < x \leqq b.$$

Wenn daher $y_1(x)$ in $\langle a, c \rangle$ genau n aufeinanderfolgenden Vielfachen von π gleich wird, so muß das größere $\vartheta_2(x)$ in $\langle a, c \rangle$ erst recht diesen n Vielfachen von π gleich werden. Damit ist Satz (4.3.III) bewiesen.

4.3.2. Die Eigenwerte. Es ist für das Folgende rechnerisch bequemer, sich auf den Fall) $p(x) \equiv 1$ von (4.3.2) zu beschränken. Das kann man, wie bei (4.3.3 bemerkt wurde, durch eine Änderung der unabhängigen Variablen erreichen.

Insbesondere hat keine Lösung einer Differentialgleichung

$$\frac{d^2 y}{d x^2} + q(x)\,y = 0 \qquad (4.3.22)$$

in einem Intervall $\langle a, b \rangle$, in dem $q(x) \leqq 0$ ist, mehr als eine Nullstelle. Denn dann müßten nach Satz (4.3.IV) auch Lösungen von

$$\frac{d^2 y}{d x^2} = 0 \,,$$

d. i. lineare Funktionen $c_1 x + c_2$, mehr als eine Nullstelle haben, was absurd ist.

Satz (4.3.V). *Für* (4.3.22) *gelte*

$$0 < m^2 \leqq q(x) \leqq M^2 \quad in \quad \langle a, b \rangle \qquad (4.3.23)$$

mit konstanten m und M. Dann hat jede Lösung von (4.3.22) in $\langle a, b \rangle$ mindestens so viele Nullstellen wie die zur gleichen Anfangsbedingung gehörige Lösung von

$$\frac{d^2 y}{d x^2} + m^2\,y = 0 \qquad (4.3.24)$$

und höchstens so viele Nullstellen wie die zur gleichen Anfangsbedingung gehörige Lösung von

$$\frac{d^2 y}{d x^2} + M^2\,y = 0. \qquad (4.3.25)$$

Das ist nach Satz (4.3.IV) klar.

Der ersten der beiden Bedingungen (4.3.10) mit $p = 1$ genügen nun die Lösungen

$$m \sin \alpha \cos m\,(x - a) + \cos \alpha \sin m\,(x - a)$$

und

$$M \sin \alpha \cos M\,(x - a) + \cos \alpha \sin M\,(x - a)$$

von (4.3.24) und (4.3.25). Dafür schreibe man, indem man je einen konstanten Faktor wegläßt,

$$\sin m\,(x - a + \gamma)$$

und

$$\sin M\,(x - a + \Gamma)$$

mit

$$\cos\gamma = \frac{\cos\alpha}{\sqrt{\cos^2\alpha + m^2\sin^2\alpha}}, \qquad \sin\gamma = \frac{m\sin\alpha}{\sqrt{\cos^2\alpha + m^2\sin^2\alpha}},$$

$$\cos\Gamma = \frac{\cos\alpha}{\sqrt{\cos^2\alpha + M^2\sin^2\alpha}}, \qquad \sin\Gamma = \frac{M\sin\alpha}{\sqrt{\cos^2\alpha + M^2\sin^2 a}}.$$

Man sieht, daß die Nullstellen bei

$$a - \gamma + h\frac{\pi}{m} \quad \text{und} \quad a - \gamma + h\frac{\pi}{M}, \qquad h \text{ ganz}$$

liegen. Der Abstand zweier aufeinanderfolgender Nullstellen ist also unabhängig von α stets

$$\frac{\pi}{m} \quad \text{bzw.} \quad \frac{\pi}{M}.$$

So haben wir

Satz (4.3.VI). *Für* (4.3.22) *gelte wieder* (4.3.23). *Dann genügen die Abstände δ irgend zweier aufeinanderfolgender Nullstellen irgendeiner Lösung von* (4.3.22) *in $\langle a, b\rangle$ der Abschätzung*

$$\frac{\pi}{M} \leqq \delta \leqq \frac{\pi}{m}. \tag{4.3.26}$$

Die Anzahl n der in $\langle a, b\rangle$ gelegenen Nullstellen irgendeiner Lösung von (4.3.22) *erfüllt daher die Ungleichungen*

$$\frac{b-a}{\pi}m - 1 \leqq n \leqq \frac{b-a}{\pi}M + 1. \tag{4.3.27}$$

Nun betrachte man Differentialgleichungen

$$y'' + [q(x) + \lambda r(x)]y = 0 \tag{4.3.28}$$

mit $r(x) > 0$ in $\langle a, b\rangle$, $q(x)$ und $r(x)$ stetig in $\langle a, b\rangle$, in der Absicht, die Eigenwerte λ_n abzuschätzen. Es sei in $\langle a, b\rangle$

$$0 < r_1 \leqq r(x) \leqq r_2,$$
$$q_1 \leqq q(x) \leqq q_2.$$

Dann sei λ' so groß gewählt, daß

$$q_1 + \lambda r_1 > 0 \quad \text{für} \quad \lambda \geqq \lambda'.$$

Die Anzahl der Nullstellen n irgendeiner Lösung von (4.3.28) genügt dann unter den angegebenen Bedingungen für $\lambda_n \geqq \lambda'$ nach Satz (4.3.VI) den Abschätzungen

$$\frac{b-a}{\pi}\sqrt{q_1 + \lambda_n r_1} - 1 \leqq n \leqq \frac{b-a}{\pi}\sqrt{q_2 + \lambda_n r_2} + 1. \tag{4.3.29}$$

Daraus ergibt sich

Satz (4.3.VII). *Unter den bei* (4.3.28) *angegebenen Bedingungen gilt für die Eigenwerte $\lambda_n \geqq \lambda'$ irgendeiner Randwertaufgabe* (4.3.10) *dieser Differentialgleichung* (4.3.28)

$$\left(\frac{\pi^2 (n-1)^2}{(b-a)^2} - q_2\right)\frac{1}{r_2} \leqq \lambda_n \leqq \left(\frac{\pi^2 (n+1)^2}{(b-a)^2} - q_1\right)\frac{1}{r_1}. \qquad (4.3.30)$$

Die Reihe

$$\sum_{}^{\infty} \frac{1}{\lambda_n}, \quad \lambda_n \geqq \lambda' \qquad (4.3.31)$$

ist also konvergent.

Die letzte Feststellung betr. die Konvergenz der Reihe (4.3.31) gilt offenbar auch dann, wenn auf die Annahme $p \equiv 1$ verzichtet wird.

4.3.3. Die Alternative. Nun beschäftigen wir uns mit der inhomogenen Differentialgleichung zweiter Ordnung, die wir in der Form

$$\frac{d}{dx}\left(p(x)\,y'\right) + q(x)\,y = f(x), \quad f(x) \not\equiv 0 \qquad (4.3.32)$$

annehmen wollen. $p(x)$, $p'(x)$, $q(x)$, $f(x)$ seien in $\langle a, b\rangle$ stetig. Wir fragen nach den Lösungen der Randwertaufgabe (4.3.10) für die inhomogene (4.3.32). Es gilt wie in § 4.1. der

Satz (4.3.VIII). *Alternative. Wenn die Randwertaufgabe* (4.3.10) *für die homogene Differentialgleichung* (4.3.2) *keine (nichttriviale) Lösung besitzt, dann hat die gleiche Aufgabe für die inhomogene Gl.* (4.3.32) *genau eine Lösung. Hat aber die Randwertaufgabe* (4.3.10) *für die homogene Gl.* (4.3.2) *eine nichttriviale Lösung, dann hat die gleiche Aufgabe für die inhomogene Gl.* (4.3.32) *nur dann Lösungen, wenn* $f(x)$ *noch zusätzliche Bedingungen erfüllt.*

Ist nämlich $y_0(x)$ irgendeine Lösung von (4.3.32) und bilden $\varphi_1(x)$ und $\varphi_2(x)$ irgendein Fundamentalsystem von (4.3.2), so ist

$$y(x) = c_1\,\varphi_1(x) + c_2\,\varphi_2(x) + y_0(x)$$

mit konstanten c_1 und c_2 die allgemeinste Lösung von (4.3.32). Die Randbedingungen (4.3.10) führen dann zu den algebraischen linearen Gleichungen

$$c_1\{\varphi_1(a)\cos\alpha - p(a)\,\varphi_1'(a)\sin\alpha\} + c_2\{\varphi_2(a)\cos\alpha - p(a)\,\varphi_2'(a)\sin\alpha\} +$$
$$+ y_0(a)\cos\alpha - y_0'(a)\,p(a)\sin\alpha = 0,$$

$$c_1\{\varphi_1(b)\cos\beta - p(b)\,\varphi_1'(b)\sin\beta\} + c_2\{\varphi_2(b)\cos\beta - p(b)\,\varphi_2'(b)\sin\beta\} +$$
$$+ y_0(b)\cos\beta - y_0'(b)\,p(b)\sin\beta = 0$$

für c_1 und c_2. Und jetzt fließt der Beweis von Satz (4.3.VIII) aus der bekannten Alternative für algebraische lineare Gleichungen.

Die weitere Aufgabe ist es nun, die Bedingungen in handlicherer Form zu ermitteln, die in Satz (4.3.VIII) in etwas unbestimmter Fassung auftreten.

Ich gebe zuerst eine Darstellung der Lösung des Randwertproblems für die inhomogene Gleichung in dem Fall, daß das Problem bei der homogenen Gleichung keine nichttriviale Lösung hat. Dazu bedienen wir uns einer speziellen Wahl des Fundamentalsystems φ_1, φ_2. Man kann φ_1 so einrichten, daß die erste der beiden Bedingungen (4.3.10) erfüllt ist, d. h., daß

$$\varphi_1(a)\cos\alpha - p(a)\,\varphi_1'(a)\sin\alpha = 0 \qquad (4.3.33)$$

gilt. φ_2 wähle man so, daß die zweite Bedingung (4.3.10) erfüllt ist, d. h., es soll sein

$$\varphi_2(b)\cos\beta - p(b)\,\varphi_2'(b)\sin\beta = 0. \qquad (4.3.34)$$

Zwei solche Lösungen φ_1, φ_2 sind linear unabhängig, weil sonst das Randwertproblem (4.3.10) für die homogene Gleichung eine nichttriviale Lösung hätte. Außerdem ist jede der beiden Funktionen φ_1 und φ_2 durch die gestellten Forderungen bis auf einen konstanten Faktor bestimmt. Denn z. B. sind durch (4.3.33) $\varphi_1(a)$ und $\varphi_1'(a)$ bis auf einen gemeinsamen Faktor festgelegt. Ebenso ist es bei φ_2 und (4.3.34). Dann ermitteln wir die zutreffende Lösung von (4.3.32) nach der Methode der Variation der Konstanten durch den Ansatz

$$y(x) = c_1(x)\,\varphi_1(x) + c_2(x)\,\varphi_2(x).$$

Das führt zu den Gleichungen

$$\left.\begin{array}{l} c_1'\,\varphi_1 + c_2'\,\varphi_2 = 0, \\ c_1'\,p\,\varphi_1' + c_2'\,p\,\varphi_2' = f(x) \end{array}\right\} \qquad (4.3.35)$$

für c_1' und c_2'. Daraus kann man c_1' und c_2' ausrechnen, weil

$$p(\varphi_1\,\varphi_2' - \varphi_2\,\varphi_1') \neq 0$$

ist. Das ist ja nach Satz (1.6.VIII) die Bedingung für die lineare Unabhängigkeit von φ_1 und φ_2. Die Integrationskonstanten von c_1 und c_2 sollen so festgelegt werden, daß $y(x)$ den Randbedingungen (4.3.10) genügt. Es ist nämlich wegen (4.3.35)

$$y(a) = c_1(a)\,\varphi_1(a) + c_2(a)\,\varphi_2(a),$$
$$y'(a) = c_1(a)\,\varphi_1'(a) + c_2(a)\,\varphi_2'(a).$$

Die Forderung, daß $y(x)$ die erste Bedingung (4.3.10) befriedigt, führt dann wegen der Wahl von φ_1 und φ_2 zu

$$c_2(a) = 0.$$

Analog führt die zweite Bedingung (4.3.10) zu

$$c_1(b) = 0.$$

Hierdurch und durch (4.3.35) sind $c_1(x)$ und $c_2(x)$ eindeutig bestimmt.

Man erhält

$$\left.\begin{aligned}
c_1(x) &= \int\limits_b^x \frac{-\varphi_2(\xi)\,f(\xi)\,d\xi}{p(\xi)\,(\varphi_1(\xi)\,\varphi_2'(\xi) - \varphi_2(\xi)\,\varphi_1'(\xi))}\,, \\[2mm]
c_2(x) &= \int\limits_a^x \frac{\varphi_1(\xi)\,f(\xi)\,d\xi}{p(\xi)\,(\varphi_1(\xi)\,\varphi_2'(\xi) - \varphi_2(\xi)\,\varphi_1'(\xi))}\,.
\end{aligned}\right\} \qquad (4.3.36)$$

Setzt man dann

$$G(x,\xi) = \begin{cases} \dfrac{\varphi_2(x)\,\varphi_1(\xi)}{p(\xi)\,[\varphi_1(\xi)\,\varphi_2'(\xi) - \varphi_2(\xi)\,\varphi_1'(\xi)]}\,, & a \leqq \xi \leqq x \\[4mm] \dfrac{\varphi_1(x)\,\varphi_2(\xi)}{p(\xi)\,[\varphi_1(\xi)\,\varphi_2'(\xi) - \varphi_2(\xi)\,\varphi_1'(\xi)]}\,, & x \leqq \xi \leqq b, \end{cases}$$

so kann man die Lösung der Randwertaufgabe (4.3.10) für (4.3.32) so schreiben

$$y(x) = \int\limits_a^b G(x,\xi)\,f(\xi)\,d\xi. \qquad (4.3.37)$$

Man nennt $G(x,\xi)$ die **Greensche Funktion** des Randwertproblems (4.3.10) für die Differentialgleichungen (4.3.2) und (4.3.32). Man kann den in $G(x,\xi)$ auftretenden Nenner noch umformen. Aus den Gleichungen

$$\frac{d}{dx}\left(p(x)\,\varphi_1'(x)\right) + q(x)\,\varphi_1(x) = 0,$$

$$\frac{d}{dx}\left(p(x)\,\varphi_2'(x)\right) + q(x)\,\varphi_2(x) = 0$$

folgt nämlich

$$\frac{d}{dx}\left(p\,\varphi_1'\right)\varphi_2 - \frac{d}{dx}\left(p\,\varphi_2'\right)\varphi_1 = 0,$$

$$p(\varphi_1''\,\varphi_2 - \varphi_2''\,\varphi_1) + p'(\varphi_1'\,\varphi_2 - \varphi_2'\,\varphi_1) = 0,$$

$$\frac{d}{dx}\left[p(\varphi_1'\,\varphi_2 - \varphi_1\,\varphi_2')\right] = 0.$$

Also

$$p(x)\,[\varphi_1(x)\,\varphi_2'(x) - \varphi_1'(x)\,\varphi_2(x)] = p(a)\,[\varphi_1(a)\,\varphi_2'(a) - \varphi_1'(a)\,\varphi_2(a)]$$

$$= p(b)\,[\varphi_1(b)\,\varphi_2'(b) - \varphi_1'(b)\,\varphi_2(b)]. \qquad (4.3.38)$$

Daher wird

$$G(x,\xi) = \left.\begin{cases} \dfrac{\varphi_2(x)\,\varphi_1(\xi)}{p(a)\,[\varphi_1(a)\,\varphi_2'(a) - \varphi_2(a)\,\varphi_1'(a)]}\,, & a \leqq \xi \leqq x \leqq b, \\[4mm] \dfrac{\varphi_1(x)\,\varphi_2(\xi)}{p(a)\,[\varphi_1(a)\,\varphi_2'(a) - \varphi_2(a)\,\varphi_1'(a)]}\,, & a \leqq x \leqq \xi \leqq b. \end{cases}\right\} \qquad (4.3.39)$$

$G(x,\xi)$ ist somit eine symmetrische Funktion

$$G(x,\xi) = G(\xi,x). \qquad (4.3.40)$$

Die GREENsche Funktion ist für eine Differentialgleichung (4.3.2) und ein Randwertproblem (4.3.10) dann und nur dann definiert, wenn diese Randwertaufgabe für die homogene Gl. (4.3.2) keine nichttriviale Lösung besitzt.

Die GREENsche Funktion ist durch die Differentialgleichung (4.3.2) und durch die Wahl von α und β in der Randbedingung (4.3.10) eindeutig bestimmt. Denn wie schon hervorgehoben wurde, sind dadurch φ_1 und φ_2 bis auf je einen konstanten Faktor bestimmt, die sich wegen der in $G(x, \xi)$ auftretenden Nenner wieder herausheben.

Nun betrachte ich den Fall, daß bei (4.3.2) eine nichttriviale Lösung $\varphi_1(x)$ der Randwertaufgabe (4.3.10) auftritt. Man nehme irgendeine davon unabhängige Lösung φ_2 von (4.3.2) hinzu. Für φ_2 kann dann keine der beiden Relationen (4.3.10) bestehen. Denn durch eine solche, z. B. der für die Stelle a, sind die Werte von $\varphi(a)$ und $\varphi'(a)$ bis auf einen gemeinsamen Faktor bestimmt, so daß zwei Lösungen, die einer solchen Relation genügen, linear abhängig sind. Dann mache man in (4.3.32) wieder den Ansatz der Methode der Variation der Konstanten

$$y(x) = c_1(x)\, \varphi_1(x) + c_2(x)\, \varphi_2(x).$$

Man erhält wieder (4.3.35), und die Randbedingung (4.3.10) führt auf

$$c_1(a)\,[\varphi_1(a)\cos\alpha - p(a)\,\varphi_1'(a)\sin\alpha] + c_2(a)\,[\varphi_2(a)\cos\alpha -$$
$$- p(a)\,\varphi_2'(a)\sin\alpha] = 0,$$

$$c_1(b)\,[\varphi_1(b)\cos\beta - p(b)\,\varphi_1'(b)\sin\beta] + c_2(b)\,[\varphi_2(b)\cos\beta -$$
$$- p(b)\,\varphi_2'(b)\sin\beta] = 0.$$

Da aber nun φ_1 die beiden Bedingungen (4.3.10) erfüllt, bleiben $c_1(a)$ und $c_1(b)$ willkürlich, während

$$c_2(a) = c_2(b) = 0$$

die notwendige und hinreichende Bedingung dafür ist, daß die Randwertaufgabe (4.3.10) für die inhomogene Gl. (4.3.30) lösbar ist. Nach (4.3.36), das sich auch jetzt aus (4.3.35) ergibt, ist dies aber

$$\int_a^b f(x)\, \varphi_1(x)\, dx = 0. \tag{4.3.41}$$

So hat man

Satz (4.3.IX). *Wenn die Randwertaufgabe (4.3.10) für die homogene Gl. (4.3.2) eine nichttriviale Lösung φ_1 besitzt, dann ist die inhomogene Gl. (4.3.32) dann und nur dann für die gleiche Randwertaufgabe (4.3.10) lösbar, wenn (4.3.41) besteht. Dann besitzt die Aufgabe* *unendlich viele Lösungen, die durch*

$$y(x) = c_1(x)\,\varphi_1(x) + c_2(x)\,\varphi_2(x) + c\,\varphi_1(x)$$

mit willkürlicher Konstanten c dargestellt sind. Die $c_1(x)$ und $c_2(x)$ können dabei wie in (4.3.36) genommen werden, wobei aber jetzt φ_1 die Lösung der homogenen Randwertaufgabe bedeutet und φ_2 eine beliebige davon linear unabhängige Lösung von (4.3.2) ist.

Betrachten wir jetzt wieder die Differentialgleichung (4.3.16), auf die sich das Oszillationstheorem (4.3.II) bezieht. Zu jedem Eigenwert λ_n gehört eine bis auf einen konstanten Faktor bestimmte Eigenfunktion $\varphi_n(x)$. Es gilt

Satz (4.3.X). *Sind φ_n und φ_m Eigenfunktionen zweier verschiedener Eigenwerte von (4.3.16), so gilt*

$$\int_a^b r(x)\,\varphi_n(x)\,\varphi_m(x)\,dx = 0, \qquad n \neq m. \tag{4.3.42}$$

Aus

$$\frac{d}{dx}(p\,\varphi_n') + (q + \lambda_n r)\,\varphi_n = 0,$$

$$\frac{d}{dx}(p\,\varphi_m') + (q + \lambda_m r)\,\varphi_m = 0$$

folgt

$$\frac{d}{dx}(p\,\varphi_n')\,\varphi_m + (q + \lambda_n r)\,\varphi_n\,\varphi_m = 0,$$

$$\frac{d}{dx}(p\,\varphi_m')\,\varphi_n + (q + \lambda_m r)\,\varphi_m\,\varphi_n = 0,$$

und daraus ergibt sich

$$\int_a^b \left\{ \frac{d}{dx}(p\,\varphi_n')\,\varphi_m - \frac{d}{dx}(p\varphi_m')\varphi_n \right\} dx = (\lambda_m - \lambda_n)\int_a^b r\,\varphi_n\,\varphi_m\,dx.$$

Nun ist aber nach einer oben schon ausgeführten Rechnung

$$\int_a^b \left\{ \frac{d}{dx}(p\,\varphi_n')\,\varphi_m - \frac{d}{dx}(p\,\varphi_m')\,\varphi_n \right\} dx = \left[p\,\varphi_n'\,\varphi_m - p\,\varphi_m'\,\varphi_n \right]_a^b.$$

Aus

$$\varphi_n(a)\cos\alpha - p(a)\,\varphi_n'(a)\sin\alpha = 0,$$

$$\varphi_m(a)\cos\alpha - p(a)\,\varphi_m'(a)\sin\alpha = 0$$

folgt aber

$$p(a)\,\varphi_n'(a)\varphi_m(a) - p(a)\,\varphi_n(a)\,\varphi_m'(a) = 0$$

und ebenso an der Stelle b. Daher bleibt

$$(\lambda_m - \lambda_n) \int_a^b r\, \varphi_n\, \varphi_m\, dx = 0,$$

und daraus folgt wegen $\lambda_n \neq \lambda_m$ (4.3.42).

Relationen wie (4.3.41) und (4.3.42) nennt man **Orthogonalitätsrelationen.**

Ich hebe nun noch den Zusammenhang mit der Theorie der **Integralgleichungen** hervor. Die homogene Gl. (4.3.2) möge keine nichttriviale Lösung einer Randwertaufgabe (4.3.10) besitzen. Dann existiert die GREENsche Funktion. Nach (4.3.37) gilt dann für die Lösung $y(x)$ von

$$\frac{d}{dx}\left(p(x)\,y'\right) + (q + \lambda r)\, y = f(x) \qquad (4.3.43)$$

bei der gleichen Randbedingung die Integralgleichung

$$y(x) = \int_a^b G(x, \xi)\, f(\xi)\, d\xi - \lambda \int_a^b r(\xi)\, G(x, \xi)\, y(\xi)\, d\xi. \qquad (4.3.44)$$

Ist[1] $f(x) \equiv 0$, so nennen wir das eine homogene Integralgleichung, sonst heißt sie inhomogen. Man spricht von einer Integralgleichung vom FREDHOLMschen Typus, zum Unterschied von Integralgleichungen vom VOLTERRASchen Typus, bei denen auch in den Integrationsgrenzen Variable auftreten. (4.3.44) ist ein Spezialfall allgemeinerer Integralgleichungen

$$y(x) = g(x) + \lambda \int_a^b K(x, \xi)\, y(\xi)\, d\xi \qquad (4.3.45)$$

mit symmetrischem stetigem **Kern** $K(x, \xi)$. In (4.3.44) kann die durch den positiven Faktor $r(x)$ bewirkte Unsymmetrie beseitigt werden, wenn man mit $\sqrt{r(x)}$ multipliziert und statt $\sqrt{r}\, y$ wieder y schreibt und setzt.

$$K(x, \xi) = \sqrt{r(x)}\, G(x, \xi)\, \sqrt{r(\xi)}$$

Für (4.3.45) gilt, wie in der Theorie der Integralgleichungen gezeigt wird,

Satz (4.3.XI). *Die inhomogene Integralgleichung* (4.3.45), *in der* $K(x, \xi)$ *stetig, symmetrisch und* $\not\equiv 0$ *sei, hat stets dann eine Lösung, wenn*

---

[1] $f(x) \equiv 0$ ist mit $\int_a^b G(x, \xi)\, f(\xi)\, d\xi \equiv 0$ gleichbedeutend, weil nach (4.3.37)

$\int_a^b G(x, \xi)\, f(\xi)\, d\xi$ die Lösung der betreffenden Randwertaufgabe für

$$\frac{d}{dx}\left(p(x)\,y'\right) + q(x)\, y = f(x)$$

ist.

die zugehörige homogene Integralgleichung keine nichttriviale Lösung besitzt. Hat die homogene Gleichung nichttriviale Lösungen $\varphi(x)$, so ist die inhomogene nur dann lösbar, wenn $g(x)$ zu allen Lösungen der homogenen orthogonal ist:

$$\int\limits_a^b g(x)\,\varphi(x)\,dx = 0\,.$$

Es existiert eine Folge von Eigenwerten λ_n, d. h. eine Folge von Werten von λ, für die die homogene Gleichung nichttriviale Lösungen, Eigenfunktionen besitzt. Die zu verschiedenen Eigenwerten gehörigen Eigenfunktionen sind zueinander orthogonal

$$\int\limits_a^b \varphi_n(x)\,\varphi_m(x)\,dx = 0\,, \qquad \lambda_n \neq \lambda_m\,.$$

Diesen allgemeinen Satz haben wir durch die vorstehenden Überlegungen für den Spezialfall der Integralgleichung (4.3.44) bewiesen. Die zur Begründung dieser Behauptung führende Rechnung sei dem Leser überlassen. Die für diesen Spezialfall noch festgestellte Konvergenz der Reihe (4.3.31) besteht im allgemeinen Fall (4.3.45) nicht immer.

4.3.4. Asymptotisches Verhalten der Eigenfunktionen. Ich befasse mich nun weiter mit Differentialgleichungen

$$\frac{d^2 y}{d x^2} + \lambda^2 y = q(x)\,y\,, \tag{4.3.46}$$

$q(x)$ stetig in $0 \leqq x \leqq \pi$.

Auf die Form (4.3.46) kann übrigens jede Differentialgleichung (4.3.16) durch eine Substitution

$$y = \frac{z}{\sqrt[4]{p(x)\,r(x)}}\,, \qquad \xi = \pi \int\limits_a^x \sqrt{\frac{r(\eta)}{p(\eta)}}\,d\eta \Big/ \int\limits_a^b \sqrt{\frac{r(\eta)}{p(\eta)}}\,d\eta$$

gebracht werden, wenn noch angenommen wird, daß $p(x)\,r(x)$ in $a \leqq x \leqq b$ zweimal stetig differenzierbar ist. Man erhält so freilich noch nicht genau (4.3.46), sondern erst eine Differentialgleichung von der Form

$$\frac{d^2 z}{d\xi^2} + \Lambda z = Q(\xi)\,z\,, \qquad \Lambda = \lambda \left[\int\limits_a^b \sqrt{\frac{r(\eta)}{p(\eta)}}\,d\eta \Big/ \pi\right]^2\,.$$

Da aber nach Satz (4.3.II) die Eigenwerte einer jeden Randwertaufgabe (4.3.10) eine monoton wachsende Folge bilden, so kann man λ'

so wählen, daß für

$$\frac{d^2z}{d\xi^2} + \mu z = (Q(\xi) + \lambda')\,z, \qquad \mu = \Lambda + \lambda'$$

alle Eigenwerte positiv sind. Und dann ist es zweckmäßig, statt μ ein λ^2 zu schreiben, um so die Gestalt (4.3.46) zu gewinnen.

Die Randbedingungen haben — mit neuen α und β — die Form

$$\left.\begin{aligned}
y(0)\cos\alpha - y'(0)\sin\alpha = 0, &\qquad 0 \leqq \alpha < \pi, \\
y(\pi)\cos\beta - y'(\pi)\sin\beta = 0, &\qquad 0 < \beta \leqq \pi.
\end{aligned}\right\} \qquad (4.3.47)$$

Für (4.3.46) lehrt (4.3.30) wegen $r_1 = r_2 = 1$, daß für die Eigenwerte einer jeden Aufgabe (4.3.47) für große n die Abschätzungen

$$(n-1)^2 - q_2 \leqq \lambda_n^2 \leqq (n+1)^2 - q_1$$

gelten. Man kann hierfür schreiben

$$\lambda_n = n + O\left(\frac{1}{n}\right). \qquad (4.3.48)$$

Das bedeutet, daß

$$n\,|\lambda_n - n|$$

beschränkt ist. Diese Aussage über das asymptotische Verhalten der Eigenwerte soll im folgenden verbessert werden. Dabei werden sich auch Aussagen über das asymptotische Verhalten der zugehörigen Eigenfunktionen für große Eigenwerte ergeben.

Aus (4.3.46) gewinnt man mit der Methode der Variation der Konstanten die folgende VOLTERRAsche Integralgleichung

$$y(x) = c_1 \cos\lambda x + c_2 \sin\lambda x + \frac{1}{\lambda} \int_0^x q(\xi)\,y(\xi)\,\sin\lambda(x - \xi)\,d\xi \qquad (4.3.49)$$

mit konstanten c_1 und c_2. Daß diese Beziehung für jede Lösung von (4.3.46) bestehen muß, bestätigt man übrigens unmittelbar durch Differenzieren. So gewinnt man zunächst die Einsicht, daß (4.3.49) $y(x)$ als Lösung von (4.3.46) kennzeichnet. Da sich aber alle Lösungen von (4.3.46) von einer speziellen nur um Lösungen von

$$y'' + \lambda^2 y = 0$$

unterscheiden können, ist die Behauptung verifiziert. Aus (4.3.49) folgt

$$y'(x) = -c_1\lambda \sin\lambda x + c_2\lambda \cos\lambda x + \int_0^x q(\xi)\,y(\xi)\,\cos\lambda(x - \xi)\,d\xi.$$

Und daher ergibt (4.3.47) die beiden folgenden Bedingungen für c_1 und c_2.

$$c_1 \cos\alpha - c_2 \lambda \sin\alpha = 0,$$

$$(c_1 \cos\lambda\pi + c_2 \sin\lambda\pi) \cos\beta + (c_1 \lambda \sin\lambda\pi - c_2 \lambda \cos\lambda\pi) \sin\beta +$$

$$+ \frac{\cos\beta}{\lambda} \int_0^\pi q(\xi)\, y(\xi) \sin\lambda(\pi - \xi)\, d\xi -$$

$$- \sin\beta \int_0^\pi q(\xi)\, y(\xi) \cos\lambda(\pi - \xi)\, d\xi = 0.$$

Der ersten genügt man z. B. durch

$$c_1 = \sin\alpha, \qquad c_2 = \frac{\cos\alpha}{\lambda}.$$

Dann geht die zweite Relation über in

$$\left(\sin\alpha \cos\lambda\pi + \frac{\cos\alpha}{\lambda} \sin\lambda\pi\right) \cos\beta +$$

$$+ (\lambda \sin\alpha \sin\lambda\pi - \cos\alpha \cos\lambda\pi) \sin\beta +$$

$$+ \frac{\cos\beta}{\lambda} \int_0^\pi q(\xi)\, y(\xi) \sin\lambda(\pi - \xi)\, d\xi -$$

$$- \sin\beta \int_0^\pi q(\xi)\, y(\xi) \cos\lambda(\pi - \xi)\, d\xi = 0. \qquad (4.3.50)$$

Und (4.3.49) wird zu

$$y(x) = \sin\alpha \cos\lambda x + \frac{\cos\alpha}{\lambda} \sin\lambda x +$$

$$+ \frac{1}{\lambda} \int_0^x q(\xi)\, y(\xi) \sin\lambda(x - \xi)\, d\xi. \qquad (4.3.51)$$

Aus (4.3.51) liest man ab, daß es Konstanten Λ und C geben muß, so daß

$$|y(x)| < C, \qquad \lambda \geqq \Lambda, \qquad 0 \leqq x \leqq \pi$$

gilt. Benutzt man diese Abschätzung in (4.3.51) rechts, so folgt für große λ

$$y(x) = \sin\alpha \cos\lambda x + O\!\left(\frac{1}{\lambda}\right) \quad \text{gleichmäßig für} \quad 0 \leqq x \leqq \pi. \qquad (4.3.52)$$

Das heißt

$$\lambda\,|y(x) - \sin\alpha \cos\lambda x| \quad \text{gleichmäßig beschränkt in} \quad 0 \leqq x \leqq \pi.$$

Verwendet man wieder (4.3.52) rechts in (4.3.51), so folgt

$$y(x) = \sin\alpha \cos\lambda x + \frac{\cos\alpha}{\lambda} \sin\lambda x +$$
$$+ \frac{\sin\alpha}{\lambda} \int_0^x q(\xi) \cos\lambda\xi \sin\lambda(x-\xi)\,d\xi + O\left(\frac{1}{\lambda^2}\right). \qquad (4.3.53)$$

Zur weiteren Umformung von (4.3.53) zieht man eine aus der Theorie der FOURIERschen Reihen bekannte Tatsache heran:

Hilfssatz: *Es gilt*

$$\int_0^x q(\xi) \cos\lambda\xi\,d\xi = O\left(\frac{1}{\lambda}\right), \qquad \int_0^x q(\xi) \sin\lambda\xi\,d\xi = O\left(\frac{1}{\lambda}\right),$$

gleichmäßig in x für $0 \leqq x \leqq \pi$, wenn entweder $q(x)$ eine in $\langle 0,\pi\rangle$ beschränkte erste Ableitung hat, oder wenn $q(x)$ eine Funktion beschränkter Variation ist.

Unter der erstgenannten Voraussetzung gewinnt man die Aussage des Hilfssatzes durch partielle Integration. Im zweiten Fall hat man zu beachten, daß eine Funktion beschränkter Variation als Differenz zweier monoton nichtabnehmender Funktionen geschrieben werden kann. Für monotone $q(x)$ aber folgt die Aussage des Hilfssatzes aus dem zweiten Mittelwertsatz der Integralrechnung.

Im folgenden soll nun für $q(x)$ eine der im Hilfssatz genannten Eigenschaften angenommen werden. Aus dem Hilfssatz folgt dann noch

$$\int_0^x q(\xi) \cos^2\lambda\xi\,d\xi = \frac{1}{2}\int_0^x q(\xi)(1 + \cos 2\lambda\xi)\,d\xi = \frac{1}{2}\int_0^x q(\xi)\,d\xi + O\left(\frac{1}{\lambda}\right).$$

Und ebenso folgt aus dem Hilfssatz

$$\int_0^x q(\xi) \sin^2\lambda\xi\,d\xi = \int_0^x q(\xi)(1 - \cos^2\lambda\xi)\,d\xi = \frac{1}{2}\int_0^x q(\xi)\,d\xi + O\left(\frac{1}{\lambda}\right).$$

Wendet man diese Einsichten auf (4.3.53) an, so ergibt sich

$$y(x) = \sin\alpha\cos\lambda x + \frac{\sin\lambda x}{\lambda}\left[\cos\alpha + \frac{1}{2}\sin\alpha \int_0^x q(\xi)\,d\xi\right] + O\left(\frac{1}{\lambda^2}\right). \quad (4.3.54)$$

Nun verwende man (4.3.54) in (4.3.50). Dann erhält man

$$\left.\begin{aligned}
&\left(\sin\alpha\cos\lambda\,\pi + \frac{\cos\alpha}{\lambda}\sin\lambda\,\pi\right)\cos\beta + \\
&+ (\lambda\sin\alpha\sin\lambda\,\pi - \cos\alpha\cos\lambda\,\pi)\sin\beta + \\
&+ \frac{\cos\beta\sin\alpha}{\lambda}\int_0^\pi q(\xi)\cos\lambda\,\xi\sin\lambda(\pi-\xi)\,d\xi - \\
&- \sin\beta\sin\alpha\int_0^\pi q(\xi)\cos\lambda\,\xi\cos\lambda(\pi-\xi)\,d\xi - \\
&- \frac{\sin\beta}{\lambda}\int_0^\pi q(\xi)\sin\lambda\,\xi\left[\cos\alpha + \frac{1}{2}\sin\alpha\int_0^\xi q(\eta)\,d\eta\right]\times \\
&\times\cos\lambda(\pi-\xi)\,d\xi = O\left(\frac{1}{\lambda^2}\right).
\end{aligned}\right\} \quad (4.3.55)$$

Benutzt man hier wieder den Hilfssatz und die daraus gezogenen Folgerungen, so erhält man

$$\left.\begin{aligned}
&\sin\alpha\cos\beta\cos\lambda\,\pi + \lambda\sin\alpha\sin\beta\sin\lambda\,\pi - \cos\alpha\sin\beta\cos\lambda\,\pi - \\
&- \sin\alpha\sin\beta\cos\lambda\,\pi\,\frac{1}{2}\int_0^\pi q(\xi)\,d\xi = O\left(\frac{1}{\lambda}\right).
\end{aligned}\right\} \quad (4.3.56)$$

Nun betrachte man zuerst eine Aufgabe (4.3.47), für die

$$\sin\alpha\sin\beta \neq 0$$

ist. Dann zieht man aus (4.3.56) den Schluß, daß

$$\sin\lambda\,\pi \to 0$$

gelten muß, daß also auch

$$|\cos\lambda\,\pi| \to 1$$

gilt, wenn λ durch große Eigenwerte nach ∞ strebt. Man kann also große Eigenwerte so ansetzen:

$$\lambda = n + c, \quad c = o(1) \quad n > 0 \quad \text{ganz.}$$

Für (4.3.56) kann man schreiben

$$\frac{(n+c)\sin c\,\pi}{\cos c\,\pi} = \operatorname{cotg}\alpha - \operatorname{cotg}\beta + \frac{1}{2}\int_0^\pi q(\xi)\,d\xi + O\left(\frac{1}{n}\right),$$

$$(n+c)\left(c\,\pi + \frac{c^3\pi^3}{3} + \cdots\right) = \operatorname{cotg}\alpha - \operatorname{cotg}\beta + \frac{1}{2}\int_0^\pi q(\xi)\,d\xi + O\left(\frac{1}{n}\right).$$

Setzt man

$$n\,c\,\pi = \cot\alpha - \cot\beta + \frac{1}{2}\int_0^\pi q(\xi)\,d\xi + \gamma = A + \gamma,$$

so ist jedenfalls

$$\gamma = o(1), \quad c = O\left(\frac{1}{n}\right),$$

aber auch

$$\gamma + c^2\pi + (A + \gamma + c^2\pi)\left(\frac{c^2\pi^2}{3} + \cdots\right) = O\left(\frac{1}{n}\right).$$

Also

$$\gamma = O\left(\frac{1}{n}\right).$$

Daher ist

$$c = \frac{A}{n\,\pi} + O\left(\frac{1}{n^2}\right).$$

Und man hat für große Eigenwerte im Falle $\sin\alpha\,\sin\beta \neq 0$ die Darstellung

$$\left. \begin{aligned} &\lambda = n + \frac{1}{n\,\pi}\left(\cot\alpha - \cot\beta + \frac{1}{2}\int_0^\pi q(\xi)\,d\xi\right) + O\left(\frac{1}{n^2}\right), \\ &\qquad n > 0 \quad \text{ganz.} \end{aligned} \right\} \qquad (4.3.57)$$

Als nächstes betrachte ich eine Aufgabe (4.3.47) mit

$$\alpha = 0, \quad 0 < \beta < \pi, \quad \text{d. h.} \quad \sin\alpha = 0, \quad \sin\beta \neq 0.$$

Dann wird (4.3.55) zu

$$\frac{\sin\lambda\,\pi\cdot\cos\beta}{\lambda} - \cos\lambda\,\pi\cdot\sin\beta - \frac{\sin\beta}{\lambda}\int_0^\pi q(\xi)\sin\lambda\,\xi\cdot\cos\lambda(\pi-\xi)\,d\xi = O\left(\frac{1}{\lambda^2}\right)$$

und daraus unter Verwendung des Hilfssatzes

$$\frac{\sin\lambda\,\pi\cdot\cos\beta}{\lambda} - \cos\lambda\,\pi\cdot\sin\beta - \frac{\sin\beta\cdot\sin\lambda\,\pi}{\lambda}\,\frac{1}{2}\int_0^\pi q(\xi)\,d\xi = O\left(\frac{1}{\lambda^2}\right).$$

Hieraus ergibt sich

$$\cos\lambda\,\pi \to 0 \quad \text{für} \quad \lambda \to \infty,$$

d. h.

$$\lambda = n + \frac{1}{2} + o(1), \quad n > 0 \quad \text{ganz}$$

und dann weiter durch ganz analoge Überlegungen wie vorhin

$$\lambda = n + \frac{1}{2} + \frac{1}{\pi\,n}\left(-\cot\beta + \frac{1}{2}\int_0^\pi q(\xi)\,d\xi\right) + O\left(\frac{1}{n^2}\right). \qquad (4.3.58)$$

Im Falle

$$0 < \alpha < \pi, \quad \beta = \pi, \quad \text{d. h.} \quad \sin\alpha \neq 0, \quad \sin\beta = 0$$

folgt aus (4.3.55) und dem Hilfssatz

$$\sin\alpha \cdot \cos\lambda\pi + \frac{\cos\alpha \cdot \sin\lambda\pi}{\lambda} + \frac{\sin\alpha \cdot \sin\lambda\pi}{\lambda}\,\frac{1}{2}\int_0^\pi q(\xi)\,d\xi = O\left(\frac{1}{\lambda^2}\right)$$

und daraus analog wie im vorigen Fall

$$\lambda = n + \frac{1}{2} + \frac{1}{\pi n}\left(\cotg\alpha + \frac{1}{2}\int_0^\pi q(\xi)\,d\xi\right) + O\left(\frac{1}{n^2}\right). \qquad (4.3.59)$$

Endlich bleibt noch

$$\alpha = 0, \quad \beta = \pi, \quad \text{d. h.} \quad \sin\alpha = 0, \quad \sin\beta = 0.$$

Das betrifft die erste Randwertaufgabe. Jetzt geht man zweckmäßig von der Integralgleichung

$$y = \sin\lambda\,x + \frac{1}{\lambda}\int_0^x q(\xi)\,y(\xi)\sin\lambda(x-\xi)\,d\xi \qquad (4.3.60)$$

aus, die man analog wie (4.3.51) verifiziert. Die Randbedingung $y(0) = 0$ ist damit bereits erfüllt. $y(\pi) = 0$ aber führt zu

$$0 = \sin\lambda\pi + \frac{1}{\lambda}\int_0^\pi q(\xi)\,y(\xi)\sin\lambda(\pi-\xi)\,d\xi. \qquad (4.3.61)$$

Aus (4.3.60) ergibt sich wieder die Beschränktheit von $|y|$. Trägt man dem auf der rechten Seite von (4.3.60) Rechnung, so erhält man wieder

$$y = \sin\lambda\,x + O\left(\frac{1}{\lambda}\right),$$

und setzt man das erneut rechts in (4.3.60) ein, so kommt

$$y = \sin\lambda\,x + \frac{1}{\lambda}\int_0^x q(\xi)\sin\lambda\,\xi\,\sin\lambda(x-\xi)\,d\xi + O\left(\frac{1}{\lambda^2}\right),$$

und daraus auf Grund des Hilfssatzes

$$y = \sin\lambda\,x - \frac{1}{2\lambda}\int_0^x q(\xi)\,d\xi \cdot \cos\lambda\,x + O\left(\frac{1}{\lambda^2}\right). \qquad (4.3.62)$$

Trägt man (4.3.62) in (4.3.61) ein, so hat man

$$\sin\lambda\pi - \frac{1}{2\lambda}\cos\lambda\pi\int_0^\pi q(\xi)\,d\xi = O\left(\frac{1}{\lambda^2}\right).$$

Und hieraus findet man durch ganz analoge Schlüsse wie bisher

$$\lambda = n + \frac{1}{2\pi n} \int\limits_0^\pi q(\xi)\, d\xi + O\left(\frac{1}{n^2}\right), \qquad n > 0 \quad \text{ganz} \qquad (4.3.63)$$

als asymptotische Darstellung der Eigenwerte im Falle $\alpha = 0$, $\beta = \pi$.

Ich wende mich zur Ermittlung des asymptotischen Verhaltens der Eigenfunktionen. Zunächst der Fall $\sin\alpha \sin\beta \neq 0$.

Trägt man (4.3.57) in (4.3.54) ein, so bekommt man

$$y(x) = \sin\alpha \left[\cos n\, x - \frac{x}{n\pi}\left\{\cot g\,\alpha - \cot g\,\beta + \frac{1}{2}\int\limits_0^\pi q(\xi)\, d\xi\right\}\sin n\, x\right] \div$$

$$+ \frac{\sin n\, x}{n}\left[\cos\alpha + \frac{1}{2}\sin\alpha \int\limits_0^x q(\xi)\, d\xi\right] + O\left(\frac{1}{n^2}\right)$$

oder nach leichter Umformung

$$y(x) = \sin\alpha \cdot \cos n\, x + \frac{\sin n\, x}{n} \times$$

$$\times \left[\cos\alpha + \sin\alpha\left\{\frac{1}{2}\int\limits_0^x q(\xi)\, d\xi - \frac{x}{\pi}\left(\cot g\,\alpha - \cot g\,\beta + \frac{1}{2}\int\limits_0^\pi q(\xi)\, d\xi\right)\right\}\right] \div$$

$$+ O\left(\frac{1}{n^2}\right). \qquad (4.3.64)$$

Hieraus folgt unter Verwendung des Hilfssatzes

$$\int\limits_0^\pi y^2(x)\, dx = \frac{\pi}{2}\sin^2\alpha + O\left(\frac{1}{n^2}\right). \qquad (4.3.65)$$

Dividiert man (4.3.64) durch die Wurzel aus (4.3.65), so erhält man die durch die Bedingung

$$\int\limits_0^\pi \varphi_n^2(x)\, dx = 1$$

normierte Eigenfunktion $\varphi_n(x)$. Für sie gilt die asymptotische Darstellung

$$\varphi_n(x) = \sqrt{\frac{2}{\pi}}\left\{\cos n\, x + \right.$$

$$+ \frac{\sin n\, x}{n}\left[\cot g\,\alpha + \frac{1}{2}\int\limits_0^x q(\xi)\, d\xi - \frac{x}{\pi}\left(\cot g\,\alpha - \cot g\,\beta + \frac{1}{2}\int\limits_0^\pi q(\xi)\, d\xi\right)\right]\right\} +$$

$$+ O\left(\frac{1}{n^2}\right), \qquad (4.3.66)$$

$$0 < \alpha < \pi, \quad 0 < \beta < \pi, \quad n > 0 \quad \text{ganz}.$$

Im Falle $\alpha = 0, 0 < \beta < \pi$ trage man (4.3.58) in (4.3.62) ein. Dann erhält man

$$y(x) = \sin\left(n + \frac{1}{2}\right) x +$$

$$\frac{\cos\left(n + \frac{1}{2}\right) x}{n}\left[\frac{x}{\pi}\left(-\cot\beta + \frac{1}{2}\int_0^\pi q(\xi)\,d\xi\right) - \frac{1}{2}\int_0^x q(\xi)\,d\xi\right] + O\left(\frac{1}{n^2}\right).$$

Daraus folgt

$$\int_0^\pi y^2(x)\,\mathrm{d}x = \frac{\pi}{2} + O\left(\frac{1}{n^2}\right).$$

Daher hat man als asymptotische Darstellung der normierten Eigenfunktion

$$\varphi_n(x) = \sqrt{\frac{2}{\pi}} \times$$

$$\times \left\{\frac{\sin\left(n + \frac{1}{2}\right) x}{} + \frac{\cos\left(n + \frac{1}{2}\right) x}{n}\left[\frac{x}{\pi}\left(-\cot\beta + \frac{1}{2}\int_0^\pi q(\xi)\,d\xi\right) - \frac{1}{2}\int_0^x q(\xi)\,d\xi\right]\right\} +$$

$$+ O\left(\frac{1}{n^2}\right) \tag{4.3.67}$$

im Falle $\alpha = 0, 0 < \beta < \pi$.

Für $0 < \alpha < \pi, \beta = \pi$ trage man (4.3.59) in (4.3.54) ein. Dann kommt

$$y(x) = \sin\alpha \cdot \cos\left(n + \frac{1}{2}\right) x + \frac{\sin\left(n + \frac{1}{2}\right) x}{n} \times$$

$$\times \left[\cos\alpha + \frac{1}{2}\sin\alpha \int_0^x q(\xi)\,d\xi - \frac{x\sin\alpha}{\pi}\left\{\cot\alpha + \frac{1}{2}\int_0^\pi q(\xi)\,d\xi\right\}\right] + O\left(\frac{1}{n^2}\right).$$

Daher findet man unter Verwendung des Hilfssatzes

$$\int_0^\pi y^2(x)\,dx = \frac{\pi}{2}\sin^2\alpha + O\left(\frac{1}{n^2}\right).$$

Als asymptotische Darstellung der normierten Eigenfunktion erhält man

$$\varphi_n(x) = \sqrt{\frac{2}{\pi}} \times$$

$$\times \left\{\frac{\cos\left(n + \frac{1}{2}\right) x}{} + \frac{\sin\left(n + \frac{1}{2}\right) x}{n}\left[\cot\alpha + \frac{1}{2}\int_0^x q(\xi)\,d\xi - \frac{x}{\pi}\left(\cot\alpha + \frac{1}{2}\int_0^\pi q(\xi)\,d\xi\right)\right]\right\} +$$

$$+ O\left(\frac{1}{n^2}\right) \tag{4.3.68}$$

im Falle $0 < \alpha < \pi, \beta = \pi$.

Endlich bleibt noch $\alpha = 0, \beta = \pi$. Jetzt trage man (4.3.63) in (4.3.62) ein. So bekommt man

$$y(x) = \sin n\, x + \frac{\cos n\, x}{n} \left(\frac{x}{2\pi} \int\limits_0^\pi q(\xi)\, d\xi - \frac{1}{2} \int\limits_0^x q(\xi)\, d\xi \right) + O\left(\frac{1}{n^2}\right).$$

Daher ist

$$\int\limits_0^\pi y^2(x)\, dx = \frac{\pi}{2} + O\left(\frac{1}{n^2}\right).$$

So hat man für die normierten Eigenfunktionen die asymptotische Darstellung

$$\varphi_n(x) = \sqrt{\frac{2}{\pi}} \left\{ \sin n\, x + \frac{\cos n\, x}{n} \left(\frac{x}{2\pi} \int\limits_0^\pi q(\xi)\, d\xi - \frac{1}{2} \int\limits_0^x q(\xi)\, d\xi \right) \right\} + O\left(\frac{1}{n^2}\right)$$

im Falle $\alpha = 0$, $\beta = \pi$.

Stets ist bei diesen Herleitungen vorausgesetzt, daß $q(x)$ eine der im Hilfssatze genannten Eigenschaften hat. Die asymptotischen Darstellungen der Eigenfunktionen lehren, daß in allen Fällen die Reihe

$$\sum \frac{\varphi_n(x)\, \varphi_n(\xi)}{\lambda_n^2} \tag{4.3.69}$$

in $0 \leq x \leq \pi, 0 \leq \xi \leq \pi$ gleichmäßig konvergiert. Denn die Eigenfunktionen sind gleichmäßig beschränkt und die Reihe

$$\sum \frac{1}{\lambda_n^2}$$

konvergiert, wie in Satz (4.3.VII) festgestellt wurde.

Wird in (4.3.69) die Summation über sämtliche nach Satz (4.3.II) existierenden Eigenwerte und Eigenfunktionen einer Randwertaufgabe (4.3.47) der Differentialgleichung (4.3.46) erstreckt, und bedeutet $G(x, \xi)$ die GREEN*sche Funktion der Differentialgleichung*

$$y'' - q(x)\, y = 0 \tag{4.3.70}$$

für dies Randwertproblem, so ist

$$G(x, \xi) = - \sum\limits_0^\infty \frac{\varphi_n(x)\, \varphi_n(\xi)}{\lambda_n^2}. \tag{4.3.71}$$

Die GREENsche Funktion existiert, weil nach Voraussetzung die sämtlichen Eigenwerte positiv sind, und so die Randwertaufgabe für die Differentialgleichung (4.3.70) keine nichttriviale Lösung hat.

Die Behauptung (4.3.71) beweist man am bequemsten auf Grund des Existenzsatzes der Theorie der linearen Integralgleichungen. Dieser Satz lautet, wie auch aus Satz (4.3.XI) hervorgeht:

Jede Integralgleichung

$$\varphi(x) = \lambda \int\limits_0^\pi K(x, \xi)\, \varphi(\xi)\, d\xi, \qquad\qquad (4.3.72)$$

deren Kern $K(x, \xi)$ *für* $0 \leq x \leq \pi$, $0 \leq \xi \leq \pi$ *stetig ist, der außerdem symmetrisch ist:*

$$K(x, \xi) = K(\xi, x)$$

und der nicht identisch verschwindet, besitzt mindestens einen reellen Eigenwert λ *und mindestens eine zugehörige nichtidentisch verschwindende reelle Eigenfunktion* $\varphi(x)$, *d. h. es gibt mindestens eine Zahl* λ *und mindestens eine stetige Funktion* $\varphi(x) \not\equiv 0$, *so daß* (4.3.72) *erfüllt ist.*

Diesen Satz wende man auf

$$K(x, \xi) = G(x, \xi) + \sum_0^\infty \frac{\varphi_n(x)\,\varphi_n(\xi)}{\lambda_n^2} \qquad\qquad (4.3.73)$$

an. Angenommen, es sei $K(x, \xi) \not\equiv 0$. Es sei λ ein Eigenwert dieses Kernes $K(x, \xi)$ und $\varphi(x) \not\equiv 0$ eine zugehörige Eigenfunktion. Dann gilt (4.3.72). Aus

$$\varphi_m''(x) + \lambda_m^2\, \varphi_m(x) = q(x)\, \varphi_m(x)$$

und (4.3.37) folgt

$$\varphi_m(x) = -\lambda_m^2 \int\limits_0^\pi G(x, \xi)\, \varphi_m(\xi)\, d\xi.$$

Andererseits ist

$$\varphi_m(x) = \lambda_m^2 \int\limits_0^\pi \sum_0^\infty \frac{\varphi_n(x)\,\varphi_n(\xi)}{\lambda_n^2}\, \varphi_m(\xi)\, d\xi.$$

Denn es ist nach Satz (4.3.XI)

$$\int\limits_0^\pi \varphi_n(\xi)\, \varphi_m(\xi)\, d\xi = 0, \qquad n \neq m$$

und

$$\int\limits_0^\pi \varphi_m^2(\xi)\, d\xi = 1,$$

da die Eigenfunktionen normiert sein sollen, und die Reihe ist gleichmäßig konvergent. Subtraktion beider Beziehungen liefert

$$0 = \lambda_m^2 \int\limits_0^\pi K(x, \xi)\, \varphi_m(\xi)\, d\xi \quad \text{für} \quad m = 0, 1, \ldots$$

Hieraus und aus (4.3.72) folgt wegen $K(x, \xi) = K(\xi, x)$, und weil alle $\lambda_m^2 > 0$ sind

$$\left.\begin{aligned}
\int_0^\pi \varphi(x)\,\varphi_m(x)\,dx &= \lambda \int_0^\pi\int_0^\pi K(x, \xi)\,\varphi_m(x)\,\varphi(\xi)\,dx\,d\xi \\
&= \lambda \int_0^\pi\int_0^\pi K(x, \xi)\,\varphi_m(\xi)\,\varphi(x)\,dx\,d\xi = 0\,.
\end{aligned}\right\} \quad (4.3.74)$$

Das heißt, $\varphi(x)$ ist zu allen $\varphi_m(x)$ orthogonal. Daraus folgt

$$\varphi(x) = \lambda \int_0^\pi G(x, \xi)\,\varphi(\xi)\,d\xi\,. \qquad (4.3.75)$$

Denn es ist

$$\varphi(x) = \lambda \int_0^\pi K(x, \xi)\,\varphi(\xi)\,d(\xi)$$

$$= \lambda \int_0^\pi G(x, \xi)\,\varphi(\xi)\,d\xi$$

$$+ \lambda \int_0^\pi \sum_0^\infty \frac{\varphi_n(x)\,\varphi_n(\xi)}{\lambda_n^2}\,\varphi(\xi)\,d\xi$$

$$= \lambda \int_0^\pi G(x, \xi)\,\varphi(\xi)\,d\xi$$

nach (4.3.74).

Aber (4.3.75) bedeutet nach (4.3.37), daß $-\lambda$ ein Eigenwert der Differentialgleichung (4.3.46) für das Randproblem (4.3.47) ist und daß $\varphi(x)$ eine zugehörige Eigenfunktion ist. Daher ist $-\lambda$ eines der λ_m^2 und $\varphi(x)$ ist bis auf einen konstanten Faktor dem zugehörigen $\varphi_m(x)$ gleich:

$$\varphi(x) = c\,\varphi_m(x)\,.$$

Nun ist aber nach (4.3.74)

$$0 = \int_0^\pi \varphi(x)\,\varphi_m(x)\,dx = c \int_0^\pi \varphi_m^2(x)\,dx = c\,.$$

Das heißt, es ist

$$\varphi(x) \equiv 0\,.$$

Der Kern $K(x, \xi)$ hat also keinen Eigenwert und keine Eigenfunktion, ist also nach dem erwähnten Existenzsatz der Theorie der linearen Integralgleichungen identisch Null. Damit ist (4.3.71) bewiesen.

Nun sei $g(x)$ eine zweimal stetig differenzierbare Funktion, welche die Randbedingungen (4.3.47) erfüllt. Dann ist $g(x)$ eine Lösung dieses Randwertproblems für die inhomogene Differentialgleichung

$$y'' - q(x)\,y = f(x), \qquad f(x) = g'' - q(x)\,g(x).$$

Dann ist nach (4.3.31)

$$g(x) = \int_0^\pi G(x,\xi)\,f(\xi)\,d\xi.$$

Trägt man hier (4.3.71) ein und integriert gliedweise, so erhält man

$$g(x) = \sum_0^\infty c_n\,\varphi_n(x), \qquad c_n = \frac{-1}{\lambda_n^2}\int_0^\pi \varphi_n(x)\,f(x)\,dx.$$

Diese Reihe konvergiert gleichmäßig. Man kann die Koeffizienten auch noch anders darstellen. Multipliziert man nämlich eine in $\langle 0,\pi\rangle$ gleichmäßig konvergente Reihe

$$g(x) = \sum_0^\infty c_n\,\varphi_n(x) \tag{4.3.76}$$

mit zunächst unbestimmten Koeffizienten mit $\varphi_n(x)$ und integriert gliedweise, so folgt wegen der Orthogonalität und der Normierung der $\varphi_n(x)$

$$\int_0^\pi g(x)\,\varphi_n(x)\,dx = c_n. \tag{4.3.77}$$

So hat man das Ergebnis

Satz (4.3.XII). *Entwicklungssatz. Jede in $\langle 0,\pi\rangle$ zweimal stetig differenzierbare Funktion $f(x)$, welche den Randbedingungen (4.3.47) bei fester Wahl von α und β genügt, kann nach den Eigenfunktionen dieses Randwertproblems (4.3.47) für die Differentialgleichung (4.3.46) in eine gleichmäßig konvergente Reihe (4.3.76) mit den Koeffizienten (4.3.77) entwickelt werden.*

Beim Beweis dieses Satzes ist wieder vorausgesetzt, daß der Koeffizient von (4.3.46) einer der Voraussetzungen genügt, die im Hilfssatz gemacht wurden. Der Satz ist auch ohne diese Annahme gültig. Er ist auch für die allgemeine STURM-LIOUVILLEsche Differentialgleichung (4.3.16) richtig, nur daß jetzt die allgemeinere Orthogonalitätsrelation (4.3.42) Platz hat und sich dementsprechend die Formel für die Entwicklungskoeffizienten etwas anders schreibt. Für solche allgemeinere Überlegungen steht die asymptotische Abschätzung der Eigenfunktionen und damit die Reihe (4.3.69) nicht zur Verfügung. Die Theorie der Integralgleichungen führt aber auch unter diesen allgemeineren Bedingungen zum Entwicklungssatz. Man kann statt dessen auch nach PRÜFER [Math. Ann. Bd. 95 (1926)] einen Grundgedanken von J. LIOUVILLE zu einem vollen von der Theorie der Integralgleichungen unabhängigen Beweis des Entwicklungssatzes gestalten. J. C. F. STURM und J. LIOUVILLE waren, um 1837 herum, die ersten, die Randwertaufgaben in Angriff nahmen. An der heutigen Gestaltung der Theorie haben Mathematiker aller Nationen fast ein Jahrhundert lang gearbeitet. PRÜFERS Darstellung ist in viele Bücher übergegangen. Ich habe es hier vorgezogen, mich auf den Existenzsatz der Integralgleichungstheorie zu beziehen, da es sich ohnedies beim Entwicklungssatz um einen Gegenstand handelt, der, wenn nicht schon ganz außerhalb, so doch am Rand der Theorie der Differentialgleichungen steht.

4.3.5. Andere Randbedingungen. Schon in § 4.2. lernten wir die Randbedingung der Periodizität

$$y(0) = y(2\pi),$$
$$y'(0) = y'(2\pi)$$

kennen. Angewandt auf die Differentialgleichung

$$y'' + \lambda^2 y = 0$$

führt sie zu den Eigenwerten

$$\lambda = n, \quad n \text{ ganz.}$$

Denn soll das allgemeine Integral

$$y = c_1 \cos \lambda x + c_2 \sin \lambda x$$

die Periode 2π haben, so sind für c_1 und c_2 die linearen Gleichungen

$$c_1 \cos 2\lambda\pi + c_2 \sin 2\lambda\pi = c_1,$$
$$-c_1 \lambda \sin 2\lambda\pi + c_2 \lambda \cos 2\lambda\pi = \lambda c_2$$

notwendig und hinreichend. Sie haben dann und nur dann eine nichttriviale Lösung, wenn

$$\cos 2\lambda\pi = 1$$

ist. Für diese Werte von $\lambda = n$, n ganz, aber haben die linearen Gleichungen den Rang 0, so daß c_1 und c_2 willkürlich bleiben. Zu jedem Eigenwert gehören also unendlich viele normierte Eigenfunktionen. Man kennt aus der **Theorie der FOURIERschen Reihen** die Orthogonalitätsrelationen, welchen diese Eigenfunktionen genügen. Man kennt aus dieser Theorie auch die Entwicklung willkürlicher Funktionen in trigonometrische Reihen.

Die LEGENDRESchen Polynome, die in der Theorie der Kugelfunktionen betrachtet werden, sind die bei $+1$ und bei -1 endlichen Lösungen von

$$\frac{d}{dx}\left[(1 - x^2)\frac{dy}{dx}\right] + \lambda y = 0.$$

Solche Lösungen gibt es dann und nur dann, wenn

$$\lambda = n(n + 1), \quad n \text{ ganz und nichtnegativ}$$

ist. Zu jedem solchen Eigenwert gehört eine bis auf einen konstanten Faktor bestimmte Eigenfunktion. Für den n-ten Eigenwert ist sie ein Polynom n-ten Grades. Zwei verschiedene dieser LEGENDRESchen Polynome $P_n(x)$ und $P_m(x)$ sind in bezug auf das Intervall $\langle -1\ +1\rangle$ zueinander orthogonal

$$\int\limits_{-1}^{+1} P_n(x)\, P_m(x)\, dx = 0, \quad n \neq m.$$

Die LAGUERRESchen Polynome — um noch ein letztes Beispiel zu nennen — treten auf, wenn man nach den bei 0 endlichen Lösungen von

$$x y'' + (\alpha + 1 - x)y' + \lambda y = 0, \quad \alpha > -1$$

fragt, die bei Annäherung an ∞ nicht stärker wie eine Potenz von x wachsen. Solche Lösungen treten dann und nur dann auf, wenn λ eine nichtnegative ganze Zahl n ist. Für $\lambda = n$ und beliebiges $\alpha > -1$ ist die Lösung ein bis auf einen konstanten Faktor bestimmtes Polynom n-ten Grades $L_n^{(\alpha)}(x)$. Je zwei verschiedene zum gleichen α gehörige Polynome genügen der Orthogonalitätsrelation

$$\int\limits_{0}^{\infty} x^{\alpha}\, e^{-x}\, L_m^{(\alpha)}(x)\, L_n^{(\alpha)}(x)\, dx = 0, \quad n \neq m.$$

Eine Darstellung aller Randwertprobleme gewöhnlicher Differentialgleichungen findet der Leser in einigen Kapiteln des schönen Buches von E. A. CODDINGTON und N. LEVINSON: Theory of ordinary differential equations. New York 1955.

4.4. Weiteres über lineare Differentialgleichungen zweiter Ordnung.

Der Separationssatz (4.3.III) und der Vergleichssatz (4.3.IV) sind der Ausgangspunkt einer weitschichtigen Literatur geworden. In (4.3.2), d. i.

$$\frac{d}{dx}(p y') + f y = 0, \tag{4.4.1}$$

seien p, p', f auf einem endlichen oder unendlichen abgeschlossenen oder offenen Intervall J stetig und $p(x) > 0$ auf J. (4.4.1) soll auf J **diskonjugiert**[1] heißen, wenn keine nichttriviale Lösung von (4.4.1) auf J mehr als eine Nullstelle hat. Wenn (4.4.1) nichttriviale Lösungen aufweist, die auf J mehr als eine Nullstelle haben, so soll (4.4.1) auf J *nichtdiskonjugiert* genannt werden. Allgemeiner werde nach A. WINTNER der Differentialgleichung (4.4.1) in bezug auf das Intervall J eine natürliche Zahl N zugeordnet, die wie folgt erklärt sei: Jede nichttriviale Lösung von (4.4.1) hat auf J höchstens N Nullstellen. (4.4.1) hat mindestens eine Lösung, die auf J genau N Nullstellen hat. Offenbar ist dann $N \geq 1$. Denn man kann $x_0 \in J$ wählen und eine auf J stetige Lösung von (4.4.1) durch die Anfangsbedingung $y(x_0) = 0$, $y'(x_0) = 1$ festlegen. Wenn $N > 1$ ist, dann hat jede Lösung von (4.4.1) auf J mindestens eine Nullstelle. Denn ist dann $y(x)$ eine Lösung von (4.4.1) mit $N > 1$ Nullstellen, so hat jede andere Lösung von (4.4.1) nach Satz (4.3.III) zwischen zwei aufeinanderfolgenden Nullstellen von $y(x)$ genau eine Nullstelle. Aber es gilt auch

Satz (4.4.I). *Wenn $N = 1$ ist, dann gibt es Lösungen von* (4.4.1), *die auf J ohne Nullstellen sind.*

Ist nämlich J das beiderseits endliche abgeschlossene Intervall $\langle a, b \rangle$, so nehme man die durch die Anfangsbedingung $y_1(a) = 0$, $y_1'(a) = 1$ festgelegte Lösung $y_1(x)$ von (4.4.1). Wegen $N = 1$ ist $y_1(x) \neq 0$, $x \in (a, b\rangle$. Man erweitere die Definition der Differentialgleichung (4.4.1), d. h. ihrer Koeffizienten auf ein $\langle a, b \rangle$ enthaltendes etwas größeres Intervall $a_1 < a < b < b_1$. Man betrachte die durch die Anfangsbedingung $y_2(b) = 0$, $y_2'(b) = 1$ festgelegte Lösung $y_2(x)$ der erweiterten Differentialgleichung. Diese Lösung ist in $\langle a, b \rangle$ auch Lösung der nichterweiterten Differentialgleichung. Sie ist von $y_1(x)$ linear unabhängig, weil $y_1(b) \neq 0$ ist. (Sonst wäre $N > 1$.) Daher ist $y_2(x) \neq 0$ in $\langle a - \delta, b)$ bei passender Wahl von $\delta > 0$. Denn zunächst ist $y_2(x) \neq 0$ in $\langle a, b)$, weil $N = 1$ ist, und daher existiert aus Stetigkeitsgründen ein $\delta > 0$, so daß $y_2(x) \neq 0$ in $\langle a - \delta, b)$ gilt. Man nehme nun $x_0 \in (a - \delta, a)$ und betrachte die durch $y_3(x_0) = 0$, $y_3'(x_0) = 1$ festgelegte Lösung $y_3(x)$ der erweiterten Differentialgleichung. Sie ist in $(x_0, b\rangle$ von Null verschieden. Denn sie ist von $y_2(x)$ linear unabhängig, weil $y_2(x_0) \neq 0$ ist. Daher ist $y_3(b) \neq 0$. Hätte aber $y_3(x)$ eine Nullstelle in (x_0, b), so müßte nach Satz (4.3.III) auch $y_2(x)$ in (x_0, b) eine Nullstelle haben, was nicht der Fall ist. $y_3(x)$ ist daher eine Lösung von (4.4.1), die in $\langle a, b\rangle$ von Null ver-

---

[1] Die Benennung stammt aus der Variationsrechnung, wo aufeinanderfolgende Nullstellen der Lösungen einer von JACOBI in die Theorie eingeführten Differentialgleichung konjugierte Punkte heißen.

schieden ist. Der Satz (4.4.I) ist somit für beiderseits endliche Intervalle $\langle a, b\rangle$ bewiesen. Sei weiter J ein einseitig oder beiderseits unendliches Intervall. Es sei $y_1(x)$, $y_2(x)$ ein Fundamentalsystem von (4.4.1), und man betrachte die Gesamtheit der Lösungen

$$y_1(x)\cos\alpha + y_2(x)\sin\alpha, \quad 0 \leqq \alpha < 2\pi \tag{4.4.2}$$

von (4.4.1). Gäbe es keinen Wert von α, für den (4.4.2) in J frei von Nullstellen wäre, so betrachte man Folgen α_n, für die die einzige in J vorhandene Nullstelle von

$$y_1(x)\cos\alpha_n + y_2(x)\sin\alpha_n \tag{4.4.3}$$

für $n \to \infty$ gegen das eine unendliche Ende von J konvergiert. Es sei α_∞ ein Häufungspunkt der α_n. Dann ist

$$y_1(x)\cos\alpha_\infty + y_2(x)\sin\alpha_\infty \tag{4.4.4}$$

in J frei von Nullstellen. Denn hätte (4.4.4) eine Nullstelle $x_0 \in J$, so hätten auch die (4.4.3) für hinreichend kleine $|\alpha_n - \alpha_\infty|$ eine Nullstelle nahe bei x_0, was nicht der Fall ist, weil deren Nullstellen ja mit n gegen Unendlich streben.

Die bei unendlichen Intervallen benutzte Überlegung kann man mutatis mutandis auch auf einseitig oder beidseitig offene Intervalle übertragen. Damit ist dann der Satz (4.4.I) restlos bewiesen.

$N = 1$ ist der Fall der in J diskonjugierten Differentialgleichungen (4.4.1).

Für das Weitere werde an den in § 2.2.4. behandelten Zusammenhang von (4.4.1) mit einer RICCATIschen Differentialgleichung erinnert. Man entnehme den Ausführungen von § 2.2.4. den

Satz (4.4.II). *Die* RICCATI*sche Differentialgleichung*

$$R(z) \equiv z' + p\,z^2 + 2\,\frac{p'}{p}\,z + \frac{f}{p^2} = 0 \tag{4.4.5}$$

besitzt dann und nur dann eine auf J stetige Lösung, wenn die lineare Differentialgleichung (4.4.1) *auf J diskonjugiert ist.*

Nach § 2.2.4. werden nämlich sämtliche Lösungen von (4.4.5) für irgendwelche Intervalle durch

$$z = \frac{1}{p}\,\frac{y'}{y} \tag{4.4.6}$$

geliefert, wenn $y(x)$ eine in dem betreffenden Intervall nullstellenfreie Lösung von (4.4.1) ist. Ist also (4.4.1) in J diskonjugiert, so besitzt (4.4.1) eine Lösung $y(x)$, die in J nullstellenfrei ist. Dann ist die durch (4.4.6) gelieferte Lösung von (4.4.5) in J stetig. Umgekehrt, wenn $z(x)$ eine in J stetige Lösung von (4.4.5) ist, dann zeigt (4.4.6), daß die zugehörige Lösung von (4.4.1) in J nullstellenfrei ist.

Denn $y'(x)$ und $y(x)$ können nicht zugleich verschwinden, weil sonst nach dem Unitätssatz die betreffende Lösung von (4.4.1) identisch Null wäre.

Man kann den Satz (4.4.II) auch so aussprechen:

Satz (4.4.III). (4.4.5) *besitzt oder besitzt nicht eine auf J stetige Lösung, je nachdem, ob für* (4.4.1) *die Zahl $N = 1$ oder $N > 1$ ist.*

Das zeigt der Satz (4.3.III). Denn dieser lehrt für $N > 1$, daß jede Lösung von (4.4.1) auf J Nullstellen hat, während es für $N = 1$ nach Satz (4.4.I) Lösungen von (4.4.1) gibt, die auf J nullstellenfrei sind.

Nun betrachte man neben (4.4.1) noch eine weitere Differentialgleichung

$$\frac{d}{dx}(p\,y') + g\,y = 0. \tag{4.4.7}$$

Man bezeichne die zu (4.4.1) und (4.4.7) gehörigen RICCATIschen Ausdrücke (4.4.5) mit R_f und R_g und die zugehörigen Zahlen N mit N_f und N_g. Dann ist

$$R_f - R_g = \frac{f - g}{p^2}.$$

Nach dem Komparationssatz (4.3.IV) ist $N_f \leqq N_g$, wenn $f \leqq g$ auf J gilt. Daher folgt aus den vorausgegangenen Sätzen

Satz (4.4.IV). *Für* (4.4.1) *ist $N = 1$ auf J dann und nur dann, wenn auf J eine stetige Funktion $z(x)$ mit auf J stetigem $z'(x)$ existiert, für die auf J überall $R(z) \leqq 0$ ist.*

Da $N = 1$ die diskonjugierten Differentialgleichungen charakterisiert, so enthält Satz (4.4.IV) ein Kriterium für diskonjugierte Differentialgleichungen (4.4.1). Daraus sollen einige Folgerungen gezogen werden.

Man setze $a^+ = \max(0, a)$. Dann gilt

Satz (4.4.V).

$$y'' + f(x)\,y = 0 \tag{4.4.8}$$

ist auf $(0,1)$ *diskonjugiert, wenn $f(x)$ für $x \in (0,1)$ stetig ist und wenn*

$$\int_0^1 f^+(x)\,dx \leqq 4 \tag{4.4.9}$$

gilt.

Wegen $f^+(x) \geqq f(x)$ ist (4.4.8) nach Satz (4.3.IV) auf $(0, 1)$ diskonjugiert, wenn

$$y'' + f^+(x)\,y = 0 \tag{4.4.10}$$

auf $(0, 1)$ diskonjugiert ist. Also ist zum Beweis von Satz (4.4.V) zu zeigen: (4.4.8) ist auf $(0, 1)$ diskonjugiert, wenn

$$\int_0^1 f(x)\,dx \leqq 4 \quad \text{und} \quad f(x) \geqq 0, \qquad 0 \leqq x \leqq 1$$

gilt. Man setze

$$z(x) = \int_x^1 f(\xi)\,d\xi + \begin{cases} x^{-1} - 4, & 0 < x \leqq \tfrac{1}{2}, \\[2mm] (x-1)^{-1}, & \tfrac{1}{2} \leqq x < 1. \end{cases}$$

Dann ist

$$z'(x) = -f(x) - \begin{cases} x^{-2}, & 0 < x \leqq \tfrac{1}{2}, \\[2mm] (x-1)^{-2}, & \tfrac{1}{2} \leqq x < 1. \end{cases}$$

$z(x)$ und $z'(x)$ sind also auf $(0, 1)$ stetig. Ferner ist

$$z' + z^2 + f = -\frac{1}{x^2} + \left(\int_x^1 f(\xi)\,d\xi\right)^2 + \left(\frac{1}{x} - 4\right)^2 + 2\int_x^1 f(\xi)\,d\xi\left(\frac{1}{x} - 4\right)$$

$$= \left[\int_x^1 f(\xi)\,d\xi\right]^2 + 2\int_x^1 f(\xi)\,d\xi\left(\frac{1}{x} - 4\right) - \frac{8}{x} + 16$$

$$= \int_x^1 f(\xi)\,d\xi\left[\int_x^1 f(\xi)\,d\xi + 2\left(\frac{1}{x} - 4\right)\right] - \frac{8}{x} + 16,$$

$$\leqq 0, \qquad 0 < x \leqq \frac{1}{2}$$

und

$$z' + z^2 + f = \left[\int_x^1 f(\xi)\,d\xi\right]^2 + 2\int_x^1 f(\xi)\,d\xi\,\frac{1}{x-1}$$

$$= \int_x^1 f(\xi)\,d\xi\left[\int_x^1 f(x)\,d\xi + \frac{2}{x-1}\right]$$

$$\leqq 0, \qquad \frac{1}{2} \leqq x < 1.$$

Damit ist nach Satz (4.4.IV) der Satz (4.4.V) bewiesen.

Als Beispiel sei erwähnt, daß die Bedingung (4.4.9) erfüllt ist, wenn $f(x) \leqq 4$ auf $(0, 1)$ gilt. Das verschärft eine schon oben kurz vor (4.3.13) gemachte Feststellung betr. $f(x) < 0$ beträchtlich.

Satz (4.4.VI). *(4.4.8) ist in $(0, \infty)$ diskonjugiert, wenn $f(x)$ auf $(0, \infty)$ stetig ist und wenn*

$$\int_x^\infty f^+(\xi)\,d\xi \leqq \frac{1}{4x}, \qquad x > 0 \tag{4.4.11}$$

gilt.

Wie bei Satz (4.4.V) genügt es, zu beweisen, daß (4.4.8) auf $(0, \infty)$ diskonjugiert ist, wenn

$$\int\limits_x^\infty f(\xi)\,d\xi \leqq \frac{1}{4x}, \qquad f(x) \geqq 0, \qquad 0 < x < \infty$$

gilt. Man setze

$$z(x) = \int\limits_x^\infty f(\xi)\,d\xi + \frac{1}{4x}.$$

Dann wird

$$z'(x) = -f(x) - \frac{1}{4x^2},$$

$$z' + z^2 + f = \left[\int\limits_x^\infty f(\xi)\,d\xi\right]^2 + \frac{1}{2x}\int\limits_x^\infty f(x)\,dx - \frac{3}{16}\frac{1}{x^2}$$

$$= -\frac{3}{16}\frac{1}{x^2} + \int\limits_x^\infty f(\xi)\,d\xi\left[\int\limits_x^\infty f(\xi)\,d\xi + \frac{1}{2x}\right]$$

$$\leqq -\frac{3}{16}\frac{1}{x^2} + \frac{1}{4x}\frac{3}{4x} = 0.$$

Damit ist der Satz (4.4.VI) auf Grund von Satz (4.4.IV) bewiesen.

Die im Anschluß an A. WINTNER in diesem Abschnitt vorgestellten Sätze berühren sich mit Kriterien für die nach A. KNESER sogenannten **oszillatorischen** und **nichtoszillatorischen** Differentialgleichungen. Eine Differentialgleichung (4.4.8) heißt auf dem Intervall $J : (a, \infty)$ oszillatorisch, wenn sie nichttriviale Lösungen besitzt, die auf J unendlich viele sich gegen ∞ häufende Nullstellen hat. Nach Satz (4.3.III) hat jede Lösung von (4.4.8) auf J unendlich viele Nullstellen, wenn dies auch nur für eine nichttriviale Lösung von (4.4.8) zutrifft. (4.4.8) heißt auf J nichtoszillatorisch, wenn keine nichttriviale Lösung derselben auf J unendlich viele solche Nullstellen hat. An Stetigkeitsstellen des Koeffizienten von (4.4.8) können sich Nullstellen einer nichttrivialen Lösung nicht häufen, weil sonst an der Häufungsstelle auch die Ableitung der Lösung Null wäre. Dann wäre aber nach dem Unitätssatz die Lösung identisch Null. Der Satz (4.4.VI) lehrt, daß unter der dort angegebenen Bedingung (4.4.11) eine Differentialgleichung (4.4.8), deren Koeffizient für $x > 0$ stetig ist, auf jedem Intervall (a, ∞), $a > 0$ nichtoszillatorisch ist. Insbesondere ist daher (4.4.8) unter der eben für den Koeffizienten angegebenen Bedingung auf $(0, \infty)$ nichtoszillatorisch, wenn

$$\limsup_{x\uparrow\infty} x^2 f(x) = f^* < \frac{1}{4} \tag{4.4.12}$$

ist. Denn dann gibt es ein x_0 so, daß

$$x^2 f(x) < \frac{1}{4}, \quad x > x_0$$

ist, und daher ist

$$\int_x^\infty f(\xi)\, d\xi \leq \frac{1}{4x}, \quad x > x_0.$$

Das ist noch nicht genau (4.4.11). Aber man kann die Definition von $f(x)$ für $x \leq x_0$ so abändern, daß dann (4.4.11) für die abgeänderte Differentialgleichung erfüllt ist. Da diese dann auf $(0,\infty)$ diskonjugiert ist, so ist die ursprünglich gegebene jedenfalls auf (a,∞) $a > 0$ nichtoszillatorisch; denn für genügend große x stimmen ja beide Differentialgleichungen überein.

Man kann das eben aus Satz (4.4.VI) hergeleitete Ergebnis auch gewinnen, indem man die Differentialgleichung (4.4.8) mit

$$\frac{d^2 y}{d x^2} + \frac{c}{x^2}\, y = 0 \tag{4.4.13}$$

vergleicht, in der c konstant ist. Der schon einmal herangezogene Satz (4.4.III) lehrt nämlich, daß (4.4.8) auf (a,∞) nichtoszillatorisch ist, wenn

$$\frac{d^2 y}{d x^2} + g(x)\, y = 0 \tag{4.4.14}$$

auf (a,∞) nichtoszillatorisch ist, und wenn $f \leq g$ auf (a,∞) gilt. Dieser Satz lehrt auch, daß (4.4.8) auf (a,∞) oszillatorisch ist, wenn (4.4.14) auf (a,∞) oszillatorisch ist, und wenn $f \geq g$ auf (a,∞) ist.

Nun ist aber die Gesamtheit der Integrale von (4.4.13)

$$y = c_1 x^{\frac{1}{2} + \sqrt{\frac{1}{4} - c}} + c_2 x^{\frac{1}{2} - \sqrt{\frac{1}{4} - c}} \quad \text{für} \quad c < \frac{1}{4}$$

und ist die Gesamtheit der Integrale

$$y = x^{\frac{1}{2}} \left\{ c_1 \cos\left[\sqrt{c - \frac{1}{4}}\, \log x\right] + c_2 \sin\left[\sqrt{c - \frac{1}{4}}\, \log x\right] \right\} \quad \text{für} \quad c > \frac{1}{4}.$$

Daher hat man

Satz (4.4.VII) (A. Kneser, E. Hille). *(4.4.8) ist auf (a,∞), $a > 0$ nichtoszillatorisch, wenn*

$$\limsup_{x \uparrow \infty} x^2 f(x) = f^* < \frac{1}{4} \tag{4.4.15}$$

ist, und (4.4.8) ist auf (a,∞), $a > 0$ oszillatorisch, wenn

$$\liminf_{x \uparrow \infty} x^2 f(x) = f_* > \frac{1}{4} \tag{4.4.16}$$

gilt. Ist aber $f^* = \frac{1}{4}$ oder ist $f_* = \frac{1}{4}$, so ist eine Aussage nicht möglich.

Die letzte Behauptung des Satzes (4.4.VII) ergibt sich aus der Betrachtung von (4.4.8) mit

$$f(x) = \frac{1}{4\,x^2} + \frac{\gamma}{(x \log x)^2}\,, \qquad \gamma \text{ konstant.}$$

Die Lösungen sind dann

$$y(x) = x^{\frac{1}{2}}\left(c_1 (\log x)^{\varrho_1} + c_2 (\log x)^{1-\varrho_1}\right). \tag{4.4.17}$$

ϱ_1 und $1 - \varrho_1$ sind die beiden Wurzeln der quadratischen Gleichung

$$\varrho^2 - \varrho + \gamma = 0. \tag{4.4.18}$$

Diese sind reell, wenn $\gamma < \frac{1}{4}$ ist. Dann besteht die Darstellung (4.4.17) auch im Reellen zu Recht und die Integrale sind nichtoszillatorisch. Sind aber die beiden Lösungen der quadratischen Gl. (4.4.18) konjugiert imaginär, was für $\gamma > \frac{1}{4}$ eintritt, so hat man statt (4.4.17) im Reellen zu schreiben

$$y(x) = (x \log x)^{\frac{1}{2}} \{c_1 \cos(v \log\log x) + c_2 \sin(v \log\log x)\}, \;\; \varrho_1 = \frac{1}{2} + i\,v.$$
$$\tag{4.4.19}$$

Die Lösungen sind oszillatorisch. Man sieht aber unmittelbar, daß unabhängig von dem Wert von γ stets

$$f_* = f^* = \frac{1}{4}$$

ist.

Will man Satz (4.4.VII) auf lineare Differentialgleichungen (4.3.1) anwenden, die nicht die in (4.4.8) angenommene Normalform haben, so muß man sie erst nach dem zu Beginn von 4.3.4. angegebenen Verfahren in diese Gestalt überführen. Ich verzichte darauf, diese Überlegung zu einem allgemeinen Satz zu verdichten, sondern will nur das Beispiel der BESSELschen Differentialgleichung

$$y'' + \frac{1}{x} y' + \left(1 - \frac{n^2}{x^2}\right) y = 0$$

behandeln. Multipliziert man mit x, so kann man sie

$$\frac{d}{dx}(x y') + \left(x - \frac{n^2}{x}\right) y = 0$$

schreiben. Führt man durch $x = e^{\xi}$ eine neue unabhängige Variable ξ ein, so wird sie

$$\frac{d^2 y}{d\xi^2} + (e^{2\xi} - n^2) y = 0.$$

Satz (4.4.VII) lehrt also reichlich, daß die BESSELsche Differentialgleichung oszillatorisch ist.

Die Literatur über Differentialgleichungen (4.4.8) ist sehr ausgedehnt. Namentlich P. HARTMANN und A. WINTNER haben neuerdings neben anderen eine Fülle von Ergebnissen erarbeitet. Daraus möge noch eine Stichprobe herausgegriffen werden. In

$$y'' + \left(1 + \Phi(x)\right)y = 0 \qquad (4.4.20)$$

sei $\Phi(x)$ für $x \geqq 0$ stetig. Es gelte $\Phi(x) \to 0$ für $x \uparrow \infty$ und (4.4.20) sei oszillatorisch auf $(0, \infty)$. Es seien dann $u_1 < u_2 < \cdots$ die Nullstellen einer Lösung $y(x)$ von (4.4.20). Wie aus § 4.3. bekannt ist, gilt dann

$$u_{n+1} - u_n \to \pi \quad \text{für} \quad n \to \infty \qquad (4.4.21)$$

für zwei aufeinanderfolgende Nullstellen u_n und u_{n+1}. Zwischen diesen hat $y(x)$ und daher auch $y''(x)$ ein festes Vorzeichen, sobald n groß genug ist. Zwischen u_n und u_{n+1} liegt dann genau eine Nullstelle v_n von $y'(x)$

$$u_n < v_n < u_{n+1}. \qquad (4.4.22)$$

An der Stelle v_n hat $y(x)$ ein Extrem. Man kann die Vorzeichen so wählen, daß für die Extremalamplitude zwischen u_n und u_{n+1} die Regel

$$a_n = (-1)^{n+1} y(v_n) > 0, \quad y'(v_n) = 0 \qquad (4.4.23)$$

gilt. Wegen der Konvexität und Konkavität — festes Vorzeichen von $y''(x)$ — ist $y'(x)$ zwischen u_n und u_{n+1} monoton. Und zwar ist

$$b_n = (-1)^{n+1} y'(u_n) > 0. \qquad (4.4.24)$$

Nun betrachte man eine zweite Lösung $\tilde{y}(x)$ von (4.4.20) und definiere für diese $\tilde{u}_n, \tilde{v}_n, \tilde{a}_n, \tilde{b}_n$ so, wie u_n, v_n, a_n, b_n für $y(x)$ definiert wurden. Dann betrachte man die WRONSKISCHE Determinante

$$y(x)\, \tilde{y}'(x) - y'(x)\, \tilde{y}(x).$$

Sie ist konstant und von Null verschieden, wenn $y(x)$ und $\tilde{y}(x)$ linear unabhängig sind, wie das angenommen werden soll. Für $x = v_n$ wird sie aber

$$y(v_n)\, \tilde{y}'(v_n).$$

Gilt daher $y(v_n) \to 0$ für $n \to \infty$, so muß $|\tilde{y}'(v_n)| \to \infty$ gelten, und da die Ableitungen zwischen $\tilde{u}_n$ und $\tilde{u}_{n+1}$ monoton sind, muß $\tilde{b}_n \to \infty$ gelten. Nun gilt aber allgemein für jede Lösung $\tilde{y}(x)$

$$\frac{\tilde{a}_n}{\tilde{b}_n} \to 1, \qquad (4.4.25)$$

wie noch bewiesen werden soll. Daher folgt $\tilde{a}_n \to \infty$. So hat man

Satz (4.4.VIII). *Wenn die Amplituden einer oszillierenden Lösung von (4.4.20) unter den für $\Phi(x)$ angegebenen Voraussetzungen gegen 0 streben, so streben die Amplituden jeder linear unabhängigen (oszillierenden) Lösung gegen ∞.*

Es bleibt noch (4.4.25) zu beweisen. Ich zeige für jede nichttriviale Lösung $y(x)$ von (4.4.20)

$$\frac{a_{n+1}}{a_n} \to 1, \qquad \frac{a_n}{b_n} \to 1. \tag{4.4.26}$$

Man betrachte

$$h(x) = \frac{1}{2}\left(y^2 + \left(\frac{dy}{dx}\right)^2\right). \tag{4.4.27}$$

Es ist überall $h(x) > 0$, weil sonst $y = y' = 0$ wäre, was $y \equiv 0$ zur Folge hat. Es ist

$$h' = y\,y' + y'y'' = -y\,y'\,\Phi(x).$$

Aus

$$(y - y')^2 \geqq 0$$

und (4.4.27) folgt

$$|y\,y'| \leqq h.$$

Daher ist

$$|h'| \leqq h\,|\Phi|.$$

Das heißt

$$|(\log h)'| \leqq |\Phi|.$$

Daher ist

$$\left|\log\frac{h(\beta)}{h(\alpha)}\right| \leqq \int_\alpha^\beta |\Phi|\,dx, \qquad \alpha < \beta. \tag{4.4.28}$$

Man nehme

$$\alpha = v_n, \qquad \beta = v_{n+1}$$

oder

$$\alpha = u_n, \qquad \beta = v_n.$$

Wegen

$$u_n < v_n < u_{n+1},$$

$$u_{n+1} - u_n \to \pi$$

und

$$\Phi(x) \to 0$$

folgt

$$\int_\alpha^\beta |\Phi(x)|\,dx \to 0 \quad \text{für} \quad n \to \infty.$$

Daher ist

$$\log\frac{h(v_{n+1})}{h(v_n)} \to 0$$

und

$$\log \frac{h(v_n)}{h(u_n)} \to 0.$$

Nun ist aber

$$h(v_{n+1}) = \frac{1}{2} a_{n+1}^2, \quad h(v_n) = \frac{1}{2} a_n^2, \quad h(u_n) = \frac{1}{2} b_n^2.$$

Daher

$$\frac{a_{n+1}}{a_n} \to 1 \quad \text{und} \quad \frac{a_n}{b_n} \to 1,$$

wie bewiesen werden sollte.

Einen Überblick über viele neuere Ergebnisse betr. die Differentialgleichung (4.4.8) findet man bei R. BELLMAN: Stability theory of differential equations, Kap. 6. New York 1953.

§ 5. Partielle Differentialgleichungen erster Ordnung

5.1. Lineare partielle Differentialgleichungen

Partielle Differentialgleichungen sind Gleichungen zwischen Funktionen von mehreren unabhängigen Veränderlichen, deren partiellen Ableitungen nach diesen Veränderlichen und den unabhängigen Veränderlichen selbst. Die höchste vorkommende Ordnung der Ableitungen heißt die Ordnung der Differentialgleichung. So ist

$$f\left(z, \frac{\partial z}{\partial x}, \frac{\partial z}{\partial y}, x, y\right) = 0 \tag{5.1.1}$$

eine partielle Differentialgleichung erster Ordnung, für eine unbekannte Funktion $z(x, y)$. Aufgabe der Theorie ist es, Funktionen zu ermitteln, die (5.1.1) genügen und deren Eigenschaften zu untersuchen.

$$\frac{\partial^2 u}{\partial x^2} + \frac{\partial^2 u}{\partial y^2} = 0 \tag{5.1.2}$$

ist eine partielle Differentialgleichung zweiter Ordnung.

$$\left. \begin{aligned} \frac{\partial u}{\partial x} - \frac{\partial v}{\partial y} &= 0, \\[2mm] \frac{\partial u}{\partial y} + \frac{\partial v}{\partial x} &= 0 \end{aligned} \right\} \tag{5.1.3}$$

ist ein System von partiellen Differentialgleichungen erster Ordnung für zwei unbekannte Funktionen. (5.1.1) ist die allgemeinste partielle Differentialgleichung erster Ordnung für eine unbekannte Funktion z von zwei unabhängigen Veränderlichen x und y. (5.1.2) ist die LAPLACE-sche Differentialgleichung aus der Theorie des logarithmischen Potentials. (5.1.3) sind die in der Funktionentheorie bekannten CAUCHY-RIEMANNschen Differentialgleichungen zwischen dem Realteil u und dem Imaginärteil v einer analytischen Funktion von $x + iy$.

In diesem Abschnitt 5.1. haben wir es mit linearen partiellen Differentialgleichungen von zwei unabhängigen Veränderlichen zu tun. Sie haben die Form

$$a(x, y)\, p + b(x, y)\, q + c(x, y)\, z + d(x, y) = 0, \qquad (5.1.4)$$
$$p = z_x = \frac{\partial z}{\partial x}, \qquad q = z_y = \frac{\partial z}{\partial y}.$$

Die Koeffizienten a, b, c, d mögen in einem Gebiet G der x, y-Ebene stetig erklärt sein.

Bei gewöhnlichen Differentialgleichungen

$$\frac{dy}{dx} = f(x, y)$$

mit stetigem $f(x, y)$ ist die Stetigkeit der ersten Ableitung der Integrale eine Folge ihrer Existenz. Bei partiellen Differentialgleichungen (5.1.4) ist ein solcher Schluß nicht möglich. Man nimmt daher die Forderung der Stetigkeit der partiellen Ableitungen erster Ordnung in den Begriff der Lösung von (5.1.4) auf, d. h. es wird nur nach solchen Integralen gefragt werden, die in einem gewissen Gebiet samt den partiellen Ableitungen erster Ordnung stetig sind.

5.1.1. Die Differentialgleichung $p + q\,f(x, y) = 0$. Beginnen wir mit einem einfachen Beispiel. Es sei eine lineare homogene Differentialgleichung mit zwei unabhängigen Veränderlichen x und y vorgelegt:

$$p + q\,f(x, y) = 0. \qquad (5.1.5)$$

$f(x, y)$ sei stetig für alle x und y. Ist $z(x, y)$ eine Lösung von (5.1.5), d. h. ist

$$z_x + z_y\,f(x, y) = 0 \qquad (5.1.6)$$

identisch in x und y erfüllt in einem Gebiet G, in dem $z(x, y)$ und seine Ableitungen z_x und z_y stetig sind, so gilt

$$z\big(x, y(x)\big) = \text{konstant} \qquad (5.1.7)$$

für jedes Integral $y(x)$ der gewöhnlichen Differentialgleichung

$$\frac{dy}{dx} = f(x, y), \qquad (5.1.8)$$

soweit ein Bogen $\{x, y(x)\},\ a < x < b$ dem genannten Gebiet G angehört.

Will man diese Betrachtung umkehren, d. h. aus Lösungen der gewöhnlichen Differentialgleichung (5.1.8) auf Integrale der partiellen

Differentialgleichung (5.1.5) schließen, so stößt man auf Schwierigkeiten, wenn man nicht zusätzliche Voraussetzungen über $f(x, y)$ macht. Man muß dann nämlich wissen, daß man Lösungen der gewöhnlichen Differentialgleichung (5.1.8) in der Form (5.1.7) schreiben kann, d. h. daß es eine mit stetigen partiellen Ableitungen erster Ordnung versehene Funktion $z(x, y)$ gibt, die längs denjenigen Lösungen von (5.1.8) konstant ist, die einem gewissen Gebiet der x, y angehören. Eine solche Aussage ist aber durch die Existenz- und Stetigkeitssätze des § 1 nur dann gesichert, wenn $f(x, y)$ über die Stetigkeit hinaus noch weitere Eigenschaften hat. Nehmen wir z. B. an, daß $f(x, y)$ partielle Ableitungen erster Ordnung hat, die ihrerseits für alle x, y stetig sind, und nehmen wir außerdem an, daß $|f(x, y)|$ für alle x, y beschränkt ist oder doch wenigstens die Eigenschaft (1.1.5) besitzt. Dann geht durch jeden Punkt der x, y-Ebene genau eine[1] Lösung von (5.1.8). Sie ist für alle x stetig und mit stetiger erster Ableitung versehen. Jede Lösung durch einen Punkt der x, y-Ebene hängt stetig von den Anfangsbedingungen ab und besitzt stetige erste Ableitungen nach x und y. Da sie zudem für alle x, y erklärt ist, trifft sie eine feste Gerade $x = x_0$ in einem (von x und y abhängigen) Punkt y_0. Daher gilt eine Darstellung

$$y_0 = \varphi(x_0; x, y) \tag{5.1.9}$$

für alle x, y und besitzt φ Ableitungen erster Ordnung nach x und y, die für alle x, y stetig sind. Das ergibt sich aus Satz (1.6.IV). Außerdem ist die Funktion φ von (5.1.9) längs jeder Lösung $y = y(x)$ von (5.1.8) konstant, da ja y_0 die Ordinate des Punktes ist, in dem die Lösung die Gerade $x = x_0$ schneidet. Daher ist die in (5.1.9) stehende Funktion $\varphi(x_0; x, y)$ als Funktion von x und y ein Integral der partiellen Differentialgleichung (5.1.5). Ist nämlich $y = y(x)$ die Lösung von (5.1.8), die $x = x_0$ in $y = y_0$ trifft, so gilt identisch für alle x

$$y_0 = \varphi\big(x_0; x, y(x)\big).$$

Daher gilt auch

$$0 = \varphi_x + \varphi_y f(x, y)$$

längs jeder Lösung von (5.1.8). Und da durch jeden Punkt $\{x, y\}$ eine Lösung von (5.1.8) geht, die $x = x_0$ trifft, so gilt die letzte Beziehung identisch in x, y für alle x, y. Das bedeutet aber, daß φ ein Integral von (5.1.5) ist.

Aber noch mehr: Bedeutet $w(u)$ irgendeine samt ihrer ersten Ableitung für alle u stetige Funktion, so ist auch

$$w\{\varphi(x_0; x, y)\} = z(x, y) \tag{5.1.10}$$

---

[1] Die Stetigkeit der partiellen Ableitung sichert die Lipschitz-Bedingung für $f(x, y)$ und damit die Unität der Lösungen.

ein Integral der partiellen Differentialgleichung (5.1.5). w kann man nun so wählen, daß

$$w\{\varphi(x_0; x_0, y)\}$$

einer gegebenen stetig nach y differenzierbaren Funktion $z(y)$ gleich wird. Denn es gilt identisch in y

$$\varphi(x_0; x_0, y) \equiv y.$$

Deutet man die Integrale $z = z(x, y)$ von (5.1.5) geometrisch als Flächen über der x-y-Ebene, so bedeutet (5.1.7), daß die Lösungen von (5.1.8) die Höhenlinien dieser Fläche sind, und es wird klar, daß die Integralfläche so bestimmt werden kann, daß sie durch eine gegebene Anfangskurve $x = x_0$, $z = z(y_0)$ geht. Es gibt nur eine Integralfläche durch die gleiche Anfangskurve, weil die Lösungen von (5.1.8) ihre Höhenlinien festlegen. Diese sind aber nach dem Unitätssatz der gewöhnlichen Differentialgleichung (5.1.8) durch den Anfangspunkt $\{x_0, y_0\}$ als Kurven der x-y-Ebene und durch die Angabe von $z(y_0)$ in ihrer Höhe über derselben eindeutig bestimmt. So haben wir den

Satz (5.1.I). *In (5.1.5) möge $f(x, y)$ mit seinen partiellen Ableitungen erster Ordnung für alle x, y stetig sein. Außerdem sei $f(x, y)$ nach oben und unten beschränkt. Ferner sei eine Funktion $z(y)$ gegeben, die samt ihrer Ableitung $z'(y)$ für alle y stetig ist. Dann geht durch die Kurve $x = x_0$, $z = z(y)$ genau ein Integral $z = z(x, y)$ der partiellen Differentialgleichung (5.1.5), das mit seinen partiellen Ableitungen erster Ordnung für alle x, y stetig ist.*

Ist $y = y(x)$ irgendeine Lösung von (5.1.8), so nennt man die Kurven $y = y(x)$, $z = $ konst **Charakteristiken** der partiellen Differentialgleichung (5.1.5). Die Charakteristiken sind also die Lösungen des Differentialgleichungssystems

$$\frac{dy}{dx} = f(x, y), \qquad \frac{dz}{dx} = 0. \tag{5.1.11}$$

Die Grundrisse der Charakteristiken in der x, y-Ebene, d. h. also die Lösungen von (5.1.8) nennt man auch **Grundcharakteristiken.**

Aus den vorausgegangenen Überlegungen ergibt sich die folgende Konstruktion der Integralfläche durch eine Anfangskurve $x = x_0$, $z = z(y)$: Man legt durch jeden Punkt x_0, y_0, $z_0 = z(y_0)$ dieser Anfangskurve die Charakteristik. Die Vereinigungsmenge der Punkte der Charakteristiken ist die Integralfläche.

Ist das $f(x, y)$ von (5.1.5) nur in einem Gebiet G der x, y erklärt und samt seinen Ableitungen erster Ordnung in G stetig[1], so bleibt von den vorgetragenen Überlegungen das Folgende richtig. Jedes in G samt seinen partiellen Ableitungen erster Ordnung stetige Integral von (5.1.5) ist längs jeder in G verlaufenden Lösung von (5.1.8) konstant. Ist s eine auf $x = x_0$ gelegene G angehörige Strecke, so erfüllen die durch die Punkte $\{x_0, y_0\} \in s$ gehenden Lösungen von (5.1.8) ein Teilgebiet G_1 von G. Es bietet sich als das Feld dar, das von denjenigen Grundcharakteristiken gebildet wird, die durch die Punkte von s gehen. Die Grundcharakteristiken dieses Feldes G_1 sind für alle $\{x, y\} \in G_1$ in der Form (5.1.9) darstellbar. Hier ist $\varphi(x_0; x, y)$ für alle $\{x, y\} \in G_1$ mit seinen partiellen Ableitungen erster Ordnung nach x und y stetig, und ist als Funktion von x und y ein Integral von (5.1.5). Ist $w(u)$ eine für den Wertevorrat von $u = \varphi(x_0; x, y)$, $\{x, y\} \in G_1$ stetig differenzierbare Funktion von u, so ist auch $w\{\varphi(x_0; x, y)\}$ ein mit seinen partiellen Ableitungen erster Ordnung in G_1 stetiges Integral von (5.1.5). Man kann $w(u)$ so wählen, daß $w\{\varphi(x_0; x, y)\}$ über s einer gegebenen stetig differenzierbaren Funktion von y gleich wird. So hat man

Satz (5.1.II). *Ist die Funktion $f(x, y)$ von (5.1.5) in einem Gebiet G der x, y mit ihren partiellen Ableitungen erster Ordnung stetig und ist s eine in G gelegene Strecke der Geraden $x = x_0$, und ist $z(y)$ eine für $\{x_0, y\} \in s$ samt ihrer ersten Ableitung stetige Funktion, so gibt es ein s enthaltendes Teilgebiet G_1 von G und genau ein in G_1 mit seinen partiellen Ableitungen erster Ordnung stetiges Integral $z = z(x, y)$ von (5.1.5), das der Anfangsbedingung*

$$z(x_0, y) = z(y), \qquad \{x_0, y\} \in s$$

genügt. Man gewinnt es, indem man durch die Punkte $\{x_0, y_0, z_0 = z(y_0)\}$, $\{x_0, y_0\} \in s$ die Charakteristiken, d. i. die Lösungen von (5.1.11), legt. Ihre Projektionen auf die x-y-Ebene erfüllen das Gebiet G_1. G_1 ist das charakteristische Feld der Strecke s. Das heißt, es wird von den in G verlaufenden, durch die Punkte von s gehenden Grundcharakteristiken, d. i. den Lösungen von (5.1.8), gebildet.

Daß das von den Grundcharakteristiken durch s erfüllte Feld ein Gebiet ist, möge der Leser an Hand des § 1.6. selber beweisen.

Es fällt auf, daß in die Bestimmung der Integrale von partiellen Differentialgleichungen *willkürliche Funktionen* eingehen, während es sich bei gewöhnlichen Differentialgleichungen um Konstanten handelte,

---

[1] Hierunter gehört auch der Fall, daß G die volle Ebene ist, daß aber die bis jetzt über $f(x, y)$ gemachten weiteren eben nicht genannten Voraussetzungen nicht erfüllt sind.

die den Anfangs- oder Randbedingungen des Problems entsprechend zu bestimmen waren.

Falls in (5.1.5) $f(x, y)$ samt seinen ersten partiellen Ableitungen in der ganzen x-y-Ebene stetig und beschränkt ist, so gehört zu einem Integral J von (5.1.5), das in einem Gebiet G der x-y-Ebene stetig ist, nicht immer ein Integral $\tilde{J}$ der gleichen partiellen Differentialgleichung, das über der ganzen x-y-Ebene stetig ist, und das in G mit J übereinstimmt. Dieser zuerst von E. KAMKE hervorgehobene Umstand ist etwas überraschend, wenn man an die durch Satz (1.2.VI) ausgedrückten anders gelagerten Umstände bei gewöhnlichen Differentialgleichungen denkt. Folgendes Beispiel dürfte besonders einfach die Sachlage beleuchten. Die Grundcharakteristiken der partiellen Differentialgleichung

$$p = 0 \tag{5.1.12}$$

ergeben sich aus der Differentialgleichung

$$\frac{dy}{dx} = 0 \tag{5.1.13}$$

als die Geraden

$$y = \text{konstant.} \tag{5.1.14}$$

Als Gebiet G nehme man das in Abb. 9 verzeichnete, das aus einem in der Abb. 9 schraffierten Teil und zwei unschraffierten Zipfeln besteht. Im schraffierten Teil sind die Grundcharakteristiken eingezeichnet. Sie bilden das charakteristische Feld der Strecke s, in der die Gerade $x = 0$ das Gebiet G schneidet. Ein Integral $z(x, y)$ von (5.1.12) lege man in diesem schraffierten Gebiet

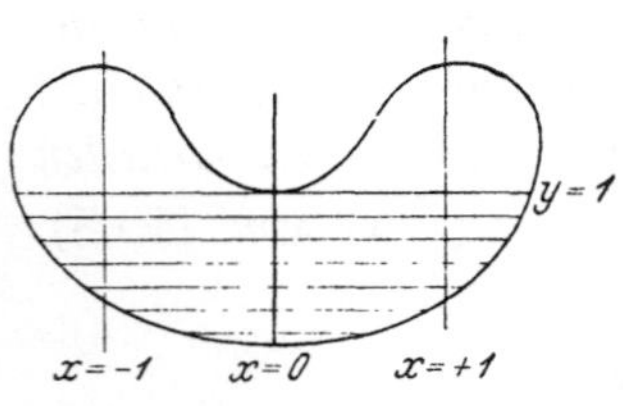

Abb. 9

durch die Anfangsbedingung

$$z(0, y) = y$$

fest. Das Integral ist dann im schraffierten Gebiet

$$z(x, y) = y. \tag{5.1.15}$$

Man erweitere nun die Definition dieses Integrals auf den linken Zipfel. Dazu kann man auf der dem nichtschraffierten Gebiet angehörigen Teilstrecke von $x = -1$ einen Anfangswert für $z(x, y)$ neu vorschreiben. Man muß nur sorgen, daß stetig differenzierbarer Anschluß an das schraffierte Gebiet gewährleistet ist. Das wird z. B. erreicht, wenn man

$$z(-1, y) = y - (y - 1)^2, \qquad y \geqq 1$$

ansetzt. Dann wird im linken Zipfel

$$z(x, y) = y - (y - 1)^2, \qquad y \geqq 1 \qquad (5.1.16)$$

Integral von (5.1.12). Im rechten Zipfel verlange man analog auf $x = +1$

$$z(1, y) = y + (y - 1)^2, \qquad y \geq 1.$$

Dann wird

$$z(x, y) = y + (y - 1)^2, \qquad y \geq 1 \qquad (5.1.17)$$

das Integral im rechten Zipfel. Durch (5.1.15), (5.1.16) und (5.1.17) ist ein in ganz G mit seinen ersten Ableitungen stetiges Integral von (5.1.12) erklärt. Es gibt aber kein in der ganzen Ebene mit seinen ersten Ableitungen stetiges Integral, das in G mit dem eben definierten übereinstimmt. Denn jedes Integral ist in der Umgebung einer jeden Stelle eine Funktion von y allein. Das definierte ist in den beiden Zipfeln verschiedenen Funktionen von y gleich.

Sind z_1 und z_2 zwei Integrale von (5.1.5), die in einem Gebiet G mit ihren ersten Ableitungen stetig sind, so ist die Funktionaldeterminante

$$\frac{d(z_1, z_2)}{d(x, y)} \equiv z_{1x} z_{2y} - z_{2x} z_{1y} \equiv 0,$$

wie man sofort sieht, wenn man (5.1.5) für beide Funktionen hinschreibt und die Gleichungen als lineare Gleichungen für 1 und $f(x, y)$ auffaßt. Je zwei Integrale von (5.1.5) sind also voneinander abhängig. In der Tat hat sich ja aus den vorausgegangenen Überlegungen ergeben, daß man in einem charakteristischen Feld jedes Integral als Funktion eines passend gewählten Integrals darstellen kann. Man nennt ein in einem Gebiet G mit seinen ersten Ableitungen stetiges Integral, das die Eigenschaft hat, daß man jedes in G mit seinen ersten Ableitungen stetige Integral als Funktion desselben darstellen kann, ein **Hauptintegral**. Es ist klar, daß auch jedes Gebiet, das aus endlichvielen charakteristischen Feldern zusammengesetzt ist, ein Hauptintegral besitzt. Da man weiter jedes Gebiet durch andere aus charakteristischen Feldern aufgebaute beliebig genau ausschöpfen kann, existiert zu jedem Gebiet G mindestens ein Hauptintegral. E. KAMKE hat weiter gezeigt, daß jedes in einem Gebiet G mit seinen ersten Ableitungen stetige Integral, das in keinem Teilgebiet konstant ist, ein Hauptintegral ist.

Die Sätze (5.1.I) und (5.1.II) stellen die Existenz von Integralen von (5.1.5) fest, die durch gewisse Anfangskurven $x = x_0$, $z = z(y)$ gehen. Inwieweit kann man nun diese Sätze zu Aussagen über Integrale durch allgemeinere Anfangskurven erweitern? Zunächst ist zu bemerken, daß dies nicht für beliebige Anfangskurven möglich ist. Die

Charakteristiken sind nämlich Höhenlinien aller Integralflächen. Falls man also über einer Grundcharakteristik $y = y(x)$ ein nichtkonstantes $z = z(x)$ vorschreibt, so kann es keine Integralfläche $z = z(x, y)$ geben, für die $z(x) = z(x, y(x))$ ist. Schreibt man aber über einer Grundcharakteristik $y = y(x)$, $z =$ einer Konstanten vor, so kann durch diese Forderung keine Integralfläche eindeutig bestimmt sein, weil doch die Charakteristik für viele Integralflächen Höhenlinie ist.

Es mögen daher nur Anfangskurven

$$C: \quad x = x(t), \quad y = y(t), \quad z = z(t),$$
$$\dot{x}(t), \dot{y}(t), \dot{z}(t) \text{ stetig}, \quad \alpha \leqq t \leqq \beta \qquad (5.1.18)$$

in Betracht gezogen werden, für die

$$\dot{y}(t) - \dot{x}(t)\, f\{x(t), y(t)\} \neq 0, \quad \alpha \leqq t \leqq \beta \qquad (5.1.19)$$

ist. Das heißt, der Grundriß der in Aussicht genommenen Anfangskurve (5.1.18) in der x-y-Ebene soll in keinem Punkt eine Grundcharakteristik berühren.

Wir fragen nach Integralflächen durch eine Anfangskurve (5.1.18), (5.1.19). Ich bemerkte schon, daß in gewisser Weise alle Integrale als Funktionen eines derselben dargestellt werden können. Es sei nun ein Integral $\varphi(x, y)$ von (5.1.5) durch eine Anfangskurve $x = x_0$, $z = \varphi(x_0, y)$, $a < y < b$ bestimmt, und es sei dabei $\varphi'(x_0, y) \neq 0$ in $a < y < b$. Dann gibt es ein Rechteck R um diese Anfangskurve, in dem $\dfrac{\partial \varphi}{\partial y} \neq 0$ ist. Über diesem Rechteck sei die neue zu untersuchende Anfangskurve (5.1.18) angenommen. Dann kann der Forderung

$$z(t) = w\{\varphi[x(t), y(t)]\}, \quad \alpha \leqq t \leqq \beta \qquad (5.1.20)$$

durch passende Wahl der Funktion $w(\tau)$ genügt werden. Denn es gilt

$$\dot{\varphi} = \varphi_x\, \dot{x} + \varphi_y\, \dot{y} \neq 0, \quad \alpha \leqq t \leqq \beta.$$

Gäbe es nämlich in diesem Intervall eine t-Stelle, an der

$$\varphi_x\, \dot{x} + \varphi_y\, \dot{y} = 0$$

ist, so ziehe man

$$\varphi_x + \varphi_y\, f = 0$$

an der gleichen Stelle heran. Dann ist an dieser Stelle

$$\text{entweder} \quad \varphi_x = \varphi_y = 0 \quad \text{oder} \quad \dot{x}\, f - \dot{y} = 0.$$

Das erste ist durch die Wahl von R ausgeschlossen, das zweite durch (5.1.19). Daher ist

$$\varphi[x(t), y(t)] \quad \text{in} \quad \alpha \leqq t \leqq \beta$$

monoton. Man kann daher durch

$$\tau = \varphi\,[x(t),\, y(t)], \qquad t = \varphi^{-1}(\tau)$$

eine neue Veränderliche τ einführen. Daher ist nach (5.1.20)

$$z\big(\varphi^{-1}(\tau)\big) = w(\tau)$$

gefordert. Damit ist aber $w(\tau)$ bestimmt. Es gilt somit

Satz (5.1.III). *Es sei eine Anfangskurve* (5.1.18), (5.1.19) *vorgegeben. Ihre Projektion auf die x-y-Ebene möge einem Gebiet G angehören, in dem das $f(x,\,y)$ der Differentialgleichung* (5.1.5) *samt seinen ersten partiellen Ableitungen stetig ist. Außerdem existiere ein in einer Umgebung U der Kurve C samt seinen partiellen Ableitungen erster Ordnung stetiges Integral $\varphi(x,\,y)$ von* (5.1.5), *für das in dieser Umgebung $\varphi_y \neq 0$ ist. Dann existiert genau ein samt seinen partiellen Ableitungen erster Ordnung in dieser Umgebung U stetiges Integral $z(x,\,y)$ von* (5.1.5), *für das längs C*

$$z(t) = z\,[x(t),\, y(t)]$$

gilt.

Die Behauptung, daß es nicht mehr als ein Integral durch die Anfangskurve in der Umgebung U derselben gibt, liegt darin begründet, daß jede Integralfläche der geometrische Ort der durch die Punkte der Anfangskurve gelegten Charakteristiken ist.

Zum Schluß dieser Darlegungen über die lineare partielle Differentialgleichung (5.1.5) noch zwei einfache Beispiele.

Bei

$$p + q\,y^2 = 0$$

ergeben sich die Grundcharakteristiken aus

$$\frac{dy}{dx} = y^2.$$

Man kann sie nach den Ausführungen der Einleitung in der Form

$$y_0 = \frac{y}{1 + (x - x_0)\,y}$$

schreiben.

$$z\left(\frac{y}{1 + (x - x_0)\,y}\right) = z(x,\,y)$$

ist dann dasjenige Integral der vorgelegten partiellen Differentialgleichung, das auf $x = x_0$ der Funktion $z(y)$ gleich wird. Die Stetigkeit des Integrals hört im allgemeinen da auf, wo der Nenner verschwindet.

Die Existenz des Integrals ist also z. B. für

$$|x - x_0| < \frac{1}{|y|},$$

nicht immer aber in der ganzen Ebene gesichert.
Bei

$$p + q\,y = 0$$

ergeben sich die Grundcharakteristiken aus

$$\frac{dy}{dx} = y$$

Daher ist

$$z(y\,e^{-x}) = z(x, y)$$

dasjenige Integral der vorgelegten partiellen Differentialgleichung, das
auf $x = 0$ einer vorgegebenen Funktion $z(y)$ gleich wird. Falls diese
für alle y samt $z'(y)$ stetig ist, so ist das gefundene Integral der partiellen Differentialgleichung für alle x, y samt seinen partiellen Ableitungen erster Ordnung stetig. Wir wollen noch das Integral durch
eine beliebige vorgegebene Kurve $x = f(t)$, $y = g(t)$, $z = h(t)$ bestimmen. Die drei Funktionen seien in $a \leqq t \leqq b$ samt ihren ersten Ableitungen stetig, und es sei $g'(t) - f'(t)\,g(t) \neq 0$ in $a \leqq t \leqq b$. Dann
kann man $z(u)$ so bestimmen, daß

$$z\big(g(t)\,e^{-f(t)}\big) = h(t), \qquad a \leqq t \leqq b$$

wird. Dann ist nämlich

$$u(t) = g(t)\,e^{-f(t)}$$

in $a \leqq t \leqq b$ monoton, weil $g'(t) - f'(t)\,g(t) \neq 0$ ist. Daher kann man
aus dieser Gleichung t als Funktion von u bestimmen: $t = t(u)$. Nimmt
man dann $z(u) = h\big(t(u)\big)$, so ist die Aufgabe gelöst. Man sieht, welche
Rolle die in Satz (5.1.III) über die Anfangskurve gemachte Voraussetzung bei der Ermittlung des Integrals spielt.

5.1.2. Die Differentialgleichung

$$\frac{\partial u}{\partial x} + \frac{\partial u}{\partial y}\,f(x, y, z) + \frac{\partial u}{\partial z}\,g(x, y, z) = 0.$$

Das über (5.1.5) Ausgeführte kann man auf mehr als zwei unabhängige Variable verallgemeinern. Es mag genügen, dies für den
Fall von drei unabhängigen Veränderlichen x, y, z darzulegen. Die
gesuchten Funktionen seien jetzt mit $u(x, y, z)$ bezeichnet. Es sei
somit eine homogene lineare Differentialgleichung

$$\frac{\partial u}{\partial x} + \frac{\partial u}{\partial y}\,f(x, y, z) + \frac{\partial u}{\partial z}\,g(x, y, z) = 0 \qquad (5.1.21)$$

vorgelegt. Die Koeffizienten f, g seien in einem Gebiet G der x, y, z samt ihren partiellen Ableitungen erster Ordnung eindeutig und stetig. **Charakteristiken** heißen jetzt die Integralkurven von

$$\left.\begin{aligned} \frac{dy}{dx} &= f(x, y, z)\,, \\ \frac{dz}{dx} &= g(x, y, z) \end{aligned}\right\} \tag{5.1.22}$$

zusammen mit

$$\frac{du}{dx} = 0\,. \tag{5.1.23}$$

Die Integralkurven von (5.1.22) heißen auch *Grundcharakteristiken*. Längs jeder Grundcharakteristik C ist jedes samt seinen partiellen Ableitungen erster Ordnung längs C stetige Integral $u(x, y, z)$ von (5.1.21) konstant. Denn ist

$$y = y(x)\,, \qquad z = z(x)$$

eine in G gelegene Integralkurve von (5.1.22), so ist

$$\frac{du(x, y(x), z(x))}{dx} = u_x + u_y f + u_z g = 0\,.$$

Umgekehrt: B sei ein zu G gehöriges zweidimensionales Gebiet auf $x = x_0$. Die Integralkurven von (5.1.22) durch die Punkte von B erfüllen ein Teilgebiet G_1 von G, das **charakteristische Gebiet** von B. Die G_1 angehörigen Charakteristiken können in der Form

$$\left.\begin{aligned} y_0 &= \varphi(x, y, z)\,, \\ z_0 &= \psi(x, y, z) \end{aligned}\right\} \tag{5.1.24}$$

geschrieben werden. Es gilt dann

$$\left.\begin{aligned} y_0 &= \varphi(x_0, y_0, z_0)\,, \\ z_0 &= \psi(x_0, y_0, z_0)\,, \quad \{x_0, y_0, z_0\} \in B\,. \end{aligned}\right\} \tag{5.1.25}$$

$\varphi(x, y, z)$ und $\psi(x, y, z)$ sind samt ihren partiellen Ableitungen erster Ordnung nach § 1.6. in G_1 stetig. y_0 und z_0 sind nämlich die Werte, welche die Integrale von (5.1.22) durch den Punkt $\{x, y, z\} \in G_1$ an der Stelle $x = x_0$ annehmen. Diese hängen stetig und stetig differenzierbar von den Anfangswerten x, y, z ab. Weiter aber sind die beiden Funktionen $\varphi(x, y, z)$, $\psi(x, y, z)$ Integrale von (5.1.21). Da nämlich diese beiden Funktionen längs jeder in G_1 verlaufenden Lösung $y = y(x)$, $z = z(x)$ von (5.1.22) konstant sind, so folgt durch Differentiation nach x, daß

$$\frac{d\varphi(x,\,y(x),\,z(x))}{dx} = \varphi_x + \varphi_y\,f + \varphi_z\,g = 0\,,$$

$$\frac{d\psi(x,\,y(x),\,z(x))}{dx} = \psi_x + \psi_y\,f + \psi_z\,g = 0$$

an jeder Stelle $\{x,\,y,\,z\} \in G_1$ gilt. Ist endlich $w(u_1,\,u_2)$ eine Funktion, die samt ihren partiellen Ableitungen erster Ordnung an den Stellen

$$u_1 = \varphi(x,\,y,\,z)\,, \qquad u_2 = \psi(x,\,y,\,z)\,, \qquad \{x,\,y,\,z\} \in G_1$$

stetig ist, so ist auch

$$w\big(\varphi(x,\,y,\,z),\,\psi(x,\,y,\,z)\big)$$

ein Integral von (5.1.21). Es ist nämlich

$$\frac{\partial w}{\partial x} + \frac{\partial w}{\partial y}\,f + \frac{\partial w}{\partial z}\,g = w_{u_1}[\varphi_x + \varphi_y\,f + \varphi_z\,g] + w_{u_2}[\psi_x + \psi_y\,f + \psi_z\,g] = 0\,.$$

Wegen (5.1.25) nimmt dies neue Integral auf B vorgeschriebene Werte

$$w(y_0,\,z_0)\,, \qquad \{x_0,\,y_0,\,z_0\} \in B$$

an. Dies Integral entsteht, indem man durch die Punkte

$$\{x_0,\,y_0,\,z_0,\,u_0 = w(y_0,\,z_0)\}\,, \qquad \{x_0,\,y_0,\,z_0\} \in B$$

die Charakteristiken legt. Daher ist das Integral durch seine Werte auf B in G_1 eindeutig bestimmt. So gilt

Satz (5.1.IV). *In (5.1.21) seien die Koeffizienten in einem Gebiet G der $x,\,y,\,z$ samt ihren partiellen Ableitungen erster Ordnung eindeutig und stetig. B sei ein auf $x = x_0$ gelegenes G angehöriges zweidimensionales Gebiet. $u(y,\,z)$ sei eine in B erklärte, mit ihren partiellen Ableitungen erster Ordnung in B eindeutige stetige Funktion. Legt man durch die Punkte von B die Grundcharakteristiken, d. h. die Integrale von (5.1.22), so erfüllen diese das charakteristische Gebiet $G_1 \subseteqq G$ von B. Es gibt dann genau ein in G_1 samt seinen Ableitungen erster Ordnung eindeutiges und stetiges Integral $u(x,\,y,\,z)$ von (5.1.21), für das*

$$u(x_0,\,y,\,z) = u(y,\,z)\,, \qquad \{x_0,\,y,\,z\} \in B$$

gilt.

Was in (5.1.1) über den Aufbau allgemeinerer Gebiete aus charakteristischen Gebieten gesagt wurde, läßt sich gleichfalls übertragen. Nunmehr ist die Funktionaldeterminante von irgend drei Integralen von (5.1.21) in G identisch Null. Das entspricht dem Umstand, daß wir alle über G erklärten Integrale als Funktionen von zwei Integralen

$\varphi(x, y, z)$, $\psi(x, y, z)$ darstellen konnten. Diese nennt man wieder Hauptintegrale. Ich verzichte darauf, das näher auszuführen und verzichte auch darauf, darzulegen, was sich über Integrale sagen läßt, die durch allgemeinere Anfangsbedingungen bestimmt sind.

5.1.3. Die Differentialgleichungen $p + q\,f(x, y, z) = g(x, y, z)$. Ich wende mich den linearen inhomogenen Differentialgleichungen zu. Es mag genügen, zwei unabhängige Veränderliche anzunehmen. Es handelt sich dann um

$$p + q\,f(x, y, z) = g(x, y, z). \tag{5.1.26}$$

x und y sind die unabhängigen Veränderlichen, z ist die gesuchte Funktion. Sie kommt in den Koeffizienten f und g vor. Es wird aber nicht verlangt, daß diese linear von z abhängen. Das Wort linear bezieht sich lediglich auf die Ableitungen p und q von z nach x und y. Die gewöhnlichen Differentialgleichungen

$$\left.\begin{aligned} \frac{dy}{dx} &= f(x, y, z), \\[2mm] \frac{dz}{dx} &= g(x, y, z) \end{aligned}\right\} \tag{5.1.27}$$

definieren die **Charakteristiken**. Die Koeffizienten f und g mögen in einem Gebiet G der x und y mit ihren ersten Ableitungen eindeutig und stetig sein. G sei wie folgt definiert

$$G: \quad \{x, y\} \in G_0, \quad c_1 < z < c_2. \tag{5.1.28}$$

Hier ist G_0 ein Gebiet der x-y-Ebene und bedeuten c_1, c_2 zwei Zahlen, eventuell auch unendlich. Die Annahme über die partiellen Ableitungen der f und g sichert die LIPSCHITZ-Bedingung für diese Funktionen und damit die Unität der Lösungen von (5.1.27).

Jede Integralfläche von (5.1.26) kann als geometrischer Ort der durch ihre Punkte gehenden Charakteristiken aufgefaßt werden. Das heißt, wenn eine Charakteristik durch einen Punkt $\{x_0, y_0, z_0 = z(x_0, y_0)\}$ einer Integralfläche $z = z(x, y)$ geht, die in G gelegen ist, so liegt die Charakteristik auf dieser Integralfläche, solange sie in G verläuft. Ist nämlich $y = y(x)$, $z = z(x)$, $y_0 = y(x_0)$, $z_0 = z(x_0)$ die Charakteristik durch den Punkt $\{x_0, y_0, z_0 = z(x_0, y_0)\}$, so ist

$$z(x_0) = z(x_0, y(x_0)). \tag{5.1.29}$$

Weiter aber ist wegen (5.1.26)

$$\frac{d[z(x) - z(x, y(x))]}{dx} = g - p - q\,f = 0$$

längs der Charakteristik. Das heißt $z(x) - z(x, y(x)) = \text{const}$ längs der Charakteristik. Nach (5.1.29) ist aber diese Konstante Null, und das beweist die Behauptung.

Ist umgekehrt

$$x = x_0, \quad a < y < b, \quad c_1 < z < c_2$$

ein G angehöriges Rechteck und

$$A: \quad x = x_0, \quad z_0 = z(y_0), \quad a < y_0 < b \tag{5.1.30}$$

eine dem Rechteck angehörige stetig differenzierbare Kurve A, so ist der geometrische Ort der in G verlaufenden Bogen der Charakteristiken, die durch Punkte von A gehen, eine Integralfläche von (5.1.26) in einer gewissen Umgebung U von A. Die Charakteristiken durch die Punkte von A können nämlich wie folgt geschrieben werden:

$$\left.\begin{array}{l} y = \varphi\big(x_0, y_0, z(y_0), x\big), \\ z = \psi\big(x_0, y_0, z(y_0), x\big). \end{array}\right\} \tag{5.1.31}$$

(5.1.31) kann aber auch als Parameterdarstellung einer Fläche mit y_0 und x als Parametern aufgefaßt werden. Man erhält sie in der Form $z = z(x, y)$, wenn man y_0 aus der ersten der beiden Gln. (5.1.31) berechnet und in die zweite einsetzt. Die Funktionen φ und ψ haben nach § 1.6. stetige erste Ableitungen nach x und y_0, solange die Kurven (5.1.31) in G verbleiben. Man kann nach dem Satz über implizite Funktionen aus der ersten der beiden Gln. (5.1.3) y_0 ermitteln in einer gewissen Umgebung von $x = x_0$. Denn für $x = x_0$ ist

$$y_0 = \varphi\big(x_0, y_0, z(y_0), x_0\big)$$

und daher

$$1 = \frac{\partial \varphi}{\partial y_0}\big(x_0, y_0, z(y_0), x_0\big) + \frac{\partial \varphi}{\partial z_0}\big(x_0, y_0, z(y_0), x_0\big) z'(y_0).$$

Daher ist

$$\frac{\partial \varphi}{\partial y_0}\big(x_0, y_0, z(y_0), x\big) + \frac{\partial \varphi}{\partial z_0}\big(x_0, y_0, z(y_0), x\big) z'(y_0) \neq 0$$

für genügend kleine $|x - x_0|$. Denkt man sich die erste Gl. (5.1.31) nach y_0 aufgelöst und setzt das Ergebnis in beide Gleichungen ein und differenziert nach x und y, so erhält man

$$0 = \left\{\frac{\partial \varphi}{\partial y_0} + \frac{\partial \varphi}{\partial z_0} z'(y_0)\right\} \frac{\partial y_0}{\partial x} + f,$$

$$p = \left\{\frac{\partial \psi}{\partial y_0} + \frac{\partial \psi}{\partial z_0} z'(y_0)\right\} \frac{\partial y_0}{\partial x} + g,$$

$$1 = \left\{\frac{\partial \varphi}{\partial y_0} + \frac{\partial \varphi}{\partial z_0} z'(y_0)\right\} \frac{\partial y_0}{\partial y},$$

$$q = \left\{\frac{\partial \psi}{\partial y_0} + \frac{\partial \psi}{\partial z_0} z'(y_0)\right\} \frac{\partial y_0}{\partial y}.$$

Aus der ersten und dritten dieser Gleichungen folgt

$$f = - \frac{\partial y_0}{\partial x} \Big/ \frac{\partial y_0}{\partial y}.$$

Daher liefert die vierte der Gleichungen

$$f q = - \left(\frac{\partial \psi}{\partial y_0} + \frac{\partial \psi}{\partial z_0} z'(y_0) \right) \frac{\partial y_0}{\partial x}.$$

Und so ergibt die zweite der vier Gleichungen

$$p + f q = g.$$

Und das lehrt, daß durch (5.1.31) in einer gewissen Umgebung U der Anfangskurve A eine durch A gehende Integralfläche geliefert wird. Sie ist aus den durch die Punkte von A gehenden Charakteristiken aufgebaut und daher ist sie auch durch A eindeutig bestimmt. Denn wie schon hervorgehoben wurde, verlaufen die Charakteristiken durch die Punkte irgendeiner Integralfläche ganz auf der Integralfläche, solange sie in G bleiben. Sie sind jetzt nicht mehr die Höhenlinien wie im Fall homogener Differentialgleichungen. So haben wir

Satz (5.1.V). *Die Koeffizienten von (5.1.26) seien in einem Gebiet (5.1.28) mit ihren ersten Ableitungen eindeutig und stetig. Es sei (5.1.30) eine in G verlaufende stetig differenzierbare Kurve. Dann gibt es eine Umgebung dieser Kurve mit der Eigenschaft, daß in ihr genau eine durch A gehende Integralfläche von (5.1.26) liegt.*

Denkt man sich ein Integral $z = z(x, y)$, das mit seinen ersten Ableitungen für $\{x, y\} \in G_0$ stetig ist und der Abschätzung $c_1 < z < c_2$ genügt, implizite durch eine Gleichung

$$u(x, y, z) = 0$$

dargestellt, in der $u(x, y, z)$ samt seinen ersten Ableitungen in $G = G_0 \times (c_1, c_2)$ stetig und beschränkt sei, und wobei $\frac{\partial u}{\partial z} \neq 0$ für $\{x, y, z\} \in G$ gilt, so genügt $u(x, y, z)$ der homogenen partiellen Differentialgleichung

$$u_x + u_y f + u_z g = 0. \tag{5.1.32}$$

Es gilt nämlich

$$\left. \begin{array}{l} u_x + u_z p = 0, \\ u_y + u_z q = 0, \end{array} \right\} \tag{5.1.33}$$

so daß (5.1.32) aus (5.1.26) folgt, auch dann, wenn $u_z = 0$ ist. Aber auch umgekehrt: Genügt $u(x, y, z)$ unter den aufgezählten Annahmen betr. Stetigkeit und betr. $\frac{\partial u}{\partial z} \neq 0$ der Differentialgleichung (5.1.32), so ist jede für $\{x, y\} \in G_0$ mit ihren ersten Ableitungen stetige Funktion $z(x, y)$, die daselbst der Abschätzung $c_1 < z < c_2$ genügt, ein Integral von (5.1.26). Das folgt wieder, indem man aus (5.1.33) u_x und u_y entnimmt und in (5.1.32) einsetzt, und dabei $u_z \neq 0$ beachtet.

Man kann den dargelegten Zusammenhang zwischen (5.1.26) und (5.1.32) benutzen, um Satz (5.1.V) aus Satz (5.1.IV) zu erschließen. Das soll nicht näher ausgeführt werden (vgl. indessen 5.2.).

5.2. Geometrische Deutung

$$p = \frac{\partial z}{\partial x} \quad \text{und} \quad q = \frac{\partial z}{\partial y}$$

geben die Stellung der Tangentialebene an die Fläche $z = z(x, y)$ an. Ihre Gleichung im Punkte $\{x_0, y_0, z_0 = z(x_0, y_0)\}$ ist

$$p_0(x - x_0) + q_0(y - y_0) = z - z_0. \tag{5.2.1}$$

$(p_0, q_0, -1)$ sind die Koordinaten des Normalvektors dieser Tangentialebene und damit der Fläche $z = z(x, y)$ im Punkte $\{x_0, y_0, z_0\}$. Die partielle Differentialgleichung (5.1.26) schreibt in jedem Punkt eine lineare Beziehung für die möglichen Normalvektoren der Integralflächen vor. Wenn nämlich im Punkte $\{x_0, y_0, z_0\}$

$$p_0 + q_0 f_0 = g_0$$

gilt, so sind in

$$z - z_0 = g_0(x - x_0) + q_0\{y - y_0 - f_0(x - x_0)\}$$

bei beliebigem q_0 alle in Betracht kommenden Tangentialebenen enthalten. Sie gehören einem Büschel mit der Trägergeraden

$$y - y_0 = f_0(x - x_0), \quad z - z_0 = g_0(x - x_0) \tag{5.2.2}$$

an. Nur die Büschelebene

$$y - y_0 = f_0(x - x_0)$$

kann nicht Tangentialebene einer Integralfläche sein, da sie für kein (endliches) q_0 herauskommt.

Durch die gewöhnlichen Differentialgleichungen (5.1.27) wird jedem Punkte $\{x, y, z\}$ die Trägergerade (5.2.2) des in ihm durch die partielle Differentialgleichung definierten Büschels von möglichen Tangentialebenen zugeordnet. Unter den Trägergeraden kommen Parallelen zur z-Achse nicht vor. Die Trägergeraden sind in jedem Punkt Tangenten an alle durch den Punkt gehenden Integralflächen. Nennt man einen Punkt und eine durch ihn gehende Ebene ein Flächenelement, so wird durch die partielle Differentialgleichung (5.1.26) jedem Punkt ein Büschel von Flächenelementen (Integralelemente) zugeordnet. In jedem Büschel fehlt freilich eine Ebene. Aufgabe der Integration ist es. Flächen zu finden, deren Flächenelemente Integralelemente sind. Die Überlegungen von § 5.1. lehren, daß dies darauf hinauskommt, Charakteristiken zu finden, d. h. Kurven, die in jedem Punkt die dort vorgeschriebene Trägergerade berühren und solche Charakteristiken dann längs der Anfangskurve aneinanderzureihen. Die geometrische Deutung macht dies Ergebnis durchaus plausibel. Man kann aber auch die geometrische Deutung zur Integrationstheorie ausbauen und diese dabei verallgemeinern. Man kann dabei nämlich auf volle Ebenenbüschel abstellen, statt bloß von Fragmenten solcher zu handeln, und man kann auch auf die Ausnahmestellung gewisser Trägergeraden verzichten.

Die sich so ergebende Verallgemeinerung ist diese: In der linearen homogenen Gleichung

$$\sum_1^3 a_k(x_1, x_2, x_3)\, \xi_k(x_1, x_2, x_3) = 0 \qquad (5.2.3)$$

mögen die x_1, x_2, x_3 rechtwinklige cartesische Koordinaten bedeuten. Die Funktionen $a_k(x_1, x_2, x_3)$ sollen in einem Gebiet G der x_1, x_2, x_3 mit ihren ersten Ableitungen stetig eindeutig und nach oben und unten beschränkt sein. Die drei Funktionen $a_k(x_1, x_2, x_3)$ sollen in keinem Punkt von G alle gleichzeitig verschwinden. Durch (5.2.3) wird jedem Punkt $\mathfrak{x} = (x_1, x_2, x_3)$ ein Büschel von Einheitsvektoren $\xi = (\xi_1, \xi_2, \xi_3)$ zugeordnet. Setzt man den Vektor

$$\mathfrak{a} = (a_1, a_2, a_3),$$

so kann man statt (5.2.3) auch

$$\mathfrak{a}\, \xi = 0 \qquad (5.2.4)$$

schreiben, im Sinne der inneren Produktbildung der Vektorrechnung. Flächen nehmen wir in Parameterdarstellung

$$\mathfrak{x} = \mathfrak{x}(u_1, u_2) \qquad (5.2.5)$$

an. Dabei sei $\mathfrak{x} = (x_1, x_2, x_3)$ der Ortsvektor des Flächenpunktes. Die $x_k(u_1, u_2)$ sollen in einem Gebiet B der u_1, u_2 mit ihren ersten Ableitungen stetig sein. Die Fläche soll für $(u_1, u_2) \in B$ dem Gebiet G angehören. In jedem Punkt des Flächenstückes sei $\mathfrak{x}_1 \times \mathfrak{x}_2 \neq \mathfrak{O}$. Dann wird

$$\xi = \frac{\mathfrak{x}_1 \times \mathfrak{x}_2}{\sqrt{g_{11} g_{22} - g_{12}^2}}, \qquad g_{ik} = \mathfrak{x}_i \mathfrak{x}_k, \qquad \mathfrak{x}_i = \frac{\partial \mathfrak{x}}{\partial u_i}$$

der Einheitsvektor der Flächennormalen. Die Verallgemeinerung des Integrationsproblems (5.1.26) verlangt dann die Auffindung von

Flächen, deren Normalvektor in jedem Punkt der Relation (5.2.4) genügt.

Charakteristiken heißen jetzt die Kurven, die in jedem Punkt auf allen diesem Punkt durch (5.2.4) zugeordneten Vektoren senkrecht stehen. Die Differentialgleichungen der Charakteristiken sind daher

$$\frac{d\mathfrak{x}}{dt} = \mathfrak{a}\{\mathfrak{x}\}\,. \tag{5.2.6}$$

Die durch den Punkt $\mathfrak{x}_0 = (x_1^{(0)},\, x_2^{(0)},\, x_3^{(0)})$ gehende Charakteristik sei

$$\mathfrak{x} = \mathfrak{x}[\mathfrak{x}_0,\, t] = \mathfrak{x}(x_1^{(0)},\, x_2^{(0)},\, x_3^{(0)},\, t)\,. \tag{5.2.7}$$

Dabei möge $t = 0$ dem Anfangspunkt $\mathfrak{x}_0$ entsprechen.

Jede in G oder einem Teilgebiet von G mit ihren ersten Ableitungen stetige Funktion $u(x_1,\, x_2,\, x_3)$ definiert durch die Gleichung

$$u(\mathfrak{x}) \equiv u(x_1,\, x_2,\, x_3) = 0 \tag{5.2.8}$$

eine Integralfläche von (5.2.4), wenn u von t unabhängig wird, sobald man darin (5.2.7) einträgt, und wenn nicht alle drei Ableitungen $\partial u/\partial x_k$ zugleich Null sind. Denn wenn

$$\frac{du(\mathfrak{x})}{dt} = \sum_1^3 \frac{\partial u}{\partial x_k}\, \frac{d x_k}{dt} = 0$$

gilt, so wird dies wegen (5.2.6) zu

$$\sum_1^3 a_k\, \frac{\partial u}{\partial x_k} = 0\,.$$

Die $\partial u/\partial x_k$ definieren aber bekanntlich die Flächennormale der durch $u = 0$ dargestellten Fläche, falls diese Ableitungen nicht alle drei zugleich Null sind. Damit ist die Behauptung bewiesen.

Nun sei durch

$$A:\quad [\mathfrak{x}_0 = \mathfrak{x}_0(\tau)] \in G, \quad \alpha < \tau < \beta \tag{5.2.9}$$

eine stetig differenzierbare Anfangskurve gegeben, die in keinem ihrer Punkte die durch diesen Punkt gehende Charakteristik berührt. Das heißt, es soll in jedem Punkt von A

$$\mathfrak{x}_0'(\tau) \times \mathfrak{a}\{\varphi_0(\tau)\} \neq \mathfrak{D} \tag{5.2.10}$$

sein. Durch die Punkte von A lege man die Charakteristiken. Ihr geometrischer Ort ist eine Integralfläche, solange die Charakteristikenbogen hinreichend kurz sind. Nach (5.2.7) ist der geometrische Ort der Charakteristiken durch die Punkte von A

$$\mathfrak{x} = \mathfrak{x}[\mathfrak{x}_0(\tau),\, t]\,. \tag{5.2.11}$$

Es ist nach (5.2.6)

$$\frac{\partial \mathfrak{x}}{\partial t} = \mathfrak{a}$$

und

$$\frac{\partial \mathfrak{x}}{\partial \tau} = \sum_{1}^{3} \frac{\partial \mathfrak{x}}{\partial x_k^{(0)}} \frac{d x_k^{(0)}}{d \tau} .$$

(Die Ableitungen $\partial \mathfrak{x}/\partial x_k^{(0)}$ sind nach § 1.6. stetig, weil $\mathfrak{a}$ stetige erste Ableitungen hat.) Für $t = 0$ fallen die Koordinaten des Normalvektors

$$\frac{\partial \mathfrak{x}}{\partial t} \times \frac{\partial \mathfrak{x}}{\partial \tau}$$

mit den zweireihigen Determinanten der Matrix (5.2.10) zusammen, sind also für $t = 0$ nicht alle zugleich Null. Aus Stetigkeitsgründen bleibt das auch für genügend kleine $|t|$ so. Bezeichnet man den Einheitsvektor der Flächennormalen wieder mit ξ, so ist die Gl. (5.2.4) wegen $\dfrac{\partial \mathfrak{x}}{\partial t} = \mathfrak{a}$ erfüllt, und somit ist (5.2.11) eine Integralfläche von (5.2.4) durch die Anfangskurve (5.2.9). Sie ist in einer gewissen Umgebung U von A mit ihren ersten Ableitungen stetig. Sie ist in dieser Umgebung auch eindeutig bestimmt, weil jede Integralfläche geometrischer Ort von Charakteristiken ist.

5.3. Lineare Differentialgleichungen ohne Integrale

In § 5.1. wurde hervorgehoben, daß Integral einer Differentialgleichung (5.1.4) also auch (5.1.26) stets eine Funktion heißen soll, die mit ihren ersten Ableitungen in einem Gebiet stetig ist. Die Koeffizienten der Differentialgleichungen wurden ebenfalls als samt ihren ersten Ableitungen stetig angenommen. O. PERRON hat wohl zuerst, und zwar Math. Z. Bd. 27 (1928), darauf aufmerksam gemacht, daß es lineare Differentialgleichungen (5.1.26) gibt, die kein (mit den ersten Ableitungen stetiges) Integral besitzen, wenn man auf die Annahme der Differenzierbarkeit der Koeffizienten verzichtet. So hat

$$\frac{\partial z}{\partial x} = \frac{\partial z}{\partial y} + g(x + y) \tag{5.3.1}$$

kein mit den ersten Ableitungen zugleich stetiges Integral, wenn $g(\xi)$ eine zwar stetige, aber nirgends differenzierbare Funktion bedeutet. Man führe in (5.3.1) durch

$$x + y = \xi, \qquad x - y = \eta \tag{5.3.2}$$

neue Veränderliche ein. Das ist möglich, weil nach Integralen $z(x, y)$ gefragt wird, die mit ihren ersten Ableitungen zugleich stetig sind.

Das erlaubt die Anwendung der Kettenregel der Differentialrechnung. Durch die Substitution (5.3.2) geht (5.3.1) in

$$\frac{\partial z}{\partial \eta} = \frac{1}{2} g(\xi) \qquad (5.3.3)$$

über, und die mit den ersten Ableitungen zugleich stetigen Integrale der Differentialgleichungen (5.3.1) und (5.3.3) entsprechen einander umkehrbar eindeutig. In (5.3.3) tritt eine Ableitung nach ξ nicht auf. Nach den Regeln der Integralrechnung sind die sämtlichen stetigen Integrale dieser gewöhnlichen Differentialgleichung (5.3.3) durch

$$z = \frac{1}{2} \eta g(\xi) + \varphi(\xi) \qquad (5.3.4)$$

gegeben. Dabei ist $\varphi(\xi)$ eine beliebige stetige Funktion von ξ. Da aber $g(\xi)$ als nichtdifferenzierbar angenommen ist, ist keine dieser Funktionen nach ξ differenzierbar. Daher hat auch (5.3.1) kein Integral, dessen Ableitungen nach x und y beide existieren und beide stetig sind. Die Stetigkeit der Ableitungen nach x und y kommt hier wegen der bei der Herleitung benutzten Kettenregel wieder herein. Man könnte zwar mit geringeren Voraussetzungen für die Anwendung der Kettenregel auskommen. Es bleibt aber auch dann noch die Frage offen, ob es lineare Differentialgleichungen ohne Integrale gibt, wenn man nur Stetigkeit der Koeffizienten und Existenz der ersten Ableitungen der Integrale fordert. H. Hornich hat in Mh. Math. Bd. 59 (1955) derartige Beispiele angegeben.

5.4. Die allgemeine partielle Differentialgleichung erster Ordnung

Sie hat bei zwei unabhängigen Veränderlichen x, y und einer unbekannten Funktion z die Form

$$f(x, y, z, p, q) = 0. \qquad (5.4.1)$$

Es wird vorausgesetzt, daß f samt seinen partiellen Ableitungen der zwei ersten Ordnungen in einem Gebiet G der fünf Veränderlichen x, y, z, p, q eindeutig, stetig und beschränkt ist. Es sei $(x_0, y_0, z_0, p_0, q_0) \in G$ ein der Gl. (5.4.1) genügendes Flächenelement (Integralelement). Es sei

$$\frac{\partial f}{\partial p}(x_0, y_0, z_0, p_0, q_0) \neq 0.$$

Dann gilt $\dfrac{\partial f}{\partial p} \neq 0$ auch für eine gewisse Umgebung U dieses Integralelementes, und man kann für diese Umgebung die Gl. (5.4.1) auf die Form

$$p - g(x, y, z, q) = 0 \qquad (5.4.2)$$

bringen. Es sei weiter angenommen, daß G eine solche Umgebung ist. Nach dem Satz über implizite Funktionen ist dann auch die linke Seite von (5.4.2) in G samt ihren Ableitungen der zwei ersten Ordnungen eindeutig, stetig und beschränkt. Die partielle Differentialgleichung (5.4.1) ordnet dem Trägerpunkt x, y, z eines Integralelementes eine oder mehrere einparametrige Scharen von Integralelementen mit dem gleichen Trägerpunkt zu. Eine derselben, mit q als Parameter, ist durch (5.4.2) dargestellt. Geometrisch gesprochen bilden sie Kegel — die im Falle der linearen partiellen Differentialgleichung, wie wir wissen, in Büschel entarten können. Jedes Integralelement mit einem Trägerpunkt x_0, y_0, z_0 ist eine Ebene mit den Gleichungen

$$p(x - x_0) + q(y - y_0) - (z - z_0) = 0, \tag{5.4.3}$$

$$f(x_0, y_0, z_0, p, q) = 0. \tag{5.4.4}$$

Die dem Integralelement angehörige Mantellinie des Kegels genügt außerdem noch der Gleichung, die sich aus (5.4.3) durch Differentiation nach q ergibt. Unter Beachtung von (5.4.4) findet man so

$$(x - x_0)\frac{\partial f}{\partial q} - (y - y_0)\frac{\partial f}{\partial p} = 0. \tag{5.4.5}$$

Mit Hilfe eines Parameters λ hat man so für die Mantellinien die Darstellung

$$\left. \begin{aligned} x - x_0 &= \lambda f_p, \\ y - y_0 &= \lambda f_q, \\ z - z_0 &= \lambda(p f_p + q f_q). \end{aligned} \right\} \tag{5.4.6}$$

In (5.4.6) steht rechts unter den Funktionszeichen x_0, y_0, z_0, p, q.

Die (5.4.6) nehme man ohne weitere Prüfung betr. die Existenz des eingehüllten Kegels als Definition der Mantellinien. Zu jedem q gehört dann gemäß (5.4.2) genau eine Mantellinie. Wenn man sich auf (5.4.2) bezieht, so kann man in (5.4.6) für f die Funktion $p - g(x, y, z, q)$ nehmen. Dann bekommen die (5.4.6) die Form

$$\begin{aligned} x - x_0 &= \lambda, \\ y - y_0 &= -\lambda g_q, \\ z - z_0 &= \lambda(p - q g_q). \end{aligned}$$

Ich halte aber meist an der übersichtlicheren Schreibweise (5.4.6) fest. Charakteristiken sollen Kurven heißen, die in jedem Punkt eine Mantellinie berühren. Für sie gilt also

$$\frac{dx}{dt} = \lambda f_p,$$

$$\frac{dy}{dt} = \lambda f_q,$$

$$\frac{dz}{dt} = \lambda(p f_p + q f_q).$$

Hier steht rechts unter den Funktionszeichen x, y, z, p, q. Wegen $f_p \neq 0$ kann man den Parameter so wählen, daß $x' = f_p$ ist. Dann hat man für die Charakteristiken die Differentialgleichungen

$$\left. \begin{aligned} \frac{dx}{dt} &= f_p\,, \\[2mm] \frac{dy}{dt} &= f_q\,, \\[2mm] \frac{dz}{dt} &= p\,f_p + q\,f_q\,. \end{aligned} \right\} \tag{5.4.7}$$

Die letzte Gl. (5.4.7) kann auch in der Form

$$z' = p\,x' + q\,y' \tag{5.4.7'}$$

geschrieben werden. Eine dieser Bedingung (5.4.7′) genügende einparametrige Schar von Flächenelementen nennt man einen **Streifen**. Die Definition des Streifens ist also diese:

Die Funktionen $x(t)$, $y(t)$, $z(t)$, $p(t)$, $q(t)$ seien samt ihren ersten Ableitungen in einem Intervall $a \leqq t \leqq b$ stetig. Außerdem gelte (5.4.7′) für $a \leqq t \leqq b$. Endlich sei

$$\left(\frac{dx}{dt}\,, \frac{dy}{dt} \right) \neq (0,\, 0)\,, \quad a \leqq t \leqq b\,.$$

Dann heißt

$$x = x(t)\,, \quad y = y(t)\,, \quad z = z(t)\,, \quad p = p(t)\,, \quad q = q(t)\,, \quad a \leqq t \leqq b$$

ein Streifen.

Die Streifenbedingung (5.4.7′) muß immer dann erfüllt sein, wenn die zuletzt aufgeschriebene einparametrige Schar von Flächenelementen aus Tangentialebenen einer Fläche $z = z(x,\, y)$ bestehen soll. Denn sie ergibt sich durch Differentiation nach t aus

$$z(t) = z\big(x(t),\, y(t)\big)\,,$$

was ja längs dem Streifen identisch in t gelten soll.

In (5.4.7) kommen aber rechts noch p und q vor, wenn nicht gerade lineare Differentialgleichungen (5.1.5) oder (5.1.26) vorliegen. p und q sind längs der Charakteristik auch Funktionen von t, die mit $x(t)$, $y(t)$, $z(t)$ zusammen (5.4.1) befriedigen und die als stetig differenzierbar angenommen werden sollen. Es gilt aber längs der Charakteristik identisch in x und y

$$f\big(x,\, y,\, z(x,\, y),\, p(x,\, y),\, q(x,\, y)\big) = 0\,.$$

Daraus ergibt sich gemäß (5.4.7) durch Differentiation nach x bzw. y unter Berücksichtigung von $p_y = q_x$

$$f_x + p\,f_z + \frac{dp}{dt} = 0\,,$$

$$f_y + q\,f_z + \frac{dq}{dt} = 0\,.$$

Somit hat man noch

$$\frac{dp}{dt} = -f_x - f_z\,p\,,$$
$$\frac{dq}{dt} = -f_y - f_z\,q\,.$$

$$(5.4.8)$$

(5.4.7) zusammen mit (5.4.8) sind nun fünf gewöhnliche Differentialgleichungen für fünf Funktionen von t. Ihre Lösungen bilden einparametrige Scharen von Flächenelementen, die sogenannten **charakteristischen Streifen**, die im allgemeinen Fall die Rolle der charakteristischen Kurven des linearen Sonderfalls übernehmen. Das System der Differentialgleichungen (5.4.7) und (5.4.8) nennt man auch das System der **charakteristischen Differentialgleichungen.** Es gilt

Satz (5.4.I). *Ein charakteristischer Streifen durch ein Integralelement als Anfangselement ist ein Integralstreifen, d. h. er besteht aus lauter Integralelementen.*

Beweis: Es sei

$$x_0,\ y_0,\ z_0,\ p_0,\ q_0$$

das Anfangselement, und es gelte

$$f(x_0,\ y_0,\ z_0,\ p_0,\ q_0) = 0\,.$$

Es sei $x = x(t)$, $y = y(t)$, $z = z(t)$, $p = p(t)$, $q = q(t)$ der durch dies Anfangselement bestimmte charakteristische Streifen. Setzt man diese fünf Funktionen in $f(x, y, z, p, q)$ ein und differenziert nach t, so kommt

$$f_x\,x' + f_y\,y' + f_z\,z' + f_p\,p' + f_q\,q' = 0\,,$$

und das ist wegen (5.4.7) und (5.4.8) Null. Daher ist f längs jedem charakteristischen Streifen konstant und daher Null, wenn der charakteristische Streifen durch ein Integralelement geht.

Satz (5.4.I) liefert den Grundgedanken eines Integrationsverfahrens für (5.4.1): Man gehe von irgendeinem Anfangsstreifen von Integralelementen aus und lege durch seine Flächenelemente die charakteristischen Streifen. Der geometrische Ort dieser charakteristischen Streifen wird sich unter gewissen noch anzugebenden Annahmen als Integralfläche durch den Anfangsstreifen erweisen. Anfangsstreifen sind wie folgt zu ermitteln: Für jeden Integralstreifen $x(\tau), \ldots, q(\tau)$ gilt

und

$$\frac{dz}{d\tau} = p\,\frac{dx}{d\tau} + q\,\frac{dy}{d\tau}$$
$$f(x,\ y,\ z,\ p,\ q) = 0\,.$$

$$(5.4.9)$$

Das heißt, nach (5.4.2) mit $f \equiv p - g(x, y, z, q)$

$$\dot{z} = \dot{x}\, g(x, y, z, q) + \dot{y}\, q. \tag{5.4.10}$$

Bei Vorgabe von stetig differenzierbaren Funktionen $x(\tau)$, $y(\tau)$, $q(\tau)$ $(\alpha \leqq \tau \leqq \beta)$ ist dies eine gewöhnliche Differentialgleichung für $z(\tau)$, die den Voraussetzungen der Existenzsätze von § 1 genügt. Aus ihr bekommt man durch Integration $z(\tau)$ und damit einen Integralstreifen, wenn man den Anfangswert $z(0) = z_0$ so wählt, daß er mit den Werten von x, y, p, q an der Stelle $\tau = 0$ zusammen ein Integralelement definiert. Der gewonnene Streifen soll für ein Intervall $\alpha \leqq \tau \leqq \beta$ einer abgeschlossenen Teilmenge des Gebietes G angehören. Er ist in diesem Intervall mit seinen ersten Ableitungen stetig. Zu seiner Konstruktion gingen wir von gegebenen stetig differenzierbaren Funktionen $x(\tau)$, $y(\tau)$, $q(\tau)$ aus und gewannen aus (5.4.10) bzw. (5.4.2) zugehörige stetig differenzierbare $z(\tau)$ und $p(\tau)$. Es erscheint wünschenswert, von gegebenen $x(\tau)$, $y(\tau)$, $z(\tau)$, also der Trägerkurve des Anfangsstreifens, auszugehen. Will man dann aus (5.4.10) ein zugehöriges stetig differenzierbares $q(\tau)$ ermitteln, so muß man mit einem Integralelement bei $\tau = 0$ beginnen, das durch die Tangente der Trägerkurve bei $\tau = 0$ hindurchgeht. Das bedeutet schon eine Einschränkung für die Auswahl der Trägerkurve des Anfangsstreifens, da nicht durch jede die Kegelspitze passierende Gerade eine Tangentialebene an den Kegel zu gehen braucht. Die Integralelemente umhüllen ja an jeder Stelle einen Kegel. Außerdem aber muß man noch fordern, daß für das $\tau = 0$ entsprechende Integralelement des Anfangsstreifens

$$\dot{x}\, \frac{\partial g}{\partial q} + \dot{y} \neq 0$$

ist, oder mit f geschrieben [wegen $f(x, y, z, g, q) = 0$]

$$\dot{x}\, \frac{\partial f}{\partial q} - \dot{y}\, \frac{\partial f}{\partial p} \neq 0 \tag{5.4.11}$$

gilt und muß außerdem annehmen, daß $x(\tau)$, $y(\tau)$, $z(\tau)$ mit ihren Ableitungen der *zwei* ersten Ordnungen stetig sind. Weiterhin wird freilich nur benutzt werden, daß der gewonnene Streifen und seine ersten Ableitungen in $\alpha \leqq \tau \leqq \beta$ stetig sind. Um den gewonnenen Streifen aber als Anfangsstreifen tauglich erscheinen zu lassen, soll nach den Erfahrungen, die bei den linearen partiellen Differentialgleichungen an entsprechender Stelle gemacht wurden, noch angenommen werden, daß die Trägerkurve des in Aussicht genommenen Anfangsstreifens in keinem Punkt die Trägerkurve eines charakteristischen Streifens gleichen Flächenelementes berührt. Diese Bedingung wird durch die Forderung (5.4.11) ausgedrückt. In $\partial f/\partial p$ und $\partial f/\partial q$

sind dabei für jedes τ die Koordinaten des zugehörigen Flächenelementes des in Aussicht genommenen Anfangsstreifens einzusetzen. Ist die Bedingung (5.4.11) längs des Streifens erfüllt, so kann die angegebene Berührung nicht stattfinden. Denn die beiden ersten Gln. (5.4.7) geben die beiden ersten Richtungskosinus der dem betr. Flächenelement zugehörigen Mantellinie an. Ist aber die Bedingung (5.4.11) nicht erfüllt, d. h. steht dort $= 0$, so besagt dies in Anbetracht der Gl. (5.4.9) und der Gln. (5.4.7), daß doch Berührung der Trägerkurven statthat.

Nun sei

$$\left.\begin{aligned} x &= x(t, x_0, y_0, z_0, p_0, q_0) \\ &\;\;\vdots \\ q &= q(t, x_0, y_0, z_0, p_0, q_0) \end{aligned}\right\} \qquad (5.4.12)$$

der charakteristische Streifen durch irgendein Anfangselement $x_0, \ldots, q_0$, das dem Parameterwert $t = 0$ entsprechen möge. Ferner sei

$$x_0 = x_0(\tau), \ldots, q_0 = q_0(\tau) \qquad (5.4.13)$$

ein den Bedingungen (5.4.10) und (5.4.11) genügender einmal stetig differenzierbarer Anfangsstreifen. Dann wird durch

$$\left.\begin{aligned} x(t, \tau) &= x\big(t, x_0(\tau), \ldots, q_0(\tau)\big) \\ &\;\;\vdots \\ q(t, \tau) &= q\big(t, x_0(\tau), \ldots, q_0(\tau)\big) \end{aligned}\right\} \qquad (5.4.14)$$

der geometrische Ort der charakteristischen Streifen durch die Elemente des Anfangsstreifens dargestellt. Die in (5.4.14) stehenden Funktionen sind nach Satz (1.6.III) — der auch für Systeme gilt — und wegen der vorausgesetzten Stetigkeit der ersten Ableitungen der Funktionen $x(\tau), \ldots, q(\tau)$ mit ihren Ableitungen bis zur zweiten Ordnung in t und zur ersten Ordnung in τ stetig für $\alpha < \tau < \beta$ und $|t| < a$, wenn a hinreichend klein ist. Dahin gehören insbesondere die gemischten Ableitungen $\dfrac{\partial^2}{\partial t \partial \tau} = \dfrac{\partial^2}{\partial \tau \partial t}$ der fünf Funktionen $x(t, \tau), \ldots,$ $q(t, \tau)$. a soll außerdem so klein gewählt werden, daß die

$$\{x(t, \tau), \ldots, q(t, \tau)\} \quad \text{für} \quad \alpha \leqq \tau \leqq \beta, \ |t| < a$$

einer abgeschlossenen Teilmenge von G angehören.

Es wird weiter zu zeigen sein, daß die (5.4.14) für $\alpha \leqq \tau \leqq \beta$ und $|t| < a$ bei genügend kleinem a eine Fläche, und zwar eine Integralfläche, darstellen. Zunächst kann man aus den beiden ersten Gln. (5.4.14) t und τ durch x und y ausdrücken. Es ist nämlich

$$\frac{d(x, y)}{d(t, \tau)} = \frac{\partial x}{\partial t}\frac{\partial y}{\partial \tau} - \frac{\partial y}{\partial t}\frac{\partial x}{\partial \tau} \neq 0 \qquad (5.4.15)$$

für $t = 0$ und $\alpha \leqq \tau \leqq \beta$ nach (5.4.11) gesichert. Denn für $t = 0$ wird sie nach (5.4.7)

$$\frac{\partial f}{\partial p}\,\dot{y} - \frac{\partial f}{\partial q}\,\dot{x}.$$

Das ist (5.4.11). Daher ist die Funktionaldeterminante auch für $\alpha \leqq \tau \leqq \beta$ und $|t| < a$ bei genügend kleinem a von Null verschieden.

Die durch Auflösung der beiden ersten Gln. (5.4.14) nach t und τ gewonnenen Funktionen von x und y haben nach dem Satz über implizite Funktionen stetige erste Ableitungen. Man trage sie in die dritte Gl. (5.4.14) ein. So entsteht eine Fläche $z = z(x, y)$. Um zu erkennen, daß sie eine Integralfläche ist, ist zu zeigen, daß die beiden anderen Funktionen (5.4.12) also $p(t, \tau)$ und $q(t, \tau)$ für jede Stelle $\alpha < \tau < \beta$, $|t| < a$ die ersten Ableitungen p und q der Fläche $z = z(x, y)$ angeben. Dies aber läuft darauf hinaus, zu zeigen, daß

$$\begin{aligned}
\frac{\partial z}{\partial t} &= p\,\frac{\partial x}{\partial t} + q\,\frac{\partial y}{\partial t}, \\[1mm]
\frac{\partial z}{\partial \tau} &= p\,\frac{\partial x}{\partial \tau} + q\,\frac{\partial y}{\partial \tau}
\end{aligned} \right\} \tag{5.4.16}$$

ist. Die erste Gl. (5.4.16) ist wegen (5.4.7) für $\alpha < \tau < \beta$, $|t| < a$ erfüllt. Die zweite Gl. (5.4.16) ist jedenfalls für $\alpha < \tau < \beta$, $t = 0$ richtig. Um zu zeigen, daß sie auch für alle $|t| < a$ richtig ist, betrachte man die Funktion

$$H(t) \equiv \frac{\partial z}{\partial \tau} - p\,\frac{\partial x}{\partial \tau} - q\,\frac{\partial y}{\partial \tau}$$

bei festem τ. Es ist $H(0) = 0$. Ferner ist

$$\frac{\partial H}{\partial t} = \frac{\partial^2 z}{\partial t\,\partial \tau} - \frac{\partial p}{\partial t}\,\frac{\partial x}{\partial \tau} - p\,\frac{\partial^2 x}{\partial t\,\partial \tau} - \frac{\partial q}{\partial t}\,\frac{\partial y}{\partial \tau} - q\,\frac{\partial^2 y}{\partial t\,\partial \tau}.\,\cdot$$

Differentiation der ersten Gl. (5.4.16) nach τ ergibt

$$\frac{\partial^2 z}{\partial t\,\partial \tau} = \frac{\partial p}{\partial \tau}\,\frac{\partial x}{\partial t} + p\,\frac{\partial^2 x}{\partial t\,\partial \tau} + \frac{\partial q}{\partial \tau}\,\frac{\partial y}{\partial t} + q\,\frac{\partial^2 y}{\partial t\,\partial \tau}.$$

Addiert man beide Gleichungen zueinander, so hat man

$$\frac{\partial H}{\partial t} = \frac{\partial p}{\partial \tau}\,\frac{\partial x}{\partial t} - \frac{\partial p}{\partial t}\,\frac{\partial x}{\partial \tau} + \frac{\partial q}{\partial \tau}\,\frac{\partial y}{\partial t} - \frac{\partial q}{\partial t}\,\frac{\partial y}{\partial \tau}$$

$$= f_p\,\frac{\partial p}{\partial \tau} + f_q\,\frac{\partial q}{\partial \tau} + (f_x + p\,f_z)\,\frac{\partial x}{\partial \tau} + (f_y + q\,f_z)\,\frac{\partial y}{\partial \tau}.$$

Weil nun durch (5.4.14) lauter Integralelemente dargestellt werden, so wird $f(x, y, z, p, q) = 0$, wenn man die Funktionen (5.4.14) darin einträgt. Durch Differentiation nach τ erhält man daher

$$f_x \frac{\partial x}{\partial \tau} + f_y \frac{\partial y}{\partial \tau} + f_z \frac{\partial z}{\partial \tau} + f_p \frac{\partial p}{\partial \tau} + f_q \frac{\partial q}{\partial \tau} = 0.$$

Somit wird

$$\frac{\partial H}{\partial t} = p f_z \frac{\partial x}{\partial \tau} + q f_z \frac{\partial y}{\partial \tau} - f_z \frac{\partial z}{\partial \tau} = -f_z H.$$

Daher ist

$$H(t) = H(0) \exp\left\{ -\int\limits_0^t f_z\, dt \right\} = 0.$$

Da die Funktionen $p(t, \tau)$ und $q(t, \tau)$ stetige erste Ableitungen nach t und τ haben, und da, wie hervorgehoben wurde, sich aus den beiden ersten Gln. (5.4.14) t und τ als Funktionen von x und y ergeben, die mit stetigen ersten Ableitungen versehen sind, und da p und q sich als die Ableitungen von $z(x, y)$ nach x und y erwiesen haben, so ist die gefundene Integralfläche $z = z(x, y)$ samt den partiellen Ableitungen der beiden ersten Ordnungen stetig in dem durch

$$\alpha < \tau < \beta, \; |t| < a$$

charakterisierten Parameterbereich.

Es soll noch gezeigt werden, daß es durch den angenommenen Anfangsstreifen nicht mehr als eine zweimal stetig differenzierbare Integralfläche geben kann. Es seien $z_1(x, y)$ und $z_2(x, y)$ zwei solche. Man betrachte auf beiden Flächen Integralstreifen durch das gleiche Element des gemeinsamen Anfangsstreifens. Der Grundriß der Trägerkurven in der x-y-Ebene soll den Differentialgleichungen

$$\frac{dx}{dt} = f_p\big(x, y, z_k(x, y), p_k(x, y), q_k(x, y)\big),$$

$$\frac{dy}{dt} = f_q\big(x, y, z_k(x, y), p_k(x, y), q_k(x, y)\big), \qquad k = 1 \text{ oder } 2$$

genügen. Dann gilt natürlich auch

$$\frac{dz_k}{dt} = p_k f_p + q_k f_q, \qquad k = 1 \text{ oder } 2,$$

wobei rechts $z_k(x, y)$, $p_k(x, y)$, $q_k(x, y)$ einzusetzen ist. Nach der bei der Herleitung der Differentialgleichungen (5.4.8) benutzten Überlegung gilt dann aber auch

$$\frac{dp_k}{dt} = -f_x - f_z p_k,$$

$$\frac{dq_k}{dt} = -f_y - f_z q_k, \qquad k = 1 \text{ oder } 2.$$

Auch hier ist rechts wieder $z_k(x, y)$, $p_k(x, y)$, $q_k(x, y)$ einzusetzen. Das Ergebnis besagt, daß die auf beiden Flächen konstruierten Streifen dem gleichen System von Differentialgleichungen (5.4.7) und (5.4.8) genügen. Es handelt sich also um charakteristische Streifen. Da sie das Anfangselement gemein haben sollen, sind sie identisch. Da die Überlegung für jedes Element des Anfangsstreifens gilt, sind die beiden Integralflächen identisch. Im ganzen haben wir

Satz (5.4.III). *In einem Gebiet G der* x, y, z, p, q *sei* $f(x, y, z, p, q)$ *samt seinen partiellen Ableitungen der beiden ersten Ordnungen eindeutig und stetig. In G sei* $\frac{\partial f}{\partial p} \neq 0$. *In G gebe es einen einmal stetig differenzierbaren Anfangsstreifen* $x = x(\tau)$, $y = y(\tau)$, $z = z(\tau)$, $p = p(\tau)$, $q = q(\tau)$, $\dot{x}^2 + \dot{y}^2 \neq 0$, *für den die Bedingungen (5.4.9) und (5.4.11) erfüllt sein sollen. Dann gibt es eine Umgebung U der* x-y-*Projektion der Trägerkurve* $x = x(\tau)$, $y = y(\tau)$, $z = z(\tau)$ *dieses Anfangsstreifens, in der genau eine zweimal stetig differenzierbare Integralfläche von (5.4.2) existiert, die diesen Anfangsstreifen enthält, d. h. die durch die Trägerkurve des Anfangsstreifens geht und längs derselben von dem Anfangsstreifen berührt wird. Diese Umgebung U wird durch die* x-y-*Projektion der durch die Elemente des Anfangsstreifens gehenden charakteristischen Streifen bestimmt.*

5.5. Vollständige Integrale

Die Tatsache, daß zwei Integrale von (5.4.2), die ein Element gemein haben, sich längs dem durch dies Element definierten charakteristischen Streifen berühren, führt zu dem Gedanken durch Enveloppenbildung aus einparametrigen Scharen von Integralen von (5.4.2) weitere Integrale zu gewinnen. Nun zeigt es sich weiter, daß man zweiparametrige Scharen von Integralen angeben kann, bei denen alle Integralelemente aus einem passend gewählten Elementegebiet vorkommen. Das führt zu der Vermutung, daß man durch Enveloppenbildung aus einparametrigen Teilscharen solcher zweiparametrigen Scharen alle Integrale aus diesem Elementegebiet sollte gewinnen können. Zweiparametrige Scharen von Integralen

$$z = V(x, y, \lambda_1, \lambda_2), \tag{5.5.1}$$

deren Elemente alle Integralelemente eines Elementegebietes verbrauchen, nennt man **vollständige Integrale**. In die Definition des vollständigen Integrals nehme man noch die Forderung auf, daß $V(x, y, \lambda_1, \lambda_2)$ in einem gewissen Gebiet der x, y, λ_1, λ_2 mit seinen Ableitungen der zwei ersten Ordnungen eindeutig und stetig sei, sowie daß in diesem Gebiet die Funktionaldeterminante

$$\frac{d(V, V_y)}{d(\lambda_1, \lambda_2)} \neq 0 \qquad (5.5.2)$$

ist. Diese Forderung bringt lediglich die vorausgeschickte Begriffseigenschaft der Erfassung aller Integralelemente zu einem präzisen Ausdruck. Denn sie bedeutet, daß man zu gegebenen x, y die Werte von z und $q = \dfrac{\partial V}{\partial y}$ in einem gewissen zweidimensionalen Gebiet beliebig vorschreiben und aus den Gleichungen

$$z = V(x, y, \lambda_1, \lambda_2), \qquad q = \frac{\partial V}{\partial y}(x, y, \lambda_1, \lambda_2)$$

zugehörige λ_1, λ_2 ermitteln kann. Daß dann so alle Integralelemente erfaßt sind, liegt an der Differentialgleichung (5.4.2), die zu bekannten x, y, z, q die zugehörigen p der Integralelemente festlegt. An diese Differentialgleichung (5.4.2) knüpfen alle folgenden Erörterungen an.

Es soll nun zuerst der Existenzbeweis für vollständige Integrale eines geeigneten Elementegebiets erbracht werden. Es sei $(x_0, y_0, z_0, p_0, q_0)$ ein Integralelement aus einem Elementegebiet, für das (5.4.2) die zu Satz (5.4.II) gemachten Voraussetzungen erfüllt. Es soll gezeigt werden, daß es eine Umgebung des genannten Elementes, gibt, für die ein vollständiges Integral existiert. Man knüpfe an (5.4.14) an und wähle den folgenden von zwei Parametern λ_1, λ_2 abhängigen Anfangsintegralstreifen:

$$\begin{aligned}
x_0(\tau) &= x_0, \\
y_0(\tau) &= y_0 + \lambda_1 + \tau, \\
z_0(\tau) &= z_0 + \lambda_2 + q_0\tau + \frac{\tau^2}{2}, \\
q_0(\tau) &= q_0 + \tau,
\end{aligned}$$

$|\tau|$ hinreichend klein. Dazu kommt noch das zugehörige $p_0(\tau)$, wie es sich aus (5.4.2) ergibt. Weil $\dot{x}(0) = 0$ und $\dot{y}(0) = 1$ ist, erfüllt dieser Anfangsstreifen die Bedingung (5.4.11). Man trage ihn in (5.4.14) ein. Dann soll gezeigt werden, daß man in einer passenden Umgebung des Elementes x_0, y_0, z_0, p_0, q_0 die vier Gleichungen, die sich aus (5.4.14) für $x(t, \tau)$, $y(t, \tau)$, $z(t, \tau)$, $q(t, \tau)$ ergeben, nach t, τ, λ_1, λ_2 auflösen kann. An der Stelle $t = \tau = \lambda_1 = \lambda_2 = 0$ wird nämlich die Funktionaldeterminante

$$\frac{d(x, y, z, q)}{d(t, \tau, \lambda_1, \lambda_2)} = \begin{vmatrix} 1 & 0 & 0 & 0 \\ y'(0) & 1 & 1 & 0 \\ z'(0) & \cdot q_0 & 0 & 1 \\ q'(0) & 1 & 0 & 0 \end{vmatrix} = 1.$$

Daher kann man ϱ so klein wählen, daß diese Funktionaldeterminante auch für $|t| < \varrho$, $|\tau| < \varrho$, $|\lambda_1| < \varrho$, $|\lambda_2| < \varrho$ von Null verschieden bleibt. Es gibt daher eine Umgebung U des Elementes $(x_0, y_0, z_0, p_0, q_0)$, für die man die benutzten vier Gleichungen eindeutig nach t, τ, λ_1, λ_2 auflösen kann. Trägt man wie in § 5.4. die aus den beiden Gleichungen für $x(t, \tau)$ und $y(t, \tau)$ gefundenen Werte von t und τ in die drei anderen ein, so erhält man nach § 5.4. in

$$\left.\begin{aligned}
z &= V(x, y, \lambda_1, \lambda_2), \\
p &= V_x(x, y, \lambda_1, \lambda_2), \\
q &= V_y(x, y, \lambda_1, \lambda_2).
\end{aligned}\right\} \tag{5.5.3}$$

die Darstellung einer zweiparametrigen Schar von Integralen von (5.4.2), die für eine Umgebung des Elementes $(x_0, y_0, z_0, p_0, q_0)$ nach der angestellten Überlegung ein vollständiges Integral ausmachen. Es ergibt sich dabei noch unter Berücksichtigung dessen, was aus § 1.6. über die Abhängigkeit von Parametern bekannt ist, daß $V(x, y, \lambda_1, \lambda_2)$ samt allen Ableitungen, die in x und y bis zur zweiten und in λ_1 und λ_2 bis zur ersten Ordnung ansteigen, in einer genügend kleinen Umgebung von $(x_0, y_0, \lambda_1 = 0, \lambda_2 = 0)$ stetig ist.

Es bleibt nun noch zu zeigen, daß (5.5.3) die Eigenschaft (5.5.2) hat. Es genügt, zu zeigen, daß dies an der Stelle $t = \tau = \lambda_1 = \lambda_2 = 0$ der Fall ist. Da es hierbei nur auf die ersten Ableitungen ankommt, kann man die Gln. (5.4.14) durch ihre Linearglieder ersetzen. Man hat so

$$\begin{aligned}
x &= x_0 + t, \\
y &= y_0 + y'(0)\,t + \tau + \lambda_1, \\
z &= z_0 + z'(0)\,t + q_0\tau + \lambda_2, \\
q &= q_0 + q'(0)\,t + \tau.
\end{aligned}$$

Aus den beiden ersten Gleichungen hat man

$$\begin{aligned}
t &= x - x_0, \\
\tau &= y - y_0 - y'(0)\,(x - x_0) - \lambda_1.
\end{aligned}$$

Daher liefern die beiden letzten

$$\begin{aligned}
z &= z_0 + (x - x_0)\left(z'(0) - q_0 y'(0)\right) + q_0(y - y_0) - q_0\lambda_1 + \lambda_2, \\
q &= q_0 + (x - x_0)\left(q'(0) - y'(0)\right) + (y - y_0) - \lambda_1.
\end{aligned}$$

Daher ist

$$\frac{d(V, V_y)}{d(\lambda_1, \lambda_2)} = 1$$

an der Stelle $t = \tau = \lambda_1 = \lambda_2 = 0$.

Nun werde der Gedanke weiter verfolgt, daß man durch Enveloppenbildung einparametriger Teilscharen eines vollständigen Integrals alle weiteren Integrale des betreffenden Elementegebietes bekommen kann. Zunächst sollen mit Hilfe des vollständigen Integrals die charakteristischen Streifen des gewählten Elementegebietes angegeben werden. Für die Enveloppe einer einparametrigen Teilschar $\lambda_1 = \lambda_1(\lambda)$, $\lambda_2 = \lambda_2(\lambda)$ des vollständigen Integrals setzt man bekanntlich zusätzlich zu den drei Gln. (5.5.3) noch die Ableitung nach λ Null. Da aber $\lambda_1'(0)$ und $\lambda_2'(0)$ beliebig gewählt werden können, so steht zu erwarten, daß durch die Gleichungen

$$\left.\begin{aligned}
z &= V(x,\, y,\, \lambda_1,\, \lambda_2)\,, \\
p &= V_x(x,\, y,\, \lambda_1,\, \lambda_2)\,, \\
q &= V_y(x,\, y,\, \lambda_1,\, \lambda_2)\,, \\
\lambda_3 \frac{\partial V}{\partial \lambda_1} + \lambda_4 \frac{\partial V}{\partial \lambda_2} &= 0\,, \qquad \lambda_3^2 + \lambda_4^2 \neq 0
\end{aligned}\right\} \tag{5.5.4}$$

mit willkürlichen Parametern $\lambda_1,\, \lambda_2,\, \lambda_3,\, \lambda_4$ alle charakteristischen Streifen dargestellt werden.

Ich stelle zuerst fest, daß jede Kurve $x = x(t)$, $y = y(t)$, die der vierten dieser drei Gleichungen genügt, auch die beiden ersten Differentialgleichungen (5.4.7), d. h.

$$\frac{dx}{dt} = 1\,, \qquad \frac{dy}{dt} = -g_q \tag{5.5.5}$$

befriedigt. Trägt man nämlich eine solche stetig differenzierbare Kurve in die vierte Gl. (5.5.4) ein und differenziert nach t, so kommt

$$(\lambda_3 V_{x\lambda_1} + \lambda_4 V_{x\lambda_2})\, x' + (\lambda_3 V_{y\lambda_1} + \lambda_4 V_{y\lambda_2})\, y' = 0\,. \tag{5.5.6}$$

Hier ist aber

$$\lambda_3 V_{y\lambda_1} + \lambda_4 V_{y\lambda_2} \neq 0\,.$$

Denn anderenfalls wäre wegen der vierten Gl. (5.5.4) und wegen $\lambda_3^2 + \lambda_4^2 \neq 0$ doch

$$\frac{d(V,\, V_y)}{d(\lambda_1,\, \lambda_2)} = 0\,.$$

Das Verhältnis x'/y' ist daher aus (5.5.6) bestimmt. Weiter aber ist (5.5.6) richtig, wenn man (5.5.5) einträgt. Denn es ist

$$\lambda_3(V_{x\lambda_1} - g_q V_{y\lambda_1}) + \lambda_4(V_{x\lambda_2} - g_q V_{y\lambda_2}) = 0\,. \tag{5.5.7}$$

Setzt man nämlich $V(x,\, y,\, \lambda_1,\, \lambda_2)$ in (5.4.2) ein und differenziert nach λ_1 und λ_2, so hat man

$$V_{x\lambda_1} - g_z V_{\lambda_1} - g_q V_{y\lambda_1} = 0,$$

$$V_{x\lambda_2} - g_z V_{\lambda_2} - g_q V_{y\lambda_2} = 0.$$

Multipliziert man diese Gleichungen mit λ_3 bzw. λ_4 und addiert, so kommt (5.5.7), weil doch die vierte Gl. (5.5.4) richtig sein soll. Demnach genügt jeder Streifen, der die vier Gln. (5.5.4) erfüllt, (5.5.5), d. h. den beiden ersten Differentialgleichungen (5.4.7). Daß auch die dritte Gl. (5.4.7) und die Gln. (5.4.8) gelten, sieht man so: Nach der ersten Gl. (5.5.4) und nach (5.4.2) und (5.5.5) ist

$$\frac{dz}{dt} = p - q\,g_q.$$

Das ist die dritte Gl. (5.4.7). Weiter ist

$$\frac{dp}{dt} = V_{xx} - V_{xy}\,g_q.$$

Aus (5.4.2) aber ist

$$V_x = g(x, y, V, V_y)$$

und daher

$$V_{xx} = g_x + g_z\,p + g_q\,V_{xy}.$$

So ist

$$\frac{dp}{dt} = g_x + g_z\,p.$$

Analog findet man

$$\frac{dq}{dt} = g_y + g_z\,q.$$

Jeder Streifen, der die vier Gln. (5.5.4) befriedigt, ist also ein charakteristischer Streifen. Geht er durch ein Integralelement, wie das die vier Gln. (5.5.4) bedingen, so ist er ein charakteristischer Integralstreifen. Da beim vollständigen Integral alle Integralelemente vorkommen, so hat man

Satz (5.5.I). *Ist* $z = V(x, y, \lambda_1, \lambda_2)$ *ein vollständiges Integral von* (5.4.2) *für ein gewisses Gebiet G, so stellt* (5.5.4) *genau die charakteristischen Integralstreifen dieses Gebietes dar.*

Da in (5.5.4) sämtliche charakteristischen Integralstreifen zur Darstellung gekommen sind, kann man aus dem vollständigen Integral auch alle Integralflächen aus dem Elementegebiet finden, dessen vollständiges Integral man kennt. Will man durch einen Anfangsintegralstreifen (5.4.13), der der Bedingung (5.4.11) genügt, auf diesem Wege die Integralfläche legen, so muß man λ_1, λ_2, λ_3, λ_4 so als Funktionen von τ bestimmen, daß man in (5.5.4) die charakteristischen Integralstreifen durch die Elemente des Anfangsstreifens vor sich hat. Dazu trage man in alle vier Gln. (5.5.4) die Darstellung (5.4.13) des Anfangsstreifens ein. Da man die erste und die dritte dieser Gleichungen nach der Definitionseigenschaft (5.5.2) des vollständigen Integrals nach λ_1 und λ_2 auflösen kann, hat man so schon $\lambda_1(\tau)$, $\lambda_2(\tau)$ gefunden. Diese setze man in die vierte Gl. (5.5.4) ein. Dann hat man $\lambda_3(\tau)$ und $\lambda_4(\tau)$ bis auf einen willkürlich bleibenden gemeinsamen Faktor. Diese vier Funktionen $\lambda_k(\tau)$, $k = 1, \ldots, 4$ lasse man in (5.5.4) stehen, nehme nun aber wieder x und y frei veränderlich. Dann gibt die vierte Gleichung, wie beim Beweis von Satz (5.5.I) sich zeigte, die Gleichung zwischen x und y an, die dem Träger des charakteristischen Streifens durch das Element τ des Anfangsstreifens zukommt. Es bleibe dahingestellt, ob man nicht aus dieser Gleichung schon τ als Funktion von x und y ablesen kann. Wenn das möglich ist, hat man das nur in $z = V(x, y, \lambda_1(\tau), \lambda_2(\tau))$ einzusetzen, um die Gleichung der Integralfläche durch den Anfangsstreifen zu bekommen. Wohl aber kann man, wie sich aus dem Beweis zu Satz (5.5.I) ergibt, aus der vierten Gl. (5.5.4) · y als Funktion von x und τ ermitteln und das in $z = V(x, y, \lambda_1(\tau), \lambda_2(\tau))$ einsetzen. Man erhält so eine Parameterdarstellung der Fläche, indem y und z als Funktionen von x und τ dargestellt sind. Da aber nach dem Satz (5.4.III) die gefundene Integralfläche mit ihren Ableitungen der beiden ersten Ordnungen nach x und y stetig ist, muß sich auch die Darstellung $z = z(x, y)$ finden lassen. Es wird nur von Fall zu Fall verschieden sein, wie man rechnen muß.

Wenn nun aber die Eigenschaften des vollständigen Integrals eine sinnvolle Bedeutung für die Integration der partiellen Differentialgleichung (5.4.2) haben sollen, so wird man sich nach einem Verfahren umsehen müssen, wie man ein vollständiges Integral finden kann. Der vorgetragene Existenzbeweis für vollständige Integrale stützt sich ja auf die vollzogene Integration der Differentialgleichungen der charakteristischen Streifen. Wenn die aber geleistet ist, hat man kein vollständiges Integral nötig, um Integralflächen aus den charakteristischen Streifen aufzubauen. Die Eigenschaften des vollständigen Integrals bekommen erst dann eine effektive Bedeutung, wenn man vollständige Integrale unabhängig von der Integration der charakteristischen Differentialgleichungen zu finden weiß. Dann sind die Eigenschaften des vollständigen Integrals nach Satz (5.5.I) zur Integration der Differentialgleichungen der charakteristischen Differentialgleichungen zu verwerten.

Unter einem **Integral der charakteristischen Differentialgleichungen,** d. h. im Falle der partiellen Differentialgleichung (5.4.2) des Systems

$$\frac{dx}{dt} = 1, \qquad \frac{dy}{dt} = -g_q,$$

$$\frac{dz}{dt} = p - q\,g_q,$$

$$\frac{dp}{dt} = g_x + g_z\,p, \qquad \frac{dq}{dt} = g_y + g_z\,q \tag{5.5.8}$$

gewöhnlicher Differentialgleichungen, versteht man eine Funktion $F(x, y, z, p, q)$, die längs aller charakteristischen Streifen eines gewissen Elementegebietes G konstant ist, und die in G samt ihren partiellen Ableitungen der beiden ersten Ordnungen stetig ist. Diese Eigenschaften hat z. B. die Funktion $p - g(x, y, z, q)$ von (5.4.2), die für alle Integralelemente verschwindet. Diese Eigenschaften haben aber auch die Funktionen, die entstehen, wenn man die Lösungen von (5.5.8) in der Form

$$y_0 = y_0(x_0, x, y, z, p, q) \quad \text{usw.},$$

d. h. also aufgelöst nach den Werten der Koordinaten der charakteristischen Streifen für einen Wert $x = x_0$, anschreibt. Angenommen, es sei $f_1(x, y, z, p, q)$ ein weiteres Integral von (5.5.8), und es sei noch $f_{1q} + f_{1p} g_q \neq 0$ für ein gewisses Element $(x_0, \ldots, q_0)$. Dann kann man die beiden Gleichungen

$$p = g(x, y, z, q),$$
$$f_1(x, y, z, p, q) = \lambda_1 \tag{5.5.9}$$

in einer gewissen Umgebung G des genannten Elementes nach p und q auflösen, und man erhält so ein System

$$p = \varphi_1(x, y, z; \lambda_1),$$
$$q = \varphi_2(x, y, z; \lambda_1) \tag{5.5.10}$$

von zwei partiellen Differentialgleichungen für eine unbekannte Funktion $z(x, y)$. Die Funktionen φ_1 und φ_2 sind samt ihren partiellen Ableitungen der beiden ersten Ordnungen nach x, y, z, λ_1 in einem gewissen Gebiet G_0 dieser Veränderlichen stetig. Soll es Funktionen $z(x, y)$ geben, die beiden Differentialgleichungen (5.5.10) genügen, so muß die Integrabilitätsbedingung

$$\frac{\partial p}{\partial y} = \frac{\partial q}{\partial x} \tag{5.5.11}$$

erfüllt sein. Denn es wird nach Lösungen von (5.5.10) gefragt, die samt ihren Ableitungen der beiden ersten Ordnungen stetig sind. Es ist zu untersuchen, ob (5.5.11), das für jede Lösung von (5.5.10) gelten muß, eine weitere Bedingung für diese Lösungen bedeutet, oder ob (5.5.11) identisch in x, y, z, λ_1 erfüllt ist. Um das zu entscheiden, muß man (5.5.11) anschreiben unter Berücksichtigung des Umstandes, daß die linken Seiten von (5.5.9) Integrale von (5.5.10) sind. Man differenziere (5.5.9) nach Einsetzen einer Lösung $z(x, y)$ von (5.5.10), d. i. von (5.5.9) nach x und y. So erhält man

$$g_x + g_z p - p_x + g_q q_x = 0, \qquad g_y + g_z q - p_y + g_q q_y = 0,$$
$$f_{1x} + f_{1z} p + f_{1p} p_x + f_{1q} q_x = 0, \qquad f_{1y} + f_{1z} q + f_{1p} p_y + f_{1q} q_y = 0.$$

Daraus entnehme man p_y und q_x und setze beide gleich. So erhält man als Umrechnung der Integrabilitätsbedingung (5.5.11)

$$f_{1p}(g_x + p g_z) + f_{1q}(g_y + q g_z) + f_{1x} - f_{1y} g_q + f_{1z}(p - q g_q) = 0. \quad (5.5.12)$$

Das besagt weiter nichts, als daß $f_1(x, y, z, p, q)$ ein Integral der Differentialgleichungen (5.5.8) ist, d. h. daß f_1 längs jeder Lösung derselben konstant ist. (5.5.12) ist längs einem jedem charakteristischen Streifen erfüllt, einerlei, ob es sich um einen Integralstreifen handelt oder nicht. Da aber durch jedes Element ein charakteristischer Streifen geht, gilt (5.5.12) für jedes Element. Das heißt, (5.5.12) ist identisch für alle x, y, z, p, q des Elementegebietes G erfüllt. Die Integrabilitätsbedingung (5.5.11) ist daher identisch erfüllt für alle x, y, z, λ_1 eines G entsprechenden Gebietes. (5.5.11) stellt daher keine neue Bedingung für gemeinsame Lösungen der (5.5.10) dar. Es wird im folgenden Abschnitt gezeigt werden, daß die (5.5.10) genau eine zweimal stetig differenzierbare Lösung $z = V(x, y, \lambda_1)$ besitzen, die eine vorgeschriebene Anfangsbedingung $z_0 = V(x_0, y_0, \lambda_1)$ erfüllt, wofern die Stelle $(x_0, y_0, z_0, \lambda_1)$ dem Gebiet G_0 angehört. Mit anderen Worten, man kann alle Lösungen von (5.5.10) in der Form

$$z = V(x, y, \lambda_1, \lambda_2)$$

mit konstanten $\lambda_2 = z_0$ schreiben. Dies ist ein vollständiges Integral von (5.4.2) für das Gebiet G. Dazu ist nur zu zeigen, daß

$$\frac{d(V, V_y)}{d(\lambda_1, \lambda_2)} = -\frac{\partial V_y}{\partial \lambda_1} \frac{\partial V}{\partial \lambda_2} \neq 0$$

ist. Dies ist aber in einer Umgebung von $\{x_0, y_0, z_0\}$ der Fall, weil $q = \varphi_2(x, y, \lambda_1)$ durch Auflösung von (5.5.9) nach q entstanden ist und daselbst $f_{1q} + f_{1p} g_q = \frac{df_1}{dq} \neq 0$ angenommen war. Es ist aber $\frac{\partial V}{\partial \lambda_1} = 0$ an der Stelle $\{x_0, y_0\}$, und daher ist an dieser Stelle

$$\frac{\partial V_y}{\partial \lambda_1} = 1 \bigg/ \frac{df_1}{dq}.$$

Ferner ist $\lambda_2 = V(x_0, y_0, \lambda_1, \lambda_2)$, und daher ist auch $\dfrac{\partial V}{\partial \lambda_2} \neq 0$ in jener genügend kleinen Umgebung. Der Leser mag die Rechnung im einzelnen selber durchführen.

5.6. Systeme von zwei partiellen Differentialgleichungen mit einer unbekannten Funktion

Der vorige Abschnitt hat auf die Integration eines Systems

$$\left.\begin{aligned}
\frac{\partial z}{\partial x} &= \varphi_1(x, y, z, \lambda), \\
\frac{\partial z}{\partial y} &= \varphi_2(x, y, z, \lambda)
\end{aligned}\right\} \tag{5.6.1}$$

geführt. Die beiden Funktionen φ_1 und φ_2 mögen in einem Gebiet G_0 der x, y, z, λ mit ihren Ableitungen der beiden ersten Ordnungen eindeutig und stetig sein. Ferner soll die Integrabilitätsbedingung

$$\frac{\partial \varphi_1}{\partial y} + \frac{\partial \varphi_1}{\partial z}\, \varphi_2 = \frac{\partial \varphi_2}{\partial x} + \frac{\partial \varphi_2}{\partial z}\, \varphi_1 \tag{5.6.2}$$

für $(x, y, z, \lambda) \in G_0$ identisch erfüllt sein. λ ist ein Parameter, der auch fehlen kann. In diesem Fall kann man als G_0 ein Gebiet der x, y, z nehmen. Es gilt

Satz (5.6.I). *Für* (5.6.1) *seien die Funktionen* $\varphi_1(x, y, z, \lambda)$ *und* $\varphi_2(x, y, z, \lambda)$ *in einem Gebiet* G_0 *der* x, y, z, λ *mit ihren Ableitungen der beiden ersten Ordnungen stetig.* λ *ist dabei ein Parameter. Es sei* $(x_0, y_0, z_0, \lambda) \in G_0$. *Dann gibt es eine Umgebung* U *von* (x_0, y_0, λ) *und genau eine Lösung* $z = z(x, y; x_0, y_0, \lambda)$ *mit* $z_0 = z(x_0, y_0; x_0, y_0, \lambda)$ *von* (5.6.1), *die samt ihren partiellen Ableitungen der beiden ersten Ordnungen stetig ist, für*

$$(x, y, \lambda) \in U, \qquad (x_0, y_0, z_0, \lambda) \in G_0.$$

Die Integration von (5.6.1) wird auf gewöhnliche Differentialgleichungen reduziert werden, und so werden sich die Aussagen über die Ableitungen der Lösungen aus dem Satz (1.6.III) ergeben.

Zunächst entnimmt man den Verlauf jeder möglichen Lösung durch den gewählten Anfangspunkt für $y = y_0$ aus der gewöhnlichen Differentialgleichung

$$\frac{\partial z}{\partial x} = \varphi_1(x, y_0, z, \lambda). \tag{5.6.3}$$

Es sei

$$z(x) = \varphi(x; x_0, y_0, z_0, \lambda) \tag{5.6.4}$$

diejenige Lösung von (5.6.3), die der Anfangsbedingung $z(x_0) = z_0$ genügt. Dann ist

$$\varphi(x_0; x_0, y_0, z_0, \lambda) = z_0. \tag{5.6.5}$$

Alsdann werde

$$\frac{\partial z}{\partial y} = \varphi_2(x, y, z, \lambda) \tag{5.6.6}$$

bei festem x betrachtet. Es sei

$$\psi(x, y, y_0, \zeta, \lambda) \tag{5.6.7}$$

diejenige Lösung von (5.6.6), für die

$$\psi(x, y_0, y_0, \zeta, \lambda) = \zeta$$

gilt. Dann betrachte man

$$z(x, y, \lambda) = \psi\big(x, y, y_0, \varphi(x; x_0, y_0, z_0, \lambda), \lambda\big). \tag{5.6.8}$$

Für diese Funktion gilt dann

$$z(x, y_0, \lambda) = \varphi(x; x_0, y_0, z_0, \lambda). \tag{5.6.9}$$

Insbesondere ist also nach (5.6.5)

$$z(x_0, y_0, \lambda) = z_0.$$

Es soll gezeigt werden, daß (5.6.8) die gesuchte Lösung ist. Jedenfalls ist die zweite Gl. (5.6.1) für eine genügend kleine Umgebung von $\{x_0, y_0, \lambda\}$ erfüllt. Die erste Gl. (5.6.1) ist in einer solchen Umgebung für $y = y_0$ richtig. Sei allgemein für (5.6.8)

$$\frac{\partial z}{\partial x} = \varphi_1(x, y, z, \lambda) + u(x, y, \lambda). \tag{5.6.10}$$

Dann ist, wie eben gesagt, für genügend kleine $|x - x_0|$

$$u(x, y_0, \lambda) = 0. \tag{5.6.11}$$

$u(x, y, \lambda)$ und seine partiellen Ableitungen erster Ordnung sind in jener Umgebung von (x_0, y_0, λ) stetig. Aus (5.6.10) folgt

$$\frac{\partial}{\partial y}\left(\frac{\partial z}{\partial x}\right) = \frac{\partial \varphi_1}{\partial y} + \frac{\partial \varphi_1}{\partial z}\,\varphi_2 + \frac{\partial u}{\partial y}. \tag{5.5.12}$$

Differenziert man aber (5.6.6), das ja für (5.6.8) gilt, nach x, so kommt

$$\frac{\partial}{\partial x}\left(\frac{\partial z}{\partial y}\right) = \frac{\partial \varphi_2}{\partial x} + \frac{\partial \varphi_2}{\partial z}\,\varphi_1 + \frac{\partial \varphi_2}{\partial z}\,u. \tag{5.6.13}$$

Da aber die zweiten Ableitungen von z stetig sind, so sind die linken Seiten in (5.6.12) und (5.6.13) einander gleich. Also ergibt sich wegen (5.6.2)

$$\frac{\partial u}{\partial y} = u\,\frac{\partial \varphi_2}{\partial z}. \tag{5.6.14}$$

$u(x, y, \lambda)$ ist nach (5.6.11) dasjenige Integral dieser gewöhnlichen Differentialgleichung, das für $y = y_0$ verschwindet. Also ist $u(x, y, \lambda) \equiv 0$.

Damit ist die Existenzaussage von Satz (5.6.I) bewiesen. Die Unitätsaussage ergibt sich daraus, daß die vorgeführten Schritte notwendig für jede Lösung gelten.

5.7. Weiteres über vollständige Integrale

Wenn man $g - p = f$ schreibt, so kann man die Integrabilitätsbedingung (5.5.12) in der Form

$$f_{1p}(f_x + f_z p) + f_{1q}(f_y + f_z q) - f_p(f_{1x} + f_{1z} p) \\ - f_q(f_{1y} + f_{1z} q) = 0 \quad\quad (5.7.1)$$

schreiben. Die linke Seite wird seit JACOBI abgekürzt mit

$$[f, f_1] \quad\quad (5.7.2)$$

bezeichnet, und heißt JACOBI*scher Klammerausdruck*. Offenbar gilt

$$[f_1, f] = - [f, f_1]. \quad\quad (5.7.3)$$

Die in § 5.5. vorgetragenen Überlegungen zeigen allgemein:

Satz (5.7.I). *Jedes gemeinsame Integral zweier partieller Differentialgleichungen $f = 0$ und $f_1 = 0$ genügt auch der Differentialgleichung $[f, f_1] = 0$ in jedem Elementegebiet, in dem*

$$\frac{d(f, f_1)}{d(p, q)} \neq 0$$

ist.

Das Ergebnis von § 5.5. legt die Frage nahe, ob nicht die Kenntnis weiterer Integrale der Differentialgleichungen der charakteristischen Streifen weitere Vorteile für die Ermittlung eines vollständigen Integrals bietet. Hat man drei zweimal stetig differenzierbare Integrale

$$f = 0, \quad f_1 = \lambda_1, \quad f_2 = \lambda_2 \quad\quad (5.7.4)$$

und ein Elementegebiet G, in dem

$$\frac{d(f, f_1, f_2)}{d(z, p, q)} \neq 0 \quad\quad (5.7.5)$$

ist, so kann man eine Auflösung

$$z = z(x, y, \lambda_1, \lambda_2), \\ p = p(x, y, \lambda_1, \lambda_2), \\ q = q(x, y, \lambda_1, \lambda_2) \quad\quad (5.7.6)$$

der Gln. (5.7.4) nach z, p, q in einem genügend kleinen Elementegebiet, das U heißen möge, betrachten und sich fragen, ob man in (5.7.6) ein vollständiges Integral vor sich hat. Es zeigt sich, daß man diesen Schluß nur ziehen kann, wenn nicht nur

$$[f, f_1] = 0, \qquad [f, f_2] = 0 \quad \text{sondern auch} \quad [f_1, f_2] = 0 \qquad (5.7.7)$$

ist. Trägt man nämlich (5.7.6) in (5.7.4) ein und differenziert die entstehenden Identitäten nach x und y, so erhält man

$$
\begin{aligned}
\text{a)} \quad & f_x + f_z(z_x - p) + f_z p + f_p p_x + f_q q_x = 0, \\
\text{b)} \quad & f_{1x} + f_{1z}(z_x - p) + f_{1z} p + f_{1p} p_x + f_{1q} q_x = 0, \\
\text{c)} \quad & f_{2x} + f_{2z}(z_x - p) + f_{2z} p + f_{2p} p_x + f_{2q} q_x = 0, \\
\text{d)} \quad & f_y + f_z(z_y - q) + f_z q + f_p p_y + f_q q_y = 0, \\
\text{e)} \quad & f_{1y} + f_{1z}(z_y - q) + f_{1z} q + f_{1p} p_y + f_{1q} q_y = 0, \\
\text{f)} \quad & f_{2y} + f_{2z}(z_y - q) + f_{2z} q + f_{2p} p_y + f_{2q} q_y = 0.
\end{aligned}
$$

Man berechne

$$\text{a)}\, f_{1p} + \text{d)}\, f_{1q} - \text{b)}\, f_p - \text{e)}\, f_q.$$

Man erhält dafür

$$[f, f_1] + (z_x - p)(f_z f_{1p} - f_{1z} f_p) + (z_y - q)(f_z f_{1q} - f_{1z} f_q) +$$
$$+ (q_x - p_y)(f_q f_{1p} - f_p f_{1q}) = 0.$$

Berücksichtigt man $[f, f_1] = 0$ und vertauscht die f, f_1, f_2 zyklisch, so erhält man insgesamt die drei Relationen

$$
\left.
\begin{aligned}
&(z_x - p)(f_z f_{1p} - f_{1z} f_p) + (z_y - q)(f_z f_{1q} - f_{1z} f_q) + \\
&\qquad + (q_x - p_y)(f_q f_{1p} - f_p f_{1q}) = 0, \\
&(z_x - p)(f_{1z} f_{2p} - f_{2z} f_{1p}) + (z_y - q)(f_{1z} f_{2q} - f_{2z} f_{1q}) + \\
&\qquad + (q_x - p_y)(f_{1q} f_{2p} - f_{1p} f_{2q}) = 0, \\
&(z_x - p)(f_{2z} f_p - f_z f_{2p}) + (z_y - q)(f_{2z} f_q - f_z f_{2q}) + \\
&\qquad + (q_x - p_y)(f_{2q} f_p - f_{2p} f_q) = 0.
\end{aligned}
\right\} \quad (5.7.8)
$$

Das fasse man als drei lineare Gleichungen für $z_x - p$, $z_y - q$, $q_x - p_y$ auf. Die Matrix dieses Gleichungssystems ist aus den zweireihigen Minoren der in (5.7.5) stehenden Funktionaldeterminante aufgebaut. Daher ist ihre Determinante zugleich mit jener Funktionaldeterminante von Null verschieden. Daher ergibt sich aus (5.7.8)

$$z_x = p, \qquad z_y = q, \qquad q_x = p_y.$$

So hat man

Satz (5.7.II). *Aus drei in einem Elementegebiet G zweimal stetig differenzierbaren Integralen (5.7.4) der Differentialgleichungen (5.4.7), (5.4.8), für die (5.7.5) in G gilt, ergibt sich durch Auflösen der (5.7.4)* *nach z, p, q in der genügend kleinen Umgebung U eines gemeinsamen Elementes der drei Gln. (5.7.4) ein vollständiges Integral von (5.4.2), falls in U die Beziehungen (5.7.7) gelten.*

Es bleibt noch nachzutragen, daß (5.7.5) die Eigenschaft (5.5.2) hat, die zur Definition des vollständigen Integrals gehört. Im vorliegenden Fall hat f die sich aus (5.4.2) ergebende Gestalt:

$$g(x, y, z, q) - p.$$

Daher kann (5.7.6) so geschrieben werden

$$\left.\begin{aligned}
z &= V(x, y, \lambda_1, \lambda_2), \\
p &= g(x, y, V, V_y), \\
q &= V_y(x, y, \lambda_1, \lambda_2).
\end{aligned}\right\} \tag{5.7.9}$$

Die eine Gleichung wird also von (5.7.4) unverändert übernommen und die beiden anderen Gln. (5.7.9) entstehen, wenn man $p = g(x, y, z, q)$ in f_1 und f_2 einträgt und dann die Gleichungen

$$f_1\big(x, y, z, g(x, y, z, q), q\big) = \lambda_1,$$
$$f_2\big(x, y, z, g(x, y, z, q), q\big) = \lambda_2$$

nach z und q auflöst. Die Voraussetzung (5.7.5) besagt also

$$\begin{vmatrix} f_{1z} + f_{1p}\,g_z, & f_{1q} + f_{1p}\,g_q, \\ f_{2z} + f_{2p}\,g_z, & f_{2q} + f_{2p}\,g_q \end{vmatrix} \neq 0.$$

Das heißt also

$$\frac{d(\lambda_1, \lambda_2)}{d(V, V_y)} \neq 0.$$

Davon ist aber

$$\frac{d(V, V_y)}{d(\lambda_1, \lambda_2)}$$

der reziproke Wert, so daß auch diese Determinante von Null verschieden ist. Das ist aber die Eigenschaft (5.5.2) des vollständigen Integrals.

5.8. Einige Beispiele

Die Ausführungen der vorausgegangenen Abschnitte dieses Paragraphen beziehen sich auf Differentialgleichungen in der Normalform (5.4.2). Um sie aus (5.4.1) herstellen zu können, wurden Elementegebiete betrachtet, in denen $\frac{\partial f}{\partial p} \neq 0$ ist. Ist in einem Elementegebiet $\frac{\partial f}{\partial q} \neq 0$, so kann man durch Vertauschung von x mit y analog vorgehen. Elemente aber, für die $\frac{\partial f}{\partial p} = 0$ *und* $\frac{\partial f}{\partial q} = 0$ ist, heißen **singulär**.

Eine Lösung von (5.4.1), die aus lauter singulären Elementen besteht, heißt eine **singuläre Lösung** oder singuläres Integral von (5.4.1). Singuläre Lösungen treten z. B. bei der CLAIRAUTschen Differentialgleichung

$$z = x\,p + y\,q + \varphi(p,\,q) \qquad (5.8.1)$$

auf. Hier sei $\varphi(p,\,q)$ in einem Elementegebiet mit seinen partiellen Ableitungen der beiden ersten Ordnungen stetig. Singuläre Elemente genügen den Bedingungen

$$x + \frac{\partial \varphi}{\partial p} = 0, \qquad y + \frac{\partial \varphi}{\partial q} = 0. \qquad (5.8.2)$$

So sind z. B. im Falle

$$z = x\,p + y\,q + p\,q$$

die singulären Elemente durch

$$x = -q, \qquad y = -p$$

gegeben und

$$z = -x\,y$$

ist singuläres Integral.

Für ein Elementegebiet, in dem

$$x + \frac{\partial \varphi}{\partial p} \neq 0$$

ist, ist

$$\left.\begin{aligned} z &= x\,\lambda_1 + y\,\lambda_2 + \varphi(\lambda_1,\,\lambda_2), \\ p &= \lambda_1, \\ q &= \lambda_2 \end{aligned}\right\} \qquad (5.8.3)$$

ein vollständiges Integral von (5.8.1). In der Tat ist dann

$$\frac{d(z,\,q)}{d(\lambda_1,\,\lambda_2)} = x + \frac{\partial \varphi}{\partial \lambda_1} \neq 0.$$

Ein *weiteres Beispiel* sei

$$p = g(x,\,q). \qquad (5.8.4)$$

$g(x,\,q)$ sei in einem Gebiet mit seinen Ableitungen der beiden ersten Ordnungen stetig. Zur Ermittlung eines vollständigen Integrals hat man sich nach weiteren Integralen der Differentialgleichungen der charakteristischen Streifen umzusehen. Solche genügen nach Definition und nach (5.5.12) der linearen partiellen Differentialgleichung

$$\frac{\partial u}{\partial x} - \frac{\partial u}{\partial y}\frac{\partial g}{\partial q} + \frac{\partial u}{\partial z}\left(p - q\frac{\partial g}{\partial q}\right) + \frac{\partial u}{\partial p}\frac{\partial g}{\partial x} = 0. \qquad (5.8.5)$$

Da

$$u = q$$

eine Lösung derselben ist, so stehen zur Ermittlung eines vollständigen
Integrals die beiden Gleichungen

$$p = g(x, q), \qquad q = \lambda_1$$

zur Verfügung. Schreibt man dafür

$$q = \lambda_1, \qquad p = g(x, \lambda_1),$$

so findet man als vollständiges Integral

$$z = \lambda_1 y + \int g(x, \lambda_1)\, dx + \lambda_2. \tag{5.8.6}$$

In der Tat ist

$$\frac{d(z, q)}{d(\lambda_1, \lambda_2)} = -1,$$

so daß (5.8.6) vollständiges Integral für den Raum aller Elemente ist.
  Im *Beispiel*

$$g(x, p) = h(y, q) \tag{5.8.7}$$

sind die Variablen getrennt. g und h seien in einem Elementegebiet G
samt ihren partiellen Ableitungen der beiden ersten Ordnungen ein-
deutig und stetig. Es sei $\dfrac{\partial g}{\partial p} \neq 0$ in diesem Elementegebiet. Integrale
der charakteristischen Gleichungen von (5.8.7) genügen nach (5.7.1)
der linearen partiellen Differentialgleichung

$$\left.\begin{aligned}
\frac{\partial u}{\partial x}\frac{\partial g}{\partial p} - \frac{\partial u}{\partial y}\frac{\partial h}{\partial q} + \frac{\partial u}{\partial z}\left(p\frac{\partial g}{\partial p} - q\frac{\partial h}{\partial q}\right) - \frac{\partial u}{\partial p}\frac{\partial g}{\partial x} + \\
+ \frac{\partial u}{\partial q}\frac{\partial h}{\partial y} = 0.
\end{aligned}\right\} \tag{5.8.8}$$

$u = g(x, p)$ ist ein Integral derselben. Ein weiteres Integral ist
$u = h(y, q)$. Es ist $[g, h] = 0$. Ein vollständiges Integral von (5.8.7)
soll daher aus den Gleichungen

$$\left.\begin{aligned}
g(x, p) &= \lambda_1, \\
h(y, q) &= \lambda_1
\end{aligned}\right\} \tag{5.8.9}$$

ermittelt werden. Setzt man auch noch $\dfrac{\partial h}{\partial q} \neq 0$ in G voraus, so kann
man in einem genügend kleinen Teilgebiet von G eine Auflösung der
Form

$$\left.\begin{aligned}
p &= \varphi(x, \lambda_1), \\
q &= \psi(y, \lambda_1)
\end{aligned}\right\} \tag{5.8.10}$$

heranziehen, in der wieder φ und ψ mit ihren partiellen Ableitungen
der beiden ersten Ordnungen stetig sind. Die Integrabilitätsbedin-
gungen sind erfüllt. Als vollständiges Integral von (5.8.7) in jenem

genügend kleinen Gebiet bietet sich demnach

$$z = \int \varphi(x, \lambda_1)\, dx + \int \psi(y, \lambda_1)\, dy + \lambda_2 \qquad (5.8.11)$$

an. In der Tat ist

$$\frac{d(z, q)}{d(\lambda_1, \lambda_2)} = -\frac{\partial \psi}{\partial \lambda_1} \neq 0.$$

Im *Beispiel*

$$f(x, y, p, q) = 0 \qquad (5.8.12)$$

kommt die unbekannte Funktion z explizite nicht vor. In einem Elementegebiet sei $f(x, y, p, q)$ samt den partiellen Ableitungen der beiden ersten Ordnungen eindeutig und stetig. In G sei $\dfrac{\partial f}{\partial p} \neq 0$. Wenn

$$z = V(x, y, \lambda_1) + \lambda_2 \qquad (5.8.13)$$

ein vollständiges Integral von (5.8.12) ist, d. h. wenn

$$\frac{d(V, V_y)}{d(\lambda_1, \lambda_2)} = -\frac{\partial^2 V}{\partial y \, \partial \lambda_1} \neq 0$$

ist, dann sind nach (5.5.4) die charakteristischen Streifen durch

$$\left.\begin{aligned}
z &= V(x, y, \lambda_1) + \lambda_2, \\
p &= V_x(x, y, \lambda_1), \\
q &= V_y(x, y, \lambda_1), \\
\frac{\partial V}{\partial \lambda_1} + \lambda &= 0
\end{aligned}\right\} \qquad (5.8.14)$$

dargestellt (da ja $\lambda_3 = 0$ sinnlos wäre). Die letzte Gleichung in (5.8.14) stellt die x, y-Projektion der Trägerkurven der charakteristischen Streifen dar.